高等学校"专业综合改革试点"项目成果：
土木工程专业系列教材
一流本科专业一流本科课程建设系列教材

丛书主编　赵顺波

混凝土结构设计原理

主　编　李风兰
副主编　李晓克
参　编　梁　娜　张晓燕　崔　欣
　　　　杨亚彬　韩爱红　丁新新
　　　　赵　山　周恒芳　王宁宁

机械工业出版社

本书以《混凝土结构通用规范》（GB 55008—2021）、《混凝土结构设计规范（2015 年版）》（GB 50010—2010）等规范为重要依据，结合相应的例题，对混凝土结构设计涉及的基本理论知识进行了介绍。全书共分 9 章，主要内容有：绪论，混凝土结构的材料，钢筋混凝土受弯构件正截面承载力计算，钢筋混凝土受弯构件斜截面承载力计算，钢筋混凝土受压构件承载力计算，钢筋混凝土受拉构件承载力计算，钢筋混凝土受扭构件承载力计算，钢筋混凝土构件裂缝、变形及耐久性，预应力混凝土构件计算。

本书可作为高等院校土木工程专业学生的教材，也可作为土建工程技术人员的继续教育教材。

图书在版编目（CIP）数据

混凝土结构设计原理/李风兰主编. —北京：机械工业出版社，2022.12
高等学校"专业综合改革试点"项目成果. 土木工程专业系列教材
一流本科专业一流本科课程建设系列教材
ISBN 978-7-111-72101-7

Ⅰ.①混… Ⅱ.①李… Ⅲ.①混凝土结构-结构设计-高等学校-教材
Ⅳ.①TU370.4

中国版本图书馆 CIP 数据核字（2022）第 220198 号

机械工业出版社（北京市百万庄大街 22 号　邮政编码 100037）
策划编辑：林　辉　　　　　　　责任编辑：林　辉
责任校对：李　杉　于伟蓉　　　封面设计：张　静
责任印制：邓　博
天津翔远印刷有限公司印刷
2023 年 7 月第 1 版第 1 次印刷
184mm×260mm · 18 印张 · 446 千字
标准书号：ISBN 978-7-111-72101-7
定价：59.00 元

电话服务　　　　　　　　　　　网络服务
客服电话：010-88361066　　　机 工 官 网：www.cmpbook.com
　　　　　010-88379833　　　机 工 官 博：weibo.com/cmp1952
　　　　　010-68326294　　　金 书 网：www.golden-book.com
封底无防伪标均为盗版　　　机工教育服务网：www.cmpedu.com

高等学校"专业综合改革试点"项目成果：土木工程专业系列教材

编 审 委 员 会

主 任 委 员：赵顺波

副主任委员：程远兵　李晓克

委　　　员：（排名不分先后）：

李凤兰　霍洪媛　潘丽云

曲福来　曾桂香　陈爱玖

王　慧　李长永　梁　娜

王延彦　赵　山　陈贡联

李克亮　张晓燕　杨亚彬

陈　震　刘世明　王慧贤

王会娟　李长明　丁新新

周恒芳　杨嫚嫚　马晓芳

前　言

　　本书按照高等学校土木工程学科专业指导委员会编制的《高等学校土木工程本科指导性专业规范》中对"混凝土结构基本原理"课程教学知识单元和知识点的要求组织编写大纲，以《混凝土结构通用规范》（GB 55008—2021）、《混凝土结构设计规范（2015年版）》（GB 50010—2010）等规范为重要依据，结合相应的例题，对混凝土结构设计涉及的基本理论知识进行了详细介绍，可作为土木工程专业学生的教材，也可作为土建工程技术人员的继续教育教材。

　　本书共分9章，主要内容有：绪论，混凝土结构的材料，钢筋混凝土受弯构件正截面承载力计算，钢筋混凝土受弯构件斜截面承载力计算，钢筋混凝土受压构件承载力计算，钢筋混凝土受拉构件承载力计算，钢筋混凝土受扭构件承载力计算，钢筋混凝土构件裂缝、变形及耐久性，预应力混凝土构件计算。为了便于教学，本书在各章后列出了反映相应重点概念或计算方法的习题。

　　本书总结了河南省土木工程结构类课程教学团队、河南省土木道桥专业核心课程群虚拟教研室自2008年以来建设"混凝土结构"课程（河南省精品课程、河南省精品资源共享课程、河南省一流本科线下课程等）的经验，反映了团队承担河南省高等学校"专业综合改革试点"项目、建设土木工程国家级一流本科专业项目的教研成果。

　　本书由华北水利水电大学和中原科技学院的专业骨干教师联合编著，由李风兰教授任主编、李晓克教授任副主编。各章编写分工：第1章（李风兰）、第2章（梁娜、王宁宁）、第3章（李风兰、张晓燕）、第4章（李风兰、丁新新）、第5章（崔欣、张晓燕）、第6章（杨亚彬）、第7章（韩爱红）、第8章（李风兰、周恒芳）、第9章（李晓克、赵山）、附录（丁新新）。丛书主编赵顺波教授负责审核定稿。

　　本书在编写过程中参考了国内同行的著作、教材和论文资料，在此谨致谢忱。由于编者水平有限，书中不妥之处，恳请读者批评指正。

编　者

目　　录

第 1 章 绪 论

本章导读

➤ 内容及要求 本章的主要内容包括混凝土结构的特点、混凝土结构的发展概况、课程的任务和特点。通过本章学习,掌握混凝土结构的基本概念和优缺点,熟悉混凝土结构在材料、建造技术、结构形式、计算理论等方面的发展概况,熟悉课程的学习任务和学习特点。

➤ 重点 混凝土结构的基本概念与特点。

➤ 难点 混凝土与钢筋共同作用机理,课程学习时应注意的问题。

1.1 混凝土结构的特点

1.1.1 混凝土结构的基本概念

混凝土结构是以混凝土为主要材料制成的结构,包括素混凝土结构、钢筋混凝土结构和预应力混凝土结构等。素混凝土结构是指无筋或不配置受力钢筋的混凝土结构;钢筋混凝土结构是指配置受力的普通钢筋、钢筋网的混凝土结构;预应力混凝土结构是指配置受力的预应力筋,通过张拉或其他方法建立预加应力的混凝土结构。

以受弯混凝土梁构件为例:由于混凝土的抗压强度高而抗拉强度很低(一般抗拉强度只有抗压强度的 1/16~1/8),且受拉破坏时具有明显的脆性性质,因此素混凝土梁(图 1-1a)一般作为非悬空架设的地基梁,此时混凝土的受拉截面上承受较小的荷载作用。对于架空状态的混凝土梁则需要根据受力状况,配置承受弯矩作用的纵向受拉甚至受压钢筋,以及承受剪力作用的箍筋或弯起钢筋,从而利用钢筋抗拉和抗压强度都很高的特点,使得梁在破坏时表现出良好的变形能力。在正常使用极限状态下,钢筋混凝土梁(图 1-1b)一般带裂缝工作,只是需要按照设计要求将裂缝宽度控制在一定范围内。对于在正常使用极限状态下不允许出现裂缝的钢筋混凝土梁,就需要通过高强预应力筋对梁的荷载作用受拉区混凝土施加一定的预压力,从而形成预应力混凝土梁(图 1-1c)。因此,混凝土结构需要根据结构受力和正常使用要求进行设计。

由此可见,钢筋(普通钢筋、高强预应力筋)和混凝土是混凝土结构的基本组成材料。尽管钢筋和混凝土的物理力学性能存在很大差异,但是由于如下主要原因,使得两者能够共同工作:

1)钢筋与混凝土之间具有良好的黏结力,从而能够牢固地形成整体,保证了钢筋和混凝土的协调变形与共同受力。

2)钢筋与混凝土的线膨胀系数接近。钢材为 $1.2 \times 10^{-5} \, \text{°C}^{-1}$,混凝土为 $(1.0 \sim 1.5) \times 10^{-5} \, \text{°C}^{-1}$,因此当温度变化时,两者之间不会因产生过大的相对变形而导致黏结力破坏。

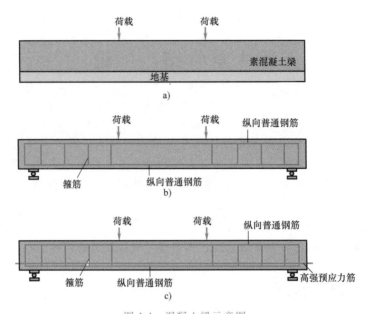

图 1-1 混凝土梁示意图

a）素混凝土梁　b）钢筋混凝土梁　c）预应力混凝土梁

1.1.2 混凝土结构的优点

混凝土结构与其他结构相比，主要有如下优点：

1）合理用材。在混凝土结构中，钢筋主要承受拉力，混凝土主要承受压力，混凝土结构能够充分合理地利用钢筋的抗拉强度高、延性好和混凝土的抗压强度高的受力性能，弥补了细长钢筋受压时极易失稳、强度得不到充分发挥和混凝土易于开裂、脆性大的缺点，使两种材料取长补短。混凝土结构的承载力与其刚度比例合适，具有良好的变形能力而基本无局部稳定问题。对于一般工程结构，混凝土结构经济指标优于钢结构。

2）耐久性好，维护费用低。在一般环境条件下，钢筋受到混凝土保护而不易发生锈蚀，混凝土的强度随着时间的延长还有所提高，因而提高了结构的耐久性。混凝土结构不像钢结构那样需要经常维护和保养。对处于侵蚀性环境条件下的混凝土结构，可通过合理的混凝土配合比和保护层厚度设计，或者辅以特殊的防护措施来满足工程耐久性要求。

3）耐火性好。混凝土是不良导热体，遭受火灾时其强度损失较小，钢筋则因混凝土保护层的隔热作用而不致很快升温到失去承载力的程度。因此，火灾后混凝土结构的可修复性较好。

4）可模性好。混凝土可根据设计需要，在模板内浇筑成各种形状和尺寸，适用于建造形状复杂的结构及空间薄壁结构。

5）整体性好。混凝土结构的整体性好，合适的配筋可使其具有良好的延性，有利于抗震、防爆。混凝土防辐射性能好，适用于建造防护结构。混凝土结构刚度大、阻尼大，有利于结构控制变形。

6）易于就地取材、固废利用。生产混凝土所用大量砂、石的产地分布广，易于就地取材，还可有效利用矿渣粉、粉煤灰等固体废弃材料作为矿物掺合料，有利于建筑行业朝着低碳减碳新型混凝土的绿色生态方向发展。

1.1.3 混凝土结构的缺点

任何事物都是一分为二的，优点和缺点也是共存的。混凝土结构也不例外，存在以下缺点：

1）自重大。钢筋混凝土的重度约为 25kN/m³，尽管比钢材的重度小，但其结构的截面尺寸较大，因而自重远远超过相同空间体量（宽度或高度）的钢结构，这对于建造大跨度结构和高层建筑结构是不利的。因此，研发轻质混凝土、高强混凝土和超高性能混凝土十分必要。

2）抗裂性差。由于混凝土的抗拉强度较低，钢筋混凝土结构在正常使用状态下往往是带裂缝工作的，裂缝的存在会减弱抗渗和抗冻能力，进一步影响结构的使用性能。工作条件较差的环境，如露天、沿海、化学侵蚀，会导致钢筋锈蚀，影响结构的耐久性。预应力混凝土结构可较好地解决开裂问题，利用环氧树脂涂层钢筋可防止因混凝土开裂而导致的钢筋锈蚀。此外，研发高抗拉强度的纤维混凝土、高耐久性能的纤维增强聚合物筋材代替普通钢筋可从材料性能根本上解决抗裂性差的问题。

3）施工周期长。混凝土结构施工需要进行搭设模架、成型模板、混凝土浇筑及养护等作业，工序多、施工周期长，受季节和气候的影响较大。因此，预制装配式混凝土结构成为弥补此项缺点的重要技术方案，是使混凝土结构建造朝着工业化、工厂化、绿色生态发展的重要举措。

4）混凝土浇筑质量缺陷对混凝土结构的影响大。例如：在混凝土浇筑过程中，因技术措施不利导致的蜂窝麻面、内部空腔不密实等质量缺陷，不仅会影响混凝土结构的受力性能，而且会影响其耐久性能，特别是会影响混凝土对钢筋的保护作用；因混凝土供料不及时而产生浇筑冷缝会影响混凝土结构的整体性。因此，加强混凝土质量控制是保证混凝土结构承载能力与耐久性能的根本，对出现的质量缺陷，应及时进行修复和加固处理。

1.2 混凝土结构的发展概况

混凝土结构自 19 世纪中叶开始得到应用并迅速发展，目前已成为世界各国在现代土木工程建设中占主导地位的结构，在土木工程各个领域都得到了广泛应用。混凝土结构的发展历程表明，混凝土结构正在不断发挥其优势并克服其缺点，以适应社会建设不断发展的需要。

1.2.1 混凝土材料的发展

思政：再生骨料——
建筑垃圾变废为宝

具有高强度、高工作性和高耐久性的高性能混凝土是混凝土的主要发展方向之一。从合理用材和提高结构耐久性的角度出发，我国混凝土结构的混凝土强度等级要求不断提高。早期混凝土的强度都比较低，而较高强度的混凝土又比较干硬，难以成型。随着混凝土高效减水剂的研发和应用，立方体抗压强度为 50~80N/mm²、坍落度为 120~160mm 的高性能混凝土已广泛应用于工程；采用优质骨料、高强度等级的水泥和优质掺合料（粉煤灰、硅灰、超细矿渣粉等）制备的超高强混凝土的立方体抗压强度为 $100 \sim 200 \mathrm{N/mm^2}$，在实际工程中也得到了应用；采用水泥、活性细粉，掺加超塑化剂配制的活性粉末混凝土的立方体抗压强度为 $200 \sim 800 \mathrm{N/mm^2}$，抗拉强度为 $25 \sim 150 \mathrm{N/mm^2}$，也有工程示范应用。采用高强混凝土可以减小结构构件截面尺寸，减轻结构自重，是高层建筑、高耸结构、大跨度结构的关键技术措施，同时也可提升混凝土结构的耐久性。

利用天然轻骨料（如浮石、凝灰石等）、工业废料轻骨料（如炉渣、粉煤灰陶粒、自燃煤矸石及其轻砂）、人造轻骨料（如页岩陶粒、黏土陶粒、膨胀珍珠岩等及其轻砂）制成的轻质混凝土，具有重度小（重度仅为 $14 \sim 18 \mathrm{kN/m^3}$，自重减少 $20\% \sim 30\%$）、相对强度高以及保温、抗冻性能好等特点。天然轻骨料及工业废料轻骨料还具有节约能源、减少堆积废料占用土地、减少厂区或城市污染、保护环境等优点。承重的人造轻骨料混凝土，由于弹性模量低于同等级的普通混凝土，吸收冲击能量快，能有效减弱地震作用、节约材料、降低造价。

具有自身诊断、自身控制、自身修复等功能的智能混凝土，包括损伤自诊断混凝土、温度自调节混凝土、仿生自愈合混凝土等，得到越来越多的研究和重视。目前，单一功能或复合功能的研究成果已经应用于工程实践。例如，自修复混凝土模仿动物的骨组织结构受创伤后的再生与恢复机理，在混凝土出现裂缝后将内埋的充填了修复胶黏剂的胶囊拉断，使修复胶黏剂充填裂隙对混凝土损伤进行自修复。再如，内养护混凝土采用部分吸水预湿轻骨料在混凝土内部形成蓄水器，保障混凝土得到持续的内部潮湿养护，与外部潮湿养护相结合，可使混凝土的自生收缩大为降低，减少了微细裂缝。

在混凝土中掺加钢纤维可以显著提高混凝土结构的抗拉性能及其与抗拉相关的力学性能，包括提高结构的抗裂性、减小裂缝宽度、提高承载力和延性等。钢纤维混凝土采用常规施工技术，其纤维掺量一般为混凝土体积的 $0.3\% \sim 2.0\%$。当纤维掺量在 $1.0\% \sim 2.0\%$ 时，与基体混凝土相比：钢纤维混凝土的抗拉强度可提高 $40\% \sim 80\%$；抗弯拉强度可提高 $50\% \sim 120\%$；抗压强度提高较少，为 $0\% \sim 25\%$；弹性阶段的变形没有显著差别，但可大幅度提高钢纤维混凝土的塑性变形性能。在混凝土中掺加耐碱玻璃纤维、碳纤维、芳纶纤维、聚丙烯纤维等合成纤维，可以提高混凝土的早期抗裂性能、耐火性能和韧性，对结构防裂和延性具有明显的改善。近年来，随着对混凝土结构质量要求的提高，纤维混凝土的工程应用已受到越来越多的重视。

随着国家绿色发展战略的深化实施，源自河道与农田的天然砂、源自劈山开采石料的碎石骨料均出现了资源短缺、供不应求的现象，而同时，城乡建设拆除重建所造成的建筑垃圾堆积成山，亟待再生利用。机制砂混凝土、再生骨料混凝土成为传统天然骨料混凝土的替代产品。但是，机制砂的颗粒表面粗糙、呈多棱角形状，并且含有较多石粉，与天然砂颗粒圆润、级配合理具有较大差异；再生骨料的颗粒表面粗糙、多棱角且黏结有被破碎的旧混凝土砂浆，孔隙多，吸水率大。由此造成的机制砂混凝土、再生骨料混凝土的拌合物工作性能和力学与耐久性能的变化，需要在混凝土制备与结构工程应用时加以考虑。

其他各种特殊性能混凝土，如聚合物混凝土、耐腐蚀混凝土、微膨胀混凝土和水下不分散混凝土等的应用，可提高混凝土的抗裂性、耐磨性、抗渗和抗冻能力等，对混凝土的耐久性十分有利。

1.2.2　配筋材料的发展

普通钢筋的发展方向是高强、耐腐蚀、大延性且与混凝土之间有良好的黏结性能。近年来，我国钢铁工业技术迅速发展，低强、高耗能的钢材如盘圆钢筋 HPB235 级、热轧带肋钢筋 HRB335 级已逐步退出建筑市场，代之为高强度的 HPB300 级和 HRB400 级及以上级别的钢筋。目前，HRB500 级普通钢筋已较多用于混凝土结构，对配置 HRB600 级普通钢筋的混凝土结构性能也已开展了比较深入的研究。在预应力混凝土结构构件中，极限强度标准值为 $1860N/mm^2$ 的钢绞线已占据主导地位，甚至也有工程采用极限强度标准值为 $1960N/mm^2$ 的钢绞线。高强度钢筋的应用，不仅提高了混凝土结构的受力性能，还因为降低了结构用钢量而产生明显的经济效益。

带有环氧树脂或镀锌涂层的热轧钢筋和钢绞线，可提高腐蚀环境条件下混凝土结构内钢筋的耐腐蚀能力，在有特殊防腐要求的工程中得到了应用。

在传统的有黏结预应力混凝土结构和无黏结预应力混凝土结构基础上，介于两者之间的缓黏结预应力混凝土结构也在一些对预应力筋黏结有特殊要求的工程中得到应用。顾名思义，缓黏结就是类似于无黏结预应力钢绞线，在外包 PE（聚乙烯）套管内充填缓黏结复合材料，使张拉阶段的预应力筋与混凝土之间无黏结、在张拉完成一定时间后预应力筋与混凝土形成可靠黏结。由此，预应力混凝土结构使用的钢绞线类别就分为了三大类：预应力钢绞线、无黏结预应力钢绞线和缓黏结预应力钢绞线。此外，近年来我国研制了直径 12.6mm、强度 1570 级的预应力混凝土用带螺旋肋的钢棒，直径 12.0mm、强度 1570 级的带螺旋肋的钢丝，其产品特点是高强度、低松弛、易墩粗、可点焊、可盘卷，与混凝土的黏结强度高。

为了解决普通钢筋的锈蚀问题，以纤维增强塑料筋取代普通钢筋的研究，在近年来得到了重视，基于现有成果的工程示范应用也已展开。常用纤维增强塑料筋多以树脂作为黏结剂，按纤维类别分为碳纤维筋、玻璃纤维筋和芳纶纤维筋等。这几种纤维筋的突出优点是耐腐蚀、强度高，同时还具有良好的抗疲劳性能、高弹性变形能力、高电阻及低磁导性；缺点是断裂应变性能较差，较脆，徐变值和热膨胀系数较大，玻璃纤维筋的抗碱化性能较差。为了进一步提升纤维筋的性能，研制了由不同纤维混合制作的复合纤维筋，以及采用合成纤维与钢筋平行并包裹钢筋制成的纤维-钢筋复合筋。

1.2.3　结构类型及工程应用的发展

梁、板、柱、墙、拱等是土木工程结构中常见的混凝土结构构件，不同结构构件的组合可以形成不同的结构类型。例如：梁和板组合可以构成梁板结构，一般用于建筑结构的楼盖、桥梁工程的桥面结构；梁和柱组合可以构成框架结构，一般用于低层和多层建筑

思政：《超级工程》——
中国建设者的匠心智造

结构、其他建筑的构架以及刚构式桥梁结构，也用于 15 层及以下的高层建筑结构；梁、柱和墙组合可以构成框架-剪力墙结构或剪力墙结构，一般用于高层建筑结构，也可用于水闸、倒虹吸和渡槽等水工结构。凡此类比，可以设计出不同类型的结构。根据建筑功能要求，也可以构成不同平面形式、不同立体形状的建筑结构及其他各种结构。

混凝土结构与钢结构组合体系常用于高层和大跨结构，且高度和跨度都在不断地增加。

作为上海市陆家嘴金融贸易区三大地标建筑（图 1-2）：1998 年建成的上海金茂大厦地上 88 层，结构高度 403m，顶点高度 420.5m，为现浇钢筋混凝土核心筒、外框钢骨混凝土及钢柱组合体系；2008 年建成的上海环球金融中心，地下 3 层，地上 101 层，高度 492m，为现浇钢筋混凝土核心筒、巨型框架和伸臂桁架结构组合体系；2016 年建成的上海中心大厦，地下 5 层，地上 127 层，结构高度 580m，顶点高度 632m，为现浇钢筋混凝土核心筒、外框钢柱和钢桁架组合体系。

京广高速铁路和 107 国道公铁两用桥——郑新黄河大桥（图 1-3），上层公路桥总长 11.8km，为六塔预应力混凝土斜拉桥，下层铁路桥长 15km，为三主桁、斜边桁钢结构主梁，公铁合建段长度为 9.18km，桥面上宽下窄，是黄河上规模最大的公路与高速铁路两用桥。

图 1-2   上海市陆家嘴金融贸易区三大地标建筑

图 1-3   郑新黄河大桥

钢板与混凝土、钢板与钢筋混凝土或型钢与混凝土组成的钢-混凝土组合结构，能够充分利用钢材和混凝土的材料强度，具有较好的变形适应能力、施工较简单等特点，大大拓宽了混凝土结构的应用范围，在大跨度结构、高层建筑、高耸结构和具备某种特殊功能的混凝土结构中得到迅速发展应用。例如：压型钢板-混凝土板（图 1-4a）用于楼板，节省了满堂红脚手架和满铺模板；型钢-混凝土组合梁（图 1-4b）用于屋盖和桥梁、型钢-混凝土组合柱（图 1-4c）用于承受压力较大的高层建筑底层框架柱或桥墩，与钢筋混凝土梁比较，可减小截面尺寸、减轻结构自重、增加有效使用空间、减少支模工序和模板、缩短施工周期，与钢梁相比可减少用钢量、增大刚度、增强结构抗火性和耐久性。在钢管内浇筑混凝土形成的钢管混凝土柱（图 1-4d、e），管内混凝土在纵向压力作用下处于三向受压状态并能抑制钢管的局部失稳，使受压构件的承载力和变形能力大大提高。同时，钢管即为混凝土的模板，施工速度较快。因此，广泛应用于承受高轴压的超高层建筑结构的底部各层框架柱。

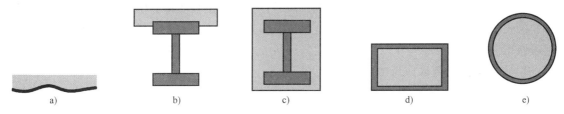

图 1-4　钢-混凝土组合截面示意

a）压型钢板-混凝土板　b）型钢-混凝土组合梁　c）型钢-混凝土组合柱　d）、e）钢管混凝土柱

图 1-5 所示为川藏铁路藏木雅鲁藏布江特大桥，为管径 1.8m 的中承式桁架拱钢管混凝土桥，主拱跨径 430m、钢管内填充 C60 自密实无收缩混凝土。

预应力混凝土结构抗裂性能好，可充分利用高强度材料。在传统预应力工艺的基础上结合实际结构特点，发展了以增强后张预应力孔道灌浆密实性为目的的真空辅助灌浆技术、以减小张拉力和减轻张拉设备为目的的横张预应力技术、以实现筒形断面结构环向预应力为目的的环形后张

图 1-5　川藏铁路藏木雅鲁藏布江特大桥

预应力技术、以减小结构建筑高度为目的的预拉预压双预应力技术等。武汉长江二桥的主桥为跨径 5m+180m+400m+180m+5m 双塔双索面自锚式悬浮体系的预应力混凝土斜拉桥，两侧布置跨径为 125m+130m+83m 的预应力混凝土连续刚构，在北岸边滩地布置跨径 7×60m 预应力混凝土连续箱梁。在高耸结构与特种结构中，世界上最高的预应力混凝土电视塔为加拿大多伦多电视塔，高达 553m；某些有特殊要求的结构，如核电站安全壳和压力容器、海上采油平台、大型蓄水池、贮气罐及贮油罐等结构，对抗裂及耐腐蚀能力要求较高，预应力混凝土结构独特的优越性非其他材料可比拟。

将预应力筋（索）布置在混凝土结构体外的预应力技术，可大幅度减少预应力损失，简化结构截面形状和减小截面尺寸，便于再次张拉、锚固、更换或增添新索。此项技术在桥梁工程的修建、补强加固及其他建筑结构的补强加固中得到应用。

1.2.4　施工技术的发展

1. 模板技术

目前使用的模板有：木模板、组合钢模板、竹胶合板模板、建筑塑料复合模板，今后模板将向多功能方向发展。研制薄片、美观、廉价且能与混凝土牢固结合的永久性模板，不仅可使模板作为结构的一部分参与受力，还可省去装修工序。透水模板的使用，可以滤去混凝土中多余的水分，大大提高混凝土的密实性和耐久性。建筑工程大模板、组合铝合金模板和

爬升模板体系的应用，可有效减少模板拼接组装工序，有益于提高模板工程支护工效。

2. 成型钢筋制品

根据结构设计要求，采用订单式工厂化生产供应成型钢筋制品和焊接钢筋网，既节省了施工场地，又提高了钢筋制作与安装工效，同时也为钢筋工程质量提供了技术保障。在钢筋的连接成型方面，大力发展各种钢筋成型机械及绑扎机具，可以大量减少人工操作。除了常用的绑扎搭接、焊接连接方式外，套筒灌浆连接方式得到越来越多的推广应用。

3. 混凝土制备与成型技术

预拌混凝土通过搅拌站（图1-6）集中搅拌，混凝土运输车运送混凝土至浇筑施工现场，结合泵送技术将混凝土泵送至浇筑工作面，使得现浇混凝土施工的机械化程度不断提升，既保证了混凝土质量，又避免了现场存放原材料与现场搅拌混凝土，减少了环境污染。因此预拌混凝土在城市混凝土结构建造中得到了广泛应用。

图1-6 预拌混凝土搅拌站

超高、远距离泵送混凝土技术在超高层建筑结构、大跨度桥梁结构的施工中得到应用，大大提高了施工效率，保证了混凝土工程质量。例如：上海金茂大厦的混凝土施工采用超高层泵送商品混凝土技术，C40混凝土一次泵送高度382.5m，C50混凝土一次泵送高度264.9m，C60混凝土一次泵送高度229.7m。

自密实混凝土无须机械振捣，依靠自身的重力和工作性能便可填充模板内空间以达到自密实。自密实混凝土质量均匀、耐久性好，即使在钢筋布置较密或构件体型复杂时也易于浇筑，施工速度快，实现了无噪声混凝土文明施工。

4. 装配式建造技术

装配整体式混凝土结构是指在工厂内预制成型钢筋混凝土构件，运送到工程现场后，通过吊装安装和构件间接缝连接构成的等效现浇混凝土结构。一般而言，墙板的竖向接缝、梁和楼板的叠合层均通过现浇混凝土连接；相邻层的柱、剪力墙水平接缝在浇筑混凝土前，须先进行竖向钢筋的套筒连接或套箍连接。由于混凝土结构成型工作大部分在预制工厂内完成，因此可以不受季节和天气变化影响，既保证了钢筋配置和混凝土浇筑的质量，又减少了相应的现场施工作业，避免了工程场地的局限性。同时，因现场浇筑的混凝土量很少，可以降低施工噪声，减少混凝土养护废水排放，因此装配整体式混凝土结构是建筑工业化与绿色建造技术发展的必然趋势。同时，结合"十三五"国家重点研发计划项目"工业化建筑构件吊装安装专用起重平台技术与装置研究"成果，研发可实现集自动取放、吊运、寻位、调姿、就位与接缝施工等功能于一体的模块化预制混凝土构件安装新型建筑起重平台，将对装配整体式预制混凝土结构施工技术创新产生重大推动作用。

1.2.5 结构设计计算理论的发展

混凝土结构设计计算理论的发展，经历了将钢筋和混凝土作为弹性材料的容许应力古典理论（结构内力和构件截面计算均套用弹性理论，采用容许应力设计方法）、考虑材料塑性的极限强度理论以及按结构极限状态设计的理论体系三个阶段。目前，在工程结构设计规范中采用基于概率论和数理统计分析的结构极限状态可靠度理论。

随着对混凝土的微观断裂和内部损伤机理、混凝土的强度理论、混凝土和钢筋的非线性本构关系、钢筋与混凝土之间黏结-滑移理论的构建，有限元法在钢筋混凝土结构中得到了越来越广泛的应用。特别是当结构形式较复杂、受力较多时或者对于非杆系结构，传统的理论计算方法具有局限性，采用有限元法进行结构的应力和变形计算分析成为不可或缺的设计手段。对于重大工程结构或者超出现行规范规定的结构设计，也常先采用原型或仿真模型试验方法取得结构的控制工况应力和变形试验成果，进而开展结构尺寸和配筋设计优化。同时，随着计算机辅助设计软件的开发与工程运用，结构计算分析可以根据结构类型、构件布置、材料性能和受力特点选用线弹性分析方法、考虑塑性内力重分布的分析方法、塑性极限分析方法、非线性分析方法和实验分析方法等。

1.3 课程的任务和特点

混凝土结构设计原理是土木工程专业重要的专业基础理论课程。学习本课程的主要目的和任务是：掌握钢筋混凝土及预应力混凝土结构构件设计计算的基本理论和构造知识，为后续学习有关专业课程和顺利地从事混凝土建筑物的结构设计和研究工作奠定基础。

学习时需要注意以下几点：

1）明确课程是基于材料力学基本原理，阐释关于钢筋混凝土材料的力学理论课程。钢筋混凝土是由钢筋和混凝土材料组成的复合材料，其力学特性及强度理论较为复杂，难以像材料力学处理单一弹性材料那样建立精确的力学模型，并通过严谨推导建立计算公式。因此，钢筋混凝土结构的计算公式常常是基于材料力学基本原理，结合大量试验研究成果进行修正后建立的半理论半经验公式，并附加相应公式的适用范围和适用条件。在学习过程中，需要不断提炼总结，体会并灵活运用"材料力学"课程中分析问题的基本原理和基本思路，即由材料的物理关系、变形的几何关系和受力的平衡关系建立的理论分析方法；掌握学习内容与科学试验和工程实践的密切联系；熟悉由材料力学基本理论公式向钢筋混凝土结构受力计算公式转化的一般规律和方法。

2）要准确理解并掌握钢筋和混凝土的力学性能及其相互作用机理。钢筋和混凝土的力学性能及其相互作用决定着混凝土结构构件的受力性能，两者在体量和强度上的比例关系，会引起结构构件受力性能的改变。当两者的比例关系超过一定界限时，将导致混凝土结构受力性能的显著改变，乃至产生完全不同的破坏形态。因此，在课程学习过程中，要准确把握混凝土结构的这一特点，理解混凝土和钢筋的力学性能及其相互作用机理，掌握不同受力特征下钢筋和混凝土的比例界限，以及结构设计方法适用范围与适用条件，进而掌握混凝土结构设计方法的半理论半经验性质及其内在规律。

3）要深刻认识结构构造是混凝土结构设计的重要组成部分，掌握结构构造的一般规律。结构构件的设计包括材料选择、截面确定、配筋计算和构造措施等多项内容，需要综合考虑安全、适用、经济和施工可行性等各方面的因素。理论计算往往建立在一定的假设条件下，同时，还必须通过一定的构造措施来保障计算结果的合理性。构造措施甚至在某些方面弥补了理论计算的不足。因此，构造措施的采用需要依据理论计算，但更需要依据工程实践经验。例如：构件的截面形状与截面尺寸的相互关系、截面构造配筋形式及数量、截面最小配筋率等。在本课程学习过程中，要深刻认识到结构构造在结构设计中的重要性与不可分割性，并将其作为与计算分析并重的知识加以掌握，理解并掌握构造规定隐含的内在机理和一般规律。

4）要紧密联系混凝土结构设计相关规范的具体规定，增强对规范的认识和理解，提升工程实践能力。作为一门专业理论基础课程，同时也是一门工程实践性很强的课程，在课程学习过程中，要学会将课程知识与规范条款相对照，掌握规范规定的理论依据。这样提示的一个重要原因是，规范是贯彻国家技术经济政策、保证设计质量、实现标准化设计的技术标准，其条款内容会根据国内外混凝土结构的研究成果、工程经验的不断积累，以及技术进步而进行周期性修订完善，专业人员在职业生涯中可能会经历多次规范修订。如果能够较好地掌握课程知识与规范的联系，对今后工作中较全面地理解历次规范修订内容并准确加以运用大有裨益。课程涉及的具体设计方法以国家标准为主线，这些标准主要有《建筑结构可靠性设计统一标准》（GB 50068—2018）、《建筑结构荷载规范》（GB 50009—2012）、《混凝土结构通用规范》（GB 55008—2021）和《混凝土结构设计规范（2015 年版)》（GB 50010—2010）。设计工作是一项创造性工作，如果能够掌握基本理论与规范的内在联系，就可以在遇到超出规范规定范围的工程技术问题时，把控好技术创新与规范的相关关系，做到既遵循规范的一般规律，又不被规范束缚，通过不断的技术创新和工程实践总结，推动行业科技进步。

习　题

一、思考题

1. 什么是混凝土结构？

2. 什么是钢筋混凝土结构？其特点是什么？

3. 什么是预应力混凝土结构？其特点是什么？

4. 混凝土材料发展的方向和目标是什么？

5. 筋材的发展方向是什么？要解决什么科学技术问题？

6. 混凝土结构形式及其工程应用的发展存在什么关联性？

7. 混凝土施工技术有哪些发展？为什么说预制装配混凝土结构是绿色建造技术？

8. 混凝土结构设计计算理论经历了哪些发展阶段？

9. 钢筋混凝土结构主要有哪些优点？

10. 钢筋混凝土结构主要有哪些缺点？如何克服这些缺点？

11. 学习"混凝土结构设计原理"课程时应注意什么？

二、填空题

1. 混凝土结构是_____、_____和_____的总称。

2. 素混凝土结构是指_____或_____的混凝土结构。

3. 钢筋混凝土结构是指配置_____的混凝土结构。

4. 预应力混凝土结构是指配置受力的_____，通过张拉或其他方法建立_____的混凝土结构。

5. 钢筋和混凝土的物理、力学性能不同，它们能够结合在一起共同工作的主要原因是_____和_____。

第 2 章　混凝土结构的材料

本章导读

➤ 内容及要求　本章的主要内容包括钢筋的品种、级别、力学性能及选用原则，混凝土的单向及复合受力强度、变形性能及选用原则，钢筋与混凝土的黏结性能、钢筋的锚固和连接。通过本章学习，应熟悉工程中所用钢筋的品种、级别及性能，掌握钢筋的选用原则及其强度标准值与设计值之间的关系；熟悉混凝土在各种状态下的强度与变形性能，掌握混凝土的选用原则及其强度标准值与设计值之间的关系；了解钢筋与混凝土共同工作的原理，熟悉钢筋与混凝土之间协同工作的构造措施。

➤ 重点　钢筋的强度与变形，混凝土的强度与变形。

➤ 难点　钢筋和混凝土的应力-应变关系曲线的特点，钢筋与混凝土之间的黏结性能。

2.1　钢筋

钢筋是混凝土结构的关键组成材料，起着协助混凝土工作，提高其承载能力、改善其工作性能的作用。了解钢筋的品种及其力学性能，合理选用钢筋是混凝土结构设计的前提。混凝土结构中的钢筋不仅应有较高的强度、良好的变形性能（塑性）和焊接性，而且应与混凝土之间有良好的黏结性能，以保证钢筋与混凝土能共同工作。

2.1.1　钢筋的品种和级别

混凝土结构中使用的钢筋，按化学成分可分为碳素钢和普通低合金钢两大类；按生产工艺和强度可分为热轧钢筋、中高强钢丝、钢绞线和冷加工钢筋；按表面形状可分为光面钢筋和带肋钢筋等。

碳素钢除含有铁元素外，还含有少量的碳、锰、硅、磷、硫等元素。碳含量[⊖]越高，钢材的强度越高，但变形性能和焊接性越差。按碳含量的高低，通常可将碳素钢分为低碳钢（碳含量小于 0.25%）和高碳钢（碳含量为 0.6% ~ 1.4%）。在碳素钢中加入少量的合金元素，如锰、硅、镍、钛、钒等，即可轧制成普通低合金钢。

《混凝土结构设计规范（2015 年版）》（GB 50010—2010），规定混凝土结构使用的钢筋主要有热轧钢筋、热处理钢筋、钢丝和钢绞线等。

1. 热轧钢筋

热轧钢筋主要用于钢筋混凝土结构，也用于预应力混凝土结构的非预应力筋。热轧钢筋按其强度由低到高分为 HPB300、HRB400、HRBF400、RRB400、HRB500、HRBF500 六种。混凝土结构用热轧钢筋见表 2-1，HPB300 钢筋为低碳钢，其余均为普通低合金钢。HRB500 和 HRBF500 的屈服强度相同；RRB400 钢筋为余热处理钢筋，其屈服强度与 HRBF400、

⊖　含量，文中如无特殊说明，均指质量分数。

HRB400 级钢筋相同，但热稳定性能不如 HRB400 级钢筋，焊接时在热影响区强度有所降低。

表 2-1　混凝土结构用热轧钢筋

牌号	符号	公称直径 d/mm	符号含义
HPB300	Φ	6~14	HPB:热轧光面钢筋的英文缩写(Hot-rolled Plain Steel Bar) 300:钢筋的屈服强度标准值为300N/mm²
HRB400 HRBF400 RRB400	Φ Φ^F Φ^R	6~50	HRBF:细晶粒热轧带肋钢筋(Hot-rolled Ribbed Bars Fine) RRB:余热处理钢筋的英文缩写(Remained-heat treatment Ribbed-steel Bar) 400:钢筋的屈服强度标准值为400N/mm²
HRB500 HRBF500	Φ Φ^F	6~50	500:钢筋的屈服强度标准值为500N/mm²

　　除 HPB300 钢筋为光面钢筋外，其余强度较高的钢筋均为表面带肋钢筋，带肋钢筋的表面肋形主要有等高肋（如螺纹、人字纹）和月牙肋，如图 2-1 所示。等高肋钢筋中螺纹钢筋和人字纹钢筋的纵肋和横肋都相交，差别在于螺纹钢筋表面的肋形方向一致，而人字纹钢筋表面的肋形方向不一致，形成"人"字形。月牙肋钢筋表面无纵肋，横肋在钢筋横截面上的投影呈月牙状。月牙肋钢筋与混凝土的黏结性能略低于等高肋钢筋，但仍能保证良好的黏结性能、锚固延性及抗疲劳等性能。因此，等高肋钢筋是目前主流生产的带肋钢筋。

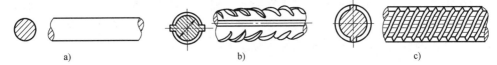

图 2-1　热轧钢筋的表面形式
a）光面钢筋　b）月牙肋钢筋　c）等高肋钢筋

2. 热处理钢筋、钢丝和钢绞线

　　热处理钢筋（图 2-2a）是由特定强度的热轧钢筋通过加热、淬火和回火等调质工艺处理制成的，如预应力螺纹钢筋。钢筋经热处理后，强度有大幅度提高，但塑性降低，在相应的应力-应变曲线中没有明显的屈服点，焊接时热影响区域的强度呈现降低现象。

　　在《混凝土结构设计规范（2015 年版）》（GB 50010—2010）中，预应力筋可选用的钢丝有中强度预应力钢丝和消除应力钢丝两种，按其外观形态可选用光面钢丝或螺旋肋钢丝（图 2-2b）。

　　钢绞线是由若干根（股）高强钢丝捻制在一起，并经过低温回火处理清除内应力后制

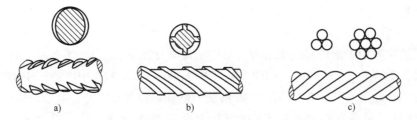

图 2-2　热处理钢筋、螺旋肋钢丝和钢绞线
a）热处理钢筋　b）螺旋肋钢丝　c）钢绞线

成的，常见的有 3 股和 7 股两种（图 2-2c）。钢丝和钢绞线不能采用焊接方式连接。

热处理钢筋、消除应力钢丝和钢绞线都是高强钢筋，主要用于预应力混凝土结构中。

2.1.2　钢筋的力学性能

钢筋的力学性能是指钢筋的强度和变形性能，反映了钢筋的工程使用价值。混凝土结构中所使用的钢筋既要求有较高的强度以提高混凝土结构或构件的承载能力，又要求具有良好的塑性性能以改善混凝土结构或构件的变形性能。钢筋的强度和变形性能通过钢筋单向拉伸的应力-应变曲线来分析说明。钢筋的应力-应变曲线可以分为两类：一是有明显流幅的，即有明显屈服点和屈服平台的，热轧钢筋均属于有明显流幅的钢筋，强度相对较低，但变形性能较好；二是没有流幅的，即没有明显屈服点和屈服平台的，热处理钢筋、钢丝和钢绞线等属于无明显屈服点的钢筋，强度较高，但变形性能较差。

1. 钢筋的强度

（1）有明显屈服点的钢筋的单向拉伸应力-应变曲线　有明显屈服点的钢筋的单向拉伸应力-应变曲线如图 2-3 所示。由图可见，a 点之前，钢筋的应力-应变曲线呈直线，Oa 阶段称为弹性阶段，a 点称为比例极限点；过 a 点后，ab 段应变增速略大于应力增速，应力达到 b 点后钢筋开始进入屈服阶段，b 点的应力称为钢筋的屈服强度；接着进入 bc 段，钢筋应力不变而应变持续增加，钢筋进入流幅阶段，bc 段也称为屈服平台；c 点之后，钢筋的应力会有所增加，到 d 点时应力达到最大值，同时钢筋应变大幅度增加，钢筋的强度得到一定的提高，cd 阶段称为强化阶段，d 点的应力称为钢筋的极限强度；达到极限强度后，钢筋将出现明显的"缩颈"现象，并在"缩颈"区段产生显著的变形，最后在"缩颈"区段的某处钢筋被拉断（如图 e 点），de 阶段称为破坏阶段。

有明显流幅的钢筋，一般取屈服强度（取屈服下限作为屈服强度）作为钢筋强度设计的依据，因为钢筋屈服后，钢筋将产生较大不可恢复的塑性变形，进而导致钢筋混凝土构件产生很大的变形和过宽的裂缝。同时要求钢筋有一定的极限强度，即使结构破坏，也不会因钢筋拉断而倒塌。极限强度作为安全储备，是检验钢筋质量的另一强度指标。

（2）无明显屈服点的钢筋的单向拉伸应力-应变曲线　无明显屈服点的钢筋经单向拉伸后的应力-应变曲线如图 2-4 所示。a 点前钢筋的应力-应变关系为线性，a 点为比例极限点；

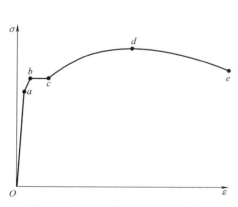

图 2-3　有明显屈服点的钢筋的单向
拉伸应力-应变曲线

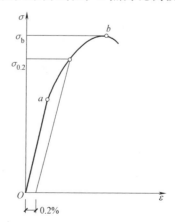

图 2-4　无明显屈服点的钢筋的单向
拉伸应力-应变曲线

过 a 点后钢筋出现塑性变形，应力-应变关系为非线性，没有明显的流幅和屈服强度，b 点应力达到最大值，σ_b 称为钢筋的极限强度；过 b 点后钢筋很快被拉断，钢筋应力-应变曲线较短，总应变较小。

对于无明显屈服点的钢筋，一般取残余应变为 0.2% 时所对应的应力 $\sigma_{0.2}$ 作为其条件屈服强度标准值，一般取 $\sigma_{0.2} = 0.85\sigma_b$。

（3）钢筋的强度标准值和设计值　根据可靠度要求，热轧钢筋的强度标准值取具有不小于 95% 保证率的屈服强度，热处理钢筋、钢丝、钢绞线的强度标准值取具有不小于 95% 保证率的条件屈服强度，即

$$f_{yk} = f_{ym} - 1.645\sigma_{ym} = f_{ym}(1 - 1.645\delta_s) \tag{2-1a}$$

$$f_{pyk} = f_{pym} - 1.645\sigma_{pym} = f_{pym}(1 - 1.645\delta_s) \tag{2-1b}$$

式中　f_{yk}、f_{pyk}——普通钢筋、预应力筋屈服强度标准值；

f_{ym}、f_{pym}——普通钢筋、预应力筋屈服强度平均值；

σ_{ym}、σ_{pym}——普通钢筋、预应力筋屈服强度标准差；

δ_s——钢筋强度的变异系数，宜根据试验统计确定。

钢筋的强度设计值用于结构承载能力极限状态的计算，其值由强度标准值与分项系数的比值确定，即

$$f_y = \frac{f_{yk}}{\gamma_s} \tag{2-2a}$$

$$f_{py} = \frac{f_{pyk}}{\gamma_s} \tag{2-2b}$$

式中　f_y、f_{py}——普通钢筋、预应力筋的强度设计值；

γ_s——钢筋的材料分项系数，对于延性较好的热轧钢筋取 1.10；对于 500MPa 及以上级别高强钢筋适当提高安全储备，取 1.15；对于预应力筋，由于延性稍差，取值不应小于 1.20；对于条件屈服强度取 $0.85\sigma_b$ 的传统预应力钢丝、钢绞线，取 1.2。

普通钢筋的强度标准值和设计值见附表 1 和附表 2，预应力筋的强度标准值和设计值见附表 3 和附表 4。

2. 钢筋的变形

钢筋的伸长率和冷弯性能是衡量钢筋塑性变形性能的两个指标。

（1）伸长率　伸长率一般是指断后伸长率，是钢筋的断后伸长量与原长的比值（以% 表示），即钢筋拉断时的应变，是反映钢筋塑性性能的指标。伸长率大的钢筋，在拉断前有足够预兆，塑性较好。

（2）冷弯性能　冷弯性能反映工程中对钢筋弯折加工的难易程度及钢筋脆化的倾向。如图 2-5 所示，钢筋绕直径为 D 的钢辊弯曲到规定的弯曲角度 α，而不发生断裂、裂纹或起层现象，则钢筋的冷弯性能合格。钢辊直径 D 越小，冷弯角 α 越大，钢筋塑性越好。

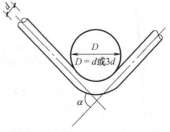

图 2-5　钢筋的弯曲试验

2.1.3　钢筋的选用原则

1. 混凝土结构对钢筋性能的要求

（1）强度高　钢筋的强度主要是指屈服强度（或条件屈服强度）和极限抗拉强度，屈服强度越高，则材料用量越省。普通混凝土构件，由于受到构件变形和裂缝宽度的限制，高强度钢筋的强度不能得到充分利用，适宜选用热轧钢筋；预应力混凝土构件能较好地控制裂缝和变形，可以选用高强度钢筋。

思政：钢筋提质助力土建结构低碳发展

钢筋的屈服强度与抗拉强度的比值称为屈强比，代表结构的强度储备。屈强比小，则结构的强度储备大，但若比值太小则钢筋强度的有效利用率太低，所以要选择适当的屈强比。

（2）塑性性能好　为了保证混凝土结构构件具有良好的变形性能，在破坏前具有破坏预兆，不发生突然的脆性破坏，要求钢筋有良好的塑性性能，可通过伸长率和冷弯性能来检验。

（3）焊接性好　在混凝土结构中，钢筋经常需要连接，其中焊接是一种主要的连接形式。焊接性好的钢筋经焊接后不产生裂纹及过大的变形，焊接接头具有良好的物理力学性能。

（4）与混凝土的黏结锚固性能好　钢筋和混凝土之间良好的黏结性能，是保证钢筋与混凝土共同工作的前提。在钢筋表面加以刻痕或制成各种纹形，有助于提高黏结力。钢筋与混凝土的黏结锚固性能详见本章 2.3 节。

（5）经济性好　衡量钢筋经济性的重要指标是强度价格比，即单位价格可购得的单位钢筋的强度。强度价格比高的钢筋比较经济，不仅可以减少钢筋用量、减小配筋率、方便施工，还可减少加工、运输、施工等一系列附加费用。

2. 钢筋的选用原则

随着我国钢产量的大幅度增加，以及质优、价廉的钢材品种不断增多，"合理用钢"是目前工程选用钢筋的基本理念，应以 HRB400 及以上热轧钢筋为主导钢筋。

1）纵向受力普通钢筋可采用 HRB400、HRB500、HRBF400、HRBF500、HPB300、RRB400 钢筋。

2）梁、柱和斜撑构件的纵向受力普通钢筋宜采用 HRB400、HRB500、HRBF400、HRBF500 钢筋。

3）箍筋宜采用 HRB400、HRBF400、HPB300、HRB500、HRBF500 钢筋。

4）预应力钢筋宜采用预应力钢丝、钢绞线和预应力螺纹钢筋。

2.2　混凝土

2.2.1　混凝土的强度

普通混凝土是指以水泥为主要胶凝材料，与水、砂、石子，必要时掺入化学外加剂和矿物掺合料，按适当比例配合，经过均匀搅拌、密实成型及养护硬化而成的人造材料。混凝土的性质在很大程度上是由原材料的性质及其相对含量决定的，其物理力学性能随着混凝土中水泥凝胶体的不断硬化而逐渐趋于稳定，整个过程通常需要若干年才能完成，混凝土的强度随之不断增加。

1. 简单受力状态下的混凝土强度

（1）混凝土立方体抗压强度　在实际工程中，绝大多数混凝土均处于多向受力状态。由于混凝土的特点，要建立完善的复合应力作用下的强度理论比较困难，因此以单向受力状态下的混凝土强度作为研究多轴强度的基础和重要参数。其中混凝土立方体抗压强度是混凝土的重要力学指标，是划分混凝土强度等级的依据。混凝土立方体抗压强度是根据标准试件在标准条件下（温度为20℃±2℃，相对湿度为95%以上）养护28d，用标准试验方法测得的抗压强度。

目前，我国采用的是边长为150mm的立方体试件。对于同样配合比的混凝土，在其他试验条件相同的情况下，小尺寸试件所测得的抗压强度值较高，大尺寸试件所测得的抗压强度值较低，这是"尺寸效应"对混凝土立方体抗压强度的影响。因为试件尺寸越小，压力试验机垫板对它的约束作用越大，抗压强度越高。反之，试件尺寸越大，内部裂缝或气泡等缺陷越多，端部摩擦力影响越小，故抗压强度越低。对于边长为100mm或200mm的立方体试件，当混凝土的强度等级小于C60时，实测的立方体抗压强度分别是边长为150mm的立方体试块的1.05倍和95%，即$f_{cu,100} = 1.05 f_{cu,150}$，$f_{cu,200} = 0.95 f_{cu,150}$。当混凝土的强度等级大于或等于C80时，应由试验确定其抗压强度。当采用圆柱体标准试件（直径为150mm，高为300mm）进行抗压试验，并采用标准抗压强度来划分混凝土的强度等级时，对于普通混凝土（强度等级不超过C50），实测的立方体抗压强度是边长为150mm的立方体试块的79%~81%。

试验时荷载的施加速度对立方体抗压强度的影响不可忽略，加载速度越快，所测得的立方体抗压强度越高。混凝土试件在试验过程中采用的标准加载速度：当混凝土强度等级小于C30时，加载速度取0.3~0.5MPa/s；当混凝土强度等级介于C30~C60之间时，取0.5~0.8MPa/s；当混凝土强度等级不小于C60时，取0.8~1.0MPa/s。

如图2-6所示，试验时混凝土试件上下两端面（即与压力试验机接触面）不涂刷润滑剂，且应为浇筑成型时的侧面。对混凝土试件单向施加压力时，试件竖向受压缩短，同时横向膨胀扩展。由于压力试验机垫板的弹性模量比混凝土试件大，所以垫板的横向变形比混凝土试件要小得多，因此垫板与试件的接触面通过摩擦力在一定程度上限制了试件的横向变形，提高了试件的抗压强度。当压力试验机施加的压力达到试件的极限压力值时，试件形成两个对角锥形的破坏面。若在试件的上下两端面涂刷润滑剂，则试件与压力试验机垫板间的

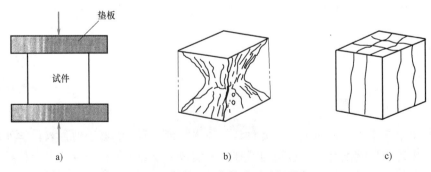

图2-6　混凝土立方体受压破坏形态

a）试验装置　b）不涂刷润滑剂　c）涂刷润滑剂

摩擦力将明显减小，此时试件将可较自由地产生横向变形，最后试件将在沿着压力作用的方向，因产生数条大致平行的裂缝而破坏。所测得的抗压强度值明显较低。可见，试验方法对混凝土立方体抗压强度有着较大的影响。标准的试验方法为不涂润滑剂。

混凝土立方体抗压强度随着混凝土成型后龄期的增长而提高，而且前期提高的幅度较大，后期逐渐减缓，如图 2-7 所示。强度增长过程一般要延续数年后才能完成。在潮湿环境中使用的结构，强度增长延续的年限更长。

（2）混凝土轴心抗压强度 在实际工程中，一般受压构件不是立方体而是棱柱体。因此，为更好地反映构件的实际受压情况，采用 150mm×150mm×300mm 的棱柱体作为标准试件进行抗压试验，所测得的强度称为混凝土轴心抗压强度。棱柱体抗压试验装置和试件破坏形态如图 2-8 所示。

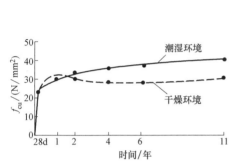

图 2-7 混凝土强度与龄期的关系

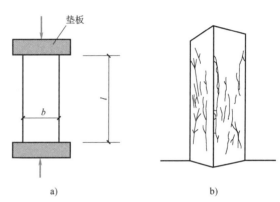

图 2-8 混凝土棱柱体抗压试验装置和试件破坏形态
a）试验装置 b）试件破坏形态

试验表明，混凝土棱柱体试件的抗压强度低于立方体试件的抗压强度，而且棱柱体试件的高宽比 l/b 越大，其强度越低。依据大量对比试验得到的混凝土轴心抗压强度与立方体抗压强度关系如图 2-9 所示。经过试验数据统计分析，混凝土轴心抗压强度与立方体抗压强度的关系可简化为三折线，表达式为

$$f_{c,m} = \alpha_{c1} f_{cu,m} \qquad (2-3)$$

式中 $f_{c,m}$——混凝土轴心抗压强度的平均值；

$f_{cu,m}$——混凝土立方体抗压强度的平均值；

α_{c1}——混凝土轴心抗压强度与立

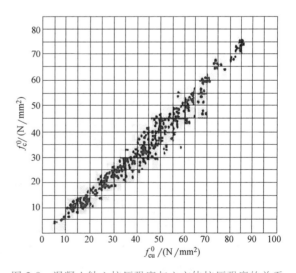

图 2-9 混凝土轴心抗压强度与立方体抗压强度的关系

方体抗压强度之比，对于强度等级为 C50 及以下的混凝土取 0.76，对于强度等级为 C80 的混凝土取 0.82，两者中间按线性变化插值。

（3）混凝土轴心抗拉强度 混凝土轴心抗拉强度也是混凝土的一个基本力学性能指标，

主要用于分析混凝土构件的裂缝宽度、变形及计算混凝土构件受冲切、受扭、受剪等时的承载力。一般采用轴心拉伸试验和劈裂试验方法测试混凝土轴心抗拉强度。

1）轴心拉伸试验。采用 100mm×100mm×500mm 的棱柱体试件，在其两端轴心位置设有埋入长度为 150mm 的 Φ16 变形钢筋。压力试验机夹紧试件两端伸出的钢筋，并施加拉力使试件受拉，如图 2-10a 所示。受拉破坏时，在试件中部产生横向裂缝，将破坏截面上的平均拉应力定义为轴心抗拉强度。因为混凝土的抗拉强度低且影响因素较多，轴向拉力的"对中"难度大，要实现理想的均匀轴心受拉较为困难，因此混凝土的轴心抗拉强度试验值往往具有较大的离散性。

由图 2-10b 所示的试验结果看出，轴心抗拉强度只有立方体抗压强度的 $1/16 \sim 1/8$，混凝土强度等级越高，比值越小。对系列对比试验数据进行统计分析，可得出轴心抗拉强度与立方体抗压强度的关系

$$f_{t,m} = 0.395 f_{cu,m}^{0.55} \tag{2-4}$$

式中 $f_{t,m}$——混凝土轴心抗拉强度的平均值。

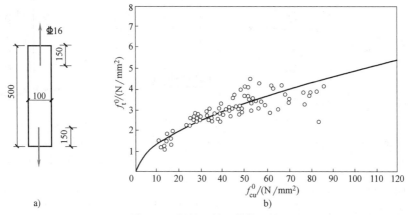

图 2-10　混凝土轴心抗拉强度

a）轴心受拉试验　b）混凝土轴心抗拉强度与立方体抗压强度的关系

2）劈裂试验。由于轴心拉伸试验难以实施，实际上通常以立方体或圆柱体的劈裂试验来代替轴心拉伸试验，如图 2-11 所示。劈裂试验一般采用尺寸为 150mm×150mm×150mm 的标准试件，也可采用 ϕ150mm×300mm 的圆柱体试件，通过弧形钢垫条（垫条与试件之间垫以木质三合板垫层）施加竖向压力 F。加载速度为：当混凝土强度等级小于 C30 时，取 0.02~0.05MPa/s；当混凝土强度等级介于 C30 和 C60 之间时，取 0.05~0.08MPa/s；当混凝土强度等级不小于 C60 时，取 0.08~0.10MPa/s。

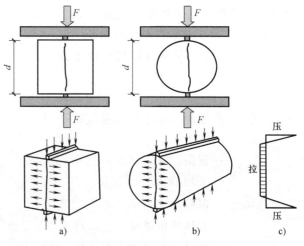

图 2-11　劈裂试验测试混凝土抗拉强度

a）立方体劈裂试验　b）圆柱体劈裂试验　c）应力分布

在试件的中间截面（除加载垫条附近很小的范围外），存在均匀分布的拉应力。当拉应力达到混凝土的抗拉强度时，试件被劈裂成两半。劈裂强度 $f_{t,s}$ 按下列公式计算：

$$f_{t,s} = \frac{2F}{\pi dl} \qquad (2-5)$$

式中　F——劈裂试验破坏荷载；

　　　d——圆柱体直径或立方体边长；

　　　l——圆柱体长度或立方体边长。

应注意的是，对于同一品质的混凝土，轴心拉伸试验与劈裂试验所测得的抗拉强度值并不相同，劈裂抗拉强度值略大于轴心拉伸试验测得的抗拉强度值，而且与试件的大小有关。

（4）混凝土强度标准值和设计值　在混凝土结构构件设计时，混凝土强度标准值是强度的基本代表值。由标准试件按标准试验方法经数理统计以概率分布规定的分位数确定，具有 95% 的保证率。混凝土立方体抗压强度标准值、轴心抗压强度标准值及轴心抗拉强度标准值分别用 $f_{cu,k}$、f_{ck} 及 f_{tk} 表示。

混凝土立方体抗压强度标准值 $f_{cu,k}$ 由其强度平均值 $f_{cu,m}$ 按概率和试验分析确定如下：

$$f_{cu,k} = f_{cu,m} - 1.645\sigma = f_{cu,m}(1 - 1.645\delta_c) \qquad (2-6)$$

式中　σ——混凝土立方体抗压强度标准差；

　　　δ_c——混凝土强度变异系数，宜根据试验统计确定。

《混凝土结构设计规范（2015 年版）》（GB 50010—2010）根据混凝土立方体抗压强度标准值，把混凝土强度划分为 14 个强度等级，分别为 C15、C20、C25、C30、C35、C40、C45、C50、C55、C60、C65、C70、C75 和 C80，混凝土强度等级的级差均为 5N/mm^2。其中 C 表示混凝土，C 后面的数字表示立方体抗压强度标准值，例如 C15 即表示 $f_{cu,k} = 15\text{N/mm}^2$。

假定混凝土轴心抗压强度标准值 f_{ck} 与立方体抗压强度标准值 $f_{cu,k}$ 具有相同的变异系数，结合式（2-6），考虑到实际结构构件制作、养护和受力环境通常比实验室条件差，其实际强度与标准养护的试件强度之间存在差异，对试件混凝土轴心抗压强度乘以修正系数 0.88。同时，考虑混凝土脆性折减系数 α_{c2}，则混凝土轴心抗压强度标准值 f_{ck} 表示如下：

$$f_{ck} = 0.88\alpha_{c1}\alpha_{c2}f_{cu,k} \qquad (2-7)$$

式中　α_{c2}——考虑高强混凝土脆性破坏特征对强度影响的脆性折减系数。强度等级为 C40 以上的混凝土考虑脆性折减系数；当强度等级为 C40 及以下时，取值 1.0；当强度等级为 C80 时，取值 0.87；当强度等级为中间值时，按线性变化插值。

同理，混凝土轴心抗拉强度标准值 f_{tk} 表示如下：

$$f_{tk} = 0.88\alpha_{c2} \times 0.395 f_{cu,k}^{0.55}(1 - 1.645\delta_c)^{0.45} \qquad (2-8)$$

在计算结构承载能力极限状态时，采用混凝土强度设计值。

混凝土轴心抗压强度设计值用 f_c 表示，其值由轴心抗压强度标准值 f_{ck} 与分项系数 γ_c 的比值确定，即

$$f_c = f_{ck}/\gamma_c \qquad (2-9)$$

同理，混凝土轴心抗拉强度设计值 f_t 与轴心抗拉强度标准值 f_{tk} 之间的关系为

$$f_t = f_{tk}/\gamma_c \qquad (2-10)$$

式（2-9）、式（2-10）中的 γ_c 为混凝土材料的分项系数，取值 1.4。混凝土强度标准值和设计值分别见附表 5 和附表 6。

2. 复合受力状态下的混凝土强度

混凝土结构构件大多处于复合应力状态，即双向或三向受力状态。例如：梁承受弯矩、剪力（或者同时还承受扭矩）的作用；柱既承受轴向力，又承受弯矩、剪力等作用。因此，研究复合受力状态下的混凝土强度具有重要意义，由于问题的复杂性，目前主要依据一些试验研究成果，得出混凝土近似的复合受力强度。

（1）双向受力　图 2-12 所示为混凝土试件双向应力下的强度曲线，在两个相互垂直的平面上作用着法向应力 σ_1、σ_2。第一象限为双向受拉状态，σ_1 和 σ_2 相互影响不大，无论比值 σ_1/σ_2 大小如何，双向受拉强度接近于单向受拉强度；第三象限为双向受压状态，在双向压力的作用下，互相制约了横向变形，故而抗压强度有所提高，比单向受压时提高了 27% 左右；第二、第四象限为拉-压应力状态，其抗拉强度、抗压强度均低于相应的单向强度，其相互作用加大了试件的横向变形，加速了混凝土内部微裂缝的发展，故在两向异号的应力状态下混凝土强度降低。

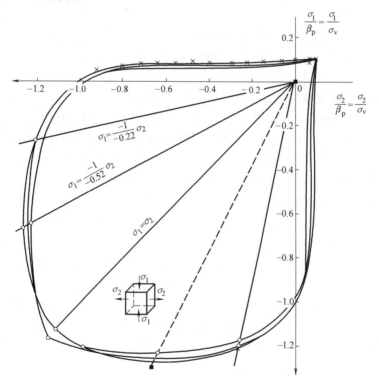

图 2-12　混凝土试件双向应力下的强度曲线

图 2-13 所示为混凝土在单向正应力 σ 和剪应力 τ 共同作用下的强度曲线。当压应力较小时，抗剪强度随压应力的增大而提高。当压应力超过 $0.6f_c$ 时，抗剪强度随压应力的增大有所降低。此外，混凝土的抗剪强度随拉应力的增大而降低。同时，由于剪应力的存在，混

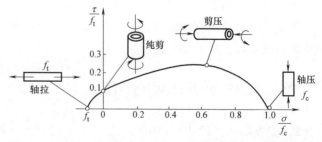

图 2-13　混凝土单向正应力和剪应力共同作用下的强度曲线

凝土的抗拉强度会降低。

（2）三向受压　在实际工程中，钢管混凝土柱或者螺旋箍筋柱，间接产生侧压力约束了混凝土受到压力作用时的横向扩展，混凝土处于三向受压状态。横向侧压力的有利约束作用延迟和限制了混凝土沿纵向内部微裂缝的发生和发展，混凝土强度有较大的提高。

2.2.2　混凝土的变形

混凝土的变形主要包括受力变形和体积变形。混凝土的受力变形是指混凝土在一次短期加载、长期荷载作用或循环荷载作用下产生的变形。混凝土的体积变形是指混凝土在硬化过程中体积的变化。

1. 混凝土的受力变形

（1）一次短期加载作用下混凝土的变形力-应变曲线即为单轴受压应力-应变曲线，它反映混凝土受力全过程的重要力学特征和基本力学性能，是研究混凝土结构强度理论的必要依据，也是对混凝土进行非线性分析的重要基础。典型的混凝土单轴受压应力-应变曲线如图 2-14 所示。

从图 2-14 可得到以下结论：

1）曲线包括上升段和下降段两部分，以 C 点为分界点，每部分由 3 小段组成。

2）图中各关键点含义：A 为比例极限点，B 为临界点，C 为峰值点，D 为拐点，E 为收敛点，F 为曲线末梢。

3）各小段的含义为：OA 段接近直线，应力较小，应变不大，混凝土的变形为弹性

对混凝土进行短期单向施加压力所获得的应

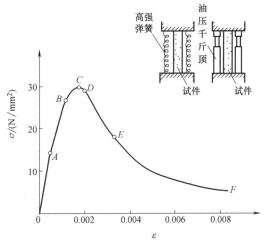

图 2-14　典型的混凝土单轴受压应力-应变曲线

变形，原始裂缝影响很小；AB 段为微曲线段，应变的增长稍快于应力的增长，混凝土处于裂缝稳定扩展阶段，其中 B 点的应力是确定混凝土长期荷载作用下抗压强度的依据；BC 段应变增长明显快于应力的增长，混凝土处于裂缝快速不稳定发展阶段，其中 C 点的应力最大，即为混凝土极限抗压强度，最大应力点的应变为峰值应变 ε_0；CD 段应力快速下降，应变仍在增长，混凝土中裂缝迅速发展且贯通，出现了主裂缝，内部结构破坏严重；DE 段应力下降变慢，应变较快增长，混凝土内部结构处于磨合和调整阶段，主裂缝宽度进一步增大，最后只依赖骨料间的咬合力和摩擦力来承受荷载；EF 段为收敛段，此时试件中的主裂缝宽度快速增大最终完全破坏了混凝土内部结构。

我国常采用棱柱体试件来测定混凝土的应力-应变曲线，在普通试验机上采用等应力速度加载，达到轴心抗压强度时，试验机中集聚的弹性应变能会导致试件突然产生脆性破坏，只能测得曲线的上升段。采用伺服试验机按等应变速度加载，或在试件旁附设高弹性元件协同受压，以吸收试验机内所集聚的弹性应变能，防止试验机头回弹冲击引起试件突然破坏。该方法可以测得应力-应变曲线的下降段。

混凝土受压时的应力-应变曲线中的峰值应力 σ_0、峰值应变 ε_0 以及破坏时的极限压应

变 ε_{cu}（E 点的应变）是曲线的 3 个特征值。极限压应变 ε_{cu}（相关内容见第 3 章）包括弹性压应变和塑性压应变，通常把材料受力破坏之前产生的塑性变形能力称为材料的韧性，混凝土受压塑性变形越大，变形能力越大，韧性越好。

由大量试验结果分析得到的不同强度等级混凝土的应力-应变曲线如图 2-15 所示。可以看出，虽然混凝土的强度等级不同，但各条曲线的基本形状相似，具有相似的特征。混凝土的强度等级越高：上升段越长，峰点越高，峰值应变也越大，但不显著；下降段越陡，单位应力幅度内应变越小，延性越差。高强度混凝土更为明显，最后破坏大多为骨料破坏，脆性明显，变形量小。

（2）混凝土的变形模量　混凝土的变形模量广泛地应用于分析混凝土结构的内力、截面的应力和变形。与弹性材料相比，混凝土的应力-应变关系呈非线性，即在不同应力状态下，应力与应变的比值是一个变数，混凝土的变形模量有以下表示方法，如图 2-16 所示。

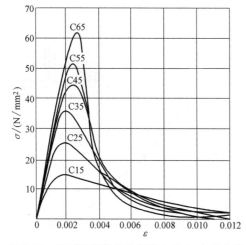

图 2-15　不同强度等级的混凝土应力-应变曲线

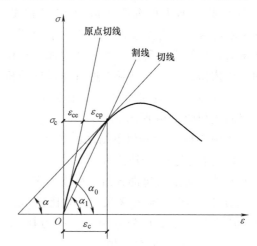

图 2-16　混凝土变形模量的表示方法

1）原点模量 E_c。原点模量也称原点弹性模量，简称为弹性模量，即在混凝土轴心受压的应力-应变曲线上，过原点作该曲线的切线，如图 2-16 所示，其斜率即为混凝土的原点模量，通常称为混凝土的弹性模量，用 E_c 表示，其表达式为

$$E_c = \frac{d\sigma}{d\varepsilon}\bigg|_{\sigma=0} = \tan\alpha_0 \tag{2-11}$$

式中　α_0——过原点所做应力-应变曲线的切线与应变轴间的夹角。

混凝土的应力-应变关系呈非线性，通过一次加载试验所得到的曲线难以准确地确定混凝土的弹性模量 E_c。通常采用标准棱柱体试件，首先将混凝土棱柱体试件加载至 $0.5f_c$，然后卸载至零，通过 5~10 次反复加载和卸载的试验，消除混凝土的塑性变形，残余应变越来越小，直至应力-应变曲线稳定为直线，直线的斜率即为混凝土的弹性模量，如图 2-17 所示。图 2-18 所示为经过数理统计分析得出的混凝土弹性模量 E_c（单位为 N/mm^2）与立方体抗压强度的关系，弹性模量的计算公式为

$$E_c = \frac{10^5}{2.2 + \frac{34.7}{f_{cu,k}}} \tag{2-12}$$

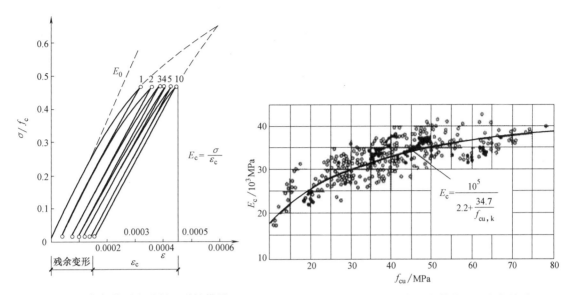

图 2-17   反复加载测定混凝土弹性模量   图 2-18   混凝土弹性模量与立方体抗压强度的关系

式（2-12）表明，混凝土强度越高，弹性模量越大，按附表 7 取值。

2）割线模量 E'_c。在混凝土的应力-应变曲线上，取任一点并做其与原点连线，如图 2-16 所示，将该割线斜率定义为混凝土的割线模量。混凝土的割线模量是一个随应力不同而不同的变数，在同样应变条件下，混凝土强度越高，割线模量越大。

3）切线模量 E''_c。在混凝土的应力-应变曲线上任取一点，并过该点作曲线的切线，如图 2-16 所示，则其斜率即为混凝土的切线模量。混凝土的切线模量也是一个变数，随应力的增大而减小。对于不同强度等级的混凝土，在应变相同的条件下，强度越高，切线模量越大。

4）剪切模量 G_c。目前尚未找到合适的混凝土抗剪试验方法，直接通过试验来测定混凝土的剪切模量是十分困难的。一般根据混凝土抗压试验中测得的弹性模量 E_c 来确定：

$$G_c = \frac{E_c}{2(\nu_c + 1)}$$

（2-13）

式中 ν_c——混凝土的泊松比，取 $\nu_c = 0.2$。

经计算，混凝土的剪切模量可按相应弹性模量值的 40% 采用。

（3）混凝土单向受拉应力-应变曲线   混凝土轴心受拉时的应力-应变曲线如图 2-19 所示，其曲线形状与受压时相似，具有明显的上升段和下降段两部分：混凝土强度越高上升段越长，曲线峰值点越高，但对应的变形几乎没有增大；下降段越陡，极限变形反而越小。混凝土试件受拉断裂时混凝土的极限拉应变 ε_{tu} 很小，计算时一般取 ε_{tu} = 0.0001~0.0015。混凝土受拉时原点的

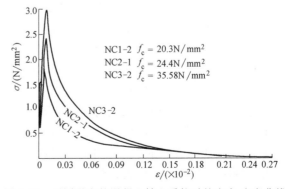

图 2-19   不同强度的混凝土轴心受拉时的应力-应变曲线

切线模量与受压时基本相同，因此，受拉的弹性模量与受压的弹性模量相同。

（4）荷载长期作用下的变形　混凝土在荷载长期作用下应力保持不变，其塑性变形随着荷载作用时间延长而不断增加的现象，称为混凝土的徐变。徐变有利于结构构件进行内（应）力重分布，可以减小各种外界因素对超静定结构的不利影响，降低附加应力。但徐变容易引起混凝土结构变形增大，导致预应力混凝土产生预应力损失，严重时还会致使结构破坏。因此，实际工程中，混凝土构件长期处于不变的高应力状态是比较危险的，对结构安全是不利的。徐变的特性主要与时间有关，通常表现为前期增长快，以后逐渐减慢，经过 2~3 年后趋于稳定，如图 2-20 所示。

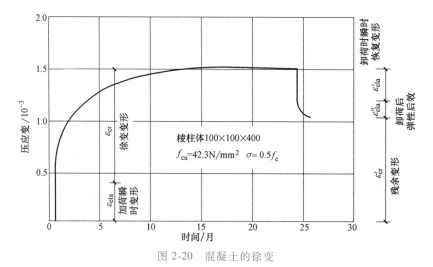

图 2-20　混凝土的徐变

影响混凝土徐变的因素概括起来可归纳为三个方面，即内在因素、环境因素和应力因素。就内在因素而言，混凝土中水泥用量越多，徐变越大；水胶比越大，徐变越大；材料质量和级配越好，弹性模量越高，徐变越小。环境因素中养护温度越高，湿度越大，水泥水化作用越充分，徐变就越小；试件受荷后，环境温度越低，湿度越大，徐变就越小；构件的体表比越大，徐变越小。应力因素主要反映在加荷时的应力水平，显然应力水平越高，徐变越大；持荷时间越长，徐变也越大；初始加荷时，混凝土的龄期越短，徐变越大。

2. 混凝土的体积变形

（1）混凝土的收缩　混凝土硬化过程中体积的改变称为体积变形，混凝土在空气中结硬时体积会减小，这种现象称为混凝土的收缩。混凝土的收缩是一种自发的、在不受外力的情况下体积变化所产生的变形。因此，当收缩变形不能自由进行时，将在混凝土中产生拉应力，这有可能导致混凝土因收缩变形而开裂。对于预应力混凝土结构，常因混凝土硬化收缩而引起预应力筋的预应力损失。混凝土的收缩是由凝胶体的体积凝结缩小和混凝土失水干缩共同引起的，在一定时间内，收缩变形随时间的增加而增大，随后趋于稳定，其规律如图 2-21 所示：早期发展较快，

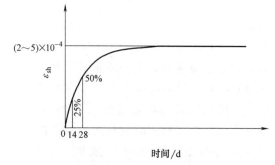

图 2-21　混凝土的收缩随时间增加的规律

一个月内可完成收缩总量的 50%；而后发展渐缓，完成全部收缩需要几年，甚至十几年，混凝土收缩应变总量为 $(2\sim5)\times10^{-4}$，通常是混凝土开裂时拉应变的 2~4 倍。

影响混凝土收缩的主要因素有：水泥用量（用量越大，收缩越大）、水胶比（水胶比越大，收缩越大）、水泥强度（强度越高，收缩越大）、水泥品种（不同品种有不同的收缩量）、混凝土骨料的特性（弹性模量越大，收缩越小）、养护条件（温、湿度越高，收缩越小）、混凝土成型后的质量（质量越好，密实度越高，收缩越小）、构件尺寸（小构件，收缩大）。显然影响因素很多而且复杂，准确地计算收缩量十分困难，所以应采取一些技术措施来减少因收缩而引起的不利影响。

（2）混凝土的温度变形　当温度变化时，混凝土也会发生热胀冷缩的现象。混凝土的线膨胀系数与钢筋的接近，温度变化在钢筋与混凝土间产生的内力一般很小，不至于产生大的变形。当引起的温度变形受到外界的约束而不能自由进行时，将在构件内产生温度应力。在大体积混凝土中，表面混凝土的收缩较内部大，而内部混凝土水泥水化热温度比表面高，若内外层变形差较大，则会导致表面混凝土开裂。

2.2.3　混凝土的选用原则

在混凝土结构中，混凝土强度等级的选用与结构构件的受力状态及耐久性能有关，同时还应考虑与钢筋强度等级相匹配。根据工程经验和技术经济条件等方面的要求，《混凝土通用规范》（GB 55008—2021）规定：素混凝土结构构件的混凝土强度等级不应低于 C20；钢筋混凝土结构构件的混凝土强度等级不应低于 C25；预应力混凝土楼板结构的混凝土强度等级不应低于 C30；其他预应力混凝土结构构件的混凝土强度等级不应低于 C40；钢-混凝土组合结构构件的混凝土强度等级不应低于 C30。承受重复荷载作用的钢筋混凝土结构构件，混凝土强度等级不应低于 C30。抗震等级不低于二级的钢筋混凝土结构构件，混凝土强度等级不应低于 C30。采用 500MPa 及以上等级钢筋的钢筋混凝土结构构件，混凝土强度等级不应低于 C30。

2.3　钢筋的锚固与连接

2.3.1　钢筋与混凝土之间的黏结机理

1. 黏结力

钢筋与混凝土黏结是保证钢筋和混凝土能够共同工作的根本前提。如果钢筋和混凝土不能良好地黏结在一起，混凝土构件受力变形后，在小变形的情况下，钢筋和混凝土就不能协调变形；在大变形的情况下，钢筋就不能很好地锚固在混凝土结构中，从而因产生相对滑移而破坏。

钢筋与混凝土之间的黏结性能可以用两者界面上的黏结应力来体现。当钢筋与混凝土之间存在相对变形（滑移）的趋势时，其界面上沿钢筋轴线方向会产生相互作用力，这种作用力称为黏结应力，如图 2-22 所示。

在钢筋上施加拉力，钢筋与混凝土之间的端部存在黏结应力，钢筋将部分拉力传递给混凝土使混凝土受

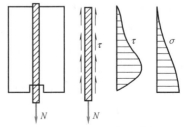

图 2-22　直接拔出试验应力分布示意图

拉，经过一定的传递长度后，黏结应力为零。

钢筋混凝土构件中的黏结应力，按其作用性质可分为裂缝附近的局部黏结应力和构件支座附近的锚固黏结应力两类。裂缝附近的局部黏结应力是在相邻两个开裂截面之间产生的，当混凝土构件上出现裂缝，开裂截面之间存在局部黏结应力，开裂截面钢筋的应变大，未开裂截面钢筋的应变小，黏结应力使远离裂缝处钢筋的应变变小，混凝土的应变从零逐渐增大，裂缝间的混凝土参与工作，如图 2-23a 所示，黏结应力的大小影响着裂缝间混凝土参与工作的程度。在混凝土结构设计中，当将伸入支座或在连续梁顶部负弯矩区段的钢筋截断时，应将钢筋延伸一定的长度进行锚固。钢筋只有足够的锚固长度，才能积累足够的黏结应力使钢筋承受拉力，分布在锚固长度上的黏结应力，称为锚固黏结应力，如图 2-23b 所示。

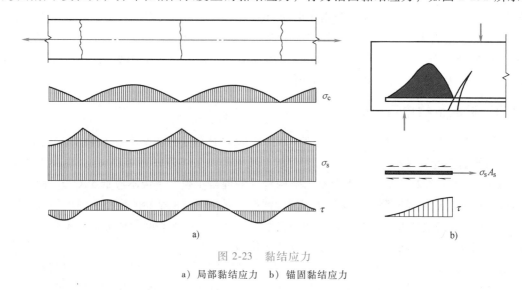

图 2-23　黏结应力

a）局部黏结应力　b）锚固黏结应力

2. 黏结力的组成

钢筋与混凝土之间的黏结力大小与钢筋表面的形状和混凝土的质量有关，其中钢筋表面的形状对其影响尤为明显。

光面钢筋与混凝土之间的黏结力主要由化学胶着力、摩阻力和机械咬合力三部分组成。化学胶着力是由水泥浆体在硬化前对钢筋氧化层的渗透、硬化过程中晶体的生长等原因产生的，化学胶着力一般较小，混凝土和钢筋发生相对滑动时便会消失。混凝土硬化会发生收缩，进而对钢筋产生径向的握裹力。在握裹力的作用下，当钢筋和混凝土之间有相对滑动或有滑动趋势时，钢筋与混凝土之间产生摩阻力。摩阻力的大小与钢筋表面的粗糙程度有关，表面越粗糙，摩阻力越大。机械咬合力是由钢筋表面凹凸不平与混凝土咬合嵌入产生的。光面钢筋的黏结力主要由化学胶着力和摩阻力组成，相对较小。光面钢筋的直接拔出试验表明，达到抗拔极限状态时，钢筋直接从混凝土中拔出，滑移大。

对于光面钢筋，表面轻度锈蚀有利于增加摩阻力，但摩擦作用也很有限。由于光面钢筋表面的凹凸程度很小，机械咬合作用也不大，因此，光面钢筋与混凝土的黏结强度较低，为了锚固光面钢筋通常需在钢筋端部通过弯钩、弯折或加焊短钢筋以阻止钢筋与混凝土间产生较大的相对滑移。

带肋钢筋与混凝土之间的黏结除化学胶着力和摩阻力外，机械咬合力起主要作用。带肋钢筋表面的横肋嵌入混凝土内并与之咬合，能显著提高钢筋与混凝土之间的黏结性能，如图 2-24 所示。

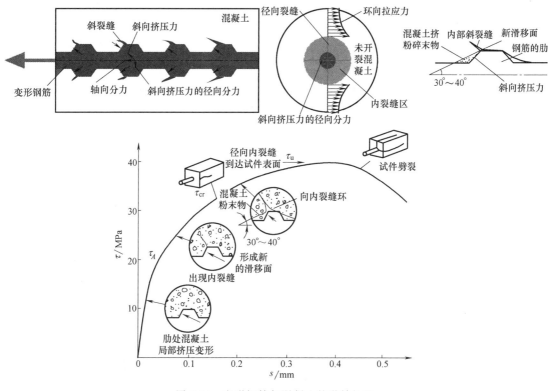

图 2-24　变形钢筋与混凝土的黏结机理

　　在拉拔力的作用下，钢筋的横肋对混凝土形成斜向挤压力。当荷载增加时，钢筋周围的混凝土首先出现斜向裂缝，钢筋横肋前端的混凝土被压碎，形成肋前挤压面。同时，在径向力的作用下，混凝土产生环向拉应力，最终导致混凝土保护层发生劈裂破坏。如果混凝土的保护层较厚，则混凝土不会在径向力作用下产生劈裂破坏，达到抗拔极限状态时，肋前端的混凝土完全被挤碎，钢筋被拔出，结构产生剪切型破坏。因此，带肋钢筋的黏结性能明显优于光面钢筋，具有良好的锚固性能。

　　3. 影响钢筋和混凝土黏结性能的因素

　　影响钢筋和混凝土黏结性能的因素很多，其中主要的影响因素有钢筋的表面形状、混凝土强度、浇筑位置、保护层厚度、钢筋净间距、横向钢筋约束和侧向压力作用等。

　　（1）钢筋的表面形状　一般用单向拉拔试验得到的黏结强度和黏结滑移曲线表示黏结性能。达到抗拔极限状态时，钢筋与混凝土界面上的平均黏结应力称为黏结强度，用下式表示：

$$\tau = \frac{N}{\pi d l} \tag{2-14}$$

式中　τ——黏结强度；

　　　　N——轴向拉力；

　　　　d——钢筋直径；

l——黏结长度。

在拉拔过程中，所得到的平均黏结应力与钢筋和混凝土之间的滑移关系，称为黏结滑移曲线，如图 2-25 所示。由图可知带肋钢筋不仅黏结强度高，而且达极限强度时的变形小。一般来说，相对肋面积越大，钢筋与混凝土的黏结性能越好，相对滑移越小。

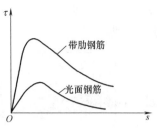

图 2-25 钢筋的黏结滑移曲线

（2）混凝土强度 混凝土的强度越高，钢筋与混凝土的黏结性能越好，相对滑移越小。光面钢筋和带肋钢筋与混凝土的黏结强度均随混凝土强度的提高而提高，与混凝土的抗拉强度近似成正比。

（3）浇筑位置 混凝土在硬化过程中会发生沉缩和泌水现象。水平浇筑构件（如混凝土梁）的顶部钢筋，受到混凝土沉缩和泌水的影响，钢筋下面与混凝土之间容易形成空隙层，从而削弱钢筋与混凝土之间的黏结性能。

（4）保护层厚度和钢筋净间距 混凝土保护层越厚，对钢筋的约束越大，混凝土产生劈裂破坏所需要的径向力越大，黏结强度越高。钢筋的净间距越大，黏结强度越大。当钢筋的净间距太小时，水平劈裂可能会使整个混凝土保护层脱落，进而显著地降低黏结强度。

（5）横向钢筋约束和侧向压力作用 横向钢筋约束或侧向压力作用可以延缓裂缝的发展和限制劈裂裂缝的宽度，从而提高黏结强度。因此，在较大直径钢筋的锚固或搭接长度范围内，以及当一层并列的钢筋根数较多时，均应设置一定数量的附加箍筋，以防止混凝土保护层的劈裂崩落。横向钢筋的存在限制了径向裂缝的发展，使黏结强度得到提高。

2.3.2 钢筋的锚固

1. 受拉钢筋的基本锚固长度

根据上述对影响钢筋与混凝土之间黏结性能的因素分析，通过大量试验研究并进行可靠度分析，考虑主要影响因素（即钢筋的强度、混凝土的强度和钢筋的表面特征）后，得出当计算中充分利用钢筋的抗拉强度时，受拉钢筋的基本锚固长度计算公式，即

普通钢筋：

$$l_a = \alpha \frac{f_y}{f_t} d \qquad (2\text{-}15a)$$

预应力筋：

$$l_a = \alpha \frac{f_{py}}{f_t} d \qquad (2\text{-}15b)$$

式中 l_a——受拉钢筋的基本锚固长度；

f_y、f_{py}——普通钢筋、预应力筋的抗拉强度设计值，取值分别见附表 2、附表 4；

f_t——混凝土轴心抗拉强度设计值，当混凝土强度等级高于 C60 时，按 C60 取值；

d——钢筋的直径；

α——钢筋的外形系数，取值见表 2-2。

表 2-2　锚固钢筋的外形系数 α

钢筋类型	光面钢筋	带肋钢筋	螺旋肋钢丝	三股钢绞线	七股钢绞线
锚固钢筋外形系数 α	0.16	0.14	0.13	0.16	0.17

注：光面钢筋末端应做 180°弯钩，弯后平直段长度不应小于 3d，但作受压钢筋时可不做弯钩。

当受力钢筋的锚固长度有限，靠自身的黏结性能无法满足其承载力要求时，可在受力钢筋的末端采用机械锚固措施，如图 2-26 所示。但当机械锚头充分受力时，往往会引起很大的滑移和裂缝，因此仍需要一定的钢筋锚固长度与其配合，对于 HRB400 和 RRB400 级钢筋，其锚固长度应取 $0.7l_a$。同时，为增强锚固区域的局部抗压能力，避免出现混凝土局部受压破坏，锚固长度范围内的箍筋不应少于 3 根，其直径不应小于锚固钢筋直径的 25%，间距不应大于锚固钢筋直径的 5 倍。当锚固钢筋的保护层厚度大于钢筋直径的 5 倍时，可不配置上述箍筋。

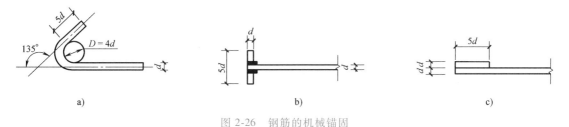

图 2-26　钢筋的机械锚固

a）135°弯钩　b）两侧贴焊锚筋　c）侧贴焊锚筋

2. 受压钢筋的锚固长度

受压钢筋的黏结机理与受拉钢筋基本相同，但钢筋受压后的镦粗效应加大了界面的摩擦力及咬合作用，对锚固有利，因此受压钢筋的锚固长度可以减小。当计算中充分利用纵向钢筋受压时，其锚固长度可取为受拉时钢筋锚固长度的 70%。

2.3.3　钢筋的连接

若结构中实际配置的钢筋长度与供货长度不一致，则会存在钢筋的连接问题。钢筋的连接需要满足承载力、刚度、延性等基本要求，以实现结构对钢筋的整体传力。钢筋的连接形式有绑扎搭接、焊接和机械连接。应遵循如下基本设计原则：接头应尽量设置在受力较小处，在同一钢筋上宜少设连接接头，在结构的重要构件和关键传力部位，纵向受力钢筋不宜设置连接接头。

1. 绑扎搭接连接

钢筋的绑扎搭接连接利用了钢筋与混凝土之间的黏结锚固作用，因较可靠且施工简便而得到广泛应用。钢筋绑扎搭接接头连接区段的长度为 1.3 倍搭接长度。凡搭接接头中点位于该连接区段长度内的搭接接头均属于同一连接区段，如图 2-27 所示。同一连接区段内纵向钢筋搭接接头面积百分率为该区段内搭接接头的纵向受力钢筋截面面积与全部纵向受力钢筋截面面积的比值。

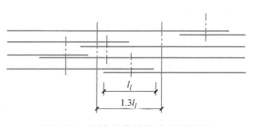

图 2-27　钢筋的搭接接头连接区段

位于同一连接区段内的受拉钢筋搭接接头面积百分率：对于梁、板和墙类构件，不宜大于 25%；对于柱类构件，不宜大于 50%。当工程中确有必要增大受拉钢筋搭接接头面积百分率时，对于梁类构件，不应大于 50%；对于板、墙、柱及预制构件的拼接处，可根据实际情况放宽。

纵向受拉钢筋绑扎搭接接头的搭接长度应根据位于同一连接区段内的钢筋搭接接头面积百分率按下列公式计算：

$$l_l = \zeta_l l_a \tag{2-16}$$

式中 l_l——纵向受拉钢筋的搭接长度；

l_a——纵向受拉钢筋的基本锚固长度；

ζ_l——纵向受拉钢筋搭接长度修正系数，取值见表 2-3。

表 2-3   纵向受拉钢筋搭接长度修正系数 ζ_l

纵向受拉钢筋搭接接头面积百分率(%)	≤25	50	100
ζ_l	1.2	1.4	1.6

在任何情况下，纵向受拉钢筋绑扎搭接接头的搭接长度均不应小于 300mm。当构件中的纵向受压钢筋采用绑扎搭接连接时，其受压搭接长度不应小于 $0.7l_l$，且不应小于 200mm。

在纵向受力钢筋搭接接头范围内应配置箍筋，其直径不应小于搭接钢筋较大直径的 25%。当钢筋受拉时，箍筋间距不应大于搭接钢筋较小直径的 5 倍，且不应大于 100mm；当钢筋受压时，箍筋间距不应大于搭接钢筋较小直径的 10 倍，且不应大于 200mm。当受压钢筋直径大于 25mm 时，尚应在搭接接头两个端面外 100mm 范围内各设置两道箍筋。

因直径较粗的受力钢筋绑扎搭接容易产生过宽的裂缝，故受拉钢筋直径大于 25mm、受压钢筋直径大于 28mm 时不宜采用绑扎搭接。轴心受拉及小偏心受拉构件的纵向钢筋，因构件截面较小且钢筋拉应力相对较大，为防止连接失效引起结构破坏等严重后果，故不得采用绑扎搭接。承受疲劳荷载的构件，为避免其纵向受拉钢筋接头区域因混凝土疲劳破坏而引起连接失效，也不得采用绑扎搭接接头。

应注意的是，轴心受拉及小偏心受拉构件的纵向受力钢筋不得采用绑扎搭接连接；其他构件中的钢筋采用绑扎搭接连接钢筋时，受拉钢筋的直径不宜大于 25mm，受压钢筋的直径不宜大于 28mm。

2. 焊接

钢筋焊接是利用电阻、电弧或者燃烧的气体加热钢筋端头使之熔化并用加压或添加熔融的金属焊接材料，使之连成一体的连接方式。焊接包括：闪光对焊（图 2-28a）、电弧焊（图 2-28b）、气压焊和定位焊等类型。焊接接头最大的优点是节省钢筋材料，接头成本低、尺寸小，基本不影响钢筋间距及施工操作，在质量有保证的情况下是很理想的连接形式。对于需进行疲劳验算的构件，其纵向受拉钢筋不宜采用焊接接头；对于直接承受起重机荷载的

a)   b)

图 2-28   钢筋焊接连接示意图

a）闪光对焊   b）电弧焊

钢筋混凝土吊车梁、屋面梁及屋架下弦的纵向受拉钢筋,当必须采用焊接接头时,应符合有关规定。

纵向受力钢筋焊接接头连接区段的长度为 $35d$(d 为连接钢筋的较小直径)且不小于 500mm,凡接头中点位于该连接区段内的焊接接头均属于同一连接区段。位于同一连接区段内纵向受拉钢筋的焊接接头面积百分率不应大于 50%。

3. 机械连接

机械连接被称为继绑扎连接、焊接之后的"第三代钢筋接头",通过连接于两根钢筋外的套筒来实现传力,套筒与钢筋之间作用有机械咬合力。该连接方式具有接头强度高于钢筋母材,施工比较简便,连接速度快,节省钢材等优点,是规范鼓励推广应用的钢筋连接方式。机械连接主要类型有挤压套筒连接、锥螺纹套筒连接(图 2-29)、镦粗直螺纹连接、滚轧直螺纹连接等方式。

图 2-29 锥螺纹套筒连接示意图

机械连接接头宜相互错开,连接区段的长度为 $35d$(d 为连接钢筋的较小直径);承受较大动力荷载的结构构件中的钢筋接头,位于同一连接区段内的纵向受拉钢筋接头面积百分率不宜大于 50%。

习 题

一、简答题

1. 混凝土结构中使用的钢筋主要有哪些种类?各类钢筋的屈服强度如何取值?

2. 有明显屈服点钢筋和没有明显屈服点钢筋的应力-应变曲线有什么不同?

3. 钢筋混凝土结构对钢筋的性能有哪些要求?

4. 简述钢筋在钢筋混凝土结构中的作用。

5. 什么是钢筋的强度标准值?简述钢筋的强度设计值与标准值的关系。

6. 混凝土的强度等级是如何确定的?《混凝土结构设计规范(2015 年版)》(GB 50010—2010)规定的混凝土强度等级有哪些?

7. 混凝土立方体抗压强度平均值 $f_{cu,m}$、轴心抗压强度平均值 $f_{c,m}$ 和轴心抗拉强度平均值 $f_{t,m}$ 是如何确定的?为什么 $f_{c,m}$ 低于 $f_{cu,m}$?$f_{c,m}$ 与 $f_{cu,m}$ 有何关系?$f_{t,m}$ 与 $f_{cu,m}$ 有何关系?

8. 抗压试验对混凝土棱柱体试件的尺寸有着较严格的规定,若改变其高度将对试验结果产生什么影响?

9. 混凝土的单轴抗压强度与哪些因素有关?混凝土轴心受压应力-应变曲线有何特点?

10. 混凝土的弹性模量是怎样确定的?

11. 混凝土受拉应力-应变曲线有何特点?极限拉应变是多少?

12. 影响钢筋与混凝土黏结性能的主要因素有哪些?为保证钢筋与混凝土之间有足够的黏结力要采取哪些主要措施?

13. 钢筋有哪几种连接方式?钢筋的连接应遵循哪些基本原则?

14. 如何求绑扎搭接连接区段的长度?在搭接连接区段内钢筋的接头面积百分率应满足什么条件?

二、填空题

1. 钢筋的变形性能用_____和_____两个基本指标表示。

2. 根据《混凝土结构设计规范（2015 年版）》（GB 50010—2010），钢筋混凝土和预应力混凝土结构中的非预应力筋宜选用_____和_____钢筋，预应力混凝土结构中的预应力筋宜选用_____和_____。

3. 混凝土主要的强度指标有_____、_____、_____。

4. 混凝土的峰值压应变随混凝土强度等级的提高而_____，极限压应变值随混凝土强度等级的提高而_____。

5. 钢筋在混凝土中应有足够的锚固长度，钢筋的强度越_____、直径越_____、混凝土的强度越_____，则需要的钢筋锚固长度就越长。

6. 钢筋混凝土构件，选用 C30 的混凝土和 HRB400 钢筋，钢筋直径为 20mm，此钢筋的最小锚固长度是_____ mm。

7. HRB400 中字母 HRB 表示_____，数字 400 表示_____。

8. C30 中字母 C 表示_____，数字 30 表示_____。

9. 钢筋的绑扎搭接连接是通过_____实现传力；钢筋的机械连接是通过_____实现传力；钢筋的焊接是通过_____实现传力。

10. 钢筋与混凝土的黏结力主要由_____、_____和_____构成。

第3章 钢筋混凝土受弯构件正截面承载力计算

本章导读

➢ **内容及要求** 本章的主要内容包括受弯构件的构造要求,正截面受力性能试验分析,正截面承载力计算原则,单筋矩形截面、双筋矩形截面及 T 形截面正截面承载力计算。通过本章学习,应熟悉梁板的构造要求,掌握适筋梁正截面的三个受力阶段、配筋率的概念及正截面破坏形态,理解正截面承载力计算原则,掌握单筋矩形截面、双筋矩形截面及 T 形截面正截面设计和复核的计算方法。

➢ **重点** 单筋矩形截面、双筋矩形截面及 T 形截面正截面承载力计算方法。

➢ **难点** 配筋率与正截面破坏形态及承载力的关系,双筋矩形截面的承载力计算。

民用建筑的楼屋盖的梁、板(图 3-1a),楼梯的平台板、梯段板和平台梁(图 3-1b),门窗的过梁(图 3-1c),单层工业厂房中的吊车梁、连系梁(图 3-1d)均属于典型的受弯构件。

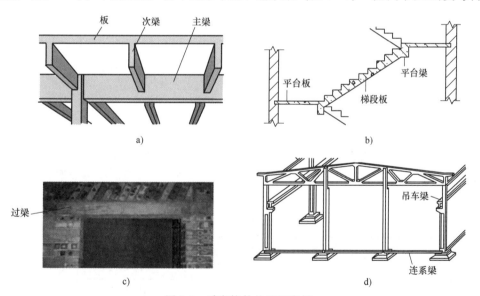

图 3-1 受弯构件的工程实例

受弯构件是指以承受弯矩 M 和剪力 V 为主,忽略轴力 N 作用的构件。受弯构件在荷载作用下,可能发生两种主要的破坏,以简支梁为例:跨中截面弯矩最大,可能产生与纵轴相垂直的竖向裂缝,对应的截面破坏称为正截面破坏,如图 3-2a 所示,需进行正截面承载力计算;梁的支座截面处剪力最大,在弯矩和剪力的共同作用下,可能产生与纵轴斜交的裂缝,即斜裂缝,对应的截面破坏称为斜截面破坏,如图 3-2b 所示,需进行斜截面承载力计算。

通过选择合适的材料强度等级和截面尺寸,配置纵向受力钢筋来确保受弯构件的正截面承载力,并改善其破坏性质,是本章将要学习的内容。

图 3-2 受弯构件的破坏

a）正截面破坏 b）斜截面破坏

3.1 受弯构件的构造要求

在进行受弯构件设计时，首先需要了解受弯构件的一般构造要求。

3.1.1 梁的构造要求

1. 截面形状及尺寸

（1）截面形状 工业与民用建筑结构中，梁常见的截面形状有矩形、T形、I形，有时为了降低层高，还可设计为十字形、倒T形，如图3-3所示。

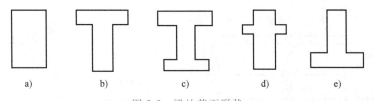

图 3-3 梁的截面形状

a）矩形 b）T形 c）I形 d）十字形 e）倒T形

（2）截面尺寸 从刚度要求出发，根据设计经验，梁的截面高度 h 可参照表3-1选用。确定梁的截面高度 h 后，可用高宽比 h/b 估算截面宽度 b，矩形截面梁一般取 $b=(1/3\sim1/2)h$，T形截面梁一般取 $b=(1/4\sim1/2.5)h$。

表 3-1 不需做挠度验算梁的截面最小高度 h

构件种类		简支梁	两端连续梁	悬臂梁
整体肋形梁	次梁	$l_0/15$	$l_0/20$	$l_0/8$
	主梁	$l_0/12$	$l_0/15$	$l_0/6$
独立梁		$l_0/12$	$l_0/15$	$l_0/6$

注：1. l_0 为梁的计算跨度。

　　2. 当 $l_0>9m$ 时，表中数值应乘以系数1.2。

为了使构件截面尺寸统一，便于施工，对于现浇钢筋混凝土梁，截面宽度 b 一般为100mm、120mm、150mm、180mm、200mm、220mm、250mm，大于250mm的以50mm为模数增加。框架梁的截面宽度不应小于200mm。截面高度 h 一般为250mm、300mm，以50mm为模数增加，直至800mm，大于800mm的以100mm为模数增加。

2. 钢筋布置

梁中通常配置纵向受拉钢筋、箍筋、架立钢筋、弯起钢筋等，当梁的截面高度较大时，还应在梁侧设置纵向构造钢筋及拉结钢筋，如图 3-4 所示。当截面承受的弯矩较大时，还需配置一定数量的受压钢筋。

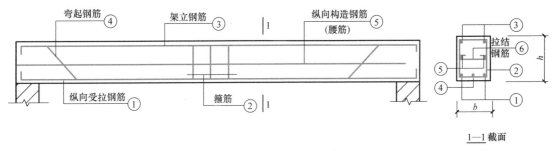

图 3-4　梁中常见钢筋示意图

（1）纵向受力钢筋

1）作用：主要配置在梁的受拉区以承受弯矩作用产生的拉应力，有时也布置在受压区用以协助混凝土承受压力。纵向受力钢筋的用量应由正截面承载力计算确定。

2）直径：梁中纵向受力钢筋直径常采用 12～28mm。当梁高 $h \geqslant 300$mm 时，纵向受力钢筋直径不小于 10mm；当梁高 $h < 300$mm 时，纵向受力钢筋直径不小于 8mm。若需要用两种不同直径钢筋，则钢筋直径相差至少 2mm，以便于在施工中肉眼可以识别。

3）间距：为了便于浇筑混凝土、保证钢筋周围混凝土的密实性，增强钢筋与混凝土的黏结性能，钢筋的布置需满足图 3-5 所示净间距要求，即截面下部钢筋净间距应不小于 25mm 及纵向受力钢筋直径 d（图 3-5 中的净间距 2），截面上部钢筋净间距应不小于 30mm 及 $1.5d$（图 3-5 中的净间距 1），同侧布置两排钢筋时，上下排钢筋的净间距应不小于 25mm 及纵向受力钢筋直径 d（图 3-5 中的净间距 3）。同时注意钢筋两排布置时，上下两排钢筋应对齐，不宜错位布置。

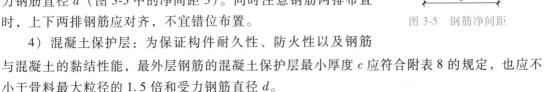

图 3-5　钢筋净间距

4）混凝土保护层：为保证构件耐久性、防火性以及钢筋与混凝土的黏结性能，最外层钢筋的混凝土保护层最小厚度 c 应符合附表 8 的规定，也应不小于骨料最大粒径的 1.5 倍和受力钢筋直径 d。

（2）箍筋

1）作用：主要承受梁的剪力所产生的剪应力，此外与其他钢筋形成骨架，便于浇筑混凝土。

2）形式和肢数：箍筋的形式有封闭式和开口式两种，如图 3-6a、b 所示，通常采用封闭式箍筋。对现浇 T 形截面梁，由于在翼缘顶部通常另有横向钢筋（如板中承受负弯矩的钢筋），也可采用开口式箍筋。当梁中按计算需要配有纵向受压钢筋时，箍筋应采用封闭式。

箍筋的肢数分单肢、双肢及复合箍（多肢箍）。箍筋一般采用双肢箍，如图 3-6c 所示；当梁宽 $b > 400$mm 且一层内的纵向受压钢筋多于 3 根时，或当梁宽 $b \leqslant 400$mm 但一层内的纵向受压钢筋多于 4 根时，应设置复合箍筋，如图 3-6d 所示；梁截面高度较小时，也可采用单肢箍，如图 3-6e 所示。

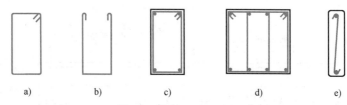

图 3-6　箍筋形式和肢数

3）直径：箍筋的直径应由计算确定。为使箍筋与纵向受力钢筋联系形成的钢筋骨架有一定的刚性，箍筋直径不能太小。对截面高度 $h \leqslant 800\text{mm}$ 的梁，其箍筋直径不宜小于 6mm；对截面高度 $h > 800\text{mm}$ 的梁，其箍筋直径不宜小于 8mm。当梁中配有计算需要的纵向受压钢筋时，箍筋直径应不小于纵向受压钢筋最大直径的 25%。

（3）架立钢筋

1）作用：用以将箍筋固定在正确的位置上，并能承受梁因收缩和温度变化所产生的内力。架立钢筋应与纵向受力钢筋平行且设置在梁的受压区，如图 3-4 所示。

2）直径：架立钢筋直径与梁的跨度有关。当梁的跨度小于 4m 时，架立钢筋的直径不宜小于 8mm；当梁的跨度为 4～6m 时，架立钢筋的直径不宜小于 10mm；当梁的跨度大于 6m 时，架立钢筋的直径不宜小于 12mm。

（4）弯起钢筋

1）作用：由部分纵向受拉钢筋弯起而成，弯起钢筋弯起前后的水平段与纵向受拉钢筋一起承担弯矩产生的拉应力，弯起段可承受弯矩和剪力共同产生的主拉应力。

2）弯起角度：弯起角度一般为 45°。当梁截面高度大于 700mm 时，也可为 60°。

需要注意的是，梁底层（顶层）钢筋中的角部钢筋不应弯起（弯下）。钢筋弯起的顺序一般是先内层后外层、先内侧后外侧。不能弯起纵向受拉钢筋时，可设置单独的受剪弯起钢筋。单独的受剪弯起钢筋应采用"鸭筋"（图 3-7a），而不应采用"浮筋"（图 3-7b），否则一旦弯起钢筋滑动将使斜裂缝开展过大。

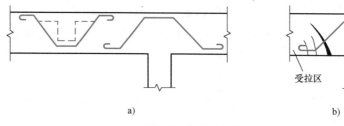

图 3-7　鸭筋和浮筋
a）鸭筋　b）浮筋

在弯起钢筋的弯终点外应留有平行于梁轴线方向的锚固长度，其长度在受拉区不应小于 $20d$，在受压区不应小于 $10d$，此处，d 为弯起钢筋的直径，光面弯起钢筋末端应设弯钩（图 3-8）。

（5）纵向构造钢筋（腰筋）

1）作用：当梁的腹板高度 $h_{\text{w}} \geqslant 450\text{mm}$ 时，在梁的两个侧面应沿高度配置纵向构造钢筋

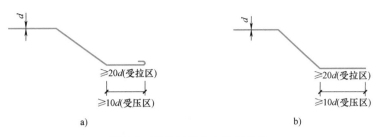

图 3-8　弯起钢筋的水平段长度

a) 光面弯起钢筋　b) 带肋弯起钢筋

(图 3-4)，以增强梁的抗扭能力，并防止梁侧面产生与纵轴垂直的温度裂缝及收缩裂缝。腹板高度在各种截面上的取值如图 3-9 所示。

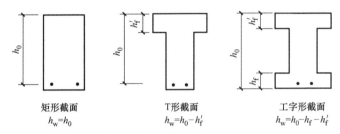

图 3-9　腹板高度 h_w 的取值

h_0—截面有效高度（h_0 的计算取值见 3.4 节）　h_f—受拉翼缘的厚度　h_f'—受压翼缘的厚度

2）面积及间距：每侧纵向构造钢筋（不包括梁上下部受力钢筋及架立钢筋）的截面面积不应小于腹板截面面积 bh_w 的 0.1%，且其间距不大于 200mm。

3）直径：对钢筋混凝土薄腹梁或需做疲劳验算的钢筋混凝土梁，应在下部 1/2 梁高的腹板内沿两侧配置直径为 8~14mm、间距为 100~150mm 的纵向构造钢筋，并应按下密上疏的方式布置。在上部 1/2 梁高的腹板内，可按一般梁规定配置纵向构造钢筋。

（6）拉结钢筋　拉结钢筋主要用于固定纵向构造钢筋，可选用与箍筋相同的直径，间距为箍筋间距的倍数。

3.1.2　板的构造要求

1. 截面形式及尺寸

（1）截面形式　工业与民用建筑结构中，板的截面形式常见的有矩形、槽形、空心形，如图 3-10 所示。

思政：以"阳台塌陷"事故为例，体会工程设计中的生命至上、责任担当

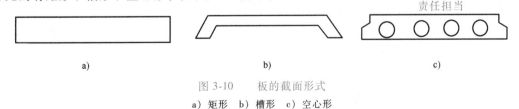

图 3-10　板的截面形式

a) 矩形　b) 槽形　c) 空心形

（2）板厚　整体现浇板的宽度较大，设计时可取单位宽度 $b=1000mm$ 进行计算，板的厚度应满足承载力、刚度等要求。从刚度条件出发，单跨简支板的最小厚度不小于 $l_0/30$

（l_0 为板的计算跨度），多跨连续板的最小厚度不小于 $l_0/40$，悬臂板的最小厚度不小于 $l_0/12$。《混凝土结构通用规范》（GB 55008—2021）规定了现浇钢筋混凝土板的最小厚度，见表 3-2。

表 3-2 现浇钢筋混凝土板的最小厚度

板的类别		最小厚度/mm
现浇空心板	顶板	50
	底板	50
现浇实心板		80
预制钢筋混凝土实心叠合楼板的预制底板		50

2. 钢筋布置

板中通常配置纵向受力钢筋和分布钢筋，如图 3-11 所示。

（1）纵向受力钢筋

1）作用：承担由弯矩作用产生的拉应力，沿板的短跨方向在截面受拉一侧布置。其用量应由承载力计算确定。

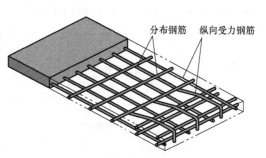

图 3-11 板中钢筋示意图

2）直径：为了使钢筋受力均匀，应尽量采用较小直径的钢筋，且为便于施工，选用钢筋直径的种类越少越好。直径通常采用 6~12mm，当板的厚度较大时，直径可采用 14~18mm。

3）间距：为了使板内钢筋能够正常地分担内力和便于浇筑混凝土，钢筋间距不宜太大，也不宜太小。当采用绑扎施工方法，板厚 $h \leqslant 150mm$ 时，受力钢筋间距不宜大于 200mm；板厚 $h>150mm$ 时，受力钢筋间距不宜大于 $1.5h$，且不宜大于 250mm。同时，板内受力钢筋间距不宜小于 70mm。

（2）分布钢筋

1）作用：将板面上的荷载更均匀地传递给受力钢筋，同时在施工中可固定受力钢筋的位置，并抵抗温度应力、收缩应力。

2）布置：分布钢筋与受力钢筋垂直，位于受力钢筋的内侧，两者搭接用细钢丝绑扎或焊接。

3）用量及间距：分布钢筋的截面面积不应小于受力钢筋面积的 15%，且不宜小于该方向板截面面积的 0.15%；分布钢筋间距不宜大于 250mm，直径不宜小于 6mm；对于集中荷载较大的情况，分布钢筋的截面面积应适当增加，其间距不宜大于 200mm。

3.2 正截面受力性能试验分析

3.2.1 适筋梁的正截面受力过程

为了重点研究正截面受力和变形的变化规律，通常采用两点对称加载试验方法（忽略梁自重的影响）。在两个对称集中荷载之间的区段，梁截面只承受弯矩而无剪力，称为纯弯段。在试验梁上布置测试仪表以观察其受荷后变形和裂缝出现与发展的情况。如图 3-12 所示，在纯弯段内，沿梁侧面不同高度处粘贴混凝土应变片或应变计，用电阻应变仪量测混凝土沿梁高的纵向应变分布。浇筑混凝土时，在梁跨中附近的钢筋表面预埋电阻片，用以量测钢筋的应变。在跨中和支座上分别安装位移计量测跨中挠度 a_f（有时还要安装倾角仪量测梁的转角）。试验采用分级加载，每级加载后观测和记录裂缝出现及发展情况，并记录受拉钢筋的应变和不同高度处混凝土的应变及梁的挠度。

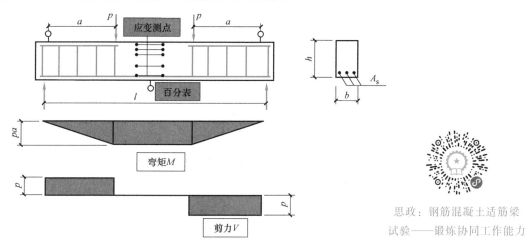

图 3-12　正截面受弯性能试验示意图

图 3-13 所示为一根单筋矩形截面梁的典型试验结果。图中纵坐标 M^0 为各级荷载下的弯矩实测值，横坐标 a_f 为跨中挠度的实测值。可见，当弯矩较小时，挠度和弯矩关系接近线性变化，梁未出现裂缝，称为第 I 阶段；当超过开裂弯矩 M_{cr}^0 后梁将产生裂缝，且随着荷载的增加梁将不断出现新的裂缝，随着裂缝的出现与不断开展，挠度的增长速度较开裂前加快，梁带裂缝工作，称为第 II 阶段。在图 3-13 所示纵坐标为 M_{cr}^0 处，弯矩-挠度（M^0-a_f）关系曲线上出现了第一个明显转折点。

在第 II 阶段整个发展过程中，钢筋的应力随着弯矩的增加而增加（图 3-14）。当受拉钢筋达到屈服强度（对应于梁所承受的弯矩为 M_y^0）瞬间，标志着第 II 阶段的终结而进入第 III 阶段，此时，在 M^0-a_f 关系上出现了第二个明显转折点。第 III 阶段裂缝急剧开展，挠度急剧

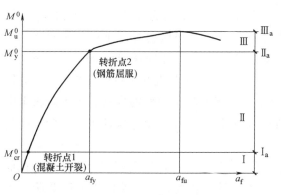

图 3-13　弯矩-挠度（M^0-a_f）关系曲线

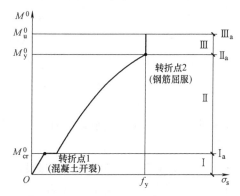

图 3-14　弯矩-钢筋应力（M^0-σ_s）关系曲线

增加，钢筋应变有较大的增长而其应力始终维持屈服强度不变。从 M_y^0 再增加不多，即达到梁所承受的极限弯矩 M_u^0，此时标志着梁开始破坏。

M^0-a_f 关系曲线上的两个明显的转折点，将梁的截面应变、应力发展过程划分为图 3-15a、b 所示的三个阶段：

（1）第 I 阶段（弹性工作阶段或未裂阶段）　开始加载时，由于弯矩很小，量测的梁截面上各个纤维应变也很小，且变形的变化规律符合平截面假定，梁的工作状况与匀质弹性梁相似，混凝土基本上处于弹性工作阶段，应力与应变成正比，受压区和受拉区混凝土应力分布图形可假设为三角形。

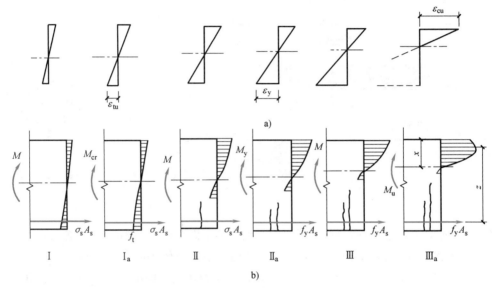

图 3-15　梁在各受力阶段的应力、应变图形
a）应变图　b）应力图

弯矩继续增加时，量测到的应变也将随之增加，但其变化规律仍符合平截面假定。由于混凝土受拉时应力-应变关系呈曲线性质，故在受拉区边缘处混凝土将首先表现出塑性性质，应变快于应力的增长，受拉区应力图形开始偏离直线而逐步弯曲。随着弯矩继续增加，受拉区应力图形中曲线部分的范围将不断沿梁高向上发展。

在弯矩增加到 M_{cr}^0 时，受拉区边缘纤维应变恰好达到混凝土受弯时极限拉应变 ε_{tu}，梁处于即将开裂的状态，此即第 I 阶段末，以 I_a 表示。这时受压区边缘纤维应变量测值相对还很小，受压区混凝土基本上属于弹性工作性质，即受压区应力图形接近三角形。在第 I 阶段末时，由于黏结力的存在，受拉钢筋的应变与周围同一水平处混凝土拉应变相等，此时钢筋应力值较小（$\sigma_s = \varepsilon_{tu} E_s \approx 20 \sim 30 \text{N/mm}^2$）。由于受拉区混凝土塑性的发展，第 I 阶段末中和轴的位置较第 I 阶段初期略有上升。第 I 阶段末（I_a）可作为受弯构件抗裂度验算时的依据。

（2）第 II 阶段（带裂缝工作阶段）　当弯矩为 M_{cr}^0 时，在纯弯段受弯能力最薄弱的截面处将首先出现第一条裂缝（或第一批裂缝）。一旦开裂，梁即由第 I 阶段进入第 II 阶段工作。在裂缝截面处，由于混凝土开裂，受拉区工作将主要由钢筋承担，在弯矩不变的情况下，混凝土开裂后的钢筋应力较开裂前将突然增大，使裂缝一出现即具有一定的开展宽度，并将沿梁高延伸到一定的高度，从而使该截面处中和轴的位置随之上移。但在中和轴以下裂缝尚未延伸到的部位，混凝土仍可承受一小部分拉力。随着弯矩继续增加，受压区混凝土的压应变与受拉钢筋的拉应变实测值均不断增长，但其平均应变的变化规律仍符合平截面假定，如图 3-16 所示。在第 II 阶段中，受压区混凝土的塑性性质将表现得越来越明显，受压应力图形将呈曲线变化。受拉钢筋应力刚达到屈服强度 M_y^0 时，称为第 II 阶段末，以 II$_a$ 表示。第 II 阶段相当于梁在正常使用时的状态，可作为正常使用极限状态的变形和裂缝宽度验算时的依据。

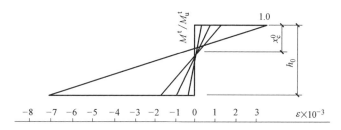

图 3-16　梁截面应变

（3）第 III 阶段（破坏阶段）　在图 3-13 中 M^0-a_f 关系曲线的第二个明显转折点（II$_a$）之后，梁便进入第 III 阶段工作。此时钢筋因屈服，会在变形继续增大的情况下保持应力不变。弯矩稍有增加，钢筋应变即骤增，裂缝宽度随之扩展并沿梁高向上延伸，中和轴继续上移，受压区高度进一步减小。但为了平衡钢筋的总拉力，受压区混凝土的总压力也将始终保持不变。量测的受压区边缘纤维应变迅速增加，受压区混凝土塑性特征表现得更为充分，受压区应力图形更趋丰满。弯矩再增加直至梁承受极限弯矩 M_u^0 时，称为第 III 阶段末，以 III$_a$ 表示。此时，边缘纤维压应变达到（或接近）混凝土受弯时的极限压应变 ε_{cu}，标志着梁已开始破坏。其后，在一定试验条件下，适当配筋的试验梁继续变形，最后在破坏区段上受压区混凝土被压碎而完全破坏。

在第 III 阶段整个过程中，钢筋所承受的总拉力和混凝土所承受的总压力始终保持不变。但由于中和轴逐步上移，内力臂 Z 不断略有增加，故截面破坏弯矩 M_u^0 较 II$_a$ 时的 M_y^0 略有增加。第 III 阶段末（III$_a$）可作为承载力极限状态计算时的依据。

总结上述试验梁从加荷到破坏的整个过程，应注意以下几个特点：

1）由图 3-13 可见：第 I 阶段梁的挠度增长速度较慢；第 II 阶段梁因带裂缝工作，挠度增长速度较快；第 III 阶段由于钢筋屈服，挠度急剧增加。

2）由图 3-14 可见：在第 I 阶段钢筋应力 σ_s 增长速度较慢；当弯矩达到 M_{cr}^0 时，混凝土开裂后，钢筋应力发生突变；第 II 阶段 σ_s 较第 I 阶段增长速度加快；当弯矩达到 M_y^0 时，钢筋应力达到屈服强度 f_y，此后应力不再增加直到破坏。

3）由图 3-15b 可见：受压区混凝土应力图形在第 I 阶段为三角形分布；第 II 阶段为微曲线形状；第 III 阶段呈更为丰满的曲线形状分布。

4）由图 3-16 可见：随着弯矩的增加，中和轴不断上移，受压区高度 x_c^0 逐渐缩小，混凝土边缘纤维压应变随之增加。受拉钢筋的拉应变也随着弯矩的增加而增加。但应变图形基本上仍是上下两个三角形，即平均应变符合平截面假定。

3.2.2 正截面的破坏形式

根据试验研究，受弯构件正截面的破坏形式与配筋率、钢筋级别和混凝土的强度等级有关，在常用的钢筋级别和混凝土强度等级情况下，其破坏形式主要随配筋率的大小而异。

1. 配筋率

纵向受拉钢筋总截面面积 A_s 与正截面的有效面积 bh_0 的比值，称为纵向受拉钢筋的配筋百分率，简称配筋率，用 ρ 以百分数来计量，即

$$\rho = \frac{A_s}{bh_0} \tag{3-1}$$

式中 A_s——纵向受拉钢筋总截面面积；

　　　b——截面宽度；

　　　h_0——截面有效高度，h_0 的计算取值见 3.4 节。

2. 破坏形态

（1）适筋梁的破坏形态　配筋率 ρ 适当的梁称为适筋梁。如前所述，适筋梁的破坏始于受拉钢筋的屈服。在钢筋应力达到屈服强度之初，受压区边缘纤维应变尚小于受弯时混凝土极限压应变。梁完全破坏以前，由于钢筋要经历较大的塑性伸长，随之引起裂缝急剧开展和梁挠度的激增，会有明显的破坏预兆，习惯上把这种梁的破坏称为延性破坏，如图 3-17a 所示。

（2）超筋梁的破坏形态　配筋率 ρ 很大的梁称为超筋梁。其破坏始于受压区混凝土的压碎。当受压区边缘纤维应变达到混凝土受弯时的极限压应变，钢筋应力尚小于屈服强度，裂缝宽度很小，沿梁高延伸较短，梁的挠度不大，但此时梁已破坏。因其在没有明显预兆的情况下由于受压区混凝土突然压碎而破坏，故习惯上称此种破坏为脆性破坏，如图 3-17b 所示。

由于受拉钢筋配置过多，其应力低于屈服强度，不能充分发挥作用，造成钢材的浪费。超筋梁不仅不经济，且破坏前毫无预兆，故设计中不允许采用超筋梁。

（3）少筋梁的破坏形态　配筋率 ρ 很小的梁称为少筋梁。少筋梁混凝土一旦开裂，受拉钢筋立即达到屈服强度并迅速经历整个流幅而进入强化阶段工作。由于裂缝往往集中出现一条，不仅开展宽度较大，且沿梁高延伸很高。即使受压区混凝土暂未压碎，但因裂缝宽度过大，已标志着梁的破坏，如图 3-17c 所示。少筋梁也属于脆性破坏。少筋梁承载力低，也不安全，故设计中不允许采用少筋梁。

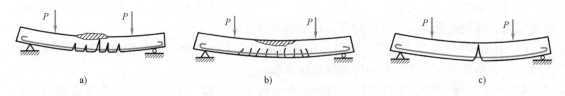

图 3-17　梁的三种破坏形态
a）适筋梁　b）超筋梁　c）少筋梁

图 3-18 所示为适筋梁、超筋梁和少筋梁的弯矩-挠度关系曲线，可以直观地看出其不同的变形特征。

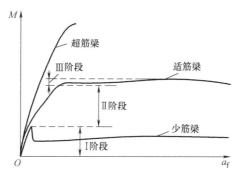

图 3-18　适筋梁、超筋梁、少筋梁的弯矩-挠度关系曲线

3.3　正截面承载力计算原则

3.3.1　基本假定

基于受弯构件正截面的破坏特征，其承载力按下列基本假定进行计算：

1）平截面假定：垂直于构件轴线的各平截面（即横截面）在弯曲变形后仍然为平面，截面上的应变沿截面高度呈线性分布。根据平截面假定可运用相似三角形推导截面上任意一点的应变。

2）不考虑混凝土受拉：由于中和轴附近受拉混凝土范围小且产生的力矩很小，对受弯承载力贡献较小，故不考虑混凝土参与受拉工作，认为拉力全部由纵向受拉钢筋承担。

3）混凝土受压的应力-应变关系曲线按下列规定取用，如图 3-19 所示，其数学表达式为

当 $\varepsilon_c \leqslant \varepsilon_0$ 时，

$$\sigma_c = f_c \left[1 - \left(1 - \frac{\varepsilon_c}{\varepsilon_0} \right)^n \right] \tag{3-2}$$

当 $\varepsilon_0 < \varepsilon_c \leqslant \varepsilon_{cu}$ 时，

$$\sigma_c = f_c \tag{3-3}$$

$$n = 2 - \frac{1}{60}(f_{cu,k} - 50) \tag{3-4}$$

$$\varepsilon_0 = 0.002 + 0.5(f_{cu,k} - 50) \times 10^{-5} \tag{3-5}$$

$$\varepsilon_{cu} = 0.0033 - (f_{cu,k} - 50) \times 10^{-5} \tag{3-6}$$

式中　σ_c——混凝土压应变为 ε_c 时的混凝土压应力；

f_c——混凝土轴心抗压强度设计值；

ε_c——混凝土的压应变；

ε_0——混凝土压应力达到 f_c 时的混凝土压应变，当计算的 ε_0 小于 0.002 时，取为 0.002；

ε_{cu}——混凝土极限压应变，当处于非均匀受压且按式（3-6）计算的值大于 0.0033

时，取为 0.0033，当处于轴心受压时取为 ε_0；

$f_{cu,k}$——混凝土立方体抗压强度标准值；

n——系数，当计算的 n 大于 2.0 时，取为 2.0。

4）纵向钢筋的应力等于钢筋应变与其弹性模量的乘积，但其值不应大于其相应的抗拉或抗压强度设计值，如图 3-20 所示。纵向受拉钢筋的极限拉应变取为 0.01。

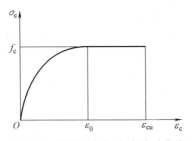

图 3-19　混凝土应力-应变关系曲线

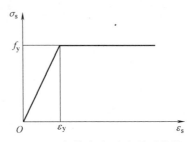

图 3-20　钢筋应力-应变关系曲线

3.3.2　等效矩形应力图形

以单筋矩形截面（图 3-21a）为例，根据上述基本假定建立承载力基本公式时，根据图 3-21b 所示受压区混凝土的应力分布，需要积分才能计算出图 3-21a 所示阴影面积上混凝土的合力，计算过程比较复杂，尤其是已知弯矩求钢筋截面面积，必须多次试算才能得到满意的结果。因此，采用图 3-21c 所示的等效矩形应力图形，对图 3-21b 所示混凝土的曲线应力图形作进一步的简化。进行应力图形简化时，应满足两个条件：①保持受压区混凝土合力 C 的作用点不变；②保持受压区混凝土合力 C 的大小不变。

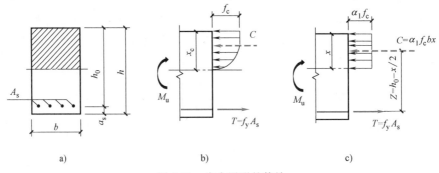

图 3-21　应力图形的等效

设等效矩形应力图形的应力值为 $\alpha_1 f_c$（α_1 为混凝土应力值与轴心抗压强度的比值），截面受压区高度为 x（$x = \beta_1 x_c$，其中 x_c 为受压区实际高度、β_1 为混凝土受压区高度 x 与实际受压区高度 x_c 的比值）。α_1、β_1 称为等效矩形简化应力图形系数，《混凝土结构设计规范（2015 年版）》（GB 50010—2010）建议系数 α_1、β_1 的取值见表 3-3。

表 3-3　受压混凝土等效矩形简化应力图形系数 α_1 和 β_1 值

混凝土强度等级	≤C50	C55	C60	C65	C70	C75	C80
α_1	1.0	0.99	0.98	0.97	0.96	0.95	0.94
β_1	0.8	0.79	0.78	0.77	0.76	0.75	0.74

3.3.3　适筋和超筋破坏的界限条件

1. 相对受压区高度 ξ

为了简化承载力计算，引入相对受压区高度的概念，相对受压区高度是指截面受压区高度 x 与截面有效高度 h_0 的比值，用 ξ 表示，即

$$\xi = \frac{x}{h_0} \tag{3-7}$$

2. 相对界限受压区高度 ξ_b

比较适筋梁和超筋梁的破坏，两者的差异在于：前者破坏始于受拉钢筋屈服，后者始于受压区混凝土的压碎。显然，当钢筋级别和混凝土强度等级确定之后，一根梁总会有一个特定的状态，使得钢筋应力达到屈服强度的同时，受压区边缘纤维应变恰好达到混凝土受弯时的极限压应变值，这种梁的破坏称之为界限破坏，即适筋梁与超筋梁的界限。图 3-22 所示为超筋梁破坏、适筋梁破坏及界限破坏时的截面平均应变图。

界限破坏时，钢筋达到屈服应变 ε_y，同时混凝土受压破坏，即 $\varepsilon_c = \varepsilon_{cu} = 0.0033$，此时截面受压区高度为 x_{cb}，则

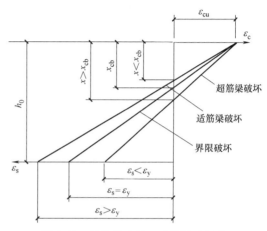

图 3-22　超筋梁破坏、适筋梁破坏及界限破坏时的截面平均应变图

$$\frac{x_{cb}}{h_0} = \frac{\varepsilon_{cu}}{\varepsilon_{cu} + \varepsilon_y} \tag{3-8}$$

将 $x_b = \beta_1 x_{cb}$ 代入式（3-8），得

$$\frac{x_b}{\beta_1 h_0} = \frac{\varepsilon_{cu}}{\varepsilon_{cu} + \varepsilon_y} \tag{3-9}$$

设 $\xi_b = x_b / h_0$，ξ_b 称为相对界限受压区高度，并将 $\varepsilon_y = f_y / E_s$ 代入式（3-9），得

$$\xi_b = \frac{x_b}{h_0} = \frac{\beta_1 \varepsilon_{cu}}{\varepsilon_{cu} + \varepsilon_y} = \frac{\beta_1}{1 + \dfrac{f_y}{\varepsilon_{cu} E_s}} \tag{3-10}$$

式中　E_s——钢筋弹性模量。

由式（3-10）可知，不同的钢筋级别和不同混凝土强度等级有着不同的 ξ_b 值，见表 3-4。当相对受压区高度 $\xi \leqslant \xi_b$ 时，属于适筋梁；当相对受压区高度 $\xi > \xi_b$ 时，属于超筋梁。

表 3-4　钢筋混凝土构件配有屈服点钢筋的 ξ_b 值

钢筋级别	ξ_b 值						
	≤C50	C55	C60	C65	C70	C75	C80
HPB300	0.576	0.566	0.556	0.547	0.537	0.528	0.518
HRB400、HRBF400、RRB400	0.518	0.508	0.499	0.490	0.481	0.472	0.463
HRB500、RRBF500	0.482	0.473	0.464	0.455	0.447	0.438	0.429

3. 最大配筋率 $\rho_{\max}$

由图 3-21c，建立力的平衡方程 $\alpha_1 f_c bx = f_y A_s$，得

$$\rho = \frac{A_s}{bh_0} = \frac{x}{h_0} \cdot \frac{\alpha_1 f_c}{f_y} = \xi \frac{\alpha_1 f_c}{f_y} \tag{3-11}$$

当 $\xi = \xi_b$ 时，可求出界限破坏时的特定配筋率，即适筋梁的最大配筋率 $\rho_{\max}$ 值：

$$\rho_{\max} = \frac{x_b}{h_0} \cdot \frac{\alpha_1 f_c}{f_y} = \xi_b \frac{\alpha_1 f_c}{f_y} \tag{3-12}$$

在计算承载力时，应满足 $\rho \leqslant \rho_{\max}$。

3.3.4 适筋和少筋破坏的界限条件

为了避免少筋破坏，必须确定最小配筋率 $\rho_{\min}$，最小配筋率是少筋梁与适筋梁的界限。

最小配筋率是由钢筋混凝土梁的受弯承载力 M_u 等于同样截面、同一强度等级的素混凝土梁的开裂弯矩 M_{cr} 确定的。通过计算并综合考虑混凝土强度的离散性、收缩温度等因素的影响，《混凝土结构设计规范（2015 年版）》（GB 50010—2010）规定了最小配筋率 $\rho_{\min} = 0.45 f_t / f_y$，并不小于 0.2%（附表 9），即

$$\rho_{\min} = \max \{ 0.45 f_t / f_y, 0.2\% \}$$

需要注意的是，由于开裂前混凝土全截面参与工作，为了防止少筋破坏，验算截面最小配筋面积时应取全截面面积，而非有效截面面积。如矩形截面所需配置的钢筋面积应满足 $A_s \geqslant A_{smin} = \rho_{\min} bh$。

3.4 单筋矩形截面受弯承载力计算

3.4.1 基本公式、适用条件及公式系数表达

1. 基本公式

受弯构件单筋矩形截面正截面承载力计算简图如图 3-23 所示。

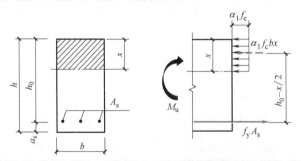

图 3-23 单筋矩形截面正截面承载力计算简图

根据力与力矩的平衡条件，可列出基本公式：

$$\sum X = 0 \qquad\qquad \alpha_1 f_c bx = f_y A_s \tag{3-13}$$

$$\sum M_{A_s} = 0 \qquad\qquad M \leqslant M_u = \alpha_1 f_c bx \left(h_0 - \frac{x}{2} \right) \tag{3-14}$$

式中　M——弯矩设计值；

　　　h_0——截面的有效高度，$h_0 = h - a_s$，a_s 是指受拉区边缘到受拉钢筋合力作用点的距离。

对于梁，a_s 的公式如下：

受拉钢筋一排布置时（图 3-24a）

$$a_s = c + d_{sv} + \frac{d}{2}$$

受拉钢筋两排布置时（图 3-24b）

$$a_s = c + d_{sv} + d + \frac{e}{2}$$

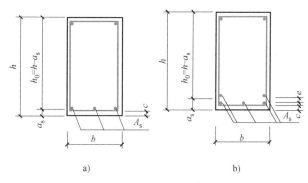

图 3-24　a_s 的取值

a）受拉钢筋一排布置　b）受拉钢筋两排布置

式中　c——最外层钢筋的混凝土保护层厚度，其取值见附表 8；

　　　d_{sv}——箍筋的直径；

　　　d——纵向受拉钢筋的直径；

　　　e——上下两排钢筋的净间距。

截面设计时，由于钢筋级别未知，a_s 需预先估计，一般取纵向受力钢筋直径 $d = 20\text{mm}$，箍筋直径 $d_{sv} = 10\text{mm}$，两排钢筋之间净间距 $e = 25\text{mm}$。

对于板，a_s 的公式如下：

$$a_s = c + d/2$$

一般取受力钢筋直径 $d = 10\text{mm}$。

2. 适用条件

1）为了防止超筋破坏，保证构件破坏时纵向受拉钢筋达到屈服强度，应满足 $x \leqslant \xi_b h_0$ 或 $\rho \leqslant \rho_{\max}$。

2）为了防止少筋破坏，应满足 $A_s \geqslant \rho_{\min} bh$。

3. 系数表达式

利用基本公式求解时，必须解一元二次联立方程组，计算过程比较麻烦，为了计算方便，将 $x = \xi h_0$ 代入式（3-13）、式（3-14）得

$$f_y A_s = \alpha_1 f_c b \xi h_0 \tag{3-15}$$

$$M \leqslant M_u = \alpha_1 f_c b h_0^2 \xi (1 - 0.5\xi) \tag{3-16}$$

令 $\alpha_s = \xi(1 - 0.5\xi)$，则式（3-16）可以改写为

$$M \leqslant M_u = \alpha_1 \alpha_s f_c b h_0^2 \tag{3-17}$$

式中　α_s——截面抵抗矩系数。

ξ、α_s 之间存在一一对应的关系，由 α_s 可计算出 ξ，即

$$\xi = 1 - \sqrt{1 - 2\alpha_s} \tag{3-18}$$

由 ξ_b 可计算出受弯构件单筋矩形截面的截面抵抗矩系数最大值 α_{sb}，见表 3-5。验算适用条件 1）时，也可用 $\xi \leqslant \xi_b$ 或 $\alpha_s \leqslant \alpha_{sb}$。

表 3-5   截面抵抗矩系数最大值 α_{sb}

钢筋级别	α_{sb}						
	≤ C50	C55	C60	C65	C70	C75	C80
HPB300	0.410	—	—	—	—	—	—
HRB400、HRBF400、RRB400	0.384	0.379	0.375	0.370	0.365	0.361	0.356
HRB500、HRBF500	0.366	0.361	0.356	0.351	0.347	0.342	0.337

3.4.2   计算方法

1. 截面设计

已知弯矩设计值 M（按力学方法确定），截面尺寸 b、h（按构造要求确定），混凝土强度等级及钢筋级别（结合材料的选用原则确定），确定受拉钢筋的用量（截面面积、直径、根数或者间距）。

设计步骤如下：

1）计算截面有效高度 h_0。根据环境类别和混凝土强度等级，由附表 8 查得混凝土保护层最小厚度 c，根据构造要求，初步确定纵向受力钢筋及箍筋直径，计算出 a_s 及截面有效高度 h_0。

2）计算截面抵抗矩系数 α_s。由式（3-17）得

$$\alpha_s = \frac{M}{\alpha_1 f_c b h_0^2}$$

3）计算相对受压区高度 ξ。由式（3-18）求出 ξ，并验算是否满足适用条件 $\xi \leqslant \xi_b$。若 $\xi > \xi_b$，则需加大截面尺寸，或提高混凝土强度等级，或改用双筋矩形截面重新计算。

4）计算钢筋截面面积 A_s。由（3-15）得

$$A_s = \frac{\alpha_1 f_c b \xi h_0}{f_y}$$

5）验算是否满足适用条件 $A_s \geqslant \rho_{min} bh$。若不满足，取 $A_s = \rho_{min} bh$。

6）选配钢筋并绘制配筋图。对于梁，通过附表 10 选择合适的钢筋直径和根数。对于现浇板，可通过附表 11 选择合适的钢筋直径及间距。实际采用的钢筋截面面积一般应等于或略大于计算需要的钢筋截面面积，如若小于计算所需的面积，则相差不应超过 5%，钢筋的直径和间距等要符合 3.1 节所述的有关构造规定。

根据我国的工程设计经验，板的经济配筋率为 0.3% ~ 0.8%，单筋矩形截面梁的经济配筋率为 0.6% ~ 1.5%。

2. 截面复核

已知弯矩设计值 M，截面尺寸 b、h，受拉钢筋截面面积 A_s，混凝土强度等级及钢筋级别，确定截面受弯承载力 M_u，复核截面是否安全。

复核步骤如下：

1）验算是否满足适用条件 $A_s \geqslant \rho_{min} bh$，若不满足，则按 $A_s = \rho_{min} bh$ 配筋或修改截面重新设计。

2）计算混凝土受压区高度 x，由式（3-13）求出 $x = \dfrac{f_y A_s}{\alpha_1 f_c b}$，并验算是否满足适用条件 $x \leqslant \xi_b h_0$。

3）计算截面受弯承载力 M_u，

由式（3-14）得：若 $x \leqslant \xi_b h_0$，则 $M_u = \alpha_1 f_c b x (h_0 - 0.5x)$；若 $x > \xi_b h_0$，取 $x = \xi_b h_0$，则 $M_u = \alpha_1 f_c b h_0^2 \xi_b (1 - 0.5\xi_b)$。

若 $M_u \geqslant M$，受弯承载力满足要求，截面安全，否则截面不安全。但若 M_u 大于 M 过多，则认为该截面设计不经济。

【例 3-1】 某民用建筑与梁整体现浇钢筋混凝土单跨板（图 3-25a），安全等级为二级（$\gamma_0 = 1.0$），处于一类环境，承受的均布面积荷载设计值为 $q = 8.10 \text{kN/m}^2$（含板自重）。选用 C30 混凝土和 HRB400 级钢筋。试确定所需配置的受拉钢筋。

【解】 本例题属于截面设计类。

（1）设计参数

查附表 6 及表 3-3 可知，C30 混凝土 $f_c = 14.3 \text{N/mm}^2$，$f_t = 1.43 \text{N/mm}^2$，$\alpha_1 = 1.0$。

查附表 2 及表 3-4、表 3-5 可知，HRB400 级钢筋 $f_y = 360 \text{N/mm}^2$，$\xi_b = 0.518$，$\alpha_{sb} = 0.384$。

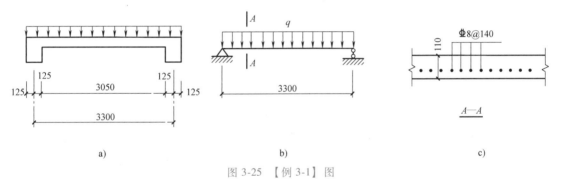

图 3-25 【例 3-1】图

取 1m 宽板带为计算单元，$b = 1000 \text{mm}$，初选 $h = 110 \text{mm}$（不小于跨度的 1/30）。

查附表 8 可知，一类环境，$c = 15 \text{mm}$，则 $a_s = c + d/2 = (15 + 10 \div 2) \text{mm} = 20 \text{mm}$，$h_0 = (110 - 20) \text{mm} = 90 \text{mm}$。

查附表 9 可知，$\rho_{\min} = \max\left\{ 0.2\%, \ 0.45 \times \dfrac{f_t}{f_y} \right\} = \max\left\{ 0.2\%, \ 0.45 \times \dfrac{1.43}{360} \right\} = 0.2\%$。

（2）内力计算

板的计算简图如图 3-25b 所示，板的计算跨度取轴线标示尺寸，即 $l_0 = 3300 \text{mm}$。

板上均布线荷载为

$$q = 1.0 \times 8.1 \text{kN/m} = 8.1 \text{kN/m}$$

跨中弯矩设计值为

$$M = \gamma_0 \frac{1}{8} q l_0^2 = 1.0 \times \frac{1}{8} \times 8.1 \times 3.3^2 \text{kN·m} = 11.03 \text{kN·m}$$

（3）配筋计算

1）计算截面抵抗矩系数 α_s。由式（3-17）得

$$\alpha_s = \frac{M}{\alpha_1 f_c b h_0^2} = \frac{11.03 \times 10^6}{1.0 \times 14.3 \times 1000 \times 90^2} = 0.095$$

2）计算相对受压区高度 ξ。由式（3-18）得

$$\xi = 1 - \sqrt{1-2\alpha_s} = 1 - \sqrt{1-2\times0.095} = 0.1 < \xi_b = 0.518$$

满足公式适用条件，不会发生超筋破坏。

3）计算钢筋截面面积 A_s。由式（3-15）得

$$A_s = \frac{\alpha_1 f_c b \xi h_0}{f_y} = \frac{1.0\times14.3\times1000\times0.1\times90}{360}\text{mm}^2 = 358\text{mm}^2 > \rho_{min}bh = 0.2\%\times1000\times110\text{mm}^2 = 220\text{mm}^2$$

满足公式适用条件，不会发生少筋破坏。

（4）选配钢筋并绘制配筋图

结合钢筋直径、间距及混凝土保护层厚度等构造要求，查附表 11 可知，选用 $\Phi 8@140$（$A_s = 359\text{mm}^2/\text{m}$），配筋如图 3-25c 所示。

【例 3-2】 某矩形截面钢筋混凝土简支梁（图 3-26），安全等级为二级，处于二 a 类环境，计算跨度 $l_0 = 6.3\text{m}$，净跨 $l_n = 6.05\text{m}$，截面尺寸 $b\times h = 200\text{mm}\times550\text{mm}$，承受板传来永久荷载及梁的自重标准值 $g_k = 19.2\text{kN/m}$，板传来的楼面活荷载标准值 $q_k = 9.5\text{kN/m}$。选用 C30 混凝土、HRB400 级纵向受力钢筋。试确定所需配置的纵向受拉钢筋。（荷载分项系数 $\gamma_G = 1.3$，$\gamma_Q = 1.5$。）

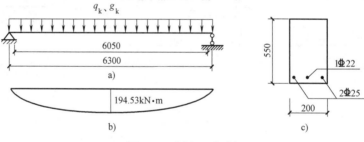

图 3-26 【例 3-2】图

a）计算简图 b）弯矩图 c）配筋图

【解】 本例题属于截面设计类。

（1）设计参数

查附表 6 及表 3-3 可知，C30 混凝土 $f_c = 14.3\text{N/mm}^2$，$f_t = 1.43\text{N/mm}^2$，$\alpha_1 = 1.0$。

查附表 2 及表 3-4、表 3-5 可知，HRB400 级钢筋 $f_y = 360\text{N/mm}^2$，$\xi_b = 0.518$，$\alpha_{sb} = 0.384$。

查附表 8 可知，二 a 类环境，$c = 25\text{mm}$。

取箍筋直径 $d_{sv} = 10\text{mm}$，纵向受力钢筋直径 $d = 20\text{mm}$。

假定钢筋单排布置，则 $a_s = c + d_{sv} + d/2 = (25+10+20\div2)\text{mm} = 45\text{mm}$，$h_0 = h - 45\text{mm} = 505\text{mm}$。

查附表 9 可知，$\rho_{min} = 0.2\% > 0.45\times\frac{f_t}{f_y}\times100\% = 0.45\times\frac{1.43}{360}\times100\% = 0.18\%$。

（2）计算跨中弯矩设计值 M

梁的计算简图如图 3-26a 所示。

梁上均布荷载设计值为

$$P = \gamma_G g_k + \gamma_Q q_k = (1.3 \times 19.2 + 1.5 \times 9.5)\,\text{kN/m} = 39.21\,\text{kN/m}$$

跨中弯矩设计值为

$$M = \frac{1}{8} P l_0^2 = \frac{1}{8} \times 39.21 \times 6.3^2\,\text{kN} \cdot \text{m} = 194.53\,\text{kN} \cdot \text{m}$$

（3）计算钢筋截面面积 A_s

1）计算截面抵抗矩系数 α_s。由式（3-17）得

$$\alpha_s = \frac{M}{\alpha_1 f_c b h_0^2} = \frac{194.53 \times 10^6}{1.0 \times 14.3 \times 200 \times 505^2} = 0.267 < \alpha_{sb} = 0.384$$

满足公式适用条件，不会发生超筋破坏。

2）计算相对受压区高度 ξ。由式（3-18）得

$$\xi = 1 - \sqrt{1 - 2\alpha_s} = 1 - \sqrt{1 - 2 \times 0.267} = 0.317$$

3）计算钢筋截面面积 A_s。由式（3-15）得

$$A_s = \frac{\alpha_1 f_c b \xi h_0}{f_y} = \frac{1.0 \times 14.3 \times 200 \times 0.317 \times 505}{360}\,\text{mm}^2 = 1272\,\text{mm}^2 > \rho_{\min} b h = 0.2\% \times 200 \times 550\,\text{mm}^2 = 220\,\text{mm}^2$$

满足公式适用条件，不会发生少筋破坏。

（4）选配钢筋并绘制配筋图

查附表 10 可知，选用 2 Φ 25+1 Φ 22（$A_s = 1362.1\,\text{mm}^2$），配筋如图 3-26c 所示。

【例 3-3】 图 3-27 所示为支承在 370mm 厚砖墙上的钢筋混凝土伸臂梁，安全等级为二级，处于一类环境，跨度 $l_1 = 7.0\text{m}$，伸臂长度 $l_2 = 1.86\text{m}$，截面尺寸 $b \times h = 250\text{mm} \times 700\text{mm}$。承受永久荷载设计值 $g = 40\text{kN/m}$（含梁自重），活荷载设计值 $q_1 = 30\text{kN/m}$，$q_2 = 100\text{kN/m}$，选用 C30 混凝土、HRB400 纵向受力钢筋，试确定 AB 跨跨中 1—1 截面及 B 支座 2—2 截面所需配置的纵向受力钢筋。

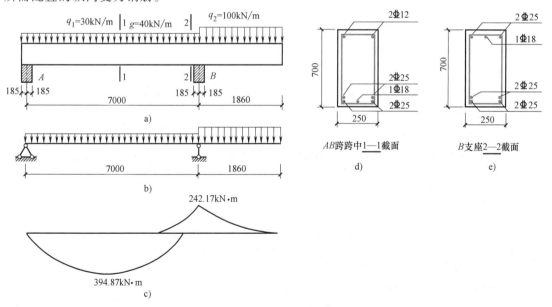

图 3-27 【例 3-3】图

a）荷载图　b）计算简图　c）弯矩图　d）1—1 截面配筋图　e）2—2 截面配筋图

【解】 本例题属于截面设计类。

（1）设计参数

查附表 6 及表 3-3 可知，C30 混凝土 $f_c = 14.3 \text{N/mm}^2$，$f_t = 1.43 \text{N/mm}^2$，$\alpha_1 = 1.0$。

查附表 2 及表 3-4、表 3-5 可知，HRB400 级钢筋 $f_y = 360 \text{N/mm}^2$，$\xi_b = 0.518$，$\alpha_{sb} = 0.384$。

查附表 9 可知，$\rho_{min} = 0.2\% > 0.45 \times \dfrac{f_t}{f_y} \times 100\% = 0.45 \times \dfrac{1.43}{360} \times 100\% = 0.179\%$。

（2）内力计算

简支外伸梁的控制截面为简支跨的跨中 1—1 截面和 B 支座 2—2 截面。

当永久荷载 g 和可变荷载 q_1 同时作用时，简支跨的跨中正弯矩最大，$M_1 = 394.87 \text{kN} \cdot \text{m}$；当永久荷载 g 和可变荷载 q_1、q_2 同时作用时，B 支座截面的负弯矩最大，$M_2 = -242.17 \text{kN} \cdot \text{m}$。

（3）计算钢筋截面面积 A_s

1）跨中 1—1 截面：查附表 8 可知，一类环境，$c = 20 \text{mm}$，取箍筋直径 $d_{sv} = 10 \text{mm}$，纵向受力钢筋直径 $d = 20 \text{mm}$。

假定钢筋双排布置，则 $a_s = c + d_{sv} + d + e/2 = (20 + 10 + 20 + 25 \div 2) \text{mm} = 62.5 \text{mm}$，$h_0 = h - a_s = (700 - 62.5) \text{mm} = 637.5 \text{mm}$。

① 计算截面抵抗矩系数 α_s。由式（3-17）得

$$\alpha_s = \frac{M_1}{\alpha_1 f_c b h_0^2} = \frac{394.87 \times 10^6}{1.0 \times 14.3 \times 250 \times 637.5^2} = 0.272 < \alpha_{sb} = 0.384$$

② 计算相对受压区高度 ξ。由式（3-18）得

$$\xi = 1 - \sqrt{1 - 2\alpha_s} = 1 - \sqrt{1 - 2 \times 0.272} = 0.325$$

满足公式适用条件，不会发生超筋破坏。

③ 计算钢筋截面面积 A_s。由式（3-15）得

$$A_s = \frac{\alpha_1 f_c b h_0 \xi}{f_y} = \frac{1.0 \times 14.3 \times 250 \times 637.5 \times 0.325}{360} \text{mm}^2 = 2057 \text{mm}^2 > \rho_{min} b h = 0.2\% \times 250 \times 700 \text{mm}^2 = 350 \text{mm}^2$$

满足公式适用条件，不会发生少筋破坏。

④ 选配钢筋。查附表 10 可知，跨中 1—1 截面选用 4 Φ 25 + 1 Φ 18（$A_s = 2218.5 \text{mm}^2$），配筋如图 3-27d 所示。

2）B 支座 2—2 截面：

支座截面弯矩较小，是跨中弯矩的 61%，可按单排配筋，则 $a_s = c + d_{sv} + d/2 = (20 + 10 + 20 \div 2) \text{mm} = 40 \text{mm}$，$h_0 = h - a_s = (700 - 40) \text{mm} = 660 \text{mm}$。

① 计算截面抵抗矩系数 α_s。由式（3-17）得

$$\alpha_s = \frac{M_2}{\alpha_1 f_c b h_0^2} = \frac{242.17 \times 10^6}{1.0 \times 14.3 \times 250 \times 660^2} = 0.156 < \alpha_{sb} = 0.384$$

满足公式适用条件，不会发生超筋破坏。

② 计算相对受压区高度 ξ。由式（3-18）得

$$\xi = 1 - \sqrt{1 - 2\alpha_s} = 1 - \sqrt{1 - 2 \times 0.156} = 0.171$$

③ 计算钢筋截面面积 A_s。由式（3-15）得

$$A_s = \frac{\alpha_1 f_c b h_0 \xi}{f_y} = \frac{1.0 \times 14.3 \times 250 \times 660 \times 0.171}{360} \text{mm}^2 = 1121 \text{mm}^2 > \rho_{\min} bh = 0.2\% \times 250 \times 700 \text{mm}^2 = 350 \text{mm}^2$$

满足公式适用条件，不会发生少筋破坏。

（4）选配钢筋并绘制配筋图

查附表 10 可知，B 支座 2—2 截面选用 2 Φ 25 + 1 Φ 18（$A_s = 1236.5 \text{mm}^2$），配筋如图 3-27e 所示。

【例 3-4】　某矩形钢筋混凝土梁，处于二 a 类环境，截面尺寸为 $b \times h = 200 \text{mm} \times 500 \text{mm}$，选用 C35 混凝土和 HRB400 级钢筋，截面配筋如图 3-28 所示。该梁承受的弯矩设计值 $M = 155 \text{kN} \cdot \text{m}$，复核该截面是否安全。

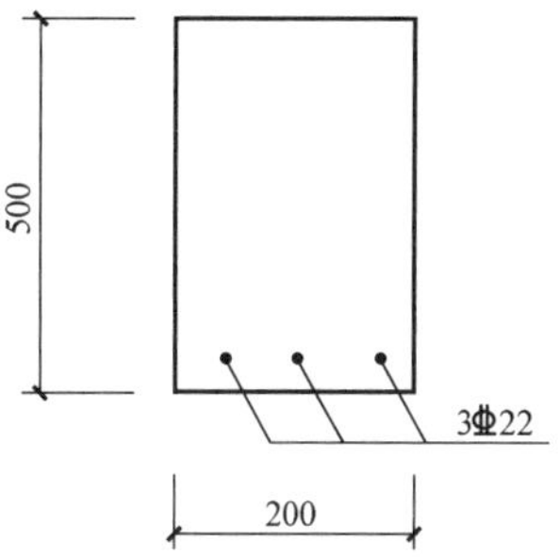

【解】　本例题属于截面复核类。

（1）设计参数

查附表 6 及表 3-3 可知，C35 混凝土 $f_c = 16.7 \text{N/mm}^2$，$f_t = 1.57 \text{N/mm}^2$，$\alpha_1 = 1.0$。

查附表 2 及表 3-4、表 3-5 可知，HRB400 级钢筋 $f_y = 360 \text{N/mm}^2$，$\xi_b = 0.518$，$\alpha_{sb} = 0.384$。

图 3-28　【例 3-4】图

查附表 8 可知，二 a 类环境，$c = 25 \text{mm}$，取箍筋直径 $d_{sv} = 10 \text{mm}$，则 $a_s = c + d_{sv} + d/2 = (25 + 10 + 22 \div 2) \text{mm} = 46 \text{mm}$，$h_0 = h - 46 \text{mm} = 454 \text{mm}$。

钢筋净间距为

$$s_n = \frac{b - 2c - 3d - 2d_{sv}}{2} = \frac{200 - 2 \times 25 - 3 \times 22 - 2 \times 10}{2} \text{mm} = 32 \text{mm} > d = 22 \text{mm}$$

且 $s_n > 25 \text{mm}$，所以钢筋净间距符合要求。

（2）适用条件判断

查附表 9 可知，

$$\rho_{\min} = 0.2\% > 0.45 \frac{f_t}{f_y} \times 100\% = 0.45 \times \frac{1.57}{360} \times 100\% = 0.20\%$$

查附表 10 可知，

$$A_s = 1140 \text{mm}^2 > \rho_{\min} bh = 0.2\% \times 200 \times 500 \text{mm}^2 = 200 \text{mm}^2$$

满足公式适用条件，不会发生少筋破坏。

（3）计算受压区高度 x

由式（3-13）得

$$x = \frac{f_y A_s}{\alpha_1 f_c b} = \frac{360 \times 1140}{1.0 \times 16.7 \times 200} \text{mm} = 122.9 \text{mm} < \xi_b h_0 = 0.518 \times 454 \text{mm} = 235.2 \text{mm}$$

满足公式适用条件，不会发生超筋破坏。

（4）计算截面受弯承载力 M_u 并复核截面

由式（3-14）得

$$M_u = \alpha_1 f_c b x \left(h_0 - \frac{x}{2} \right) = 1.0 \times 16.7 \times 200 \times 122.9 \times \left(454 - \frac{122.87}{2} \right) \text{N} \cdot \text{mm}$$

$$= 161.1 \times 10^6 \text{N} \cdot \text{mm} = 161.1 \text{kN} \cdot \text{m} > M = 155 \text{kN} \cdot \text{m}$$

该截面安全。

3.5 双筋矩形截面受弯承载力计算

双筋矩形截面是指在截面的受压区和受拉区都配置纵向受力钢筋的矩形截面。一般来说，虽然在受弯构件中，受压钢筋对截面的延性、抗裂和变形等是有利的，但是利用受压钢筋承受压力是不经济的，应尽量少用，只在以下情况下采用：

1）弯矩很大，按单筋矩形截面计算求得的 $\xi > \xi_b$，而增大梁的截面尺寸及提高混凝土强度等级受到限制时。

2）梁在不同荷载组合下截面承受相反弯矩作用时。

3）由于某种原因受压区已布置受力钢筋。

3.5.1 受压钢筋的受力特点

试验表明，双筋矩形截面受弯破坏时的受力特点与单筋矩形截面类似。区别在于双筋矩形截面受压区配有纵向受压钢筋，因此只要掌握破坏时纵向受压钢筋的应力情况，就可参照单筋矩形截面建立类似基本公式。

根据受压钢筋数量和相对位置的不同，梁破坏时，受压钢筋可能达到屈服强度，也可能未达到屈服强度。其应力值 σ'_s 取决于应变值 ε'_s，由图 3-29 可知：

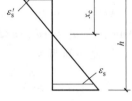

图 3-29　截面应变

$$\varepsilon'_s = \frac{x_c - a'_s}{x_c}\varepsilon_{cu} = \left(1 - \frac{a'_s}{x/\beta_1}\right)\varepsilon_{cu} = \left(1 - \frac{\beta_1 a'_s}{x}\right)\varepsilon_{cu} \qquad (3-19)$$

若取 $a'_s = 0.5x$，由平截面假定可得受压钢筋的应变 $\varepsilon'_s = (1 - 0.5\beta_1)\varepsilon_{cu}$。当混凝土强度等级为 C80 时，$\varepsilon_{cu} = 0.003$，$\beta_1 = 0.74$，得 $\varepsilon'_s = 0.00189$；其他强度等级的混凝土对应的 ε'_s 更大，对于 HPB300 和 HRB400 级钢筋，其相应的压应力 σ'_s 已达到屈服强度设计值 f'_y。因此在双筋矩形截面受弯承载力计算中，受压钢筋应力达到屈服强度设计值 f'_y 的必要条件是

$$x \geqslant 2a'_s \qquad (3-20)$$

式中　a'_s——截面受压区边缘到纵向受压钢筋合力作用点之间的距离。

一般受压钢筋数量不多，可单排布置，则 $a'_s = c + d_{sv} + d'/2$，双排布置时，$a'_s = c + d_{sv} + d' + e/2$，计算时取受压钢筋直径 $d' = 20\text{mm}$。

3.5.2 基本公式及适用条件

1. 基本公式

双筋矩形截面正截面承载力计算简图如图 3-30 所示。

根据力与力矩的平衡条件，列出基本公式：

$$\sum X = 0 \qquad\qquad \alpha_1 f_c bx + f'_y A'_s = f_y A_s \qquad (3-21)$$

$$\sum M_{A_s} = 0 \qquad M \leqslant M_u = \alpha_1 f_c bx(h_0 - 0.5x) + f'_y A'_s(h_0 - a'_s) \qquad (3-22)$$

将 $x = \xi h_0$ 代入式（3-21）和式（3-22），得

$$\sum X = 0 \qquad\qquad \alpha_1 f_c b\xi h_0 + f'_y A'_s = f_y A_s \qquad (3-23)$$

$$\sum M_{A_s} = 0 \qquad M \leqslant M_u = \alpha_s \alpha_1 f_c bh_0^2 + f'_y A'_s(h_0 - a'_s) \qquad (3-24)$$

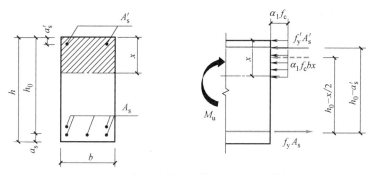

图 3-30　双筋矩形截面正截面承载力计算简图

2. 适用条件

应用上述基本公式时，必须满足以下条件：

1）为了防止超筋破坏，保证构件破坏时受拉钢筋达到屈服强度，应满足

$$x \leq \xi_b h_0, \ \xi \leq \xi_b \ 或 \ \rho \leq \rho_{max}$$

2）为了保证构件破坏时受压钢筋达到屈服强度，应满足

$$x \geq 2a_s' \ 或 \ \xi \geq \frac{2a_s'}{h_0}$$

若不满足公式适用条件 2），则表明受压钢筋离中和轴太近，受压钢筋压应变 ε_s' 过小，σ_s' 达不到 f_y'。因 σ_s' 应力值未知，可近似地取 $x = 2a_s'$，并对受压钢筋的合力作用点取矩，如图 3-31 所示，得到以下公式：

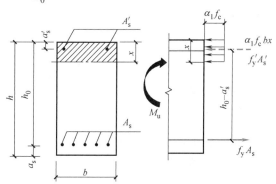

$$\sum M_{A_s'} = 0, \ M \leq M_u = f_y A_s (h_0 - a_s') \quad (3\text{-}25)$$

值得注意的是，若按式（3-25）求得的 A_s 比不考虑受压钢筋而按单筋矩形截面计算的 A_s 还大时，应按单筋矩形截面的计算结果进行配筋。

图 3-31　$x < 2a_s'$ 时双筋矩形截面正截面承载力计算简图

3.5.3　计算方法

双筋矩形截面受弯承载力计算包括截面设计和截面复核两类问题。

1. 截面设计

截面设计时，一般受拉钢筋截面面积 A_s、受压钢筋截面面积 A_s' 均未知，有时由于构造原因，配置了受压钢筋，即 A_s' 已知，确定受拉钢筋用量。

（1）情形 1　已知弯矩设计值 M，截面尺寸 b、h，混凝土强度等级和钢筋级别，确定所需配置的受拉、受压钢筋。

计算步骤如下：

1）判断是否为双筋矩形截面。按式（3-17）求 $\alpha_s = \dfrac{M}{\alpha_1 f_c b h_0^2}$，若 $\alpha_s > \alpha_{sb}$ 则为双筋矩形截面，否则为单筋矩形截面。

在双筋矩形截面设计时，式（3-21）、式（3-22）两个基本公式中有 A_s、A'_s 和 x 三个未知量，需补充一个条件才能求解。在截面尺寸和材料强度确定的情况下，为充分发挥混凝土的受压性能，取 $x=\xi_b h_0$（或 $\xi=\xi_b$），$A_s+A'_s$ 为最优解。一般情况下，受拉和受压钢筋采取同样的级别，即取 $f_y=f'_y$。

2）计算受压钢筋截面面积 A'_s。将 $x=\xi_b h_0$ 代入式（3-22）得

$$A'_s = \frac{M-\alpha_1 f_c b h_0^2 \xi_b \left(1-\dfrac{\xi_b}{2}\right)}{f'_y(h_0-a'_s)} = \frac{M-\alpha_{sb}\alpha_1 f_c b h_0^2}{f'_y(h_0-a'_s)}$$

3）计算受拉钢筋截面面积 A_s。由式（3-21）得

$$A_s = A'_s\frac{f'_y}{f_y}+\xi_b\frac{\alpha_1 f_c b h_0}{f_y}$$

4）选配钢筋并绘制配筋图。

（2）情形 2 已知弯矩设计值 M，截面尺寸 b、h，混凝土强度等级和钢筋级别，受压钢筋截面面积 A'_s，确定所需配置的受拉钢筋。

计算步骤如下：

由于受压钢筋截面面积 A'_s 已知，式（3-21）、式（3-22）两个基本公式中只有 A_s 和 x 两个未知数，利用式（3-23）、式（3-24）直接求解。

1）计算截面抵抗矩系数 α_s。由式（3-24）得

$$\alpha_s = \frac{M-f'_y A'_s(h_0-a'_s)}{\alpha_1 f_c b h_0^2}$$

2）计算相对受压区高度 ξ。由式（3-18）得

$$\xi = 1-\sqrt{1-2\alpha_s}$$

针对 ξ 可能出现的计算结果，采用相应的公式，求受拉钢筋截面面积 A_s。

3）计算受拉钢筋截面面积 A_s。

① 当 $\xi>\xi_b$ 时，不满足基本公式适用条件 1），说明配置的受压钢筋 A'_s 数量不足，按 A_s、A'_s 未知的情形 1 计算。

② 当 $\dfrac{2a'_s}{h_0}\leqslant\xi\leqslant\xi_b$ 时，直接将 ξ 数值代入式（3-23）求出 $A_s = \dfrac{f'_y}{f_y}A'_s+\xi\dfrac{\alpha_1 f_c}{f_y}b h_0$。

③ 当 $\xi\leqslant\dfrac{2a'_s}{h_0}$ 时，不满足基本公式适用条件 2），按式（3-25）求出 $A_s = \dfrac{M}{f_y(h_0-a'_s)}$。

4）选配钢筋并绘制配筋图。

2. 截面复核

已知弯矩设计值 M，截面尺寸 b、h，混凝土强度等级和钢筋级别，受拉钢筋截面面积 A_s 和受压钢筋截面面积 A'_s，确定截面受弯承载力 M_u 或复核截面是否安全。

复核步骤如下：

1）计算受压区高度 x，由式（3-21）得

$$x = \frac{f_y A_s-f'_y A'_s}{\alpha_1 f_c b}$$

针对 x 的计算结果，分三种情况计算正截面受弯承载力 M_u。

2）计算受弯承载力 M_u。

① 若 $2a'_s \leqslant x \leqslant \xi_b h_0$，由式（3-22）求出 $M_u = \alpha_1 f_c bx(h_0 - 0.5x) + f'_y A'_s(h_0 - a'_s)$。

② 若 $x < 2a'_s$，由式（3-25）求出 $M_u = f_y A_s(h_0 - a'_s)$。

③ 若 $x > \xi_b h_0$，取 $x = \xi_b h_0$，由式（3-22）求出 $M_u = \alpha_1 f_c bh_0^2 \xi_b(1 - 0.5\xi_b) + f'_y A'_s(h_0 - a'_s)$。

3）判断截面是否安全。将截面受弯承载力 M_u 与截面弯矩设计值 M 进行比较，若 $M_u \geqslant M$，则截面受弯承载力足够，安全；否则截面不安全。

【例 3-5】　某钢筋混凝土楼面梁，处于一类环境。截面尺寸 $b \times h = 250mm \times 500mm$。选用 C30 混凝土和 HRB400 级钢筋，弯矩设计值 $M = 325kN \cdot m$。试确定该截面所需配置的纵向受力钢筋。

【解】　本例题属于截面设计类。

（1）设计参数

查附表 6 及表 3-3 可知，C30 混凝土 $f_c = 14.3N/mm^2$，$\alpha_1 = 1.0$。

查附表 2 及表 3-4、表 3-5 可知，HRB400 级钢筋 $f_y = f'_y = 360N/mm^2$，$\xi_b = 0.518$，$\alpha_{sb} = 0.384$。

查附表 8 可知，一类环境，$c = 20mm$，取箍筋直径 $d_{sv} = 10mm$，纵筋直径 $d = d' = 20mm$。

假定受拉钢筋双排布置：

$$a_s = c + d_{sv} + d + e/2 = (20 + 10 + 20 + 25 \div 2)mm = 62.5mm$$

$$h_0 = h - a_s = (500 - 62.5)mm = 437.5mm$$

假定受压钢筋单排布置

$$a'_s = c + d_{sv} + d'/2 = (20 + 10 + 20 \div 2)mm = 40mm$$

（2）判断是否为双筋矩形截面

由式（3-17）得

$$\alpha_s = \frac{M}{\alpha_1 f_c bh_0^2} = \frac{325 \times 10^6}{1.0 \times 14.3 \times 250 \times 437.5^2} = 0.475 > \alpha_{sb} = 0.384$$

需要采用双筋矩形截面。

（3）计算钢筋截面面积

1）计算受压钢筋截面面积 A'_s。

将 $x = \xi_b h_0$ 代入式（3-22）得

$$A'_s = \frac{M - \alpha_{sb}\alpha_1 f_c bh_0^2}{f'_y(h_0 - a'_s)} = \frac{325 \times 10^6 - 0.384 \times 1.0 \times 14.3 \times 250 \times 437.5^2}{360 \times (437.5 - 40)}mm^2$$

$$= 435mm^2 > \rho'_{min}bh = 0.2\% \times 200 \times 500 mm^2 = 200mm^2$$

2）计算受拉钢筋截面面积 A_s。

将 $x = \xi_b h_0$ 代入式（3-21）得

$$A_s = \frac{f'_y}{f_y}A'_s + \xi_b \frac{\alpha_1 f_c}{f_y}bh_0 = \left(\frac{360}{360} \times 435 + 0.518 \times \frac{1.0 \times 14.3}{360} \times 250 \times 437.5\right)mm^2 = 2686mm^2$$

（4）选配钢筋并绘制配筋图

查附表 10，选配钢筋。受拉钢筋选 4 Φ 25 + 2 Φ 22（$A_s = 2724mm^2$），受压钢筋选 2 Φ 18

（$A'_s = 509\text{mm}^2$），配筋如图 3-32 所示。

【例 3-6】 梁的基本情况与【例 3-5】相同，由于构造原因，受压区已配置 2 Φ 20（$A'_s = 628\text{mm}^2$）钢筋，试确定所需配置的纵向受拉钢筋。

【解】 本例题属于截面设计类。

（1）设计参数

查附表 6 及表 3-3 可知，C30 混凝土 $f_c = 14.3\text{N/mm}^2$，$\alpha_1 = 1.0$。

查附表 2 及表 3-4、表 3-5 可知，HRB400 级钢筋 $f_y = f'_y = 360\text{N/mm}^2$，$\xi_b = 0.518$，$\alpha_{sb} = 0.384$。

同例 3-5，$a_s = 62.5\text{mm}$，$a'_s = 40\text{mm}$，$h_0 = 437.5\text{mm}$。

（2）计算截面抵抗矩系数 α_s

由式（3-24）得

$$\alpha_s = \frac{M - f'_y A'_s (h_0 - a'_s)}{\alpha_1 f_c b h_0^2} = \frac{325 \times 10^6 - 360 \times 628 \times (437.5 - 40)}{1.0 \times 14.3 \times 250 \times 437.5^2} = 0.344$$

（3）计算相对受压区高度 ξ

由式（3-18）得

$$\xi = 1 - \sqrt{1 - 2\alpha_s} = 1 - \sqrt{1 - 2 \times 0.344} = 0.441 < \xi_b = 0.518$$

且 $\xi > \dfrac{2a'_s}{h_0} = \dfrac{2 \times 40}{437.5} = 0.183$，满足公式适用条件。

（4）计算受拉钢筋截面面积 A_s

由式（3-23）得

$$A_s = \frac{f'_y}{f_y} A'_s + \xi \frac{\alpha_1 f_c}{f_y} b h_0 = \left(\frac{360}{360} \times 628 + 0.441 \times \frac{1.0 \times 14.3}{360} \times 250 \times 437.5 \right) \text{mm}^2 = 2544\text{mm}^2$$

（5）选配钢筋并绘制配筋图

查附表 10 可知，受拉钢筋选 4 Φ 25 + 2 Φ 20（$A_s = 2592\text{mm}^2$），配筋如图 3-33 所示。

【例 3-7】 某钢筋混凝土楼面梁，处于一类环境，截面尺寸 $b \times h = 250\text{mm} \times 600\text{mm}$。选用 C30 混凝土和 HRB400 级纵向受力钢筋，由于构造原因，受压区已配置 2 Φ 22（$A'_s = 760\text{mm}^2$）钢筋，截面弯矩设计值 $M = 280\text{kN} \cdot \text{m}$。试确定所需配置的纵向受拉钢筋。

【解】 本例题属于截面设计类。

（1）设计参数

查附表 6 及表 3-3 可知，C30 混凝土 $f_c = 14.3\text{N/mm}^2$，$\alpha_1 = 1.0$。

查附表 2 及表 3-4、表 3-5 可知，HRB400 级钢筋 $f_y = f'_y = 360\text{N/mm}^2$，$\xi_b = 0.518$，$\alpha_{sb} = 0.384$。

查附表 8 可知，一类环境，$c = 20\text{mm}$，取箍筋直径 $d_{sv} = 10\text{mm}$，受拉钢筋直径 $d = 20\text{mm}$。

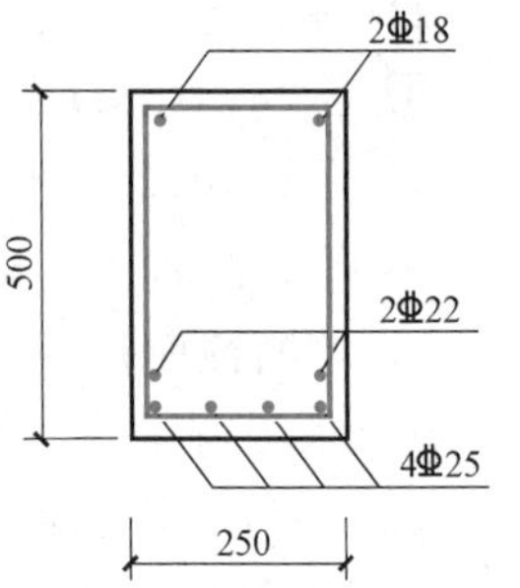

图 3-32 【例 3-5】配筋图

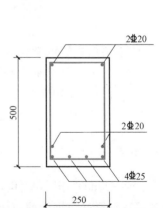

图 3-33 【例 3-6】配筋图

假定受压钢筋单排布置：

$$a_s' = c + d_{sv} + d'/2 = (20 + 10 + 22 \div 2)\,mm = 41\,mm$$

假定受拉钢筋双排布置：

$$a_s = c + d_{sv} + d + e/2 = (20 + 10 + 20 + 25 \div 2)\,mm = 62.5\,mm$$

$$h_0 = h - a_s = (600 - 62.5)\,mm = 537.5\,mm$$

（2）计算截面抵抗矩系数 α_s

由式（3-24）得

$$\alpha_s = \frac{M - f_y' A_s'(h_0 - a_s')}{\alpha_1 f_c b h_0^2} = \frac{280 \times 10^6 - 360 \times 760 \times (537.5 - 41)}{1.0 \times 14.3 \times 250 \times 537.5^2} = 0.14$$

（3）计算相对受压区高度 ξ

由式（3-18）得

$$\xi = 1 - \sqrt{1 - 2\alpha_s} = 1 - \sqrt{1 - 2 \times 0.14} = 0.151 < \xi_b = 0.518$$

但 $\xi < \dfrac{2a_s'}{h_0} = \dfrac{2 \times 41}{537.5} = 0.153$，不满足公式适用条件。

（4）计算钢筋截面面积 A_s

由式（3-25）得

$$A_s = \frac{M}{f_y(h_0 - a_s')} = \frac{280 \times 10^6}{360 \times (537.5 - 41)}\,mm^2 = 1567\,mm^2$$

（5）选配钢筋并绘制配筋图

查附表 10 可知，受拉钢筋选 5 Φ 20（$A_s = 1570\,mm^2$），配筋如图 3-34 所示。

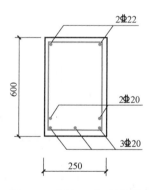

图 3-34　【例 3-7】配筋图

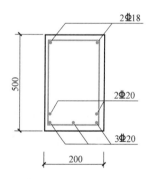

图 3-35　【例 3-8】配筋图

【例 3-8】　某钢筋混凝土梁，处于二 a 类环境，截面尺寸 $b \times h = 200mm \times 500mm$，选用 C35 混凝土和 HRB400 级钢筋，截面配筋如图 3-35 所示。该梁承受的截面弯矩设计值 $M = 210kN \cdot m$，复核截面是否安全。

【解】　本例题属于截面复核类。

（1）设计参数

查附表 6 及表 3-3 可知，C35 混凝土 $f_c = 16.7\,N/mm^2$，$\alpha_1 = 1.0$。

查附表 2 及表 3-4、表 3-5 可知，HRB400 级钢筋 $f_y = f_y' = 360\,N/mm^2$，$\xi_b = 0.518$，$\alpha_{sb} = 0.384$。

查附表 10 可知，受拉钢筋 5 Φ 20，$A_s = 1570\text{mm}^2$，受压钢筋 2 Φ 18，$A'_s = 509\text{mm}^2$。

查附表 8 可知，二 a 类环境，$c = 25\text{mm}$，取箍筋直径 $d_{sv} = 10\text{mm}$。

由以上条件得

$$a_s = c + d_{sv} + d + e/2 = (25 + 10 + 20 + 25 \div 2)\text{mm} = 67.5\text{mm}$$

$$h_0 = h - a_s = (500 - 67.5)\text{mm} = 432.5\text{mm}$$

$$a'_s = c + d_{sv} + d'/2 = (25 + 10 + 18 \div 2)\text{mm} = 44\text{mm}$$

（2）计算受压区高度 x

由式（3-21）得

$$x = \frac{(A_s - A'_s)f_y}{\alpha_1 f_c b} = \frac{(1570 - 509) \times 360}{1.0 \times 16.7 \times 200}\text{mm} = 114.4\text{mm} < \xi_b h_0 = 0.518 \times 432.5\text{mm} = 224.0\text{mm}$$

且 $x > 2a'_s = 88\text{mm}$，满足公式适用条件。

（3）计算截面受弯承载力 M_u 并复核截面

由式（3-22）得

$$\begin{aligned}
M_u &= \alpha_1 f_c bx(h_0 - 0.5x) + f'_y A'_s(h_0 - a'_s) \\
&= [1.0 \times 16.7 \times 200 \times 114.4 \times (432.5 - 0.5 \times 114.4) + 360 \times 509 \times (432.5 - 44)]\text{N} \cdot \text{mm} \\
&= 214.55 \times 10^6 \text{N} \cdot \text{mm} = 214.55\text{kN} \cdot \text{m} > M = 210\text{kN} \cdot \text{m}
\end{aligned}$$

该截面安全。

【例 3-9】 某矩形钢筋混凝土梁，处于一类环境，选用 C30 混凝土和 HRB400 级钢筋，截面尺寸及配筋如图 3-36 所示。计算截面受弯承载力 M_u。

【解】 本例题属于截面复核类。

（1）设计参数

查附表 6 及表 3-3 可知，C30 混凝土 $f_c = 14.3\text{N/mm}^2$，$f_t = 1.43\text{N/mm}^2$，$\alpha_1 = 1.0$。

查附表 2 及表 3-4、表 3-5 可知，HRB400 级钢筋 $f_y = f'_y = 360\text{N/mm}^2$，$\xi_b = 0.518$，$\alpha_{sb} = 0.384$。

查附表 10 可知，受拉钢筋 5 Φ 18，$A_s = 1272\text{mm}^2$，受压钢筋 2 Φ 18，$A'_s = 509\text{mm}^2$。

查附表 8 可知，一类环境，$c = 20\text{mm}$，取箍筋直径 $d_{sv} = 10\text{mm}$。

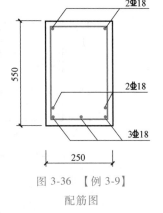

图 3-36 【例 3-9】配筋图

由以上条件得

$$a_s = c + d_{sv} + d + e/2 = (20 + 10 + 18 + 25 \div 2)\text{mm} = 60.5\text{mm}$$

$$h_0 = h - a_s = (550 - 60.5)\text{mm} = 489.5\text{mm}$$

$$a'_s = c + d_{sv} + d'/2 = (20 + 10 + 18 \div 2)\text{mm} = 39\text{mm}$$

（2）计算受压区高度 x

由式（3-21）得

$$x = \frac{(A_s - A'_s)f_y}{\alpha_1 f_c b} = \frac{(1272 - 509) \times 360}{1.0 \times 14.3 \times 250} \text{mm} = 76.8 \text{mm} < \xi_b h_0 = 0.518 \times 489.5 \text{mm} = 253.6 \text{mm}$$

但 $x < 2a'_s = 78$mm。

不满足基本公式适用条件 2）。

（3）计算截面受弯承载力 M_u

由式（3-25）得

$$M_u = f_y A_s (h_0 - a'_s) = 360 \times 1272 \times (489.5 - 39) \text{N} \cdot \text{mm}$$
$$= 206.29 \times 10^6 \text{N} \cdot \text{mm} = 206.29 \text{kN} \cdot \text{m}$$

3.6　T 形截面的受弯承载力计算

由矩形截面受弯构件的受力分析可知，受弯构件进入破坏阶段以后，受拉区大部分混凝土已退出工作，受弯承载力计算时不考虑混凝土的抗拉强度，因此设计时可将一部分受拉区的混凝土忽略，将原有纵向受拉钢筋集中布置在梁肋中，形成 T 形截面，如图 3-37 所示，其中伸出部分 $[(b'_f - b) \times h'_f]$ 称为翼缘，中间部分（$b \times h$）称为梁肋。与矩形截面相比，T 形截面的受弯承载力不受影响，同时还能节省混凝土，减轻构件自重，产生一定的经济效益。

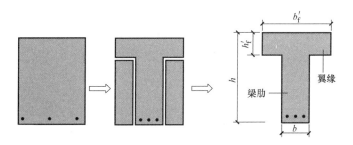

图 3-37　T 形截面的形成

T 形截面受弯构件广泛应用于工程实际中，如现浇肋梁楼盖的梁与楼板浇筑在一起形成的 T 形截面梁，吊车梁、箱型梁、预制槽形板、空心板、双 T 板等也按 T 形截面考虑。T 形截面受弯构件工程应用如图 3-38 所示。

3.6.1　翼缘受力特点

需要明确的是，是否按 T 形截面计算，不能只看其外形，应当看受压区的形状是否为 T 形。如图 3-39 所示，现浇整体式肋形连续梁的梁和板是在一起整浇的，跨中 1—1 截面往往承受正弯矩，截面下部受拉，翼缘在受压区，可按 T 形截面计算，而支座 2—2 截面往往承受负弯矩，截面下部受压，翼缘在受拉区，此时不考虑混凝土承担拉力，应按矩形截面计算。

T 形截面与矩形截面的主要区别在于翼缘是否参与受压。图 3-40a 所示为受压区混凝土的实际应力图形，受压翼缘越大，对截面受弯承载力越有利。试验研究和理论分析表明，整个受压翼缘的压应力不是均匀分布的，距离梁肋越近，应力越大，距离梁肋越远，应力越

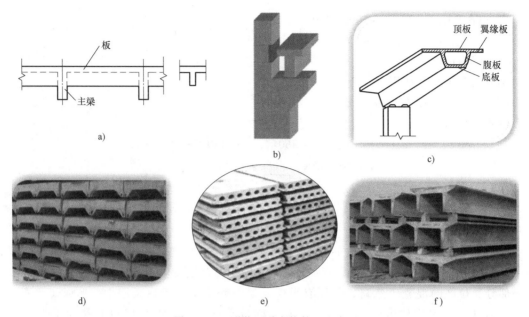

图 3-38　T 形截面受弯构件工程应用

a）T 形截面梁　b）吊车梁　c）箱型梁　d）预制槽形板　e）空心板　f）双 T 板

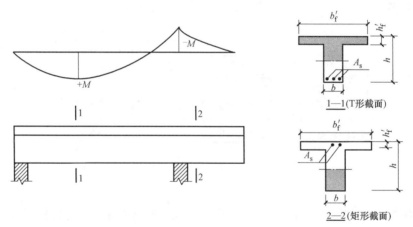

图 3-39　肋形连续梁的 T 形和矩形截面

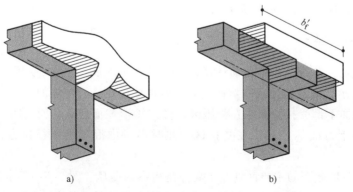

图 3-40　T 形截面受压区实际应力和等效应力图

a）实际应力图　b）等效应力图

小。为了简化计算，按受压区混凝土最大应力不变及合力不变，将其实际应力图形等效为均匀分布应力图形，如图 3-40b 所示。取等效后的应力图形宽度为有效翼缘计算宽度，用 b'_f 表示，即取梁肋一定范围内的翼缘全部参与工作，且压应力呈均匀分布，该范围以外翼缘不参与受力。

《混凝土结构设计规范（2015 年版）》（GB 50010—2010）规定了受弯构件受压区有效翼缘计算宽度 b'_f 的取值，考虑到有效翼缘计算宽度 b'_f 与翼缘厚度、梁跨度和受力状况等因素有关，应采用表 3-6 中各项规定的最小值。

表 3-6　受弯构件受压区有效翼缘计算宽度 b'_f

情况		T 形、I 形截面		倒 L 形截面
		肋形梁（板）	独立梁	肋形梁（板）
1	按计算跨度 l_0 考虑	$l_0/3$	$l_0/3$	$l_0/6$
2	按梁（肋）净间距 s_n 考虑	$b+s_n$	—	$b+s_n/2$
3	按翼缘高度 h'_f 考虑 $h'_f/h_0 \geq 0.1$	—	$b+12h'_f$	—
	$0.1 > h'_f/h_0 \geq 0.05$	$b+12h'_f$	$b+6h'_f$	$b+5h'_f$
	$h'_f/h_0 < 0.05$	$b+12h'_f$	b	$b+5h'_f$

注：1. 表中 b 为梁的腹板厚度。

2. 肋形梁在梁跨内设有间距小于纵肋间距的横肋时，可不考虑表中情况 3 的规定。

3. 加腋的 T 形、I 形和倒 L 形截面，当受压区加腋的高度 $h_h \geq h'_f$ 且加腋的长度 $b_h \leq 3h_h$ 时，则其翼缘计算宽度可按表中情况 3 的规定分别增加 $2b_h$（T 形、I 形截面）和 b_h（倒 L 形截面）。

4. 独立梁受压区的翼缘板在荷载作用下经验算沿纵肋方向可能产生裂缝时，其计算宽度应取腹板厚度 b。

图 3-41 为表 3-6 中各符号的含义。

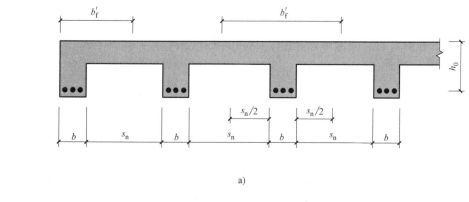

a)

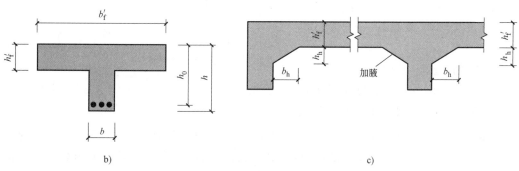

b)　　　　c)

图 3-41　表 3-6 中各符号的含义

3.6.2　T形截面的判断、基本公式及适用条件

1. T形截面的两种类型及判别条件

T形截面受弯承载力的分析方法与矩形截面的基本相同，不同之处在于需要考虑受压翼缘的作用。根据中和轴所在位置不同，T形截面可分为两类：

1) 第一类T形截面：中和轴在翼缘内，即 $x \leqslant h'_f$。

2) 第二类T形截面：中和轴在梁肋内，即 $x > h'_f$。

当中和轴通过翼缘底面（即 $x = h'_f$）时，其为两类T形截面的分界线。

要判断中和轴是否在翼缘中，首先应对界限位置进行分析，界限位置为中和轴在翼缘与梁肋交界处，即 $x = h'_f$ 处（图3-42）。

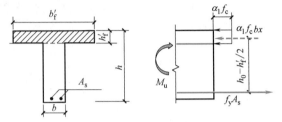

图 3-42　$x = h'_f$时的T形截面

根据力和力矩的平衡条件得

$$\sum X = 0 \qquad\qquad \alpha_1 f_c b'_f h'_f = f_y A_s \qquad\qquad (3\text{-}26)$$

$$\sum M_{A_s} = 0 \qquad\qquad M_u = \alpha_1 f_c b'_f h'_f (h_0 - 0.5 h'_f) \qquad\qquad (3\text{-}27)$$

结合式（3-26）、式（3-27）判断T形截面的类型。截面设计时，若 $M \leqslant \alpha_1 f_c b'_f h'_f (h_0 - 0.5 h'_f)$，则为第一类T形截面；反之，若 $M > \alpha_1 f_c b'_f h'_f (h_0 - 0.5 h'_f)$，则为第二类T形截面。截面复核时，若 $f_y A_s \leqslant \alpha_1 f_c b'_f h'_f$，则为第一类T形截面；反之，若 $f_y A_s > \alpha_1 f_c b'_f h'_f$，则为第二类T形截面。

2. 第一类T形截面受弯承载力计算的基本公式

由于不考虑受拉区混凝土的作用，第一类T形截面受弯承载力的计算与梁宽为 b'_f 的矩形截面的计算公式相同（计算简图见图3-43），即

$$\sum X = 0 \qquad\qquad \alpha_1 f_c b'_f x = f_y A_s \qquad\qquad (3\text{-}28)$$

$$\sum M_{A_s} = 0 \qquad\qquad M \leqslant M_u = \alpha_1 f_c b'_f x \left(h_0 - \frac{x}{2} \right) \qquad\qquad (3\text{-}29)$$

式（3-28）、式（3-29）的适用条件：

1) $x \leqslant \xi_b h_0$。由于T形截面的 h'_f 较小，而第一类T形截面中和轴在翼缘中，故 x 值较小，该条件一般都可满足，不必验算。

2) $A_s \geqslant \rho_{min} bh$。应该注意的是，尽管第一类T形截面受弯承载力按 $b'_f \times h$ 的矩形截面计算，但最小配筋面积按

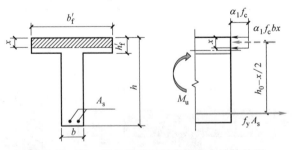

图 3-43　第一类T形截面受弯承载力计算简图

$\rho_{min} bh$ 而不是 $\rho_{min} b'_f h$ 计算。这是因为最小配筋率 ρ_{min} 是根据钢筋混凝土梁开裂后的受弯承载力与相同截面素混凝土梁受弯承载力相同的条件得出的，而素混凝土T形截面受弯构件（肋宽 b、梁高 h）的受弯承载力与素混凝土矩形截面受弯构件（$b \times h$）的受弯承载力接近，

为简化计算，按 $b \times h$ 的矩形截面受弯构件的 $\rho_{\min}$ 来判断。

按 T 形截面计算承载力的 I 形截面和倒 T 形截面，应满足 $A_s \geq \rho_{\min} [bh + (b_f - b) h_f]$，其中 b_f、h_f 分别为 I 形截面和倒 T 形截面的受拉翼缘宽度和高度。

3. 第二类 T 形截面承载力计算的基本公式

第二类 T 形截面的中和轴在梁肋部（$x > h_f'$），受压区形状为 T 形。可将截面分为翼缘和矩形梁肋两部分，如图 3-44 所示，则根据力与力矩平衡条件得

$$\sum X = 0 \qquad \alpha_1 f_c (b_f' - b) h_f' + \alpha_1 f_c bx = f_y A_s \qquad (3\text{-}30)$$

$$\sum M_{A_s} = 0 \qquad M \leq M_u = \alpha_1 f_c bx \left(h_0 - \frac{x}{2} \right) + \alpha_1 f_c (b_f' - b) h_f' \left(h_0 - \frac{h_f'}{2} \right) \qquad (3\text{-}31)$$

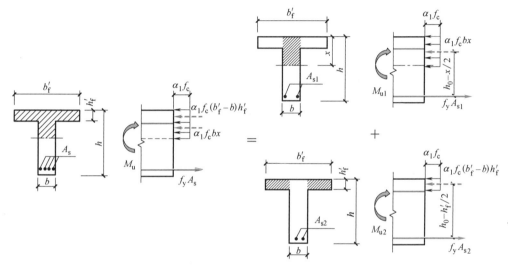

图 3-44　第二类 T 形截面受弯承载力计算简图

为简化表达，将 $x = \xi h_0$、$\alpha_s = \xi \left(1 - \dfrac{\xi}{2} \right)$ 代入式（3-30）、式（3-31），则公式变换为

$$\sum X = 0 \qquad \alpha_1 f_c b \xi h_0 + \alpha_1 f_c (b_f' - b) h_f' = f_y A_s \qquad (3\text{-}32)$$

$$\sum M_{A_s} = 0 \qquad M \leq M_u = \alpha_s \alpha_1 f_c b h_0^2 + \alpha_1 f_c (b_f' - b) h_f' \left(h_0 - \frac{h_f'}{2} \right) \qquad (3\text{-}33)$$

4. 基本公式的适用条件

基本公式的适用条件如下：

1）$x \leq \xi_b h_0$ 或 $\xi \leq \xi_b$。

2）$A_s \geq \rho_{\min} [bh + (b_f - b) h_f]$。该条件一般都可满足，不必验算。

3.6.3　计算方法

1. 截面设计

已知截面弯矩设计值 M、截面尺寸、混凝土强度等级和钢筋级别，确定受拉钢筋用量。

设计步骤如下：

1）首先判别截面类型，根据 T 形截面的类型，选择相应的公式计算，并验算适用条件。

2）当满足 $M \leqslant \alpha_1 f_c b'_f h'_f (h_0 - 0.5h'_f)$ 时，为第一类 T 形截面，其计算方法与 $b'_f \times h$ 的单筋矩形截面完全相同（参照 3.4 节内容学习），验算 $A_s \geqslant \rho_{min} [bh + (b_f - b)h_f]$。

3）当满足 $M > \alpha_1 f_c b'_f h'_f (h_0 - 0.5h'_f)$ 时，为第二类 T 形截面。

① 计算截面抵抗矩系数 α_s。由式（3-33）得

$$\alpha_s = \frac{M - \alpha_1 f_c (b'_f - b) h'_f (h_0 - 0.5h'_f)}{\alpha_1 f_c b h_0^2}$$

② 计算相对受压区高度 ξ。由式（3-18）得

$$\xi = 1 - \sqrt{1 - 2\alpha_s}$$

若 $\xi > \xi_b$，则需增大截面尺寸、提高混凝土强度等级或采用双筋 T 形截面。

③ 计算钢筋截面面积 A_s。由式（3-32）得

$$A_s = \frac{\alpha_1 f_c b \xi h_0 + \alpha_1 f_c (b'_f - b) h'_f}{f_y}$$

④ 选配钢筋并绘制配筋图。

2. 截面复核

已知截面尺寸、受拉钢筋截面面积 A_s、混凝土强度等级及钢筋级别、弯矩设计值 M，确定截面受弯承载力 M_u 或复核截面是否安全。

复核步骤如下：

1）首先判别截面类型，根据截面类型的不同，选择相应的公式计算。

2）当满足 $f_y A_s \leqslant \alpha_1 f_c b'_f h'_f$ 时，为第一类 T 形截面，按 $b'_f \times h$ 的单筋矩形截面复核方法进行。

3）当满足 $f_y A_s > \alpha_1 f_c b'_f h'_f$ 时，为第二类 T 形截面，复核步骤如下：

① 计算受压区高度 x。由式（3-30）得

$$x = \frac{f_y A_s - \alpha_1 f_c (b'_f - b) h'_f}{\alpha_1 f_c b}$$

② 计算受弯承载力 M_u。

若 $x \leqslant \xi_b h_0$，则由式（3-31）得

$$M_u = \alpha_1 f_c b x \left(h_0 - \frac{x}{2} \right) + \alpha_1 f_c (b'_f - b) h'_f \left(h_0 - \frac{h'_f}{2} \right)$$

若 $x > \xi_b h_0$，则取 $x = \xi_b h_0$，代入式（3-31）得

$$M_u = \alpha_1 f_c b h_0^2 \xi_b \left(1 - \frac{\xi_b}{2} \right) + f'_y A'_s (h_0 - a'_s)$$

③ 判断截面是否安全。若 $M_u \geqslant M$，则承载力足够，截面安全，若 $M_u < M$，则截面危险。

【例 3-10】 某 T 形截面梁，处于一类环境，截面尺寸如图 3-45 所示，承受弯矩设计值 $M = 300 \text{kN} \cdot \text{m}$，选用 C30 混凝土和 HRB400 级钢筋，试确定截面所需配置的纵向受拉钢筋。

【解】 本例题属于截面设计类。

（1）设计参数

查附表 6 及表 3-3 可知，C30 混凝土 $f_c = 14.3 \text{N/mm}^2$，$f_t = 1.43 \text{N/mm}^2$，$\alpha_1 = 1.0$。

查附表 2 及表 3-4、表 3-5 可知，HRB400 级钢筋 f_y = $360N/mm^2$，$\xi_b = 0.518$，$\alpha_{sb} = 0.384$。

查附表 9 可知，$\rho_{min} = 0.2\% > 0.45 \times \dfrac{f_t}{f_y} \times 100\% = 0.45 \times \dfrac{1.43}{360} \times 100\% = 0.18\%$。

查附表 8 可知，一类环境，$c = 20mm$，取箍筋直径 d_{sv} = 10mm，纵向受力钢筋直径 $d = 20mm$。

假定受拉钢筋按两排布置，则 $a_s = c + d_{sv} + d + e/2 = (20 + 10 + 20 + 25 \div 2) mm = 62.5mm$，$h_0 = (600 - 62.5) mm = 537.5mm$。

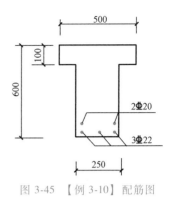

图 3-45　【例 3-10】配筋图

（2）判别 T 形截面类型

$$\alpha_1 f_c b_f' h_f' (h_0 - 0.5 h_f') = 1.0 \times 14.3 \times 500 \times 100 \times (537.5 - 0.5 \times 100) N \cdot mm$$
$$= 348.56 \times 10^6 N \cdot mm = 348.56kN \cdot m > M = 300kN \cdot m$$

为第一类 T 形截面，按 $b_f' \times h$ 的单筋矩形截面计算。

（3）计算钢筋截面面积 A_s

1）计算截面抵抗矩系数 α_s。由式（3-17）得

$$\alpha_s = \frac{M}{\alpha_1 f_c b_f' h_0^2} = \frac{300 \times 10^6}{1.0 \times 14.3 \times 500 \times 537.5^2} = 0.145 < \alpha_{sb} = 0.384$$

2）计算相对受压区高度 ξ。由式（3-18）得

$$\xi = 1 - \sqrt{1 - 2\alpha_s} = 1 - \sqrt{1 - 2 \times 0.145} = 0.157 < \xi_b = 0.518$$

满足公式适用条件，不会发生超筋破坏。

3）计算钢筋截面面积 A_s。将 $x = \xi h_0$ 代入式（3-28）中得

$$A_s = \frac{\alpha_1 f_c b_f' \xi h_0}{f_y} = \frac{1.0 \times 14.3 \times 500 \times 0.157 \times 537.5}{360} mm^2$$
$$= 1676mm^2 > \rho_{min} bh = 0.2\% \times 250 \times 600 mm^2 = 300mm^2$$

满足公式适用条件，不会发生少筋破坏。

（4）选配钢筋并绘制配筋图

查附表 10 可知，受拉钢筋选 3 Φ 22 + 2 Φ 20（$A_s = 1768mm^2$），配筋如图 3-45 所示。

【例 3-11】　某现浇楼盖连续梁 L-1 处于一类环境，跨度 3.6m，间距 3.0m，弯矩值及截面尺寸如图 3-46 所示。选用 C25 混凝土和 HRB400 级钢筋。试确定 L-1 中 AB 跨跨中截面所需配置的纵向受力钢筋。

【解】　本例题属于截面设计类。

（1）设计参数

查附表 6 及表 3-3 可知，C25 混凝土 $f_c = 11.9N/mm^2$，$f_t = 1.27N/mm^2$，$\alpha_1 = 1.0$。

查附表 2 及表 3-4、表 3-5 可知，HRB400 级钢筋 $f_y = 360N/mm^2$，$\xi_b = 0.518$，$\alpha_{sb} = 0.384$。

查附表 8 可知，一类环境，$c = 25mm$，取箍筋直径 $d_{sv} = 10mm$，纵向受力钢筋直径 $d = 20mm$。

假定钢筋双排布置，则 $a_s = c + d_{sv} + d + e/2 = (25 + 10 + 20 + 25 \div 2) mm = 67.5mm$，$h_0 = h - a_s =$

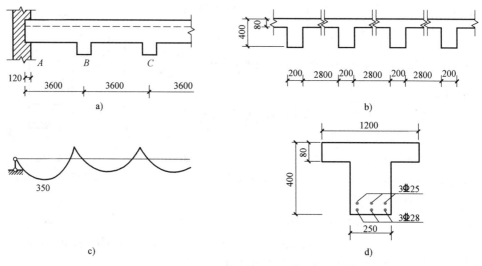

图 3-46 【例 3-11】图

a）L-1 布置图　b）剖面图　c）弯矩图　d）配筋图

$(400-67.5)\,\text{mm}=332.5\,\text{mm}$。

查附表 9 可知，$\rho_{\min}=0.2\%>0.45\times\dfrac{f_t}{f_y}\times100\%=0.45\times\dfrac{1.27}{360}\times100\%=0.16\%$。

（2）确定受压翼缘计算宽度 b_f'

根据表 3-6 的规定：

按计算跨度考虑：

$$b_f'=\frac{l_0}{3}=\frac{3600}{3}\text{mm}=1200\text{mm}$$

按梁净间距 s_n 考虑：

$$b_f'=s_n+b=(2800+200)\text{mm}=3000\text{mm}$$

按翼缘厚度 h_f' 考虑：

$$\frac{h_f'}{h_0}=\frac{80}{332.5}>0.1$$

受压翼缘计算宽度不受此项限制。

故取 $b_f'=1200\text{mm}$。L-1 计算截面尺寸如图 3-46d 所示。

（3）判别截面类型

当 $x=h_f'$ 时，

$$\alpha_1 f_c b_f' h_f'\left(h_0-\frac{h_f'}{2}\right)=1.0\times11.9\times1200\times80\times\left(332.5-\frac{80}{2}\right)\text{N}\cdot\text{mm}$$

$$=334.15\times10^6\text{N}\cdot\text{mm}=334.15\text{kN}\cdot\text{m}<M=350\text{kN}\cdot\text{m}$$

属于第二类 T 形截面。

（4）计算钢筋截面面积 A_s

1）计算截面抵抗矩系数 α_s。由式（3-33）得

$$\alpha_s = \frac{M - \alpha_1 f_c (b'_f - b) h'_f (h_0 - 0.5 h'_f)}{\alpha_1 f_c b h_0^2}$$

$$= \frac{350 \times 10^6 - 1.0 \times 11.9 \times (1200 - 250) \times 80 \times (332.5 - 0.5 \times 80)}{1.0 \times 11.9 \times 250 \times 332.5^2} = 0.26$$

2）计算相对受压区高度 ξ。由式（3-18）得

$$\xi = 1 - \sqrt{1 - 2\alpha_s} = 1 - \sqrt{1 - 2 \times 0.26} = 0.307 < \xi_b = 0.518$$

满足适用条件。

3）计算钢筋截面面积 A_s。

由式（3-32）得

$$A_s = \frac{\alpha_1 f_c b \xi h_0 + \alpha_1 f_c (b'_f - b) h'_f}{f_y}$$

$$= \frac{1.0 \times 11.9 \times 250 \times 0.307 \times 332.5 + 1.0 \times 11.9 \times (1200 - 250) \times 80}{360} \text{mm}^2 = 3356 \text{mm}^2$$

（5）选配钢筋并绘制配筋图

查附表 10 可知，受拉钢筋选 3 Φ 28+3 Φ 25（$A_s = 3320 \text{mm}^2$），配筋如图 3-46d 所示。

【例 3-12】 某 T 形截面梁，处于一类环境，截面尺寸和配筋如图 3-47 所示。选用 C40 混凝土和 HRB400 级钢筋，试确定该截面所能承受的最大弯矩。

【解】 本例题属于截面复核类。

（1）设计参数

查附表 6 及表 3-3 可知，C40 混凝土 $f_c = 19.1 \text{N/mm}^2$，$\alpha_1 = 1.0$。

查附表 2 及表 3-4、表 3-5 可知，HRB400 级钢筋 $f_y = 360 \text{N/mm}^2$，$\xi_b = 0.518$，$\alpha_{sb} = 0.384$。

查附表 8 可知，一类环境，$c = 20\text{mm}$，取箍筋直径 $d_{sv} = 10\text{mm}$，则 $a_s = c + d_{sv} + d + e/2 = (20 + 10 + 25 + 25 \div 2) \text{mm} = 67.5 \text{mm}$，$h_0 = h - a_s = (500 - 67.5) \text{mm} = 432.5 \text{mm}$。

查附表 10 可知，$A_s = 2945 \text{mm}^2$。

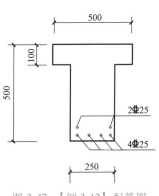

图 3-47 【例 3-12】配筋图

（2）截面类型判别

$$f_y A_s = 360 \times 2945 \text{N} = 1060200 \text{N} > \alpha_1 f_c b'_f h'_f = 1.0 \times 19.1 \times 500 \times 100 \text{N} = 955000 \text{N}$$

为第二类 T 形截面梁。

（3）计算受压区高度 x

由式（3-30）得

$$x = \frac{f_y A_s - \alpha_1 f_c (b'_f - b) h'_f}{\alpha_1 f_c b}$$

$$= \frac{360 \times 2945 - 1.0 \times 19.1 \times (500 - 250) \times 100}{1.0 \times 19.1 \times 250} \text{mm} = 122.0 \text{mm} < \xi_b h_0 = 0.518 \times 432.5 \text{mm}$$

$$= 224.04 \text{mm}$$

满足公式适用条件。

（4）计算受弯承载力 M_u

由式（3-31）得该截面所能承受的最大弯矩为

$$M_u = \alpha_1 f_c bx \left(h_0 - \frac{x}{2} \right) + \alpha_1 f_c (b_f' - b) h_f' \left(h_0 - \frac{h_f'}{2} \right)$$

$$= [\, 1.0 \times 19.1 \times 250 \times 122.0 \times (432.5 - 0.5 \times 122.0) + 1.0 \times 19.1 \times (500 - 250) \times 100 \times$$
$$(432.5 - 0.5 \times 100)\,] \, \text{N} \cdot \text{mm}$$

$$= 399.11 \times 10^6 \text{N} \cdot \text{mm} = 399.11 \text{kN} \cdot \text{m}$$

习　　题

一、简答题

1. 适筋梁从开始加载到破坏经历了哪几个阶段？各阶段截面上应力及应变分布、裂缝开展、中和轴位置、梁的跨中挠度的变化规律如何？各阶段的主要特征是什么？各阶段分别是哪种极限状态设计的基础？

2. 什么叫最小配筋率？它是如何确定的？在计算中的作用是什么？

3. 适筋梁、超筋梁和少筋梁的破坏特征有何不同？

4. 什么是界限破坏？相对界限受压区高度 ξ_b 与最大配筋率 ρ_{max} 有何关系？

5. 钢筋混凝土梁若配筋率不同，即 $\rho < \rho_{min}$，$\rho_{min} \leqslant \rho < \rho_{max}$，$\rho = \rho_{max}$，$\rho > \rho_{max}$，试回答下列问题：

1）它们分别属于何种破坏？破坏现象有何区别？

2）破坏时钢筋应力各等于多少？

3）破坏时截面受弯承载力 M_u 各等于多少？

6. 受弯构件正截面承载力计算的基本假定是什么？

7. 确定等效矩形应力图的原则是什么？

8. 单筋矩形截面承载力公式是如何建立的？为什么要规定其适用条件？

9. 复核单筋矩形截面承载力时，若 $\xi > \xi_b$，如何计算截面受弯承载力 M_u？

10. 弯矩设计值、截面尺寸、混凝土强度等级和钢筋级别已知的条件下，如何判别应设计成单筋矩形截面还是双筋矩形截面？

11. 在双筋矩形截面中受压钢筋起什么作用？在什么条件下可采用双筋截面梁？

12. 为什么在双筋矩形截面承载力计算中必须满足 $x \geqslant 2a_s'$ 的条件？当出现 $x < 2a_s'$ 时应如何计算？

13. 在双筋矩形截面设计中，当 A_s 及 A_s' 均未知时，x 应如何取值？当 A_s' 已知时，应当如何求 A_s？

14. T 形截面有效翼缘计算宽度 b_f' 如何取值？

15. 根据中和轴位置不同，T 形截面的承载力计算有哪几种情况？截面设计和承载复核时应如何判别？

16. 第一类 T 形截面为什么可以按宽度为 b_f' 的矩形截面计算？如何计算其最小配筋面积？

二、选择题

1.（　　　）作为受弯构件正截面承载力计算的依据。

A．Ⅰ$_a$状态 　　　　B．Ⅱ$_a$状态 　　　　C．Ⅲ$_a$状态 　　　　D．第Ⅱ阶段

2．（　　）作为受弯构件抗裂计算的依据。

A．Ⅰ$_a$状态 　　　　B．Ⅱ$_a$状态 　　　　C．Ⅲ$_a$状态 　　　　D．第Ⅱ阶段

3．（　　）作为受弯构件变形和裂缝验算的依据。

A．Ⅰ$_a$状态 　　　　B．Ⅱ$_a$状态 　　　　C．Ⅲ$_a$状态 　　　　D．第Ⅱ阶段

4．受弯构件正截面承载力计算基本公式是依据（　　）形态建立的。

A．少筋破坏 　　　　B．适筋破坏 　　　　C．超筋破坏 　　　　D．界限破坏

5．下列（　　）不能用来判断适筋破坏与超筋破坏的界限。

A．$\xi \leqslant \xi_b$ 　　　B．$x \leqslant \xi_b h_0$ 　　　C．$x \leqslant 2a'_s$ 　　　D．$\rho \leqslant \rho_{max}$

6．混凝土保护层厚度是指（　　）。

A．纵向钢筋内表面到混凝土表面的距离

B．纵向钢筋外表面到混凝土表面的距离

C．箍筋外表面到混凝土表面的距离

D．纵向钢筋重心到混凝土表面的距离

7．钢筋混凝土梁受拉区边缘开始出现裂缝是因为受拉边缘（　　）。

A．混凝土的应力达到实际抗拉强度值

B．混凝土的应力达到抗拉强度标准值

C．混凝土的应变超过极限拉应变

D．混凝土的应变超过平均拉应变

8．钢筋混凝土适筋梁破坏时，受拉钢筋应变 ε_s 和受压区边缘混凝土应变 ε_c 的特点是（　　）。

A．$\varepsilon_s < \varepsilon_y$，$\varepsilon_c = \varepsilon_{cu}$ 　　　　　　B．$\varepsilon_s > \varepsilon_y$，$\varepsilon_c = \varepsilon_{cu}$

C．$\varepsilon_s < \varepsilon_y$，$\varepsilon_c < \varepsilon_{cu}$ 　　　　　　D．$\varepsilon_s > \varepsilon_y$，$\varepsilon_c < \varepsilon_{cu}$

9．适筋梁在逐渐加载过程中，当受力钢筋达到屈服以后（　　）。

A．该梁即达到最大承载力而破坏

B．该梁达到最大承载力，一直维持到受压混凝土达到极限压应变而破坏

C．该梁承载力略有所提高，但很快受压区混凝土达到极限压应变而破坏

D．该梁达到最大承载力，受压区混凝土达到极限压应变而破坏

10．单筋矩形超筋梁正截面破坏，承载力与纵向受力钢筋面积的关系是（　　）。

A．纵向受力钢筋面积越大，承载力越大

B．纵向受力钢筋面积越大，承载力越小

C．承载力与纵向受力钢筋面积无关

D．以上均不是

11．受弯构件正截面承载力计算中，截面抵抗矩系数 α_s =（　　）。

A．$\xi(1-0.5\xi)$ 　　　B．$\xi(1+0.5\xi)$ 　　　C．$1-0.5\xi$ 　　　D．$1+0.5\xi$

12．提高受弯构件正截面受弯承载力最有效的方法是（　　）。

A．提高混凝土强度等级 　　　　　　B．增加保护层厚度

C．增加截面高度 　　　　　　　　　D．增加截面宽度

13．两根适筋梁，其受拉钢筋的配筋率不同，其余条件相同，则（　　）。

A. 配筋率大的 M_u 大   B. 配筋率小的 M_u 大

C. 两者 M_u 相等   D. 两者 M_u 接近

14. 两根适筋梁，其受拉钢筋的配筋率不同，其余条件相同，则（   ）。

A. 配筋率大的 M_{cr} 大   B. 配筋率小的 M_{cr} 大

C. 两者 M_{cr} 相等   D. 两者 M_{cr} 接近

15. 双筋矩形截面正截面承载力计算，受压钢筋设计强度不超过 $400N/mm^2$，因为（   ）。

A. 受压区混凝土强度不足

B. 受压区边缘混凝土已达到极限压应变

C. 需要保证截面具有足够的延性

D. 受拉钢筋不会屈服

16. 在计算受弯构件正截面承载力时，T形截面划分为两类截面的依据是（   ）。

A. 计算公式建立的基本原理不同

B. 受拉区与受压区截面形状不同

C. 破坏形态不同

D. 受压区的形状不同

三、填空题

1. 在荷载作用下，钢筋混凝土梁正截面受力和变形的发展过程可划分为三个阶段，第一阶段末的应力图形可作为_____的计算依据，第二阶段的应力图形可作为_____的计算依据，第三阶段末的应力图形可作为_____的计算依据。

2. 适筋梁的破坏始于_____，它的破坏属于_____。超筋梁的破坏始于_____，它的破坏属于_____。

3. 截面的有效高度为纵向受拉钢筋_____至_____的距离。

4. 一配置 HRB400 级钢筋的单筋矩形截面梁所能承受的最大弯矩等于_____。若该梁承受的弯矩设计值大于上述最大弯矩，则应_____或_____。

四、计算题

1. 某单跨简支钢筋混凝土板，处于一类环境，计算跨度 $l_0 = 2.18m$，承受均布荷载设计值 $g+q = 6kN/m^2$（包括板自重），采用 C30 混凝土和 HPB300 级钢筋。配置纵向受力钢筋。

2. 钢筋混凝土矩形梁，处于二 a 类环境，截面尺寸 $b \times h = 250mm \times 500mm$，截面弯矩设计值 $M = 150kN \cdot m$，采用 C30 混凝土和 HRB400 级钢筋。配置纵向受力钢筋。

3. 钢筋混凝土矩形梁，处于二 b 类环境，截面尺寸 $b \times h = 200mm \times 500mm$，截面弯矩设计值 $M = 160kN \cdot m$，采用 C40 混凝土和 HRB400 级钢筋。配置纵向受力钢筋。

4. 钢筋混凝土矩形梁，处于二 a 类环境，截面尺寸 $b \times h = 250mm \times 550mm$，采用 C30 混凝土，配置 3$\Phi$22 纵向受拉钢筋。当截面弯矩设计值 $M = 180kN \cdot m$ 时，验算此梁是否安全。

5. 钢筋混凝土矩形梁，处于二 a 类环境，截面尺寸 $b \times h = 250mm \times 550mm$，采用 C30 混凝土和 HRB400 级钢筋，截面弯矩设计值 $M = 400kN \cdot m$。配置纵向受力钢筋。

6. 已知条件同计算题第 5 题，但在受压区已配有 2Φ20 的 HRB400 级钢筋。配置纵向受拉钢筋。

7. 钢筋混凝土矩形梁，处于二类 a 环境，截面尺寸 $b \times h = 250mm \times 500mm$，采用 C30 混

凝土和 HRB400 级钢筋。在受压区配有 2 Φ 20 的钢筋，在受拉区配有 3 Φ 22 的钢筋，当截面弯矩设计值 $M = 120$ kN·m 时，验算此梁是否安全。

8. 钢筋混凝土矩形梁，处于二 b 环境，截面尺寸 $b \times h = 250$mm×450mm，选用 C30 混凝土和 HRB500 级钢筋，在受压区配有 2 Φ 16 的钢筋，在受拉区配有 3 Φ 25 的钢筋，承受的最大弯矩设计值 $M = 210$kN·m，验算此梁是否安全。

9. 钢筋混凝土矩形梁，处于二 b 类环境，截面尺寸 $b \times h = 250$mm ×450mm，选用 C30 混凝土和 HRB500 级钢筋，在受压区配有 2 Φ 16 的钢筋，在受拉区配有 3 Φ 25 的钢筋。当截面弯矩设计值 $M = 210$kN·m 时，验算此梁是否安全。

10. 钢筋混凝土 T 形截面梁，处于二 b 类环境，截面尺寸 $b \times h = 250$mm×650mm，$b'_f = 600$mm，$h'_f = 120$mm，截面弯矩设计值 $M = 430$kN·m，采用 C30 混凝土和 HRB400 级钢筋。求该截面所需的纵向受拉钢筋。若选用混凝土强度等级为 C50，其他条件不变，求纵向受力钢筋截面面积，并将两种情况进行对比。

11. 钢筋混凝土 T 形截面吊车梁，处于二 a 类环境，截面尺寸 $b'_f = 550$mm，$h'_f = 120$mm，$b = 250$mm，$h = 600$mm。截面弯矩设计值 $M = 490$kN·m，采用 C25 混凝土和 HRB400 级钢筋。配置截面钢筋。

12. 钢筋混凝土 T 形截面梁，处于二 a 类环境，截面尺寸 $b \times h = 250$mm×800mm，$b'_f = 600$mm，$h'_f = 100$mm，采用 C30 混凝土，配有 8 Φ 20 的受拉钢筋，截面弯矩设计值 $M = 500$ kN·m，验算此梁是否安全。

13. 钢筋混凝土 T 形截面梁，处于二 b 类环境，截面尺寸为 $b'_f = 450$mm，$h'_f = 100$mm，$b = 250$mm，$h = 600$mm，采用 C35 混凝土和 HRB400 级钢筋。试计算如果受拉钢筋为 4 Φ 25，截面所能承受的弯矩设计值是多少？

第4章 钢筋混凝土受弯构件斜截面承载力计算

本章导读

➤ **内容及要求** 本章的主要内容包括受弯构件斜裂缝的形成、斜裂缝的类型，无腹筋梁的斜截面受力分析、受剪破坏形态、受剪承载力的主要影响因素和计算公式，有腹筋梁的斜截面受剪破坏形态、受剪承载力计算公式及适用条件、斜截面受剪设计和复核，抗抗弯矩图的绘制，保证斜截面受弯承载力的构造措施。通过本章学习，应熟悉斜裂缝的类型及形成原因，理解无腹筋梁产生斜裂缝前后应力状态的变化、无腹筋梁斜截面受剪破坏形态和受剪承载力的影响因素，掌握有腹筋梁斜截面破坏形态、斜截面承载力计算公式及适用条件，掌握进行斜截面设计和复核的方法，学会绘制抗抗弯矩图，掌握保证斜截面受弯承载力的构造措施。

➤ **重点** 无腹筋梁斜截面受力分析及破坏形态，有腹筋梁斜截面受力分析和破坏形态，受弯构件斜截面承载力的主要影响因素，受弯构件斜截面受剪承载力计算，抗抗弯矩图的绘制，保证斜截面受弯承载力的构造措施。

➤ **难点** 斜截面受剪承载力计算，抗抗弯矩图的绘制。

如图 4-1 所示，简支梁在两个对称荷载作用下产生的效应是弯矩和剪力。若忽略自重影响，处于集中荷载之间的 *CD* 段仅承受弯矩，称为纯弯段；*AC* 段和 *BD* 段承受弯矩和剪力的共同作用，称为弯剪段。

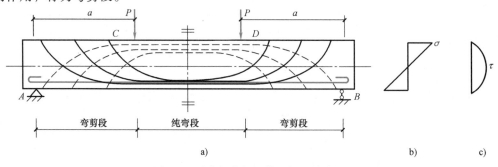

图 4-1 对称加载的钢筋混凝土简支梁

a）主应力轨迹图 b）正应力 c）剪应力

在弯剪段，由于弯矩 *M* 的存在而产生正应力，如图 4-1b 所示，由于剪力 *V* 的存在而产生剪应力，如图 4-1c 所示。当荷载不大，梁未出现裂缝时，梁基本上处于弹性阶段，此时，弯剪段内各点的主拉应力 σ_{tp}、主压应力 σ_{cp} 及主应力的作用方向与梁纵轴的夹角 α_s 可按材料力学公式计算：

主拉应力为

$$\sigma_{tp} = \frac{\sigma}{2} + \sqrt{\frac{\sigma^2}{4} + \tau^2}$$

主压应力为

$$\sigma_{cp} = \frac{\sigma}{2} - \sqrt{\frac{\sigma^2}{4} + \tau^2}$$

主应力的作用方向与梁纵轴的夹角为

$$\tan 2\alpha_s = \frac{-2\tau}{\sigma}$$

图 4-1a 绘出了梁内主应力的轨迹线，实线为主拉应力 σ_{tp}，虚线为主压应力 σ_{cp}，轨迹线上任意一点的切线就是该点的主应力方向。

由于混凝土的抗拉强度很低，当主拉应力 σ_{tp} 达到混凝土的抗拉强度时，梁的弯剪段将出现垂直于主拉应力轨迹线的裂缝，称为斜裂缝。根据弯矩 M 和剪力 V 比值不同，通常情况下，斜裂缝的形成有两种方式：当弯矩 M 较大时，截面底部开始出现垂直裂缝，然后斜向发展，呈下宽上窄形状，称为弯剪斜裂缝，如图 4-2a 所示；当剪力 V 较大或腹板宽度较小时，首先在梁腹出现裂缝，然后分别向上、向下斜向发展，呈中间宽两头窄形状，称为腹剪斜裂缝，如图 4-2b 所示。斜裂缝的开展会导致斜裂缝截面的受剪承载力不足而产生破坏。

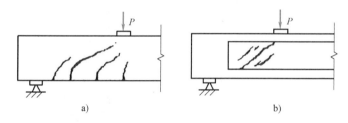

图 4-2　斜裂缝形式

a）弯剪斜裂缝　b）腹剪斜裂缝

弯剪段的斜截面承载力包括斜截面受剪承载力和斜截面受弯承载力，为了防止发生斜截面受剪破坏，除了使构件有一个合理的截面尺寸外，还需要在梁内设置足够的抗剪钢筋，通常由箍筋和弯起钢筋共同组成，统称为腹筋，如图 4-3 所示。斜截面受弯承载力则通过构造措施来保证。

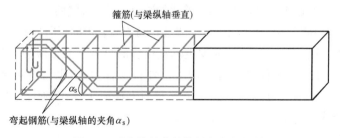

图 4-3　受弯构件中的箍筋与弯起钢筋

4.1　无腹筋梁的斜截面受剪承载力

无腹筋梁是不配置箍筋与弯起钢筋的梁。专门研究无腹筋梁的受力性能及破坏形态，主要是因为无腹筋梁较简单，影响斜截面破坏的因素较少，可以为有腹筋梁的受力及破坏分析奠定基础。

4.1.1 斜截面受剪分析

图 4-4 所示为承受两个集中荷载作用的无腹筋简支梁，在弯剪段出现若干条斜裂缝。随着荷载的增加，支座附近的斜裂缝中有一条发展较快，形成主要斜裂缝（图 4-4 中 AB 斜裂缝），称为临界斜裂缝，最后导致梁沿此斜裂缝发生斜截面破坏。现取左支座至 AB 斜裂缝之间的一段梁为隔离体来分析它的应力状态。

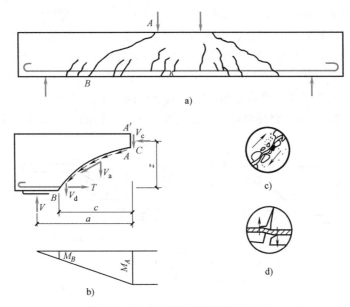

图 4-4　梁的斜裂缝及隔离体受力图

a）简支梁受力状态　b）隔离体内力分析　c）骨料咬合力　d）纵向受力钢筋销栓力

从图 4-4 中看出，在斜截面 AB 上的抵抗力有以下几部分：①纵向受力钢筋承担的拉力 T；②斜裂缝上端余留截面混凝土承担的压力 C；③余留截面混凝土承担的剪力 V_c；④纵向受力钢筋承担的剪力 V_d，斜裂缝出现后，纵向受力钢筋犹如销栓一样将裂缝两侧的混凝土联系起来，称为销栓作用；⑤斜裂缝两侧混凝土发生相对错动产生的骨料咬合力的竖向分力 V_a。

在无腹筋梁中，阻止纵向受力钢筋发生垂直位移的只有下面很薄的混凝土保护层，销栓作用很弱，V_d 很不可靠。随着斜裂缝的增大，骨料咬合力 V_a 也逐渐减弱，最终消失。因此，斜裂缝出现后，梁的抗剪能力主要是余留截面上混凝土承担的 V_c。根据力与力矩的平衡条件建立以下公式：

$$\sum Y = 0 \qquad\qquad V_A = V_c + V_a + V_d \approx V_c \qquad\qquad (4\text{-}1)$$

$$\sum M_B = 0 \qquad\qquad M_A = Tz + V_d c = Tz \qquad\qquad (4\text{-}2)$$

式中　T——纵向受力钢筋承受的拉力；

　　　　z——钢筋拉力 T 到混凝土压应力合力点 C 的力臂；

　　　　c——斜裂缝的水平投影长度。

由式（4-1）和式（4-2）分析，斜裂缝发生后截面应力状态发生以下变化：

1）斜裂缝出现前，梁的整个混凝土截面均能抵抗外荷载产生的剪力 V_A，但在斜裂缝出现后，只有斜截面上端余留截面抵抗剪力 V_A，因此，开裂后混凝土所承担的剪应力增大了。

2）斜裂缝出现前，各垂直截面的纵向受力钢筋的拉力 T 由各垂直截面的弯矩所决定，因此，T 的变化规律基本上与弯矩图一致。但从图 4-4b 中看到，斜裂缝出现后，截面 B 处的钢筋拉力却要承受截面 A 的弯矩 M_A［式（4-2）］，而 $M_A > M_B$。因此，开裂后穿过斜裂缝的纵向受力钢筋的拉力突然增大。

3）由于纵向受力钢筋拉力突然增大，使斜裂缝更加向上开展，进而使受压区混凝土截面减小。因此，受压区混凝土的压应力值进一步增加。

如果截面能适应上述应力的变化，就能在斜裂缝出现后重新建立平衡，否则梁会因斜截面承载力不足而产生斜截面受剪破坏。

4.1.2　无腹筋梁的受剪破坏形态

1. 剪跨比 λ

根据试验观察，无腹筋梁的受剪破坏形态随着剪跨比 λ 的不同而发生变化。剪跨比 λ 是截面所承受的弯矩与剪力的比值，反映了截面上弯曲正应力和剪应力的相对比例。图 4-1 所示简支梁的两个集中荷载作用截面的剪跨比为

$$\lambda = \frac{M}{Vh_0} = \frac{Pa}{Ph_0} = \frac{a}{h_0} \tag{4-3}$$

式中　a——集中荷载作用点至支座截面或节点边缘的距离。

因此，对直接承受集中荷载作用的无腹筋梁，剪跨比 λ 等于 a 和截面有效高度 h_0 的比值。对承受均布荷载作用的无腹筋梁，跨高比 l_0/h，又称广义剪跨比。

2. 破坏形态

（1）斜压破坏　当剪跨比较小（一般 $\lambda < 1$ 或 $l_0/h < 3$）时发生斜压破坏。当集中荷载距支座较近时，斜裂缝由支座向集中荷载处发展，支座反力与荷载间的混凝土形成一斜向受压短柱，随着荷载的增加，短柱被压碎而破坏，如图 4-5a 所示。斜压破坏是由于主压应力超过了斜向受压短柱混凝土的抗压强度导致的，故斜截面受剪承载力很高。

（2）剪压破坏　当剪跨比适中（$1 \leqslant \lambda \leqslant 3$ 或 $3 \leqslant l_0/h \leqslant 9$）时发生剪压破坏。首先在剪跨区出现数条短的弯剪斜裂缝，其中延伸最长、开展较宽的裂缝称为临界斜裂缝，临界斜裂缝向荷载作用点延伸，使混凝土受压区高度不断减小，导致剪压区混凝土达到复合应力状态下的极限强度而破坏，如图 4-5b 所示。剪压破坏是由于复合应力下的主压应力超过混凝土的抗压强度导致的，故斜截面受剪承载力较高。

（3）斜拉破坏　当剪跨比较大（$\lambda > 3$ 或 $l_0/h > 9$）时发生斜拉破坏。斜裂缝一出现就很快形成一条主要斜裂缝，并迅速向受压边缘发展，直至将整个截面裂通，使构件劈裂为两部分，如图 4-5c 所示。整个破坏过程急速而突然。斜拉破坏是由主拉应力超过混凝土的抗拉强度导致的，故斜截面受剪承载力很低。

图 4-6 所示为三种破坏形态的荷载-挠度曲线，从图中曲线可见，各种破坏形态的斜截面承载力各不相同，斜压破坏时最大，其次为剪压破坏，斜拉破坏最小。它们在达到峰值荷载时，跨中挠度都不大，破坏后荷载都会迅速减小，表明它们都属脆性破坏，斜拉破坏脆性最为突出。

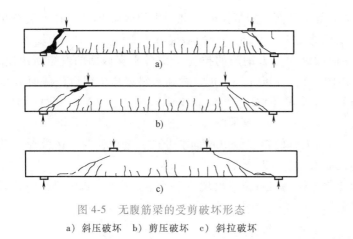

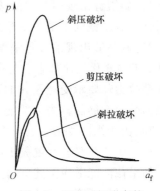

图 4-5　无腹筋梁的受剪破坏形态

a）斜压破坏　b）剪压破坏　c）斜拉破坏

图 4-6　三种破坏形态的
荷载-挠度曲线

除发生以上三种破坏形态外，还可能发生纵向受力钢筋锚固破坏，产生黏结裂缝、撕裂裂缝（图 4-7）或发生局部受压破坏。

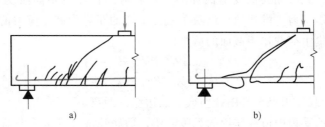

图 4-7　纵向受力钢筋锚固破坏

a）黏结裂缝　b）撕裂裂缝

4.1.3　无腹筋梁斜截面受剪承载力的主要影响因素

上述三种斜截面破坏形态与构件斜截面受剪承载力有密切的关系。因此，凡影响破坏形态的因素也影响梁的斜截面受剪承载力，其主要影响因素有：

（1）剪跨比 λ　图 4-8 所示为其他条件相同的无腹筋梁在不同剪跨比（跨高比）下的试

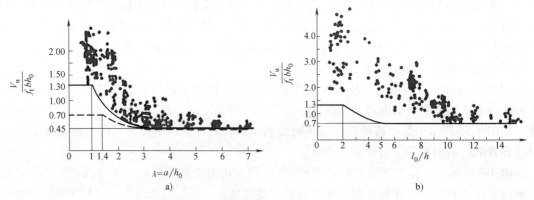

图 4-8　剪跨比（跨高比）对斜截面受剪承载力的影响

a）集中荷载作用　b）均布荷载作用

验结果。按斜压破坏（$\lambda<1$ 或 $l_0/h<3$）、剪压破坏（$1\leqslant\lambda\leqslant3$ 或 $3\leqslant l_0/h\leqslant9$）和斜拉破坏（$\lambda>3$ 或 $l_0/h>9$）的顺序变化，受剪承载力逐渐减弱。当 $\lambda>3$ 或 $l_0/h>9$ 时，剪跨比的影响不再明显。

（2）混凝土强度　混凝土的抗压强度和抗拉强度直接影响斜截面剪压区抵抗主压应力和主拉应力的能力。试验表明，剪跨比 λ 一定时，受剪承载力随混凝土抗拉强度 f_t 的提高而提高，两者基本呈线性关系，如图 4-9 所示。

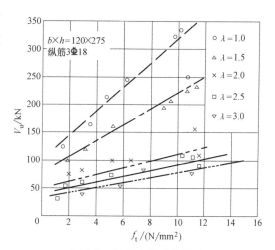

图 4-9　混凝土强度的影响

（3）纵向受力钢筋配筋率 ρ　纵向受力钢筋约束了斜裂缝的延伸，相应地增加了剪压区混凝土的高度，间接地提高了截面的受剪能力。从图 4-10 中可以看出，随着纵向受力钢筋配筋率 ρ 的增大，梁的斜截面受剪承载力有所提高。

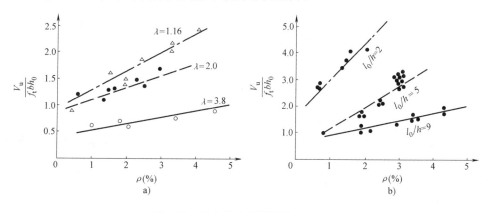

图 4-10　纵向受力钢筋配筋率的影响

a）集中荷载作用　b）均布荷载作用

4.1.4　无腹筋梁斜截面受剪承载力的统计分析

由于影响斜截面受剪承载力的因素较多，因此钢筋混凝土梁受剪机理和计算理论尚未完全建立起来。目前《混凝土结构设计规范（2015 年版）》（GB 50010—2010）根据大量的试验结果，取具有一定可靠度的偏下限经验公式来计算斜截面受剪承载力。

1）对于矩形、T 形和 I 形截面的一般受弯构件，有

$$V_c = 0.7f_t bh_0 \tag{4-4}$$

式中　f_t——混凝土轴心抗拉强度设计值；

　　　b——矩形截面的宽度或 T 形、I 形截面的腹板宽度；

　　　h_0——截面有效高度。

2）对于不与楼板整浇的独立梁，在集中荷载作用下，或同时作用多种荷载且其中集中荷载在支座截面或节点边缘所产生的剪力值占总剪力值的 75% 以上时，有

$$V_c = \frac{1.75}{\lambda+1} f_t b h_0 \qquad (4\text{-}5)$$

式中 λ——剪跨比。当 $\lambda < 1.5$ 时，取 $\lambda = 1.5$；当 $\lambda > 3$ 时，取 $\lambda = 3$。

无腹筋梁虽具有一定的斜截面受剪承载力，但其承载力很低，且斜裂缝发展迅速，裂缝开展很宽，梁呈现脆性破坏。因此，在实际工程中，无腹筋梁一般仅用于板类和基础等构件。

4.2 有腹筋梁的斜截面受剪承载力

4.2.1 腹筋的作用

配置腹筋是提高梁斜截面受剪承载力的有效措施。在斜裂缝发生之前，腹筋的应力很小，对阻止斜裂缝的出现几乎没有什么作用。但当斜裂缝出现之后，与斜裂缝相交的腹筋就能通过以下几个方面充分发挥其抗剪作用：

1）腹筋本身能承担很大部分的剪力。

2）腹筋能阻止斜裂缝开展过宽，延缓斜裂缝向上伸展，保留了更大的剪压区高度，从而提高了混凝土的斜截面受剪承载力。

3）腹筋能有效地减小斜裂缝的开展宽度，提高斜截面上的骨料咬合力。

4）腹筋可限制纵向受力钢筋的竖向位移，有效阻止混凝土沿纵向受力钢筋撕裂，从而加强纵向受力钢筋的销栓作用。

4.2.2 有腹筋梁的斜截面破坏形态

凡影响无腹筋梁斜截面受剪承载力的因素，如剪跨比、混凝土强度和纵向受力钢筋配筋率，同样影响有腹筋梁的斜截面受剪承载力。此外，影响有腹筋梁斜截面承载力和破坏形态的重要因素还有腹筋用量。

箍筋用量一般用配箍率 ρ_{sv} 来表示，它反映了梁沿纵向单位水平截面含有的箍筋截面面积，如图 4-11 所示。

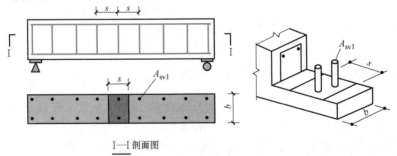

I—I剖面图

图 4-11 梁的纵、横、水平剖面图

$$\rho_{sv} = \frac{A_{sv}}{bs} \qquad (4\text{-}6)$$

$$A_{sv} = n A_{sv1} \qquad (4\text{-}7)$$

式中 A_{sv}——同一截面内的箍筋截面面积；

n——同一截面内箍筋的肢数；

A_{sv1}——单肢箍筋截面面积；

s——沿梁轴线方向箍筋的间距；

b——矩形截面的宽度，T 形或 I 形截面的腹板宽度。

与无腹筋梁相似，有腹筋梁的斜截面受剪破坏也可归纳为斜压破坏、剪压破坏和斜拉破坏三种主要的破坏形态。

1）斜压破坏。当腹筋数量配置很多或剪跨比较小（$\lambda<1$ 或 $l_0/h<3$），斜裂缝间的混凝土因主压应力过大而发生斜向受压破坏时，腹筋应力达不到屈服，腹筋强度得不到充分利用。

2）剪压破坏。若腹筋数量配置适当，且剪跨比适中（$1 \leqslant \lambda \leqslant 3$ 或 $3 \leqslant l_0/h \leqslant 9$）时，在斜裂缝出现后，由于腹筋的存在，限制了斜裂缝的开展，使荷载仍能有较大的增长，直到腹筋屈服不再能控制斜裂缝开展，而使斜裂缝顶端混凝土余留截面发生剪压破坏。

3）斜拉破坏。若腹筋数量配置很少，且剪跨比较大（$\lambda>3$ 或 $l_0/h>9$）时，斜裂缝一开裂，腹筋的应力便很快达到屈服强度，腹筋不能起到限制斜裂缝开展的作用，从而产生斜拉破坏。

在进行斜截面受剪承载力设计时，以剪压破坏特征为基础建立计算公式，通过配置一定数量的腹筋来防止斜拉破坏，采用截面限制条件的方法来防止斜压破坏。

4.2.3　有腹筋梁斜截面受剪承载力计算

如图 4-12 所示，根据梁的剪压破坏特征，建立以下基本假定：

1）与斜裂缝相交的箍筋和弯起钢筋的拉应力都达到其屈服强度，但要考虑拉应力可能不均匀，特别是靠近剪压区的箍筋有可能达不到屈服强度。

2）忽略斜裂缝结合面上骨料咬合力及纵向受力钢筋销栓作用的抗剪能力，假定斜截面的受剪承载力 V_u 由剪压区混凝土、箍筋和弯起钢筋三者提供，即

$$V_u = V_c + V_{sv} + V_{sb} \qquad (4-8)$$

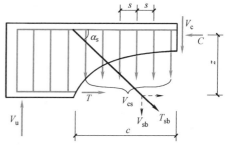

图 4-12　斜截面受剪承载力计算简图

式中　V_u——斜截面受剪承载力；

V_c——混凝土的受剪承载力；

V_{sv}——箍筋的受剪承载力；

V_{sb}——弯起钢筋的受剪承载力。

1. 仅配箍筋时梁的斜截面受剪承载力设计表达式

图 4-13 所示为仅配箍筋的简支梁，在出现斜裂缝后，取斜裂缝 AB 到支座的一段梁为隔离体。从图中可看出，临近破坏时，斜截面受剪承载力的计算公式 [式（4-8）] 可简化为

$$V_u = V_c + V_{sv} \qquad (4-9)$$

1）对于均布荷载作用下矩形、T 形和 I 形截面的一般受弯构件（包括连续梁和约束梁），当仅配置箍筋时，有

$$V \leqslant V_u = V_c + V_{sv} = 0.7f_t bh_0 + f_{yv}\frac{A_{sv}}{s}h_0 \qquad (4-10)$$

式中　f_t——混凝土轴心抗拉强度设计值；

b——矩形截面的宽度或 T 形、I 形截面的腹板宽度；

h_0——截面有效高度；

f_{yv}——箍筋抗拉强度设计值，可按附表 2 采用。

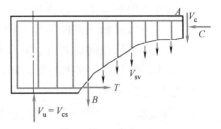

图 4-13　仅配箍筋时梁的斜截面受剪承载力计算图

2）对于承受以集中荷载为主的独立梁（包括作用有多种荷载，且集中荷载在支座截面或节点边缘所产生的剪力值占总剪力值的 75% 以上的情况），试验表明，当剪跨比 λ 较大时，按式（4-10）计算不够安全，需要考虑剪跨比 λ 的影响。为此，结合式（4-5）可给出集中荷载作用下独立梁斜截面受剪承载力的计算公式：

$$V \leqslant V_u = V_c + V_{cs} = \frac{1.75}{\lambda+1} f_t b h_0 + f_{yv} \frac{A_{sv}}{s} h_0 \tag{4-11}$$

式中　λ——计算截面的剪跨比，可取 $\lambda = a/h_0$ 当 $\lambda < 1.5$ 时，取 $\lambda = 1.5$，当 $\lambda > 3$ 时，取 $\lambda = 3$，a 取集中荷载作用点至支座截面或节点边缘的距离。

设计时，如符合 $V \leqslant V_c$，则可不进行斜截面受剪承载力计算，仅需按构造要求配置箍筋。

2. 同时配有箍筋和弯起钢筋时梁的斜截面受剪承载力设计表达式

图 4-14 所示为既配置箍筋又配置弯起钢筋的梁，与斜裂缝相交的弯起钢筋的抗剪强度为 $T_{sb}\sin\alpha_s$。若在同一弯起平面内弯起钢筋截面面积为 A_{sb}，并考虑到靠近剪压区的弯起钢筋的应力可能达不到抗拉强度设计值，于是有

$$V_{sb} = T_{sb}\sin\alpha_s = 0.8 f_y A_{sb}\sin\alpha_s \tag{4-12}$$

式中　A_{sb}——同一弯起平面内弯起钢筋截面面积；

α_s——斜截面上弯起钢筋与构件纵轴的夹角；

0.8——弯起钢筋应力不均匀系数。

由此得出，当同时配置箍筋和弯起钢筋时梁的斜截面受剪承载力计算公式为

$$V \leqslant V_u = V_{cs} + V_{sb} = V_{cs} + 0.8 f_y A_{sb}\sin\alpha_s \tag{4-13}$$

式中的 V_{cs} 结合式（4-10）、式（4-11）进行计算。

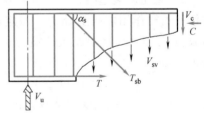

图 4-14　同时配有箍筋和弯起钢筋的梁斜截面受剪承载力计算图

4.2.4　斜截面受剪承载力计算公式的适用条件

1. 防止斜压破坏的条件

当构件截面尺寸较小而荷载又过大时，可能在支座上方产生过大的主压应力，使端部发生斜压破坏。斜压破坏的斜截面受剪承载力基本上取决于混凝土的抗压强度及构件的截面尺寸，腹筋影响甚微。为了防止发生斜压破坏和避免构件在使用阶段过早地出现斜裂缝及斜裂缝开展过大，构件截面尺寸或混凝土强度等级应符合下列要求：

1）当 $h_w/b \leqslant 4$ 时，对于一般梁有

$$V \leqslant 0.25\beta_c f_c b h_0 \tag{4-14}$$

式中　V——斜截面上的最大剪力设计值；

　　　β_c——混凝土强度影响系数，当混凝土强度等级不超过 C50 时，取 $\beta_c = 1.0$，当混凝土强度等级为 C80 时，取 $\beta_c = 0.8$，其间按线性内插法取用；

　　　b——矩形截面的宽度，T 形截面或 I 形截面的腹板宽度；

　　　h_w——截面的腹板高度：矩形截面，取有效高度；T 形截面，取有效高度减去翼缘高度；I 形截面，取腹板净高。

对于 T 形或 I 形截面独立梁，当有实践经验时，有

$$V \leqslant 0.3\beta_c f_c b h_0 \tag{4-15}$$

2）当 $h_w/b \geqslant 6$（薄腹梁）时，有

$$V \leqslant 0.2\beta_c f_c b h_0 \tag{4-16}$$

3）当 $4 < h_w/b < 6$ 时，按线性内插法取用。

式（4-14）~式（4-16）表示梁斜截面受剪承载力的上限值，相当于规定了梁必须具有的最小截面尺寸。若上述条件不能满足，则必须加大截面尺寸或提高混凝土强度等级。

2. 防止斜拉破坏的条件

箍筋和弯起钢筋具有一定密度和一定数量时，腹筋的作用才有效。若腹筋布置得过少，过稀，即使计算满足要求，仍可能出现斜截面受剪承载力不足的情况。

1）配箍率要求。箍筋配置过少时，一旦斜裂缝出现，就会发生突然性的脆性破坏。为了防止发生剪跨比较大时的斜拉破坏，当 $V > V_c$ 时，箍筋的配置应满足它的最小配箍率要求，即

$$\rho_{sv} \geqslant \rho_{sv,\min} = 0.24\frac{f_t}{f_{yv}} \tag{4-17}$$

式中　$\rho_{sv,\min}$——箍筋的最小配箍率。

2）腹筋间距要求。如果腹筋间距过大，则有可能在两根腹筋之间出现不与腹筋相交的斜裂缝，腹筋不能发挥作用。间距对斜裂缝开展宽度也有影响，采用较密的腹筋对抑制斜裂缝宽度有利，箍筋的间距一般应由计算确定，同时，为控制斜裂缝宽度，防止斜裂缝出现在两道箍筋之间而不与任何箍筋相交，结合计算截面剪力设计值 V 及梁的截面高度 h，图 4-15 中 s_1、s 的限值宜符合表 4-1 规定的箍筋最大间距的要求。

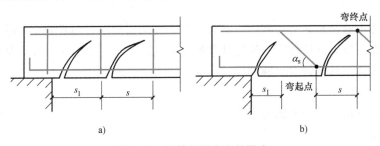

图 4-15　腹筋间距产生的影响

a）箍筋间距　b）弯起钢筋间距

s_1—支座边缘到第一根弯起钢筋或箍筋的距离　s—弯起钢筋或箍筋的间距

弯起钢筋间距的规定：当按计算需要设置弯起钢筋时，从支座起前一排弯起钢筋的弯起点到次一排弯起钢筋弯终点的距离 s 不应大于表 4-1 中 $V > 0.7f_t b h_0 + 0.05N_{p0}$ 栏规定的箍筋最大间距，且第一排弯起钢筋距支座边缘的距离 s_1 也不应大于箍筋的最大间距。

表 4-1　梁中箍筋的最大间距　　　　　　　　　（单位：mm）

梁高 h	梁中箍筋的最大间距	
	$V>0.7f_tbh_0+0.05N_{p0}$	$V\leqslant 0.7f_tbh_0+0.05N_{p0}$
150<h≤300	150	200
300<h≤500	200	300
500<h≤800	250	350
h>800	300	400

注：1. N_{p0} 为预应力构件混凝土法向预应力等于零时的预加力。

　　2. 当梁中配有按计算需要的纵向受压钢筋时，箍筋的间距不应大于 15d，且不应大于 400mm。当一层内的纵向受压钢筋多于 5 根且直径大于 18mm 时，箍筋间距不应大于 10d。此处，d 为纵向受压钢筋的最小直径。

4.2.5　斜截面受剪承载力计算

斜截面受剪承载力计算位置的确定如图 4-16 所示。

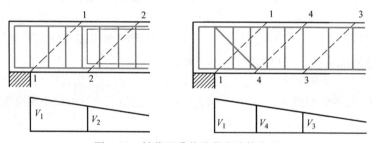

图 4-16　斜截面受剪承载力计算位置

图 4-16 中，1—1 截面为支座边缘截面，2—2 截面为腹板宽度改变处截面，3—3 截面为箍筋直径或间距改变处截面，4—4 截面为弯起钢筋弯起点处的截面。

当计算支座截面第一排（对支座而言）弯起钢筋时，取支座边缘处 1—1 截面的最大剪力设计值 V_1；当计算以后每排弯起钢筋时，取用前一排弯起钢筋弯起点处的剪力设计值，如 4—4 截面的最大剪力设计值 V_4。弯起钢筋的计算一直要进行到最后一排弯起钢筋已进入 $V_i\leqslant V_{cs}$ 的控制区段为止。

在受弯构件正截面承载力计算中，结合梁的一般构造要求，初步确定了截面尺寸、混凝土强度等级和纵向受力钢筋级别，通过计算确定了纵向受力钢筋数量，在此基础上进行斜截面受剪承载力计算。具体计算步骤如下：

1. 计算剪力设计值

计算剪力设计值，绘制梁的剪力图。

2. 复核截面尺寸

由式（4-14）~式（4-16）验算构件截面尺寸是否满足斜截面受剪承载力的要求，以保证不会发生斜压破坏。

3. 验算是否由计算配置箍筋

对于矩形、T 形及 I 形截面的一般受弯构件有

$$V\leqslant 0.7f_tbh_0 \tag{4-18}$$

对于集中荷载为主的独立梁有

$$V \leqslant \frac{1.75}{\lambda+1} f_t b h_0 \qquad (4\text{-}19)$$

若满足式（4-18）、式（4-19），则可按构造配置箍筋，能满足箍筋直径与间距要求。

4. 计算腹筋用量

（1）只配置箍筋而不配置弯起钢筋（剪力由箍筋和混凝土承担时）

1）对于矩形、T 形和 I 形截面的一般受弯构件，由式（4-10）得

$$\frac{A_{sv}}{s} \geqslant \frac{V - 0.7 f_t b h_0}{f_{yv} h_0}$$

对于集中荷载作用下的独立梁，由式（4-11）得

$$\frac{A_{sv}}{s} \geqslant \frac{V - \dfrac{1.75}{\lambda+1} f_t b h_0}{f_{yv} h_0}$$

2）选定箍筋肢数 n 和直径 d_{sv}，$d_{sv} \geqslant d_{sv,min}$，$A_{sv} = n A_{sv1}$。

3）确定间距 s，且应满足 $s \leqslant s_{max}$ 的要求。s_{max} 取值见表 4-1。

4）验算配箍率 ρ_{sv}，若满足式（4-17），则箍筋用量满足要求。

（2）同时配置箍筋和弯起钢筋

1）方法 1。

① 可以根据经验和构造要求配置箍筋，即先选定箍筋用量（n、d_{sv}、s）。由式（4-10）或式（4-11）确定 V_{cs}。

② 确定弯起钢筋，由式（4-13）求出 A_{sb}：

$$A_{sb} = \frac{V - V_{cs}}{0.8 f_y \sin\alpha_s}$$

结合正截面受弯承载力配置的纵向受拉钢筋，确定弯起钢筋的直径及根数。验算弯起点的位置是否满足斜截面受剪承载力的要求。

2）方法 2。

① 结合正截面受弯承载力配置的纵向受拉钢筋，确定弯起钢筋截面面积 A_{sb}，由式（4-12）计算出 V_{sb}。

② 计算箍筋：

$$\frac{A_{sv}}{s} \geqslant \frac{V - 0.7 f_t b h_0 - V_{sb}}{f_{yv} h_0}$$

或

$$\frac{A_{sv}}{s} \geqslant \frac{V - \dfrac{1.75}{\lambda+1} f_t b h_0 - V_{sb}}{f_{yv} h_0}$$

③ 计算出 A_{sv}/s 值后，首先按构造要求选用箍筋的肢数 n、直径 $d_{sv}(A_{sv1})$，然后求出间距 s。注意箍筋间距应满足表 4-1 的要求。

5. 验算配箍率

若满足式（4-17），则箍筋用量满足要求，不会发生斜拉破坏。

4.2.6 斜截面复核计算

1）验算配箍率及箍筋间距。若 $\rho_{sv} < \rho_{sv,min}$，或腹筋间距 $s > s_{max}$，说明已配腹筋不起作用，则按无腹筋梁计算，其斜截面受剪承载力为 V_c；若 $\rho_{sv} \geqslant \rho_{sv,min}$，且 $s \leqslant s_{max}$，则说明与斜裂缝相交的腹筋能够起作用，则初步取其受剪承载力为 V_{cs} 或 $V_{cs} + V_{sb}$。

2）由式（4-14）~式（4-16），计算截面的最大受剪承载力 $V_{u,max}$。受剪承载力 V_u 取 V_{cs}（或 $V_{cs} + V_{sb}$）与 $V_{u,max}$ 中的较小值。

3）当 $V \leqslant V_u$ 时，截面受剪承载力满足要求，截面安全，否则不安全。

【例 4-1】 同【例 3-2】，计算简图如图 4-17a 所示，试配置受剪箍筋。

【解】 本例题属于截面设计类。

（1）设计参数

查附表 6 可知，C30 混凝土 $f_c = 14.3 \text{N/mm}^2$，$f_t = 1.43 \text{N/mm}^2$，且 $\beta_c = 1.0$。

查附表 2 可知，HPB300 级箍筋 $f_{yv} = 270 \text{N/mm}^2$。

按实际配筋计算 $a_s = c + d_{sv} + d/2 = (25 + 10 + 25 \div 2) \text{mm} = 47.5 \text{mm}$，$h_0 = h - \alpha_s = (550 - 47.5) \text{mm} = 502.5 \text{mm}$。

（2）计算支座边缘截面剪力设计值

由【例 3-2】知，梁上均布荷载设计值 $P = 39.21 \text{kN/m}$，则支座边缘剪力设计值为

$$V = \frac{1}{2} P l_n = \frac{1}{2} \times 39.21 \times 6.05 \text{kN} = 118.61 \text{kN}$$

剪力图如图 4-17b 所示。

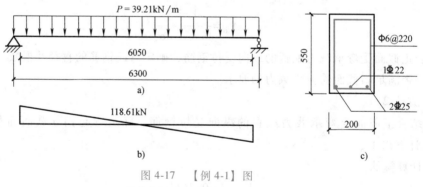

图 4-17 【例 4-1】图

a）计算简图 b）剪力图 c）配筋图

（3）复核截面尺寸

$h_w/b = h_0/b = 502.5/200 = 2.51 < 4$，属于一般梁。

由式（4-14）得

$$0.25\beta_c f_c b h_0 = 0.25 \times 1.0 \times 14.3 \times 200 \times 502.5 \text{N} = 359.29 \text{kN} > V_{max} = 118.61 \text{kN}$$

故截面尺寸满足要求。

（4）验算是否由计算配置箍筋

由式（4-4）得

$$V_c = 0.7 f_t b h_0 = 0.7 \times 1.43 \times 200 \times 502.5 \text{N} = 100.6 \text{kN} < V_{max} = 118.61 \text{kN}$$

应由计算确定箍筋用量。

（5）计算箍筋用量

由式（4-10）得

$$\frac{A_{sv}}{s} = \frac{V - V_c}{f_{yv}h_0} = \frac{118.61 \times 10^3 - 100.6 \times 10^3}{270 \times 502.5} \text{mm}^2/\text{mm} = 0.133 \text{mm}^2/\text{mm}$$

选用双肢箍（$n = 2$），取 $d_{sv} = 6\text{mm}$，$A_{sv1} = 28.3\text{mm}^2$，$A_{sv} = 57\text{mm}^2$，则箍筋间距为

$$s \leqslant \frac{A_{sv}}{0.133} = \frac{57}{0.133} \text{mm} = 429\text{mm}$$

取 $s = s_{max} = 250\text{mm}$（查表 4-1）

（6）验算配箍率

由式（4-17）得

$$\rho_{sv} = \frac{A_{sv}}{bs} \times 100\% = \frac{57}{200 \times 250} \times 100\% = 0.11\% < \rho_{sv,min} = 0.24 \times \frac{f_t}{f_{yv}} \times 100\% = 0.24 \times \frac{1.43}{270} \times 100\% = 0.127\%$$

不满足配箍率要求。取 $s = 220\text{mm}$，有

$$\rho_{sv} = \frac{A_{sv}}{bs} \times 100\% = \frac{57}{200 \times 220} \times 100\% = 0.129\% > \rho_{sv,min} = 0.127\%$$

故配置双肢箍 ϕ6@220，配筋如图 4-17c 所示。

【例 4-2】　某矩形截面简支梁，处于一类环境，梁的净跨 $l_n = 3660\text{mm}$，截面尺寸 $b \times h = 200\text{mm} \times 550\text{mm}$。该梁承受均布荷载设计值 $p = 95\text{kN/m}$，选用 C30 混凝土及 HPB300 级箍筋，由正截面受弯承载力计算已经配置 3ϕ20 纵向受拉钢筋。试配置受剪箍筋。

【解】　本例题属于截面设计类。

（1）设计参数

查附表 6 可知，C30 混凝土 $f_c = 14.3\text{N/mm}^2$，$f_t = 1.43\text{N/mm}^2$，且 $\beta_c = 1.0$。

查附表 2 可知，HPB300 级箍筋 $f_{yv} = 270\text{N/mm}^2$。

（2）计算支座边缘截面剪力设计值

$$V = \frac{1}{2}pl_n = \frac{1}{2} \times 95 \times 3.66\text{kN} = 173.85\text{kN}$$

（3）复核截面尺寸

查附表 8 可知，一类环境，$c = 20\text{mm}$，$a_s = c + d_{sv} + d/2 = (20 + 10 + 20 \div 2)\text{mm} = 40\text{mm}$，$h_0 = h - a_s = (550 - 40)\text{mm} = 510\text{mm}$，$h_w/b = h_0/b = 510/200 = 2.55 < 4$。

由式（4-14）得

$$0.25\beta_c f_c bh_0 = 0.25 \times 1.0 \times 14.3 \times 200 \times 510\text{N} = 364.65\text{kN} > V = 173.85\text{kN}$$

故截面尺寸满足要求。

（4）验算是否由计算配置箍筋

由式（4-18）得

$$V_c = 0.7f_t bh_0 = 0.7 \times 1.43 \times 200 \times 510\text{N} = 102.1\text{kN} < V = 173.85\text{kN}$$

应由计算确定箍筋用量。

（5）计算箍筋用量

由式（4-10）得

$$\frac{A_{sv}}{s}=\frac{V-V_c}{f_{yv}h_0}=\frac{173.85\times10^3-102.1\times10^3}{270\times510}mm^2/mm=0.521mm^2/mm$$

选用双肢箍（$n=2$），取 $d_{sv}=6mm$，$A_{sv1}=28.3mm^2$，$A_{sv}=nA_{sv1}=57mm^2$，则

$$s\leqslant\frac{A_{sv}}{0.521}=\frac{57}{0.521}mm=109mm$$

取 $s=100mm<s_{max}=250mm$（查表 4-1）。

（6）验算配箍率

由式（4-17）得

$$\rho_{sv}=\frac{A_{sv}}{bs}\times100\%=\frac{57}{200\times100}\times100\%=0.285\%$$

$$>\rho_{sv,min}=0.24\times\frac{f_t}{f_{yv}}\times100\%$$

$$=0.24\times\frac{1.43}{270}\times100\%=0.127\%$$

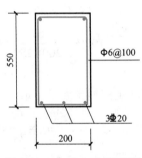

图 4-18 【例 4-2】配筋图

故配箍率满足要求。

故配置双肢箍 $\phi 6@100$，配筋如图 4-18 所示。

【例 4-3】 某 T 形截面简支梁，净跨 $l_n=4m$，处于一类环境，安全等级为二级，$\gamma_0=1.0$。承受的集中荷载设计值 $P=600kN$（因梁自重所占比例很小，已简化为集中荷载考虑）。混凝土强度等级为 C30，配置 $6\phi25$ 的纵向受力钢筋，箍筋为 HPB300 级钢筋，截面尺寸和剪力图如图 4-19 所示。试配置受剪箍筋。

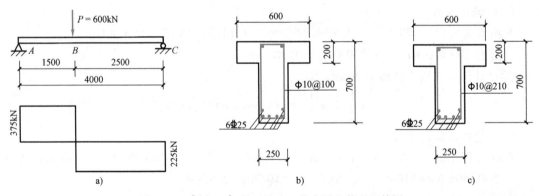

图 4-19 【例 4-3】截面尺寸、剪力图和截面配筋图

a）梁计算简图及内力图 b）AB 段配筋图 c）BC 段配筋图

【解】 本例题属于截面设计类。

（1）设计参数

查附表 6 可知，C30 混凝土 $f_c=14.3N/mm^2$，$f_t=1.43N/mm^2$，且 $\beta_c=1.0$。

查附表 2 可知，HPB300 级箍筋 $f_{yv}=270N/mm^2$。

查附表 8 可知，一类环境，$c=20mm$，$a_s=c+d_{sv}+d+e/2=(20+10+25+25\div2)mm=$

67.5mm，$h_0 = h - a_s = (700 - 67.5)\text{mm} = 632.5\text{mm}$，$h_w = h_0 - h_f' = (632.5 - 200)\text{mm} = 432.5\text{mm}$。

（2）计算支座边缘截面剪力设计值

$$V_A = \gamma_0 P 2500 / 4000\text{kN} = 1.0 \times 600 \times 2500 \div 4000\text{kN} = 375\text{kN}$$
$$V_C = \gamma_0 (600 - 375) = 1.0 \times (600 - 375)\text{kN} = 225\text{kN}$$

（3）复核截面尺寸

$$h_w / b = 432.5 \div 250 = 1.73 < 4$$

由式（4-14）得

$$0.25\beta_c f_c b h_0 = 0.25 \times 1.0 \times 14.3 \times 250 \times 632.5\text{N} = 565.3\text{kN} > V_A = 375\text{kN}$$

故截面尺寸满足要求。

（4）验算是否由计算配置箍筋

该梁为以集中荷载为主的独立梁。

AB 段：

$$\lambda = \frac{a}{h_0} = \frac{1500}{632.5} = 2.37$$

由式（4-19）得

$$V_c = \frac{1.75}{\lambda + 1} f_t b h_0 = \frac{1.75}{2.37 + 1} \times 1.43 \times 250 \times 632.5\text{N} = 117.4\text{kN} < V_A = 375\text{kN}$$

BC 段：

$$\lambda = \frac{a}{h_0} = \frac{2500}{632.5} = 3.95 > 3$$

取 $\lambda = 3.0$。

由式（4-19）得

$$V_c = \frac{1.75}{\lambda + 1} f_t b h_0 = \frac{1.75}{3.0 + 1} \times 1.43 \times 250 \times 632.5\text{N} = 98.9\text{kN} < V_C = 225\text{kN}$$

应由计算确定箍筋用量。

（5）计算箍筋用量

AB 段：

由式（4-11）得

$$\frac{A_{sv}}{s} = \frac{V - V_c}{f_{yv} h_0} = \frac{375 \times 10^3 - 117.4 \times 10^3}{270 \times 632.5}\text{mm}^2/\text{mm} = 1.51\text{mm}^2/\text{mm}$$

选用双肢箍（$n = 2$），取 $d_{sv} = 10\text{mm}$，$A_{sv1} = 78.5\text{mm}^2$，$A_{sv} = n A_{sv1} = 157\text{mm}^2$，则

$$s = \frac{157}{1.51}\text{mm} = 104\text{mm}$$

取 $s = 100\text{mm} < s_{max} = 250\text{mm}$（查表 4-1）。

由式（4-17）得

$$\rho_{sv} = \frac{A_{sv}}{bs} \times 100\% = \frac{157}{250 \times 100} \times 100\% = 0.628\%$$

$$> \rho_{sv,min} = 0.24 \times \frac{f_t}{f_{yv}} \times 100\%$$

$$= 0.24 \times \frac{1.43}{270} \times 100\% = 0.127\%$$

故配箍率满足要求。

BC 段:

由式 (4-11) 得

$$\frac{A_{sv}}{s} = \frac{V-V_c}{f_{yv}h_0} = \frac{225 \times 10^3 - 98.9 \times 10^3}{270 \times 632.5} mm^2/mm = 0.738mm^2/mm$$

选用双肢箍 ($n=2$), 取 $d_{sv} = 10mm$, $A_{sv1} = 78.5mm^2$, $A_{sv} = nA_{sv1} = 157mm^2$, 则

$$s \leqslant \frac{A_{sv}}{0.738} = \frac{157}{0.738} mm = 213mm$$

取 $s = 210mm < s_{max} = 250mm$ (查表 4-1)。

由式 (4-17) 得

$$\rho_{sv} = \frac{A_{sv}}{bs} \times 100\% = \frac{157}{250 \times 210} \times 100\% = 0.3\% > \rho_{sv,min} = 0.24 \times \frac{f_t}{f_{yv}} \times 100\% = 0.24 \times \frac{1.43}{270} \times 100\% = 0.127\%$$

故配箍率满足要求。

因此, AB 段配置双肢箍 $\Phi 10@100$, BC 段配置双肢箍 $\Phi 10@210$, 配筋如图 4-19b、c 所示。

【例 4-4】 某矩形截面简支梁处于一类环境, 承受的剪力设计值 $V = 165kN$, 截面尺寸 $b \times h = 200mm \times 450mm$。选用 C30 混凝土及 HPB300 级箍筋, 经计算跨中已配置 3Φ18HRB400 级纵向受拉钢筋, 且按构造要求配置了双肢箍 $\Phi 6@150$。计算此梁需配置的弯起钢筋。

【解】 本例题属于截面设计类。

(1) 设计参数

查附表 6 可知, C30 混凝土 $f_c = 14.3N/mm^2$, $f_t = 1.43N/mm^2$, 且 $\beta_c = 1.0$。

查附表 2 可知, HPB300 级箍筋 $f_{yv} = 270N/mm^2$。

查附表 10 可知, 双肢箍 $\Phi 6@150$, $A_{sv} = nA_{sv1} = 57mm^2$。

查附表 8 可知, 一类环境, $c = 20mm$, $a_s = c + d_{sv} + d/2 = (20 + 6 + 18 \div 2) mm = 35mm$, $h_0 = h - a_s = (450 - 35) mm = 415mm$。

(2) 复核截面尺寸

$$\frac{h_w}{b} = \frac{415}{200} = 2.1 < 4$$

由式 (4-14) 得

$$0.25\beta_c f_c bh_0 = 0.25 \times 1.0 \times 14.3 \times 200 \times 415N = 296.7kN > V = 165kN$$

故配箍率满足要求。

(3) 计算混凝土和箍筋承担的剪力 V_{cs}

由式 (4-10) 得

$$V_{cs} = 0.7f_t bh_0 + f_{yv} \frac{A_{sv}}{s} h_0 = \left(0.7 \times 1.43 \times 200 \times 415 + 270 \times \frac{57}{150} \times 415 \right) N = 125.7kN < V = 165kN$$

应由计算配置弯起钢筋。

（4）计算弯起钢筋截面面积 A_{sb}

由式（4-13）得

$$A_{sb}=\frac{V-V_{cs}}{0.8f_y\sin_{\sigma s}}=\frac{165\times10^3-125.7\times10^3}{0.8\times360\times0.707}\mathrm{mm}^2=193\mathrm{mm}^2$$

故利用跨中已配置的纵向受力钢筋，弯起其中的 1 Φ 18 钢筋，实际 $A_{sb}=254.5\mathrm{mm}^2>193\mathrm{mm}^2$，满足要求，配筋如图 4-20 所示。

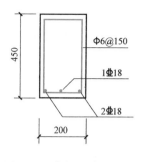

图 4-20　【例 4-4】配筋图

【例 4-5】 同【例 3-3】，如图 4-21 所示，结合正截面配筋，试配置受剪腹筋。

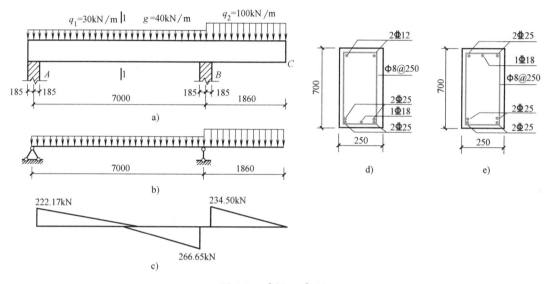

图 4-21 【例 4-5】图

a）荷载图　b）计算简图　c）剪力图　d）方案 2 跨中截面配筋图　e）方案 2B 支座截面配筋图

【解】 本例题属于截面设计类。

（1）设计参数

查附表 6 可知，C30 混凝土 $f_c=14.3\mathrm{N/mm}^2$，$f_t=1.43\mathrm{N/mm}^2$，且 $\beta_c=1.0$。

查附表 2 可知，HPB300 级箍筋 $f_{yv}=270\mathrm{N/mm}^2$。

（2）计算支座边缘截面剪力设计值

经计算，当永久荷载 g 和可变荷载 q_1 同时作用时，A 支座内边缘剪力值最大，$V_A=222.17\mathrm{kN}$；当永久荷载 g 和可变荷载 q_1、q_2 同时作用时，B 支座左右内边缘剪力值最大，$V_{B左}=266.65\mathrm{kN}$，$V_{B右}=234.50\mathrm{kN}$。

各支座边缘的剪力设计值如图 4-21c 所示。

（3）复核截面尺寸

由【例 3-3】跨中 1—1 截面配筋知：

$$a_s=c+d_{sv}+d+e/2=(20+10+25+25\div2)\mathrm{mm}=67.5\mathrm{mm}$$

$$h_0=h-a_s=(700-67.5)\mathrm{mm}=632.5\mathrm{mm}$$

$$h_w/b=632.5\div250=2.53<4$$

由式（4-14）得

$$0.25\beta_c f_c bh_0 = 0.25\times1.0\times14.3\times250\times632.5\text{N} = 565.30\text{kN}>V_{B左} = 266.65\text{kN}$$

故截面尺寸满足要求。

（4）验算是否由计算配置箍筋

由式（4-18）得

$$V_c = 0.7f_t bh_0 = 0.7\times1.43\times250\times632.5\text{N} = 158.28\text{kN}<V_A = 222.17\text{kN}$$

应由计算确定箍筋用量。

（5）计算腹筋用量

方案1：仅考虑箍筋抗剪，并沿梁全长按同一规格配置箍筋，取全梁最大截面剪力 $V_{B左} = 266.65\text{kN}$ 进行计算。

由式（4-10）得

$$\frac{A_{sv}}{s} = \frac{V-V_c}{f_{yv}h_0} = \frac{266.65\times10^3 - 158.28\times10^3}{270\times632.5}\text{mm}^2/\text{mm} = 0.635\text{mm}^2/\text{mm}$$

选用双肢箍（$n=2$），取 $d_{sv} = 8\text{mm}$，$A_{sv1} = 50.3\text{mm}^2$，$A_{sv} = nA_{sv1} = 101\text{mm}^2$，则

$$s \leqslant \frac{A_{sv}}{0.635} = \frac{101}{0.635}\text{mm} = 159\text{mm}$$

取 $s = 150\text{mm}<s_{max} = 250\text{mm}$（查表4-1）。

由式（4-17）得

$$\rho_{sv} = \frac{A_{sv}}{bs}\times100\% = \frac{101}{250\times150}\times100\% = 0.269\%$$

$$>\rho_{sv,min} = 0.24\times\frac{f_t}{f_{yv}}\times100\%$$

$$= 0.24\times\frac{1.43}{270}\times100\% = 0.127\%$$

选配双肢箍Φ8@150，全梁按此直径和间距配置箍筋。

方案1配筋图如图4-22所示。

方案2：AB 跨配置箍筋和弯起钢筋共同抗剪。BC 段仍配置双肢箍。

① AB 跨内配置箍筋和弯起钢筋，弯起钢筋参与抗剪并抵抗 B 支座负弯矩。AB 跨先按构造要求配置双肢箍Φ8@250，由式（4-10）得

$$V_{cs} = 0.7f_t bh_0 + f_{yv}\frac{A_{sv}}{s}h_0 = (0.7\times1.43\times250\times632.5+270\times\frac{101}{250}\times632.5)\text{N} = 227.28\text{kN}$$

可见，$V_{cs}>V_A = 222.17\text{kN}$，$V_{cs}<V_{B左} = 266.65\text{kN}$。

因此，AB 段配置双肢箍Φ8@250，能保证 A 支座到跨中附近大部分区域的受剪承载力，而 B 支座附近不能满足受剪承载力要求，需要加配弯起钢筋，设钢筋的弯起角度 $\alpha_s = 45°$，由式（4-13）得

$$A_{sb} \geqslant \frac{V_{B左}-V_{cs}}{0.8f_y\sin\alpha_s} = \frac{(266.65-227.28)\times10^3}{0.8\times360\times\sin45°}\text{mm}^2 = 193.35\text{mm}^2$$

由【例3-3】，结合 AB 跨跨中1—1截面配筋，弯起其中的1Φ18钢筋，实际 $A_{sb} =$

$254.5\text{mm}^2 > $ 计算 $A_{sb} = 193.35\text{mm}^2$，满足 B 支座截面受剪承载力要求。

B 支座左侧弯起钢筋弯终点距支座内边缘取 $s_1 = 250\text{mm}$，则弯起点距支座内边缘距离为

$$s_1 + \left[h - 2 \left(c + d_{sv} + \frac{d}{2} \right) \right] \tan\alpha = \{ 250 + [700 - 2 \times (20 + 8 + 18 \div 2)] \tan45° \} \text{mm} = 876\text{mm}$$

弯起点处剪力设计值为

$$V_2 = 266.65\text{kN} - (g+q_1) \times 0.876 = [266.65 - (30 + 40) \times 0.876] \text{kN} = 205.33\text{kN} < V_{cs} = 227.28\text{kN}$$

故不需要再弯起第二排钢筋。

因此，AB 配置双肢箍 $\phi 8@250$，B 支座附近弯起 AB 跨中的 $1\,\Phi\,18$ 钢筋。

② BC 段配双肢箍。$V_{B右} = 234.5\text{kN}$，BC 跨单排布置纵向受拉钢筋，$h_0 = 660\text{mm}$，则

$$V_c = 0.7 f_t b h_0 = 0.7 \times 1.43 \times 250 \times 660\text{N} = 165.17\text{kN} < V_{B右}$$

$$\frac{A_{sv}}{s} = \frac{V - V_c}{f_{yv} h_0} = \frac{234.5 \times 10^3 - 165.17 \times 10^3}{270 \times 660} \text{mm}^2/\text{mm} = 0.389\text{mm}^2/\text{mm}$$

选用双肢箍（$n = 2$），取 $d_{sv} = 8\text{mm}$，$A_{sv1} = 50.3\text{mm}^2$，$A_{sv} = n A_{sv1} = 101\text{mm}^2$，则

$$s \leqslant \frac{A_{sv}}{0.389} = \frac{101}{0.389} = 260\text{mm}$$

取 $s = s_{max} = 250\text{mm}$（查表 4-1）。

由式（4-17）得

$$\rho_{sv} = \frac{A_{sv}}{bs} \times 100\% = \frac{101}{250 \times 250} \times 100\% = 0.162\% > \rho_{sv,min} = 0.24 \times \frac{f_t}{f_{yv}} \times 100\% = 0.24 \times \frac{1.43}{270} \times 100\% = 0.127\%$$

BC 段配置双肢箍 $\phi 8@250$。

方案 2 配筋图如图 4-23 所示。所得结果见表 4-2。

表 4-2　【例 4-5】计算结果

截面位置	A 支座	B 支座左	B 支座右
剪力设计值 V	222.17kN	266.65kN	234.5kN
$V_c = 0.7 f_t b h_0$	158.28kN		165.17kN
选用箍筋（直径、间距）	$\phi 8@250$		$\phi 8@250$
$V_{cs} = V_c + f_{yv} \dfrac{A_{sv}}{s} h_0$	227.28kN		237.16kN
$A_{sb} \geqslant \dfrac{V - V_{cs}}{0.8 f_y \sin\alpha_s}$	193.35mm^2		—
弯起钢筋选择	$1\,\Phi\,18,\ A_{sb} = 254.5\text{mm}^2$	$1\,\Phi\,18,\ A_{sb} = 254.5\text{mm}^2$	—
弯终点距支座边缘距离	50mm	250mm	—
弯起点处剪力设计值 V_2	—	205.33kN	
是否需第二排钢筋弯起		$V_2 < V_{cs}$，不需要	

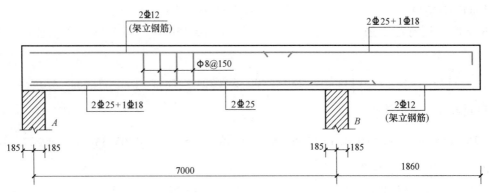

图 4-22　方案 1 配筋图

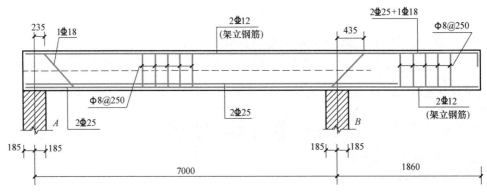

图 4-23　方案 2 配筋图

【例 4-6】　已知一矩形截面简支梁，处于一类环境条件，荷载及支承情况如图 4-24 所示。截面尺寸 $b \times h = 200\text{mm} \times 500\text{mm}(h_0 = 435\text{mm})$，选用 C25 混凝土及 HPB300 级箍筋。试配置箍筋。

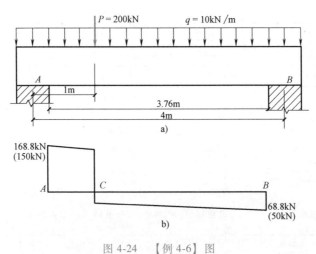

图 4-24　【例 4-6】图

a）荷载图　b）剪力图

注：括号内的数值为集中荷载在支座截面上引起的剪力，括号内的
　　数值为集中荷载在支座截面上引起的剪力。

【解】　本例题属于截面设计类。

（1）设计参数

查附表 6 可知，C25 混凝土 $f_c = 11.9\text{N/mm}^2$，$f_t = 1.27\text{N/mm}^2$，且 $\beta_c = 1.0$。

查附表 2 可知，HPB300 箍筋 $f_{yv} = 270\text{N/mm}^2$。

（2）计算支座边缘截面剪力设计值

$$V_A = \frac{1}{2}ql_n + \frac{3}{4}P = \left(\frac{1}{2} \times 10 \times 3.76 + \frac{3}{4} \times 200\right)\text{kN} = 168.8\text{kN}$$

$$V_B = \frac{1}{2}ql_n + \frac{1}{4}P = \left(\frac{1}{2} \times 10 \times 3.76 + \frac{1}{4} \times 200\right)\text{kN} = 68.8\text{kN}$$

（3）复核截面尺寸

$$h_w = h_0 = 435\text{mm}$$

$$\frac{h_w}{b} = \frac{435}{200} = 2.2 < 4$$

由式（4-14）得

$$0.25\beta_c f_c b h_0 = 0.25 \times 1.0 \times 11.9 \times 200 \times 435\text{N} = 258.83\text{kN} > V_A = 168.8\text{kN}$$

故截面尺寸满足要求。

（4）计算箍筋用量

该梁既承受集中荷载作用，又承受均布荷载作用，集中荷载在两支座截面上引起的剪力值所占的比例分别为

A 支座：

$$V_集/V_总 = 150 \div 168.8 = 89\% > 75\%$$

B 支座：

$$V_集/V_总 = 50 \div 68.8 = 73\% < 75\%$$

梁的左右两半区段应按不同的公式计算受剪承载力。

1）AC 段，$\lambda = a/h_0 = 1000 \div 435 = 2.3$，由式（4-5）得

$$V_c = \frac{1.75}{\lambda + 1}f_t b h_0 = \frac{1.75}{2.3 + 1} \times 1.27 \times 200 \times 435\text{N} = 58.59\text{kN} < V_A$$

需由计算配置箍筋。

由式（4-11）得

$$\frac{A_{sv}}{s} = \frac{V - V_c}{f_{yv}h_0} = \frac{168.8 \times 10^3 - 58.59 \times 10^3}{270 \times 435}\text{mm}^2/\text{mm} = 0.938\text{mm}^2/\text{mm}$$

选用双肢箍筋（$n = 2$），取 $d_{sv} = 8\text{mm}$，$A_{sv1} = 50.3\text{mm}^2$，$A_{sv} = nA_{sv1} = 101\text{mm}^2$，则

$$s \leq \frac{A_{sv}}{0.938} = \frac{101}{0.938}\text{mm} = 108\text{mm}$$

取 $s = 100\text{mm} < s_{max} = 200\text{mm}$（查表 4-1）。

由式（4-17）得

$$\rho_{sv} = \frac{A_{sv}}{bs} \times 100\% = \frac{101}{200 \times 100} \times 100\% = 0.51\%$$

$$>\rho_{sv,min} = 0.24 \times \frac{f_t}{f_{yv}} \times 100\% = 0.24 \times \frac{1.27}{270} \times 100\% = 0.11\%$$

故配箍率满足要求。

2）BC 段，由式（4-4）得

$$V_c = 0.7f_t bh_0 = 0.7 \times 1.27 \times 200 \times 435N = 77.34kN > V_B$$

按构造要求配置箍筋。

因此，AC 段配置双肢箍 $\phi 8@100$，BC 段配置双肢箍 $\phi 8@300$。

【例 4-7】 图 4-25a 所示简支梁的截面尺寸 $b \times h = 250mm \times 600mm$，处于二 a 类环境，安全等级为二级。梁上承受均布荷载设计值 $q = 20kN/m$（包括自重）及集中荷载设计值 $Q = 100kN$。梁中已配有 $4\Phi22$ 纵向受力钢筋，选用 C25 混凝土及 HPB300 级箍筋。试配置受剪箍筋。

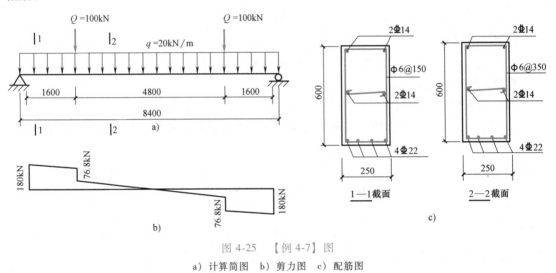

图 4-25　【例 4-7】图
a）计算简图　b）剪力图　c）配筋图

【解】 本例题属于截面设计类。

（1）设计参数

查附表 6 可知，C25 混凝土 $f_c = 11.9N/mm^2$，$f_t = 1.27N/mm^2$，且 $\beta_c = 1.0$。

查附表 2 可知，HPB300 箍筋 $f_{yv} = 270N/mm^2$。

查附表 8 可知，二 a 类环境，$c = 25mm$，取箍筋直径 $d_{sv} = 10mm$，则 $a_s = c + d_{sv} + d/2 = (25 + 10 + 22 \div 2)mm = 46mm$，$h_0 = h - a_s = (600 - 46)mm = 554mm$。

（2）计算支座边缘截面剪力设计值

梁的净跨 $l_n = 8000mm$，则

$$V = \gamma_0(ql_n/2 + Q) = [1.0 \times (20 \times 8 \div 2 + 100)]kN = 180kN$$

由此作出剪力图，如图 4-25b 所示。

（3）复核截面尺寸

$$h_w/b = 554 \div 250 = 2.22 < 4$$

由式 (4-14) 得

$$0.25\beta_c f_c b h_0 = 0.25 \times 1.0 \times 11.9 \times 250 \times 554 \text{N} = 412 \text{kN} > V_A = 180 \text{kN}$$

故截面尺寸满足要求。

(4) 验算是否由计算配置箍筋

在支座截面处,集中荷载产生的剪力与总剪力之比为

$$\frac{V_{\text{集}}}{V_{\text{总}}} = 100 \div 180 \times 100\% = 56\% < 75\%$$

由式 (4-10) 得

$$V_c = 0.7 f_t b h_0 = 0.7 \times 1.27 \times 250 \times 554 \text{N} = 123.13 \text{kN} < V = 180 \text{kN}$$

应由计算确定箍筋用量。

(5) 计算箍筋用量

由式 (4-10) 得

$$\frac{A_{sv}}{s} = \frac{V - V_c}{f_{yv} h_0} = \frac{180 \times 10^3 - 123.13 \times 10^3}{270 \times 554} \text{mm}^2/\text{mm} = 0.38 \text{mm}^2/\text{mm}$$

选用双肢箍筋 ($n = 2$),取 $d_{sv} = 6 \text{mm}$,$A_{sv1} = 28.3 \text{mm}^2$,$A_{sv} = n A_{sv1} = 57 \text{mm}^2$,则

$$s \leqslant \frac{A_{sv}}{0.38} = \frac{57}{0.38} \text{mm} = 150 \text{mm}$$

取 $s = 150 \text{mm} < s_{\max} = 250 \text{mm}$ (查表 4-1),满足箍筋间距要求。

(6) 验算配箍率

由式 (4-17) 得

$$\rho_{sv} = \frac{A_{sv}}{bs} \times 100\% = \frac{57}{200 \times 150} \times 100\% = 0.15\% > \rho_{sv,\min} = 0.24 \times \frac{f_t}{f_{yv}} \times 100\% = 0.24 \times \frac{1.27}{270} \times 100\% = 0.11\%$$

故在支座至集中荷载作用点区段配置双肢箍 $\phi6@150$。而两集中荷载作用点之间的区段,剪力较小 $V = 76.8 \text{kN} < V_c$,故可按构造要求配置双肢箍 $\phi6@350$。

【例 4-8】 图 4-26 所示为均布荷载作用下的简支梁,二级安全级别,处于一类环境条件,梁的净跨 $l_n = 4.25 \text{m}$,截面尺寸 $b \times h = 200 \text{mm} \times 400 \text{mm}$。选用 C30 混凝土、HPB300 箍筋,梁截面配置了 3ϕ20 纵向受力钢筋及双肢箍 $\phi8@200$。试求该梁能承担的均布荷载设计值 q。

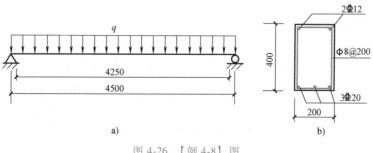

图 4-26 【例 4-8】图
a) 计算简图　b) 配筋图

【解】 本例题属于截面复核类。

（1）设计参数

查附表 6 可知，C30 混凝土 $f_c = 14.3\text{N}/\text{mm}^2$，$f_t = 1.43\text{N}/\text{mm}^2$，且 $\beta_c = 1.0$。

查附表 2 可知，HPB300 箍筋 $f_{yv} = 270\text{N}/\text{mm}^2$。

查附表 10 可知，$A_{sv1} = 50.3\text{mm}^2$。

查表 4-1 可知，$s = s_{max} = 200\text{mm}$，满足箍筋间距要求。

查附表 10 可知，一类环境，$c = 20\text{mm}$，$a_s = c + d_{sv} + d/2 = (20 + 8 + 20 \div 2)\text{mm} = 38\text{mm}$，$h_0 = h - a_s = (400 - 38)\text{mm} = 362\text{mm}$。

（2）验算配箍率

由式（4-17）得

$$\rho_{sv} = \frac{A_{sv}}{bs} \times 100\% = \frac{101}{200 \times 200} \times 100\% = 0.25\% > \rho_{sv,min} = 0.24 \times \frac{f_t}{f_{yv}} \times 100\%$$

$$= 0.24 \times \frac{1.43}{270} \times 100\% = 0.127\%（满足要求）$$

（3）计算截面受剪承载力

由式（4-10）得

$$V_{cs} = 0.7 f_t b h_0 + f_{yv} \frac{A_{sv}}{s} h_0 = \left(0.7 \times 1.43 \times 200 \times 362 + 270 \times \frac{101}{200} \times 362 \right)\text{N} = 121.83\text{kN}$$

（4）计算截面最大剪力值

$h_w = h_0 = 362\text{mm}$，$h_w/b = 362 \div 200 = 1.81 < 4$，由式（4-14）得

$$0.25\beta_c f_c b h_0 = 0.25 \times 1.0 \times 14.3 \times 200 \times 362\text{N} = 258.83\text{kN} > V_{cs} = 121.83\text{kN}$$

（5）计算均布荷载设计值 q

$$V = \frac{1}{2} q l_n = 121.83\text{kN}$$

$$q = \frac{121.83 \times 2}{4.25}\text{kN/m} = 57.33\text{kN/m}$$

按梁斜截面受剪承载力能承担的均布荷载设计值为 57.33kN/m。

4.3　斜截面受弯承载力

钢筋混凝土受弯构件在剪力和弯矩的共同作用下产生的斜裂缝，会导致与其相交的纵向受力钢筋拉力增加，进而使构件因沿斜截面受弯承载力不足或锚固不足而破坏，因此在设计中除了保证梁的正截面受弯承载力和斜截面受剪承载力外，在考虑纵向受力钢筋的弯起、截断及锚固时，还需采取构造措施，保证梁的斜截面受弯承载力及钢筋的可靠锚固。

4.3.1　抵抗弯矩图

抵抗弯矩图也称材料图，是指按实际纵向受力钢筋布置情况画出的各截面抵抗弯矩，即受弯承载力 M_u（又称抵抗弯矩）沿构件轴线方向的分布图形。

1. 抵抗弯矩图的作用

1）反映材料利用的程度。抵抗弯矩图越接近弯矩图，表示材料利用程度越高。

2）确定纵向受力钢筋的弯起数量和位置。跨中部分纵向受拉钢筋弯起后可用于斜截面受剪，其数量和位置由斜截面受剪承载力计算确定；也可用于抵抗支座负弯矩。只有当抵抗弯矩图全部覆盖住设计弯矩图时，各正截面受弯承载力才有保证。而要满足斜截面受弯承载力的要求，必须通过绘制抵抗弯矩图才能确定弯起钢筋的数量和位置。

3）确定纵向受力钢筋的截断位置。通过抵抗弯矩图可确定纵向受力钢筋的理论截断点及其延伸长度，从而确定纵向受力钢筋的实际截断位置。

4）保证钢筋的黏结锚固要求。

2. 抵抗弯矩图的绘制方法

按梁正截面受弯承载力计算的纵向受拉钢筋是以同符号弯矩区段的最大弯矩为依据求得的，该最大弯矩处的截面称为控制截面。

以单筋矩形截面为例，若在控制截面处实际选配的纵向受力钢筋截面面积为 A_s，则

$$M_u = f_y A_s \left(h_0 - \frac{0.5 A_s}{\alpha_1 f_c b} \right) \tag{4-20}$$

由式（4-20）知，抵抗弯矩 M_u 近似与钢筋截面面积成正比关系。

因此，在控制截面，各钢筋可按其面积占总钢筋面积的比例（若钢筋规格不同，按 $f_y A_s$）分担抵抗弯矩 M_u；在其余截面，当钢筋面积减小时（如弯起或截断部分钢筋），抵抗弯矩可假定按比例减小。比起钢筋面积的减小，M_u 的减小速度要慢些，两者并不成正比，但按成正比这个假定做抵抗弯矩图偏于安全且大为方便。下面具体说明抵抗弯矩图的绘制方法。

（1）纵向受拉钢筋全部伸入支座时抵抗弯矩图的绘制方法　图 4-27 所示为均布荷载作用下的钢筋混凝土简支梁（设计弯矩图为抛物线），按跨中（控制截面）弯矩 M_{max} 进行正截面受弯承载力计算，需配 2 ⏀ 25 + 1 ⏀ 22 纵向受拉钢筋。

图 4-27 中，近似地按每根钢筋的面积比例划分出各根钢筋所提供的受弯承载力 M_{ui}，即

$$M_{ui} = \frac{A_{si}}{A_s} M_u$$

若将 2 ⏀ 25 + 1 ⏀ 22 纵向受拉钢筋全部伸入支座并可靠锚固，则抵抗弯矩图是矩形 $abcd$。由于抵抗弯矩图在设计弯矩图的外侧，因此，梁的任一正截面的受弯承载力都能够得到满足。

由图 4-27 可以看出，3 点所对应的截面为①号钢筋（1 ⏀ 25）和②号钢筋（1 ⏀ 22）充分利用点，2 点所对应的截面为①号钢筋（1 ⏀ 25）充分利用点，为②号钢筋（1 ⏀ 22）不需要点。

纵向受拉钢筋沿梁通长布置，虽然构造比较简单，但没有充分利用弯矩设计值较小部分处的纵向受拉钢筋的强度，因此是不经济的。为了节约钢筋，可根据设计弯矩图的变化将一部分纵向受拉钢筋在正截面受弯承载力不需要的地方截断或弯起作为受剪腹筋。

（2）部分纵向受拉钢筋弯起时抵抗弯矩图的绘制方法　下面研究部分纵向受拉钢筋弯起时抵抗弯矩图的变化及其有关配筋构造要求，以使钢筋弯起后的抵抗弯矩图能包住设计弯矩图，满足受弯承载力的要求。

如图 4-28 所示，假定将②号钢筋在梁上 E、G 处弯起，则在 E、G 点绘制竖直线与抵抗

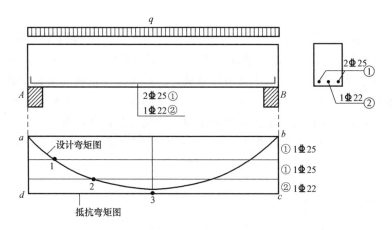

图 4-27　纵向受拉钢筋全部伸入支座时的抵抗弯矩图

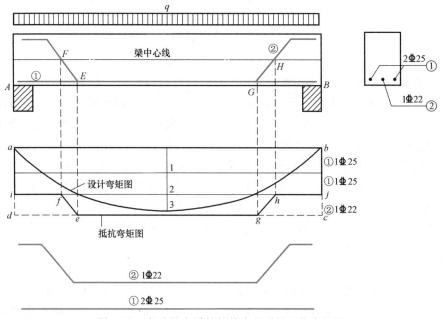

图 4-28　部分纵向受拉钢筋弯起时的抵抗弯矩图

弯矩图中由②号钢筋绘制的水平线 3 分别交于 e、g 点，如果 e、g 点落在设计弯矩图之外，说明在 E、G 处弯起②号钢筋时，在该处的正截面受弯承载力是满足的，否则不允许弯起。钢筋弯起后，还能承担一些抵抗弯矩，直到它与梁的中心线相交于 F、H 点处基本上进入受压区后近似地认为不再承担弯矩了。因此，在梁上沿 F、H 点绘制竖直线与抵抗弯矩图中由①号钢筋绘制的水平线 2 分别交于 f、h 点，连接 ef、gh。显然，e、f、g、h 点都落在设计弯矩图的外侧才是允许的，否则就应改变弯起点 E、G 的位置。

　　（3）部分纵向受拉钢筋截断时抵抗弯矩图的绘制方法　　如图 4-29 所示，假定②号纵向受拉钢筋抵抗控制截面 A—A 的弯矩为 $M_{u②}$（图中 23 部分），截面 A—A 为②号纵向受拉钢筋强度充分利用截面，a 点称为其充分利用点。沿 2 点绘制水平线交设计弯矩图于 b 点，说明在截面 B—B 处按正截面受弯承载力已不再需要②号钢筋了，截面 B—B 为按计算不需要

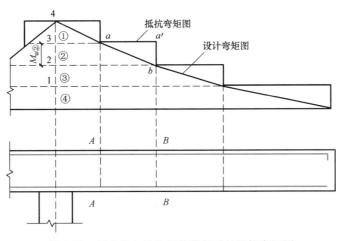

图 4-29　部分纵向受拉钢筋截断时的抵抗弯矩图

的钢筋截面，可以把②号钢筋在 b 点截断，b 点称为该钢筋的理论截断点。当在 b 点把②号钢筋截断时，则在抵抗弯矩图上就产生抵抗弯矩的突然减小，形成台阶 aa' 和 $a'b$。

截断和弯起纵向受拉钢筋所得到的抵抗弯矩图越贴近设计弯矩图，说明纵向受拉钢筋利用得越充分。当然，也应考虑到施工的方便，不宜使配筋构造得过于复杂。

4.3.2　保证斜截面受弯承载力的措施

1. 纵向受拉钢筋弯起时的构造措施

图 4-28 中，②号钢筋在 E 点弯起时，虽然满足了正截面受弯承载力的要求，但是斜截面受弯承载力却可能不满足，只有在满足了规定的构造措施后才能同时保证斜截面受弯承载力。

图 4-30 中，在支座与弯起点 E 点之间产生一条斜裂缝 I—II，其顶端正好在②号弯起钢筋充分利用点的正截面 I—I 上。显然，斜截面的弯矩设计值与正截面 I—I 的弯矩设计值是相同的，都是 M_I，因此，有

$$M_{u, I} = f_y A_s z$$

式中　z——正截面的内力臂。

②号钢筋弯起后，斜截面 I—II 上的抵抗弯矩为

$$M_{I-II} = f_y (A_s - A_{sb}) z + f_y A_{sb} z_b$$

式中　A_{sb}——②号弯起钢筋的截面面积。

为保证斜截面的受弯承载力不小于正截面承载力要求，即 $M_{I-II} \geqslant M_I$，则有 $z_b \geqslant z$。由几何关系可知：

$$z_b = a \sin\alpha_s + z \cos\alpha_s$$

$$a_w = \frac{z(1 - \cos\alpha_s)}{\sin\alpha_s} \tag{4-21}$$

式中　a_w——钢筋弯起点至被充分利用点的水平距离。

弯起钢筋的弯起角度 α_s 一般为 $45° \sim 60°$，取 $z = (0.91 \sim 0.77) h_0$，则有

$\alpha = 45°$ 时，有

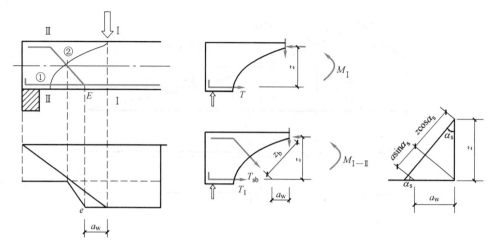

图 4-30　斜截面受弯承载力

$$a_w \geqslant (0.372 \sim 0.77) h_0$$

$\alpha = 60°$ 时，有

$$a_w \geqslant (0.525 \sim 0.445) h_0$$

因此，为方便起见，可简单取为

$$a_w \geqslant \frac{h_0}{2} \qquad (4\text{-}22)$$

即钢筋弯起点位置与按计算充分利用该钢筋的截面之间的距离不应小于 $h_0/2$。同时弯起钢筋与梁中心线的交点位于不需要该钢筋的截面之外，以上便保证了斜截面受弯承载力而不必再计算。

2. 纵向受拉钢筋截断时的构造措施

受弯构件的纵向受力钢筋是由控制截面处的最大弯矩计算确定的。根据设计弯矩图的变化，可以在弯矩较小的区段将一部分纵向受力钢筋截断。但在正弯矩区段，设计弯矩图变化比较平缓，钢筋应力随弯矩变化产生的黏结应力，以及锚固钢筋所需要的黏结应力，都需要锚固长度很长，通常基本接近支座，截断钢筋意义不大。因此，一般不在跨中受拉区将钢筋截断。但是对于悬臂梁、连续梁或框架梁等构件，为了合理配筋，通常将支座处承受负弯矩的纵向受拉钢筋按弯矩图的变化，将计算上不需要的支座纵向受拉钢筋分批截断。

一根钢筋的强度充分发挥的点称作该钢筋的充分利用点，为了保证截断钢筋能充分利用其强度，必须将钢筋从其强度充分利用截面向外延伸一定的长度，依靠这段长度与混凝土的黏结锚固作用维持钢筋足够的拉力。图 4-31 中，a 点是②号钢筋强度的充分利用点，将②号钢筋伸过该点以外延伸 l_{d1} 后再截断钢筋。

一根钢筋的不需要点也称作该钢筋的理论截断点，在理论上可予以切断。但实际切断点还将延伸一定长度。图 4-31 中，b 点是②号钢筋的理论截断点，则在该点对应的正截面 B 上，正截面受弯承载力与弯矩设计值相等，即 $M_{u,B} = M_B$，满足了正截面受弯承载力的要求。但是斜裂缝所在的 AB 截面弯矩设计值 $M_A > M_B$，因此不满足斜截面受弯承载力的要求，只有把纵向受力钢筋伸过理论截断点 b 一段长度 l_{d2} 后才能截断。

设计中，应从上述两个条件中选用较长的外伸长度作为纵向受力钢筋的实际延伸长度

l_d，以确定其实际的截断点（图 4-31 中 C 点）。《混凝土结构设计规范（2015 年版）》（GB 50010—2010）规定：钢筋混凝土梁支座截面负弯矩纵向受拉钢筋不宜在受拉区截断。当必须截断时，其延伸长度可按表 4-3 中 l_{d1} 和 l_{d2} 取外伸长度较大者确定。其中，l_{d1} 为从充分利用该钢筋强度的截面延伸出的长度；l_{d2} 为从按正截面承载力计算不需要该钢筋的截面延伸出的长度；l_a 为纵向受拉钢筋的锚固长度；d 为钢筋的公称直径；h_0 为截面的有效高度。

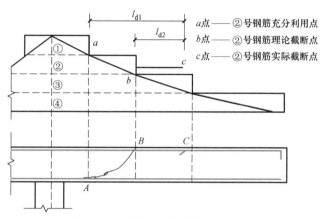

图 4-31　纵向受拉钢筋截断位置图

表 4-3　负弯矩钢筋的延伸长度

情况	截面条件	强度充分利用截面伸出 l_{d1}	计算不需要该钢筋的截面伸出 l_{d2}
1	$V \leqslant 0.07 f_t b h_0$	$\geqslant 1.2 l_a$	$\geqslant 20d$
2	$V > 0.07 f_t b h_0$	$\geqslant 1.2 l_a + h_0$	$\geqslant 20d \geqslant$ 且 h_0
3	按上两种情况取值后，截断点仍位于负弯矩对应的受拉区内	$\geqslant 1.2 l_a + 1.7 h_0$	$\geqslant 20d$ 且 $\geqslant 1.3 h_0$

在悬臂梁中，应有不少于两根上部钢筋伸至悬臂梁外端，并向下弯折不小于 $12d$，其余钢筋不应在梁的上部截断，而应按规定的弯起点位置向下弯折，并按规定在梁的下边锚固，弯终点外的锚固长度在受压区不应小于 $10d$，在受拉区不应小于 $20d$，如图 4-32 所示。

3. 纵向受力钢筋锚固时的构造措施

（1）简支支座　临近简支支座的钢筋受力较小，当梁端剪力 $V \leqslant 0.7 f_t b h_0$ 时，支座附近不会出现斜裂缝，纵向受力钢筋适当伸入支座即可。但当剪力 $V > 0.7 f_t b h_0$ 时，可能出现斜裂缝，这时支座处的纵向受力钢筋的拉力由斜裂缝截

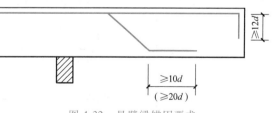

图 4-32　悬臂梁锚固要求

面的弯矩确定，从而使支座处纵向受力钢筋拉应力显著增大。若无足够的锚固长度，纵向受力钢筋会从支座内拔出，发生斜截面弯曲破坏，因此，钢筋混凝土简支梁和连续梁简支端的下部纵向受力钢筋伸入支座范围内的锚固长度 l_{as} 应符合下列规定：

1) 当 $V \leqslant 0.7 f_t b h_0$ 时，$l_{as} \geqslant 5d$；当 $V > 0.7 f_t b h_0$ 时，带肋钢筋 $l_{as} \geqslant 12d$，光面钢筋 $l_{as} \geqslant 15d$。此处，d 为钢筋的最大直径。

2) 若纵向受力钢筋伸入梁支座范围内的锚固长度不符合上述要求，应采取弯钩或在钢筋上加焊锚固钢板或将钢筋端部焊接在梁端预埋件上等有效锚固措施，如图 4-33 所示。

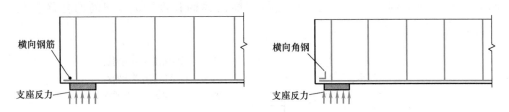

图 4-33 纵向受力钢筋端部的锚固措施

3) 支承在砌体结构上的钢筋混凝土独立梁，在纵向受力钢筋的锚固长度 l_{as} 范围内应配置不少于两根箍筋，其直径不宜小于纵向受力钢筋最大直径的 25%，间距不宜大于纵向受力钢筋最小直径的 10 倍；当采取机械锚固措施时，箍筋间距尚不宜大于纵向受力钢筋最小直径的 5 倍。

4) 对于混凝土强度等级为 C25 及以下的简支梁和连续梁的简支端，当距支座边 $1.5h$ 范围内作用有集中荷载，且 $V > 0.7 f_t b h_0$ 时，对带肋钢筋宜采取附加锚固措施，或取锚固长度 $l_{as} \geqslant 15d$。

5) 简支板或连续板下部纵向受力钢筋伸入支座的锚固长度不应小于 $5d$，d 为下部纵向受力钢筋的直径。当连续板内温度、收缩应力较大时，伸入支座的锚固长度宜适当增加。

(2) 中间支座 连续梁在中间支座处，一般上部纵向受力钢筋受拉，应贯穿中间支座节点或中间支座范围。下部钢筋受压，其伸入支座的锚固长度分五种情况考虑：

1) 当计算中不利用该钢筋的强度时，其伸入节点或支座的锚固长度对带肋钢筋不小于 $12d$，对光面钢筋不少于 $15d$，d 为钢筋的最大直径。

2) 当计算中充分利用支座边缘处下部纵向受力钢筋的抗压强度时，下部纵向受力钢筋应按受压钢筋锚固在中间支座处，此时其直线锚固长度不应小于 $0.7l_a$。

3) 当计算中充分利用钢筋的抗拉强度时，下部纵向受力钢筋应锚固在节点或支座内，此时，可采用直线锚固形式，钢筋的锚固长度不应小于 l_a，如图 4-34a 所示。

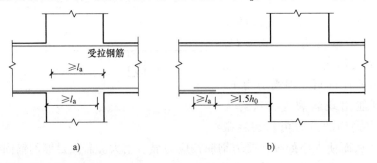

a)　　　　　　　　　　　　　　b)

图 4-34 梁下部纵向受力钢筋在中间节点或中间支座范围内的锚固与搭接

a) 下部纵向受力钢筋在节点中直线锚固　b) 下部纵向受力钢筋在节点或支座范围外的搭接

4）当计算中不利用支座边缘处下部纵向受力钢筋的强度，考虑到当连续梁达到极限荷载时，由于中间支座附近的斜裂缝和黏结裂缝的发展，钢筋的零应力点并不对应弯矩图反弯点，钢筋拉应力产生平移，使中间支座下部受拉。因此不论支座边缘内剪力设计值的大小，其下部纵向受力钢筋伸入支座的锚固长度 l_{as} 都应满足简支支座 $V>0.7f_tbh_0$ 时的规定。

5）下部纵向钢筋可伸入节点或支座范围内，并在梁中弯矩较小处设置搭接接头，此时搭接长度的起始点至节点或支座边缘的距离不应小于 $1.5h_0$，如图 4-34b 所示。

【例 4-9】　在【例 3-3】和【例 4-5】方案 2 的基础上，对钢筋混凝土悬臂梁进行钢筋布置并绘制配筋详图。

【解】　结合【例 3-3】和【例 4-5】的配筋结果，按比例绘制设计弯矩图和抵抗弯矩图，确定纵向受力钢筋的弯起和截断位置，如图 4-35 所示。

（1）绘制弯矩包络图

根据梁上荷载分布，AB 跨最大正弯矩包络线由 $g+q_1$ 确定，AB 跨最小弯矩包络线由 $g+q_2$ 确定，B 支座弯矩包络线由 $g+q_2$ 确定，选取适当的比例和坐标，即可绘出弯矩包络图。

1）确定各纵向受力钢筋承担的弯矩。AB 跨跨中钢筋 4 Φ 25+1 Φ 18，将 4 Φ 25 编为①号，①号钢筋全部伸入支座，1 Φ 18 编为②号，为弯起钢筋，按①、②号钢筋的面积比例将正弯矩包络图用虚线分为两部分，虚线与包络图的交点就是钢筋强度的充分利用截面或不需要截面。B 支座负弯矩钢筋 2 Φ 25+1 Φ 18，支座负弯矩钢筋 2 Φ 25 编为③号，按②、③号钢筋的面积比例将负弯矩包络图用虚线分为两部分。在排列钢筋时，应将伸入支座的跨中钢筋、最后截断的负弯矩钢筋（或不截断的负弯矩钢筋）排在相应弯矩包络图的最大区段内，然后再排列弯起点离支座距离最近（负弯矩钢筋为最远）的弯起钢筋、离支座较远截面截断的负弯矩钢筋。

2）确定钢筋的截断、弯起及锚固并计算钢筋的长度。①号为通长钢筋（4 Φ 25），A 支座 $V>0.7f_tbh_0$，则伸入 A 支座的锚固长度 $l_{as} \geqslant 12d = 12\times25\text{mm} = 300\text{mm}$。考虑到施工方便，伸入 A 支座长度取（370-20）mm = 350mm；伸入中间 B 支座长度应为 $0.4l_a = 0.4\times\alpha f_yd/f_t = 0.4\times0.14\times360\times25\div1.43\text{mm} = 352\text{mm}$，取 360mm。故①号钢筋总长度 $l_① = [350 + (7000 - 370) + 360]\text{mm} = 7340\text{mm}$。

②号为弯起钢筋（1 Φ 18），根据抵抗弯矩图确定②号钢筋弯起点的位置，弯起点距离该钢筋充分利用点较远，满足 $a_w \geqslant 0.5h_0$ 的要求。②号钢筋在 A 支座附近弯起后锚固于受压区，应使其水平长度 $\geqslant 10d = 10\times18\text{mm} = 180\text{mm}$，实际取（370-20+50）mm = 400mm；在 A、B 支座斜弯段的水平投影长度为 700mm $-2(c+d_{sv}+d/2) = [700 - 2(20+8+18\div2)]\text{mm} = 626\text{mm}$；两个弯起点之间的水平长度为（6630-50-250-2×626）mm = 5078mm；两个斜弯段均为 885mm；伸过 B 支座的长度为（435+1860-20）mm = 2275mm；悬臂段弯折长度为 $20d = 360\text{mm}$。则②号钢筋总长度 $l_② = (400 + 5078 + 2\times885 + 2275 + 360)\text{mm} = 9883\text{mm}$，取为 9880mm。

③号钢筋为支座负弯矩钢筋，E 截面是③号钢筋强度充分利用截面（通过力学计算 E 截面距 B 支座中心 296mm），从 E 截面往外延伸的长度应满足 $l_{d1} \geqslant 1.2l_a + h_0 = (1.2\times881 + 660)\text{mm} = 1717\text{mm}$（其中 $l_a = 0.14\times360\times25\div1.43\text{mm} = 881\text{mm}$）。因此，按充分利用截面计

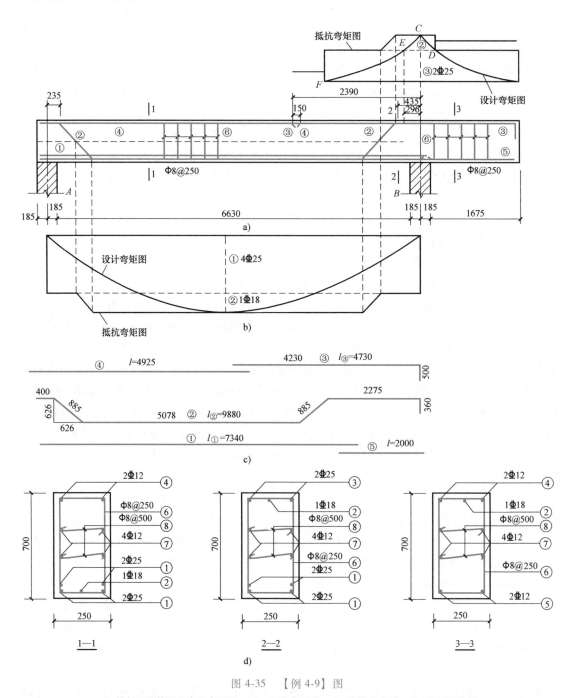

图 4-35 【例 4-9】图

a) 纵剖面配筋图和支座弯矩图 b) AB 段弯矩图 c) 纵筋型式图 d) 截面配筋图

算，③号钢筋从 B 支座中心延伸长度为（1717+296）mm=2013mm。F 截面是③号钢筋左端的理论切断截面（通过力学计算 F 截面距离 B 支座中心 1730mm），从 F 点延伸长度是 $l_{d2}\geqslant h_0=660$mm，按理论切断截面计算，③号钢筋从 B 支座中心处延伸长度为（1730+660）mm=2390mm。综合分析，③号钢筋左端在距离 B 支座中心 2390mm 处切断。按构造要求③号钢筋在悬臂段的下弯段应大于等于 $20d=500$mm，则③号钢筋总长度 $l_{③}$=（2390+1860−20+

500）mm = 4730mm。

④号为架立钢筋（2 Φ 12），AB 跨架立钢筋左端伸入 A 支座内（370−20）mm = 350mm 处，右端与③号钢筋搭接，搭接长度可取 150mm（非受力搭接）。则④号钢筋总长度 $l_④$ = ［350+（7000−370）−（2390−185）+150］mm = 4925mm。

⑤号为架立钢筋（2 Φ 12），悬臂梁下部的架立钢筋可同样选 2 Φ 12，在支座 B 内与①号钢筋搭接 150mm，其水平长度 =（1675−20+150）mm = 1805mm。

需要说明的是，以上计算出的钢筋长度未考虑施工时的弯钩长度。

（2）绘制梁的配筋图

梁的配筋图包括纵断面图、横断面图及单根钢筋图。纵断面图表示各钢筋沿梁长方向的布置情形，横断面图表示钢筋在同一截面内的位置。

1）按比例画出梁的纵断面图和横断面图，纵断面图、横断面图可用不同比例。当梁的纵横向断面尺寸相差悬殊时，在同一纵断面图中，纵横向可选用不同比例。

2）画出每种规格钢筋在纵横断面上的位置并进行编号（为了简化图面，纵断面图不体现腰筋）。

3）绘出单根钢筋图。

习　题

一、简答题

1. 钢筋混凝土梁在荷载作用下为什么会产生斜裂缝？在无腹筋梁中，斜裂缝出现前后，梁中应力状态有哪些变化？

2. 有腹筋梁斜截面剪切破坏形态有哪几种？各在什么情况下产生？

3. 腹筋在哪些方面改善了无腹筋梁的抗剪性能？为什么要控制箍筋最小配箍率？为什么要控制梁截面尺寸不能过小？

4. 为什么要控制箍筋及弯起钢筋的最大间距（即 $s \leqslant s_{max}$）？

5. 什么是抵抗弯矩图？如何绘制？它与设计弯矩图有什么关系？

6. 抵抗弯矩图中钢筋的理论截断点和充分利用点的意义是什么？

7. 为什么会发生斜截面受弯破坏？钢筋截断或弯起时，如何保证斜截面受弯承载力？

二、选择题

1. 对于无腹筋梁，当 1<λ<3 时，常发生（　　　）。

A. 斜压破坏　　　　　B. 剪压破坏　　　　　C. 斜拉破坏　　　　　D. 弯曲破坏

2. 对于有腹筋梁，当 $\lambda \leqslant 1$ 时，常发生（　　　）。

A. 斜压破坏　　　　　B. 剪压破坏　　　　　C. 斜拉破坏　　　　　D. 弯曲破坏

3. 无腹筋梁斜截面受剪破坏形态主要有三种，对同样的构件，其斜截面承载力的关系为（　　　）。

A. 斜拉破坏>剪压破坏>斜压破坏　　　　B. 斜拉破坏<剪压破坏<斜压破坏

C. 剪压破坏>斜压破坏>斜拉破坏　　　　D. 剪压破坏 = 斜压破坏>斜拉破坏

4. 受弯构件斜截面承载力计算公式是依据（　　　）形态建立的。

A. 斜压破坏　　　　　B. 剪压破坏　　　　　C. 斜拉破坏　　　　　D. 弯曲破坏

5. 在进行受弯构件斜截面受剪承载力计算时，当所配箍筋不能满足抗剪要求（$V > V_{cs}$）

时，采取哪种解决办法较好（　　）。

    A. 将纵向受力钢筋弯起为斜筋或加焊斜筋   B. 将箍筋加密或加粗

    C. 增大构件截面尺寸   D. 提高混凝土强度等级

6. 在进行受弯构件斜截面受剪承载力计算时，对于一般梁（$h_w/b \leqslant 4$），若 $V > 0.25\beta_c f_c bh_0$，可采取的解决办法有（　　）。

    A. 箍筋加密或加粗   B. 增大构件截面尺寸

    C. 加大纵向受力钢筋配筋率   D. 提高混凝土强度等级

7. 为了避免斜压破坏，在受弯构件斜截面承载力计算时，通过规定（　　）条件来限制。

    A. 最小配筋率   B. 最大配筋率

    C. 最小截面尺寸   D. 最小配箍率

8. 抵抗弯矩图必须包住设计弯矩图，才能保证梁的（　　）。

    A. 正截面抗弯承载力   B. 斜截面抗弯承载力

    C. 斜截面抗剪承载力   D. 正、斜截面抗弯承载力。

9. 图 4-36 是悬臂梁中配置弯起钢筋的两种示意图，（　　）是对的。

    A. 图 4-36a   B. 图 4-36b

图 4-36　选择题 9 图

10. 钢筋混凝土梁进行斜截面抗剪设计时，应满足 $V \leqslant 0.25\beta_c f_c bh_0$，目的是（　　）。

    A. 防止发生斜压破坏   B. 防止发生斜拉破坏

    C. 防止发生剪压破坏   D. 防止发生剪切破坏

11. 《混凝土结构设计规范（2015 版）》（GB 50010—2010）规定，纵向受力钢筋弯起点的位置与按计算充分利用该钢筋截面之间的距离，不应小于（　　）。

    A. $0.3h_0$ B. $0.4h_0$ C. $0.5h_0$ D. $0.6h_0$

三、填空题

1. 受剪钢筋也称作腹筋，腹筋的形式有_____和_____。

2. 无腹筋梁中典型的斜裂缝主要有_____裂缝和_____裂缝。

3. 影响无腹筋梁斜截面受剪承载力的主要因素有_____、_____和_____。

4. 影响有腹筋梁斜截面受剪承载力的主要因素有_____、_____、_____及_____。

5. 在进行斜截面受剪承载力设计时，用_____方法来防止斜拉破坏，用_____方法来防止斜压破坏。

6. 作用集中荷载的无腹筋梁，随着剪跨比 λ 的_____，斜截面受剪承载力有增加的趋势。剪跨比对无腹筋梁破坏形态的影响表现在：当 λ>3 时，常发生_____破坏；当 λ<1 时，可能发生_____破坏；当 1≤λ≤3 时，一般发生_____破坏。

四、计算题

1. 某钢筋混凝土简支梁，处于一类环境，梁的计算跨度 $l_0 = 5.74$m，净跨 $l_n = 5.5$m，截面尺寸为 $b \times h = 250$mm$\times 550$mm（取 $a_s = 60$mm），承受的均布荷载设计值 $q = 50$kN/m（包括梁自重），选用 C30 混凝土，箍筋采用 HPB300 级钢筋。已配有 6 Φ 20 的纵向受拉钢筋，试配置箍筋。

2. 已知一钢筋混凝土矩形截面简支梁，其截面尺寸为 $b \times h = 250$mm$\times 550$mm，$h_0 = 510$mm，支座处的剪力设计值 $V = 136$kN，选用 C30 混凝土和 HPB300 级箍筋，试配置箍筋。

3. 如图 4-37 所示，已知混凝土简支梁截面尺寸为 $b \times h = 250$mm$\times 550$mm，承受包括各种荷载在内的均布荷载设计值 $q = 60$kN/m。选用 C30 混凝土、HRB400 级纵向受力钢筋及 HPB300 级箍筋，环境类别一类。试求该梁所需纵向受力钢筋及箍筋数量（注：1. 计算 a_s 时纵向受拉钢筋按双排布置；2. 按构造要求配置其他钢筋）。

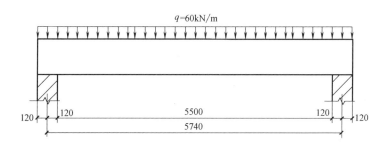

图 4-37　计算题 3 图

4. 一钢筋混凝土矩形截面简支梁（安全等级为二级，处于一类环境），截面尺寸为 $b \times h = 250$mm$\times 600$mm，承受均布活荷载标准值 $q_k = 43.5$kN/m，恒荷载标准值 $g_k = 10.2$kN/m（包括梁自重），梁的净跨 $l_n = 5.65$m。选用 C30 混凝土和 HRB400 级钢筋。经计算已配置 5 Φ 25 的纵向受拉钢筋，若全梁配置双肢箍 Φ 6@ 150，试验算该梁的斜截面受剪承载力。

5. 如图 4-38 所示矩形梁，$b \times h = 200$mm$\times 500$mm，采用 C25 混凝土，箍筋为 Φ 8@ 150 双肢箍，假设布置了一排纵筋满足该梁受弯承载力足够大，求该梁能承受的极限荷载设计值 P。

6. 某矩形截面简支梁，安全等级为二级，处于二 a 类环境，承受均布荷载设计值 $P = 80$kN/m（包括自重）。梁净跨 $l_n = 5.3$m，计算跨 $l_0 = 5.5$m，截面尺寸为 $b \times h = 250$mm$\times$ 550mm。选用 C40 混凝土、HRB400 级纵向受力钢筋及 HPB300 级箍筋。经计算已配有 6 Φ

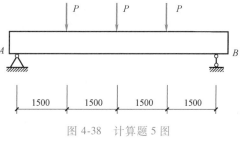

图 4-38　计算题 5 图

20 的纵向受拉钢筋，按两排布置。通过计算分别按下列两种情况配置腹筋：①由混凝土和箍筋承担剪力；②由混凝土、箍筋和弯起钢筋共同承担剪力（建议取箍筋直径 $d_{sv} = 6$mm）。

7. 矩形截面简支梁承受均布荷载设计值 q 作用，安全等级为二级，处于二 a 类环境，截面尺寸为 $b \times h = 200$mm$\times 400$mm（取 $a_s = 45$mm），梁净跨 $l_n = 4.5$m，选用 C35 混凝土。梁中已配置双肢箍 Φ 8@ 200，试求该梁按斜截面承载力要求所能承担的均布荷载设计值 q。

第5章 钢筋混凝土受压构件承载力计算

本章导读

➢ **内容及要求** 本章的主要内容包括受压构件的构造要求，普通箍筋和螺旋箍筋轴心受压构件的承载力计算，偏心受压构件的破坏形态，大、小偏心受压构件的界定，矩形及I形截面的承载力计算，偏心受压构件正截面承载力 M-N 关系，偏心受压构件斜截面受剪承载力计算。通过本章学习，熟悉受压构件的主要构造要求，熟悉轴心受压构件稳定系数的概念、螺旋箍筋柱的受力性能及间接配筋的原理，掌握大、小偏心受压的判别方法，熟悉偏心受压构件的破坏形态和破坏特性、偏心距增大系数的概念，掌握普通箍筋轴心受压构件及矩形截面偏心受压构件的承载力计算方法。

➢ **重点** 轴心受压构件、偏心受压构件正截面承载力的计算，M-N 关系曲线。

➢ **难点** 大、小偏心受压构件的判别、截面设计与截面复核。

受压构件是钢筋混凝土结构中常见的构件之一，如框架柱、墙、拱、桩、桥墩、桁架压杆、水塔筒壁等，在结构中具有重要作用，一旦破坏可能导致整个结构的损坏甚至倒塌。受压构件除需满足承载力计算的要求外，还应满足相应的构造要求。

在钢筋混凝土受压构件截面上一般作用有轴力、弯矩和剪力。仅受到位于截面形心的轴向压力作用的构件，称为轴心受压构件，如图 5-1a 所示；轴力作用线偏离构件截面形心或同时受到轴力和弯矩作用的构件，称为偏心受压构件。轴力作用线与截面的形心平行且沿某一主轴偏离形心的构件，称为单向偏心受压构件，如图 5-1b 所示；轴力作用线与截面的形心平行且偏离两个主轴的构件，称为双向偏心受压构件，如图 5-1c 所示。本章在轴心受压构件承载力计算的基础上，重点介绍单向偏心受压构件的正截面承载力计算。

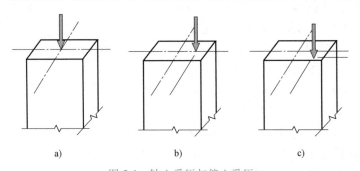

图 5-1 轴心受压与偏心受压

a）轴心受压 b）单向偏心受压 c）双向偏心受压

由于施工中的误差、荷载位置的偏差、纵向受力钢筋的非对称性、混凝土不均匀性等原因，轴心受压构件截面或多或少存在弯矩的作用，因此，理想的轴心受压构件是不存在的。但是，在实际工程中，屋架（桁架）的受压腹杆、承受恒载为主的等跨框架的中柱等因弯矩很小而忽略不计，可近似地按轴心受压构件设计，如图 5-2 所示。单层厂房柱、一般框架柱、屋架上弦杆、拱肋等都属于偏心受压构件，如图 5-3 所示。框架结构的角柱则属于双向偏心受压构件。

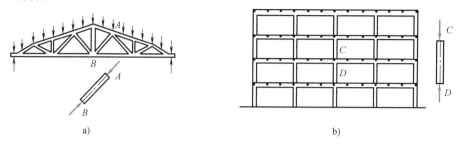

图 5-2　轴心受压构件实例

a）屋架受压腹杆　b）等跨框架中柱

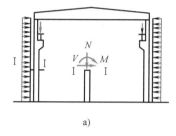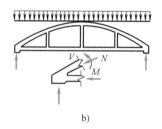

图 5-3　偏心受压构件实例

a）单层厂房柱　b）拱肋

5.1　受压构件的构造要求

5.1.1　截面形式与尺寸

截面形式的选择要考虑受力合理和模板制作方便。轴心受压构件的截面形式一般为正方形或边长接近的矩形；当建筑上有特殊要求时，可选择圆形或多边形。承受较大荷载的装配式受压构件也常采用 I 形截面。为避免房间内因柱子突出墙面而影响美观与使用，常采用 T 形、L 形、十字形等异形截面柱，如图 5-4 所示。

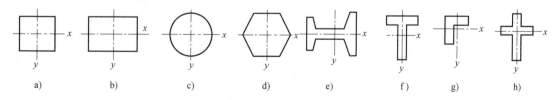

图 5-4　截面形式

a）正方形　b）矩形　c）圆形　d）多边形　e）I 形　f）T 形　g）L 形　h）十字形

矩形截面的最小尺寸不宜小于 250mm，以避免长细比过大。同时，截面的长边 h 与短边 b 的比值常选用 $h/b = 1.5 \sim 3.0$。对于方形和矩形独立柱的截面尺寸，不宜小于 250mm×250mm，框架柱不宜小于 300mm，如图 5-5a 所示；对于 I 形截面，翼缘厚度不宜小于

120mm，因为翼缘过薄，会使构件过早出现裂缝，同时靠近柱脚处的混凝土易在车间生产过程中碰坏，影响柱的承载力和使用年限，腹板厚度不宜小于100mm，否则浇捣混凝土困难，如图 5-5b 所示。

柱截面尺寸应受到长细比的限制。因为柱子过于细长，往往会发生失稳破坏，其材料强度得不到充分发挥。一般情况下，方形、矩形截面，$l_0/b \leqslant 30$，$l_0/h \leqslant 25$；圆形截面，$l_0/d \leqslant 25$（此处 l_0 为柱的计算长度，b、h 分别为矩形截面短边及长边尺寸，d 为圆形截面直径）。

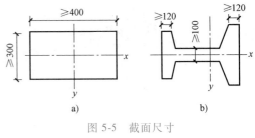

图 5-5　截面尺寸

为施工制作方便，柱截面尺寸还应符合模数化的要求，柱截面边长在 800mm 以下时，宜取 50mm 为模数，在 800mm 以上时，可取 100mm 为模数。

5.1.2　钢筋

钢筋混凝土受压构件常见的配筋形式是沿周边配置纵向受力钢筋及箍筋，如图 5-6 所示。

1. 纵向受力钢筋

（1）作用　协助混凝土受压，减小截面尺寸；防止构件突然脆性破坏，增强构件的延性；当柱偏心受压时，承担弯矩产生的拉力；减小持续压应力作用下混凝土收缩和徐变的影响。

（2）直径　为了增强钢筋骨架的刚度，减小钢筋在施工时的纵向弯曲及减少箍筋用量，受压构件中的纵向受力钢筋宜采用较大的直径。纵向受力钢筋的直径不宜小于 12mm，一般在 12～32mm 范围内选用。

（3）数量　应根据计算确定纵向受力钢筋的截面面积并满足构造要求。矩形截面受压构件纵向受力钢筋根数不得少于 4 根，以便与箍筋形成钢筋骨架。圆柱中纵向受力钢筋根数不宜少于 8 根，且不应少于 6 根，宜沿周边均匀布置。纵向受力钢筋的配置需满足最小配筋率的要求。同时为了施工方便和经济考虑，全部纵向受力钢筋的配筋率不宜超过 5%，此处所指的配筋率应按全截面面积计算。

图 5-6　钢筋的骨架

（4）布置　轴心受压构件中的纵向受力钢筋应沿构件截面周边均匀布置，偏心受压构件中的纵向受力钢筋应布置在垂直于弯矩作用方向的两个对边。

（5）间距　为便于浇筑混凝土，纵向受力钢筋的净间距不应小于 50mm，水平放置浇筑的预制受压构件纵向受力钢筋的间距要求与梁相同。偏心受压构件中垂直于弯矩作用平面的侧面上的纵向受力钢筋，以及轴心受压构件中各边的纵向受力钢筋间距不宜大于 300mm，如图 5-7a 所示。当偏心受压构件的截面高度大于等于 600mm 时，为防止构件因混凝土收缩和温度变化产生裂缝，需设置直径为 10～16mm 的纵向构造钢筋，且间距不应超过 500mm，并相应地配置复合箍筋或拉筋，如图 5-7b 所示。

2. 箍筋

（1）作用 与纵向受力钢筋形成骨架，便于施工；可以为纵向受力钢筋提供侧向支点，防止纵向受力钢筋受压弯曲；同时，箍筋对核心混凝土形成约束，提高混凝土的抗压强度，增加构件的延性；此外，箍筋在柱中也起到抵抗水平剪力的作用。

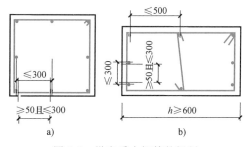

图 5-7 纵向受力钢筋的间距

（2）形式 为了有效地阻止纵向受力钢筋的压屈破坏和提高构件斜截面抗剪能力，周边箍筋应做成封闭式，如图 5-8a 所示。当柱截面短边尺寸大于 400mm 且各边纵向受力钢筋多于 3 根时，或当柱截面短边尺寸不大于 400mm 且各边纵向受力钢筋多于 4 根时，应设置复合箍筋，如图 5-8b 所示。对于截面形状复杂的柱，为了避免产生向外的拉力致使折角处的混凝土破损，不可采用具有内折角的箍筋，而应采用分离式箍筋，如十字形截面柱的箍筋形式（图 5-8c）。

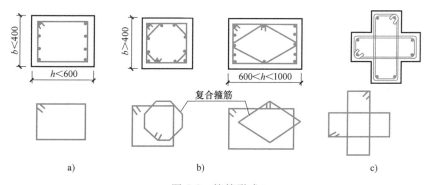

图 5-8 箍筋形式

a）普通箍筋 b）复合箍筋 c）十字形截面分离式箍筋

（3）直径 箍筋直径不应小于纵向受力钢筋最大直径的 1/4，且不应小于 6mm；当柱中全部纵向受力钢筋配筋率大于 3% 时，箍筋直径不应小于 8mm。螺旋箍筋的直径不应小于纵向受力钢筋直径的 1/4 且不小于 8mm，如图 5-9 所示。

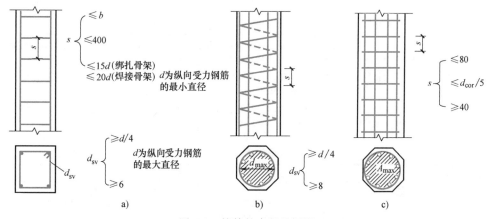

图 5-9 箍筋的直径及间距

a）普通箍筋 b）螺旋箍筋 c）焊接环式箍筋

（4）间距　普通箍筋柱中，箍筋间距不应大于 400mm 及构件截面短边尺寸，且不应大于纵向受力钢筋最小直径的 15 倍（绑扎骨架）或 20 倍（焊接骨架），如图 5-9a 所示。在配有螺旋（或焊接环式）箍筋的柱中，为了保证箍筋起作用，其间距 s 不应大于 80mm 及箍筋内核心混凝土直径 d_{cor} 的 1/5，同时为了便于施工，箍筋间距不宜小于 40mm，如图 5-9b、c 所示。

5.2　轴心受压构件的正截面承载力

柱是工程中最具有代表性的受压构件。按照箍筋对柱约束程度的不同，分为普通箍筋钢筋混凝土柱和间接钢筋（螺旋箍筋或焊接环式箍筋）混凝土柱两类，工程中常用的是普通箍筋钢筋混凝土柱。不同箍筋形式的轴心受压柱，其受力性能及计算方法不同。以下分别就两种轴心受压柱的受力性能与承载力计算进行介绍。

5.2.1　普通箍筋轴心受压构件

受压构件在轴心压力作用下会发生纵向弯曲，纵向弯曲的程度称为长细比。长细比不同，纵向弯曲的程度不同，受压承载力和破坏形态也不同。根据长细比的不同，受压柱可分为短柱和长柱。短柱指长细比 $l_0/b \leqslant 8$（矩形截面，b 为截面较小边长）或 $l_0/d \leqslant 7$（圆形截面，d 为直径）或 $l_0/i \leqslant 28$（其他截面，i 为截面最小回转半径）的柱，实际结构中构件的计算长度取值方法见表 5-1 和表 5-2。

表 5-1　刚性屋盖单层房屋排架柱、露天起重机柱和栈桥柱的计算长度 l_0

柱的类别		l_0		
		排架方向	垂直排架方向	
			有柱间支撑	无柱间支撑
无起重机房屋柱	单跨	$1.5H$	$1.0H$	$1.2H$
	两跨及多跨	$1.25H$	$1.0H$	$1.2H$
有起重机房屋柱	上柱	$2.0H_u$	$1.25H_u$	$1.5H_u$
	下柱	$1.0H_l$	$0.8H_l$	$1.0H_l$
露天起重机柱和栈桥柱		$2.0H_l$	$1.0H_l$	—

注：1. 表中 H 为从基础顶面算起的柱子全高；H_l 为从基础顶面至装配式吊车梁底面或现浇式吊车梁顶面的柱子下部高度；H_u 为从装配式吊车梁底面或从现浇式吊车梁顶面算起的柱子上部高度。

　　2. 表中有起重机房屋排架柱的计算长度，当计算中不考虑起重机荷载时，可按无起重机房屋柱的计算长度采用，但上柱的计算长度仍可按有起重机房屋采用。

　　3. 表中有起重机房屋排架柱的上柱在排架方向的计算长度，仅适用于 $H_u/H_l \geqslant 0.3$ 的情况；当 $H_u/H_l < 0.3$ 时，计算长度宜采用 $2.5H_u$。

表 5-2　框架结构各层柱的计算长度 l_0

楼盖类型	柱的类别	l_0
现浇楼盖	底层柱	$1.0H$
	其余各层柱	$1.25H$

（续）

楼盖类型	柱的类别	l_0
装配式楼盖	底层柱	$1.25H$
	其余各层柱	$1.5H$

注：表中 H 为底层柱从基础顶面到一层楼盖顶面的高度；对于其余各层柱为上下两层楼盖顶面之间的高度。

1. 破坏形态

（1）短柱　大量试验结果表明，普通箍筋的轴心受压短柱在轴心压力作用下，整个截面的应变基本是均匀分布的。当荷载较小时，变形量的增加与外力的增加成正比；当荷载较大时，变形量增加的速度快于外力增加的速度，纵向受力钢筋配筋量越少，这种现象就越明显。随着压力的继续增加，柱中开始出现细微裂缝，当达到极限荷载时，细微裂缝发展成明显的纵向裂缝，随着压应变的增加，这些裂缝将相互贯通，箍筋间的纵向受力钢筋发生受压屈服，混凝土因被压碎而使整个柱子破坏。在这个过程中，混凝土会侧向膨胀向外挤推纵向受力钢筋，使纵向受力钢筋在箍筋之间呈灯笼状向外受压屈服，如图 5-10a 所示。

轴心受压短柱在逐级加载的过程中，由于钢筋和混凝土之间存在着黏结力，因此纵向受力钢筋与混凝土共同变形，两者压应变相等（$\varepsilon_s' = \varepsilon_c$），压应变沿构件长度基本是均匀分布的。通过量测纵向受力钢筋的应变值，可以换算出纵向受力钢筋的应力值（$\sigma_s' = E_s \varepsilon_s'$）。由力的平衡条件可以算得相应混凝土的应力值 $[\sigma_c = (N - \sigma_s' A_s')/A_c]$。当荷载很小时，$N$ 与 σ_s'、σ_c 的关系基本呈线性，混凝土和钢筋均处在弹性阶段，基本上没有塑性变形，此时，钢筋应力 σ_s' 与混凝土应力 σ_c 成正比。随着荷载的增加，混凝土的塑性变形有所发展，变形模量由弹性模量 E_c 降低为 νE_c，在相同的荷载增量下，钢筋的压应力比混凝土的压应力增加得快一些。试验得到的 N 与 σ_s'、σ_c 的关系曲线如图 5-10b 所示。

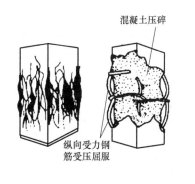
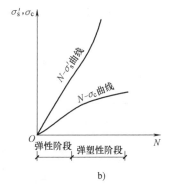

思政：框架柱抗震设计的完善——领悟工程实践对设计理论创新的推动作用

图 5-10　短柱破坏形态及荷载-应力关系曲线
a）破坏形态　b）荷载-应力（N-σ_s'、N-σ_c）关系曲线

以上加载过程中，若构件在加载后荷载维持不变，由于混凝土徐变的影响，随着荷载持续时间的增加，混凝土的压应力逐渐变小，钢筋的压应力逐渐变大。钢筋与混凝土应力增量速度的变化称为加载过程的应力重分布。

试验表明，柱中纵向受力钢筋发挥了调整混凝土应力的作用。另外，由于箍筋的存在，混凝土能比较好地发挥其塑性性能，与素混凝土柱相比，构件达到极限强度时的变形得到增加，并改善了受压脆性破坏性质。破坏时一般是纵向受力钢筋先达到屈服强度，此时可持续增加一些荷载,直到混凝土达到极限压应变值。

当纵向受力钢筋的屈服强度较高时,可能会出现钢筋还没有达到屈服强度而混凝土就先达到了极限压应变的情况。在计算时,以混凝土的极限压应变达到 0.002 为控制条件,认为此时混凝土达到了轴心抗压强度 f_c,相应的纵向受力钢筋应力值 $\sigma'_s = E_s \varepsilon'_s = 0.002 E_s$。对于 HPB300、HRB400、HRBF400 以及 RRB400 级钢筋已经达到屈服强度,其抗压强度设计值取与抗拉强度相等。HRB500、HRBF500 级钢筋的抗压强度设计值为 $\sigma'_s = E_s \varepsilon'_s = 2.05 \times 10^5 \times 0.002 \text{N/mm}^2 = 410 \text{N/mm}^2$,略低于其抗拉强度。其他高强钢筋的抗压强度设计值只能取 $0.002 E_s$,其中 E_s 为钢筋的弹性模量。

(2)长柱 实际工程中荷载的微小初始偏心不可避免,对轴心受压短柱的承载力无明显影响,但对于长柱则不容忽视。长柱加载后,由于初始偏心距会产生附加弯矩,附加弯矩产生的横向挠度又加大了原来的初始偏心距,相互影响最终使长柱在弯矩及轴力共同作用下发生破坏。破坏形态如图 5-11 所示,凸侧受拉,产生横向裂缝,凹侧受压,混凝土压碎破坏。试验表明,当尺寸、材料和配筋相同时,轴心受压长柱的承载力小于轴心受压短柱的承载力。

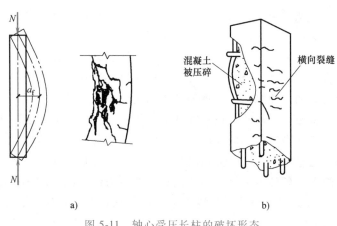

图 5-11 轴心受压长柱的破坏形态
a)长柱的破坏 b)局部放大图

《混凝土结构设计规范(2015 年版)》(GB 50010—2010)采用稳定系数 φ($\varphi = N_u^{\text{长}} / N_u^{\text{短}}$)表示长柱较短柱承载力减小的程度,稳定系数 φ 值主要与长细比有关,长细比越大,φ 值越小。根据试验资料及数据,并考虑工程经验,得到了稳定系数 φ 值,见表 5-3。

表 5-3 钢筋混凝土轴心受压构件的稳定系数 φ

l_0/b	l_0/d	l_0/i	φ	l_0/b	l_0/d	l_0/i	φ
≤8	≤7	≤28	1.00	30	26.0	104	0.52
10	8.5	35	0.98	32	28.0	111	0.48
12	10.5	42	0.95	34	29.5	118	0.44
14	12.0	48	0.92	36	31.0	125	0.40
16	14.0	55	0.87	38	33.0	132	0.36
18	15.5	62	0.81	40	34.5	139	0.32
20	17.0	69	0.75	42	36.5	146	0.29
22	19.0	76	0.70	44	38.0	153	0.26
24	21.0	83	0.65	46	40.0	160	0.23
26	22.5	90	0.60	48	41.5	167	0.21
28	24.0	97	0.56	50	43.0	174	0.19

注:表中 l_0 为构件计算长度,b 为矩形截面的短边尺寸,d 为圆形截面的直径,i 为截面最小回转半径。

2. 正截面受压承载力计算

根据以上分析，轴心受压构件承载力计算简图如图 5-12 所示，考虑稳定及可靠度因素后，轴心受压构件的正截面承载力计算公式为

$$N \leqslant 0.9\varphi(f_c A + f_y' A_s') \tag{5-1}$$

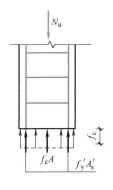

式中　N——轴向压力设计值；

$\quad\quad \varphi$——钢筋混凝土轴心受压构件的稳定系数，按表 5-3 取值；

$\quad\quad f_c$——混凝土轴心抗压强度设计值；

$\quad\quad f_y'$——钢筋抗压强度设计值；

$\quad\quad A$——构件截面面积，当纵向普通钢筋配筋率 $\rho' > 3\%$ 时，A 用 $(A - A_s')$ 代替；

$\quad\quad A_s'$——全部纵向普通钢筋截面面积。

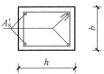

图 5-12　轴心受压构件承载力计算简图

式（5-1）中系数 0.9 是为了保持与偏心受压构件正截面承载力计算的可靠度相近。

实际工程中的轴心受压构件的承载力计算包括截面设计和截面复核两种情况。

（1）截面设计　截面设计时一般先选定材料的强度等级，根据构造要求确定柱截面的形状及尺寸。利用表 5-3 确定稳定系数 φ，由式（5-1）求出所需的纵向受力钢筋数量，验算其配筋率，并选配纵向受力钢筋直径和根数。

应当指出的是，工程中轴心受压构件沿截面 x、y 两个主轴方向的杆端约束条件可能不同，因此计算长度 l_0 也可能不同。在按式（5-1）进行承载力计算时，稳定系数 φ 应分别按两个方向的长细比（l_0/b、l_0/h）确定，并取其中的较小者。

（2）截面复核　将已知的截面尺寸、材料强度、配筋量及构件计算长度等相关参数代入式（5-1）。若该式成立，说明截面安全；否则，截面不安全。

【例 5-1】　某三层现浇钢筋混凝土框架结构房屋，现浇楼盖，底层层高 $H = 3.4\text{m}$，柱截面尺寸 $b \times h = 400\text{mm} \times 400\text{mm}$，轴向压力设计值 $N = 3020\text{kN}$（含柱自重）。选用 C30 混凝土和 HRB400 级钢筋。确定截面所需配置的纵向受力钢筋。

【解】　本例题属于截面设计类。

（1）设计参数

查附表 6 可知，C30 混凝土 $f_c = 14.3\text{N/mm}^2$。

查附表 2 可知，HRB400 级钢筋 $f_y' = 360\text{N/mm}^2$。

（2）计算纵向受压钢筋截面面积 A_s'

查表 5-2 可知，$l_0 = 1.0H$，$l_0/b = 1.0 \times 3.4 \div 0.4 = 8.5$。

查表 5-3 可知，$\varphi = 0.995$。

由式（5-1）得

$$A_s' = \dfrac{\dfrac{N}{0.9\varphi} - f_c A}{f_y'} = \dfrac{\dfrac{3020 \times 10^3}{0.9 \times 0.995} - 14.3 \times 400 \times 400}{360}\text{mm}^2 = 3012\text{mm}^2$$

（3）选配钢筋

选配纵向受力钢筋 8 Φ 22，$A'_s = 3041\text{mm}^2$，$\rho' = A'_s/A \times 100\% = 3041 \div 160000 \times 100\% = 1.9\% > \rho'_{min} = 0.6\%$，满足配筋率要求。

按构造要求，选配箍筋$\Phi 8@300$，配筋如图 5-13 所示。

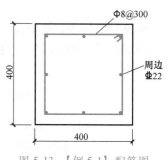

图 5-13 【例 5-1】配筋图

【例 5-2】 某钢筋混凝土柱，计算长度 $l_0 = 3.125\text{m}$，柱截面尺寸 $b \times h = 250\text{mm} \times 250\text{mm}$，选用 C30 混凝土，配有 4 Φ 25 钢筋。试确定截面所能承受的最大轴向压力 N_u。

【解】 本例题属于截面复核类。

（1）设计参数

查附表 6 可知，C30 混凝土 $f_c = 14.3\text{N/mm}^2$。

查附表 2 可知，HRB400 级钢筋 $f'_y = 360\text{N/mm}^2$。

$l_0/b = 3.125 \div 0.25 = 12.5$。

查表 5-3 可知，$\varphi = 0.9425$。

（2）计算承载力

$\rho' = A'_s/A = 1964 \div 62500 \times 100\% = 3.14\% > 3\%$，因此，$A$ 取混凝土的净面积（$A - A'_s$）。

由式（5-1）得

$$N_u = 0.9\varphi[f_c(A - A'_s) + f'_y A'_s]$$
$$= 0.9 \times 0.9425 \times [14.3 \times (250 \times 250 - 1964) + 360 \times 1964]\text{N}$$
$$= 1334.05 \times 10^3\text{N}$$

5.2.2　间接钢筋轴心受压构件

当轴心受压构件承受的轴向压力很大，同时其截面尺寸由于建筑上或使用功能上的要求受到限制时，若按配有纵向受力钢筋和普通箍筋的柱来计算，即使提高混凝土强度等级和增加纵向受力钢筋用量仍不能满足承载力计算要求，可考虑采用配有螺旋箍筋或焊接环式箍筋柱。螺旋箍筋或焊接环式箍筋称为间接钢筋。这种柱的截面形状一般为圆形或正多边形，构造形式如图 5-9 所示。由于这种柱的施工比较复杂，造价较高，用钢量较大，一般不宜普遍采用。

1. 受力特点与破坏特性

由试验研究得知，受压短柱破坏是构件在承受轴向压力时产生横向变形，至横向拉应变达到混凝土极限拉应变所致。普通箍筋水平肢的侧向抗弯刚度很弱，无法对核心混凝土形成有效的约束，只有箍筋的四个角才能通过向内的起拱作用对一部分混凝土形成有限的约束，如图 5-14 所示。间接钢筋柱中较密的间接钢筋就像套筒一样，能有效地约束所包围的核心面积内混凝土受压时的横向变形，使核心区混凝土处于三向受压状态，间接钢筋柱比普通箍筋柱有更大的承载力和变形能力。由间接钢筋所包围的面积（按内径计算），即图 5-15 中阴影部分，称为核心面积 A_{cor}。

试验研究表明，间接钢筋的强度、直径以及间距是影响柱的承载能力和变形能力的主要因素。间接钢筋强度越高、直径越大、间距越小，约束作用越明显，其中间接钢筋间距的影

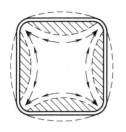

图 5-14　矩形箍筋约束下的混凝土

图 5-15　间接钢筋柱的核心面积

响最为显著。配有间接钢筋的柱，间接钢筋在约束混凝土横向变形的同时，自身也产生拉应力，当拉应力达到抗拉屈服强度时，不再能有效地约束混凝土的横向变形，混凝土的抗压强度就不再提高，构件即破坏。间接钢筋外侧的混凝土保护层在螺旋箍筋受到较大拉应力时会开裂，因此，在计算承载力时不考虑这部分混凝土保护层的作用。

2. 正截面承载力计算

间接钢筋柱在进行承载力计算时，与普通箍筋柱不同的是要考虑横向箍筋的作用。根据圆柱体混凝土三向受压的试验结果，被约束混凝土的轴心抗压强度可近似按下式计算：

$$f = f_c + 4\sigma_r \tag{5-2}$$

式中　f——被约束混凝土的轴心抗压强度；

　　　σ_r——间接钢筋屈服时，柱的核心混凝土受到的径向压应力。

如图 5-16 所示，当间接钢筋达到屈服时，根据力的平衡条件可得

$$\sigma_r s d_{cor} = 2f_{yv}A_{ss1} \tag{5-3}$$

式中　A_{ss1}——单根间接钢筋的截面面积；

　　　f_{yv}——间接钢筋的抗拉强度设计值；

　　　s——间接钢筋的间距；

　　　d_{cor}——混凝土核心截面直径，取间接钢筋内表面之间的距离。

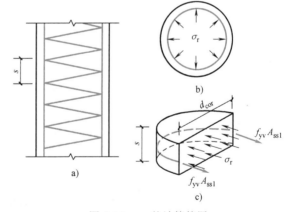

图 5-16　σ_r 的计算简图

将式（5-3）代入式（5-2），得约束混凝土的轴心抗压强度为

$$f = f_c + \frac{8f_{yv}A_{ss1}}{sd_{cor}} = f_c + \frac{2f_{yv}A_{ss0}}{A_{cor}} \tag{5-4}$$

式中　A_{ss0}——间接钢筋的换算截面面积，$A_{ss0} = \dfrac{\pi d_{cor}A_{ss1}}{s}$；

　　　A_{cor}——混凝土核心截面面积，取间接钢筋内表面范围内的混凝土截面面积。

构件破坏时纵向受力钢筋达到其屈服强度，考虑间接钢筋对混凝土的约束作用，核心混凝土强度达到 f，代入式（5-1）得到配有间接钢筋的轴心受压柱的正截面承载力计算公式为

$$N \leqslant N_u = 0.9(f_cA_{cor} + f'_yA'_s + 2\alpha f_{yv}A_{ss0}) \tag{5-5}$$

式中 α——间接钢筋对混凝土约束的折减系数。当混凝土强度等级不超过 C50 时，取 1.0；当混凝土强度等级为 C80 时，取 0.85；其间按线性内插法确定。

可见，采用间接钢筋可有效提高柱的轴心受压承载力。为了保证在使用荷载作用下，间接钢筋外面的混凝土保护层不至于过早剥落，按式（5-5）计算的间接钢筋柱的轴心受压承载力，不应大于按式（5-1）计算的构件受压承载力设计值的 1.5 倍。

凡属以下情况之一者，不考虑间接钢筋的作用而按普通箍筋柱计算其承载力：

1）当 $l_0/d > 12$ 时，长细比较大，由于初始偏心距引起的侧向挠度和附加弯矩使构件处于偏心受压状态，有可能导致间接钢筋不起作用。

2）当外围混凝土较厚，混凝土核心面积较小时，按间接钢筋轴心受压构件算得的受压承载力小于按普通箍筋轴心受压构件算得的受压承载力。

3）当间接钢筋换算截面面积 A_{ss0} 小于全部纵向受力钢筋截面面积的 25% 时，可认为间接钢筋配置过少，对混凝土的有效约束作用很弱，套箍作用的效果不明显。

【例 5-3】 某现浇的圆形钢筋混凝土柱，直径为 500mm，轴向压力设计值 $N = 5580$kN，计算长度 $l_0 = 5.2$m，选用 C30 混凝土和 HRB400 级钢筋，确定截面所需配置的钢筋。

【解】 本例题属于截面设计类。

（1）设计参数

查附表 6 可知，C30 混凝土 $f_c = 14.3$N/mm^2。

查附表 2 可知，HRB400 级钢筋 $f'_y = f_{yv} = 360$N/mm^2。

（2）按普通箍筋柱计算

由 $l_0/d = 5200 \div 500 = 10.4$，查表 5-3 可知，$\varphi = 0.9515$。

圆柱截面面积为

$$A = \frac{\pi d^2}{4} = \frac{3.14 \times 500^2}{4} \text{mm}^2 = 196250 \text{mm}^2$$

由式（5-1）得

$$A'_s = \frac{\frac{N}{0.9\varphi} - f_c A}{f'_y} = \frac{\frac{5580 \times 10^3}{0.9 \times 0.9515} - 14.3 \times 196250}{360} \text{mm}^2 = 10305 \text{mm}^2$$

$$\rho' = \frac{A'_s}{A} \times 100\% = \frac{10305}{196250} \times 100\% = 5.25\% > \rho'_{max} = 5\%$$

配筋率太高，因 $l_0/d = 10.4 < 12$，若混凝土强度等级不再提高，则可改配螺旋箍筋，以提高柱的受压承载力。

（3）按配有螺旋箍筋柱计算

1）计算所需的纵向受力钢筋截面面积。假定 $\rho' = 3\%$，则

$$A'_s = 0.03A = 0.03 \times 196250 \text{mm}^2 = 5888 \text{mm}^2$$

选配纵向受力钢筋为 10 Φ 28（$A'_s = 6158$mm^2），配筋如图 5-17 所示。

2）确定箍筋直径和间距 s。查附表 8 可知，一类环境，$c = 20$mm，假定螺旋箍筋直径 $d_{sv} = 14$mm，则 $A_{ss1} = 153.9$mm^2。

混凝土核心截面直径为

$$d_{cor} = [500 - 2 \times (20 + 14)] \text{mm} = 432 \text{mm}$$

混凝土核心截面面积为

$$A_{cor} = \frac{\pi d_{cor}^2}{4} = \frac{3.14 \times 432^2}{4} mm^2 = 146500 mm^2$$

由式（5-5）得

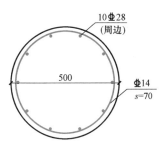

$$A_{ss0} = \frac{\dfrac{N}{0.9} - (f_c A_{cor} + f_y' A_s')}{2\alpha f_{yv}}$$

$$= \frac{\dfrac{5580 \times 10^3}{0.9} - 14.3 \times 146500 - 360 \times 6158}{2 \times 1 \times 360} mm^2$$

$$= 2622 mm^2$$

图 5-17　【例 5-3】配筋图

因 $A_{ss0} > 0.25 A_s'$，所以满足构造要求。

$$s = \frac{\pi d_{cor} A_{ss1}}{A_{ss0}} = \frac{3.14 \times 432 \times 153.9}{2622} mm = 79.6 mm$$

取 $s = 70mm$，满足 $40mm \leqslant s \leqslant 80mm$，且不超过 $d_{cor}/5 = 432 \div 5 mm = 86.4mm$ 的要求。

3）计算承载力并检查混凝土保护层。

$$A_{ss0} = \frac{\pi d_{cor} A_{ss1}}{s} = \frac{3.14 \times 432 \times 153.9}{70} mm^2 = 2982 mm^2$$

由式（5-5）得

$$N_u = 0.9(f_c A_{cor} + f_y' A_s' + 2\alpha f_{yv} A_{ss0})$$
$$= 0.9 \times (14.3 \times 146500 + 360 \times 6158 + 2 \times 1 \times 360 \times 2982) N$$
$$= 5812983N = 5813kN > N = 5580kN$$

由式（5-1）得

$$N_u = 0.9\varphi[f_c(A - A_s') + f_y' A_s']$$
$$= 0.9 \times 0.9515 \times [14.3 \times (196250 - 6158) + 360 \times 6158] N$$
$$= 4226255N = 4226.25kN < 5813kN$$

且 $1.5 \times 4226.255kN = 6339.38kN > 5813kN$，故满足承载力要求且混凝土保护层不会过早剥落。

5.3　偏心受压构件的正截面破坏形态和受力特点

5.3.1　破坏形态

偏心受压构件的破坏形态与计算偏心距 e_0（$e_0 = M/N$）及纵向受力钢筋配筋率有关，根据计算偏心距的大小及纵向受力钢筋配筋率的不同，偏心受压构件可分为大偏心受压构件和小偏心受压构件两类。

1. 大偏心受压

当计算偏心距 e_0 较大，且受拉侧纵向受力钢筋配筋率合适时，通常称为大偏心受压。在偏心轴向压力的作用下，远离轴向压力一侧的截面受拉，靠近轴向压力一侧的截面受压。

随着轴向压力的增加，截面受拉侧混凝土较早出现裂缝，受拉钢筋的应力随荷载增加发展较快，首先达到屈服；此后裂缝迅速开展，受压区高度减小；最后，受压侧钢筋受压屈服，受压区混凝土压碎而破坏。这种破坏具有明显预兆，变形能力较大，破坏特征与配有受压钢筋的适筋梁相似，属于延性破坏。构件破坏起因于受拉钢筋屈服，也称为受拉破坏。大偏心受压构件破坏时构件上的裂缝分布情况与截面应力分布如图 5-18a、b 所示。

2. 小偏心受压

小偏心受压构件的破坏形态如图 5-19a 所示。小偏心受压构件的截面应力分布较为复杂，可能大部分截面受压，也可能全截面受压。

1）当偏心距较小，远离轴向压力一侧的钢筋配置较多时，大部分截面受压，远离轴向压力一侧钢筋受拉。随着荷载的增加，受压区边缘的混凝土首先达到极限压应变值，受压钢筋应力达到屈服强度，但受拉钢筋的应力没有达到屈服强度，其截面上的应力状态如图 5-19b 所示。

2）当偏心距很小时，全截面受压，靠近轴向压力一侧的应力大，远离轴向压力一侧的应力小，远离轴向压力一侧的钢筋也处于受压状态，构件不会出现横向裂缝。破坏时一般靠近轴向压力一侧的混凝土应变首先达到极限值，混凝土压碎，钢筋受压屈服；远离轴向压力一侧的钢筋达不到屈服强度，其截面上的应力状态如图 5-19c 所示。

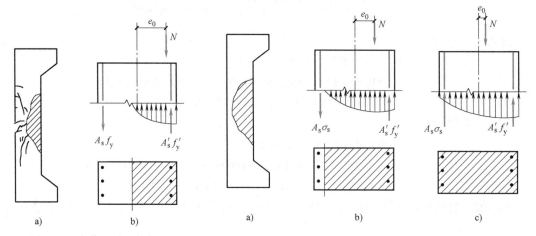

图 5-18　大偏心受压构件的
破坏形态及截面应力分布
a）破坏形态　b）截面应力分布

图 5-19　小偏心受压构件破坏时的形态及截面应力分布
a）破坏形态　b）偏心距较小时截面应力分布
c）偏心距很小时截面应力分布

对于小偏心受压构件，其破坏特征都是构件截面一侧混凝土的应变达到极限压应变，混凝土被压碎，而另一侧无论受压还是受拉，钢筋均达不到屈服强度。这种破坏特征与配有受压钢筋的超筋梁相似，无明显的破坏预兆，属脆性破坏。构件破坏起因于混凝土压碎，又称为受压破坏。

5.3.2　大、小偏心受压破坏的界限

从大、小偏心受压构件的破坏特征可见，两类构件相同之处是受压区边缘的混凝土都被压碎，不同之处是大偏心受压构件破坏时受拉钢筋能屈服，而小偏心受压构件的受拉钢筋不

屈服或处于受压状态。因此，大、小偏心受压破坏的界限是受拉钢筋应力达到屈服强度，同时受压区混凝土的应变达到极限压应变而被压碎。这与适筋梁和超筋梁的界限是一致的。

由以上分析可知，大、小偏心受压构件的判别条件为：当 $\xi \leqslant \xi_b$ 时为大偏心受压；当 $\xi > \xi_b$ 时为小偏心受压。

5.3.3　偏心受压构件的二阶弯矩

1. 附加偏心距、初始偏心距

综合考虑荷载作用位置的不定性、混凝土质量的不均匀性和施工误差等因素的不利影响，引入附加偏心距 e_a。参考以往工程经验和国外规范，《混凝土结构设计规范（2015 年版）》（GB 50010—2010）规定，附加偏心距 e_a 取偏心方向截面最大尺寸的 1/30 和 20mm 两者中的较大值。

在偏心受压构件承载力计算中，偏心距取计算偏心距 $e_0 = M/N$ 与附加偏心距 e_a 之和，称为初始偏心距 e_i，其中 M、N 分别为截面的弯矩设计值和轴向压力设计值。

$$e_i = e_0 + e_a \tag{5-6}$$

2. 偏心受压柱的二阶弯矩

图 5-20a 所示为两端铰支柱，在偏心轴向压力的作用下，柱将产生弯曲变形，在临界截面处将产生最大侧向挠度，因此，临界截面的初始偏心距 e_i 增大到 $e_i + a_f$（a_f 为侧向挠度），弯矩由 Ne_i 增大到 $N(e_i + a_f)$，这种现象称为偏心受压构件的纵向弯曲，纵向弯曲引起的弯矩称为二阶弯矩，二阶弯矩的大小与构件两端的弯矩情况和构件的长细比有关。

不同长细比引起的纵向弯曲效应，可通过极限状态时截面的 M-N 相关曲线来分析，如图 5-20b 所示。当柱为短柱时，侧向挠度 a_f 与初始偏心距 e_i 相比很小，柱跨中 M 随 N 基本呈线性增长，直至达到截面破坏，属于材料破坏，短柱可忽略侧向挠度影响。长柱侧向挠度 a_f 与初始偏心距 e_i 相比已不能忽略，即跨中 M 随 N 的增加呈明显的非线性增长，最终也发生材料破坏，在设计中应考虑侧向挠度 a_f 对弯矩增大的影响。细长柱侧向挠度 a_f 的影响已很大，在未达到截面承载力之前，柱已不稳定，最终发展为失稳破坏。可见，长细比越大，纵向弯曲效应越明显。因此，在偏心受压构件承载力分析中，不能忽略纵向弯曲的影响。

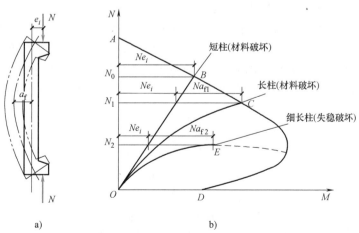

图 5-20　纵向弯曲对破坏形态的影响

a）偏心受压构件的纵向弯曲　b）不同长细比时 M-N 关系

《混凝土结构设计规范（2015 年版）》（GB 50010—2010）规定：弯矩作用平面内截面对称的偏心受压构件，当同一主轴方向的杆端弯矩比 M_1/M_2 不大于 0.9 且轴压比不大于 0.9（即 $N/f_c A \leqslant 0.9$）时，若构件的长细比满足式（5-7）的要求，可不考虑轴向压力在该方向挠曲杆件中产生的附加弯矩影响。

$$\frac{l_0}{i} \leqslant 34-12\frac{M_1}{M_2} \tag{5-7}$$

式中 M_1、M_2——已考虑侧移影响的偏心受压构件两端截面按结构弹性分析确定的对同一主轴的组合弯矩设计值，绝对值较大端为 M_2，绝对值较小端为 M_1，当构件按单曲率弯曲时，M_1/M_2 取正值，如图 5-21a 所示，否则取负值，如图 5-21b 所示；

  l_0——构件的计算长度，可近似取偏心受压构件相应主轴方向上下支撑点之间的距离；

  i——偏心方向的截面最小回转半径。

实际结构中最常见的是长柱，在框架结构、剪力墙结构、框架剪力墙结构及筒体结构中，对于纵向弯曲效应对承载力产生的影响，《混凝土结构设计规范（2015 年版）》（GB 50010—2010）采用增大系数法近似计算。

（1）构件端截面偏心距调节系数 C_m 对于弯矩作用平面内截面对称的偏心受压构件，同一主轴方向两端的弯矩大多不相同，但也存在单曲率弯曲时二者大小接近的情况，柱在两端相同方向几乎相同大小的弯矩作用下将产生最大的偏心距，处于最不利受力状态。一般情况下，需考虑构件端截面偏心距调节系数，《混凝土结构设计规范（2015 年版）》（GB 50010—2010）规定构件端截面偏心距调节系数采用下式进行计算：

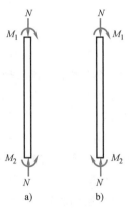

图 5-21 偏心受压构件的纵向弯曲

$$C_m = 0.7+0.3\frac{M_1}{M_2} \tag{5-8}$$

式中 C_m——构件端截面偏心距调节系数，当小于 0.7 时，取 0.7。

（2）弯矩增大系数 η_{ns} 对于两端铰支且两端作用有相等的轴向压力，偏心距也相同的偏心受压柱，如图 5-20a 所示。在构件中点的侧向挠度最大，二阶弯矩最大。因此，构件中点为临界截面。设计时应将临界截面的内力值作为内力控制值，引用弯矩增大系数 η_{ns} 求临界截面的偏心弯矩。《混凝土结构设计规范（2015 年版）》（GB 50010—2010）给出弯矩增大系数的计算公式为

$$\eta_{ns} = 1+\frac{1}{1300(M_2/N+e_a)/h_0}\left(\frac{l_0}{h}\right)^2 \zeta_c \tag{5-9}$$

$$\zeta_c = \frac{0.5f_c A}{N} \tag{5-10}$$

式中 N——与弯矩设计值 M_2 相对应的轴向压力设计值；

  h——截面高度，对环形截面取外直径，对圆形截面取直径；

  h_0——截面有效高度，对环形截面取 $h_0=r_2+r_s$，对圆形截面取 $h_0=r+r_s$，其中 r 为圆

形截面的半径、r_s 为纵向普通钢筋重心所在圆周的半径、r_2 为环形截面的外半径；

ζ_c——截面曲率修正系数，当 $\zeta_c > 1.0$ 时，取 1.0；

A——受压构件的截面面积，对于 T 形和 I 形截面，均取 $A = bh + 2(b_f' - b)h_f'$。

因此，除排架结构柱以外的偏心受压构件，在其偏心方向上考虑杆件自身挠曲影响（即二阶弯矩）的控制截面的弯矩设计值按下式计算：

$$M = C_m \eta_{ns} M_2 \tag{5-11}$$

当 $C_m \eta_{ns}$ 小于 1.0 时取 1.0；对剪力墙及核心筒墙，可取 $C_m \eta_{ns}$ 等于 1.0。

排架结构柱考虑二阶效应的弯矩设计值可按下列公式计算：

$$M = \eta_s M_0 \tag{5-12}$$

$$\eta_s = 1 + \frac{1}{1500(M_0/N + e_a)/h_0}\left(\frac{l_0}{h}\right)^2 \zeta_c \tag{5-13}$$

式中　M_0——一阶弹性分析柱端弯矩设计值。

上述分析中没有考虑柱有侧移，而实际的偏心受压柱会发生侧移。在有侧移的情况下，采用弹性分析方法分析二阶效应。

5.4　矩形截面非对称配筋偏心受压构件的正截面承载力计算

5.4.1　基本公式及适用条件

偏心受压构件正截面承载力计算采用与受弯构件正截面承载力计算相同的基本假定，用等效矩形应力图形代替混凝土受压区的实际应力图形。

1. 大偏心受压构件

在承载力极限状态时，大偏心受压构件中的受拉和受压钢筋应力均能达到屈服强度，根据力和力矩的平衡条件（图 5-22a），大偏心受压构件正截面承载力计算的基本公式为

$\sum Y = 0$ 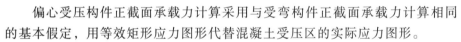 $\qquad N \leqslant N_u = \alpha_1 f_c bx + f_y' A_s' - f_y A_s \tag{5-14}$

$\sum M_{A_s} = 0 \qquad Ne \leqslant N_u e = \alpha_1 f_c bx\left(h_0 - \frac{x}{2}\right) + f_y' A_s'(h_0 - a_s') \tag{5-15}$

将 $x = \xi h_0$ 代入式（5-14）和式（5-15），并令 $\alpha_s = \xi(1 - 0.5\xi)$，则式（5-14）和式（5-15）可写成如下形式：

$$N \leqslant N_u = \alpha_1 f_c bh_0 \xi + f_y' A_s' - f_y A_s \tag{5-16}$$

$$Ne \leqslant N_u e = \alpha_1 f_c bh_0^2 \alpha_s + f_y' A_s'(h_0 - a_s') \tag{5-17}$$

式（5-15）为对远离轴向压力一侧钢筋（受拉钢筋）取矩的平衡条件，其中轴向压力至受拉钢筋合力点的距离 e 为

$$e = e_i + \frac{h}{2} - a_s \tag{5-18}$$

为了保证受拉钢筋应力达到 f_y，受压钢筋应力达到 f_y'，应符合下列条件：

$$2a_s' \leqslant x \leqslant \xi_b h_0 \text{ 或 } \frac{2a_s'}{h_0} \leqslant \xi \leqslant \xi_b$$

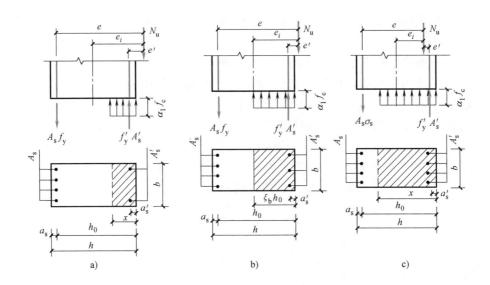

图 5-22 矩形截面偏心受压构件正截面承载力计算简图

a）大偏心受压 b）界限偏心受压 c）小偏心受压

$x=\xi_b h_0$ 为大、小偏心受压的界限（图 5-22b），将 $x=\xi_b h_0$ 代入式（5-14）中，得到界限轴向力 N_b 的表达式为

$$N_b=\alpha_1 f_c \xi_b b h_0+f'_y A'_s-f_y A_s \qquad (5-19)$$

由式（5-19）可见，界限轴向力的大小只与构件的截面尺寸、材料强度和截面的配筋情况有关。当截面尺寸、配筋面积及材料强度已知时，N_b 为定值。若作用在截面上的轴向压力设计值 $N \leqslant N_b$，则为大偏心受压构件；若 $N>N_b$，则为小偏心受压构件。

当 $x<2a'_s$ 时，受压钢筋应力可能达不到 f'_y，与双筋受弯构件类似，可取 $x=2a'_s$。其计算简图如图 5-23 所示，近似认为受压混凝土压应力合力与受压钢筋合力点位置重合，根据平衡条件对受压钢筋合力点取矩得

$$Ne'=N(e_i-0.5h+a'_s)=f_y A_s(h_0-a'_s) \qquad (5-20)$$

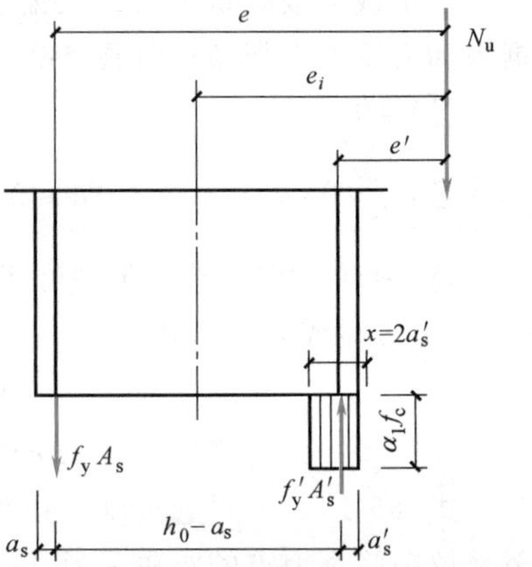

2. 小偏心受压构件

对于矩形截面小偏心受压构件而言，由于离轴力较远一侧纵向受拉钢筋不屈服或处于受压状态，其应力大小与受压区高度有关，而在构件截面配筋计算中受压区高度也是未知的，所以计算相对较为复杂。根据截面力和力矩的平衡条件（图 5-22c），可得矩形截面小偏心受压构件正截面承载力计算的基本公式为

图 5-23 $x<2a'_s$ 时大偏心受压构件正截面承载力计算简图

$$N \leqslant N_u=\alpha_1 f_c b x+f'_y A'_s-\sigma_s A_s \qquad (5-21)$$

$$Ne \leqslant N_u e=\alpha_1 f_c b x\left(h_0-\frac{x}{2}\right)+f'_y A'_s(h_0-a'_s) \qquad (5-22)$$

$$Ne' \leqslant N_u e' = \alpha_1 f_c bx \left(\frac{x}{2} - a_s' \right) - \sigma_s A_s (h_0 - a_s') \tag{5-23}$$

$$e' = \frac{h}{2} - e_i - a_s' \tag{5-24}$$

式中　e'——轴向压力到受压钢筋合力点之间的距离;

　　　σ_s——远离轴向压力一侧钢筋的应力,理论上可按应变的平截面假定求出,但计算过于复杂,可按下式近似计算:

$$\sigma_s = f_y \frac{\xi - \beta_1}{\xi_b - \beta_1} \tag{5-25}$$

按式 (5-25) 算得的钢筋应力应符合下列条件:

$$-f_y' \leqslant \sigma_s \leqslant f_y \tag{5-26}$$

当 $\xi \geqslant 2\beta_1 - \xi_b$ 时,取 $\sigma_s = -f_y'$。

在相对偏心距很小且压力又比较大($N > f_c bh$)的全截面受压情况下,当 A_s' 比 A_s 大很多时,也可能在离轴向压力较远的一侧的混凝土先被压坏,称为反向破坏。为了避免发生反向破坏,对于小偏心受压构件除按式 (5-21) 和式 (5-22) 或式 (5-23) 计算外,还应满足下述条件:

$$N \left[\frac{h}{2} - a_s' - (e_0 - e_a) \right] \leqslant \alpha_1 f_c bh \left(h_0' - \frac{h}{2} \right) + f_y' A_s (h_0' - a_s) \tag{5-27}$$

5.4.2　截面设计

1) 初步判别大、小偏心受压。如前所述,判别大、小偏心受压的条件是:$\xi \leqslant \xi_b$ 为大偏心受压;$\xi > \xi_b$ 为小偏心受压。但在截面配筋计算时,A_s' 和 A_s 为未知,相对受压区高度 ξ 尚无法计算,因此不能直接利用 ξ 来判别。此时可近似按下面的方法进行初步判别:当 $e_i \leqslant 0.3h_0$ 时,为小偏心受压;当 $e_i > 0.3h_0$ 时,可先按大偏心受压计算。

一般来说,当满足 $e_i \leqslant 0.3h_0$ 时为小偏心受压;当满足 $e_i > 0.3h_0$ 时,受截面配筋的影响,可能处于大偏心受压,也可能处于小偏心受压。例如,即使偏心距较大但受拉钢筋配筋很多,破坏时受拉钢筋可能不屈服,构件的破坏仍为小偏心受压破坏。但对于截面设计,在 $e_i > 0.3h_0$ 的情况下按大偏心受压求 A_s' 和 A_s,其结果一般能满足 $\xi \leqslant \xi_b$ 的条件。

2) 当 $e_i > 0.3h_0$ 时,可先按大偏心受压构件进行设计。

情况 1:受压钢筋 A_s' 及受拉钢筋 A_s 均未知。式 (5-14) 及式 (5-15) 两个基本公式中有三个未知数:A_s'、A_s 及 x,故不能得出唯一解。为了使总的截面配筋面积 $A_s' + A_s$ 为最小,与双筋受弯构件相同,可取 $x = \xi_b h_0$,则由式 (5-15) 可得

$$A_s' = \frac{Ne - \alpha_1 f_c bh_0^2 \xi_b (1 - 0.5\xi_b)}{f_y'(h_0 - a_s')} \tag{5-28}$$

按式 (5-28) 算得的 A_s' 如果小于 $\rho_{min}' bh$,取 $A_s' = \rho_{min}' bh$,按 A_s' 为已知的情况重新计算;如果不小于 $\rho_{min}' bh$,将算得的 A_s' 代入式 (5-16) 可得

$$A_s = \frac{\alpha_1 f_c b\xi_b h_0 + f_y' A_s' - N}{f_y} \tag{5-29}$$

按式 (5-29) 计算得到的 A_s 应不小于 $\rho_{min} bh$。

情况 2：受压钢筋 A_s' 为已知，求 A_s。

当 A_s' 为已知时，式（5-16）及式（5-17）中有两个未知数 A_s 及 x 可求得唯一解。由式（5-17）求得

$$\alpha_s = \frac{Ne - f_y'A_s'(h_0 - a_s')}{\alpha_1 f_c bh_0^2}$$

由公式 $\xi = 1 - \sqrt{1 - 2\alpha_s}$ 求出 ξ。

将 A_s' 及 ξ 代入式（5-16）中，求出受拉钢筋截面面积 A_s：

$$A_s = \frac{\alpha_1 f_c b\xi h_0 + f_y'A_s'}{f_y}$$

应该指出的是，如果 $\alpha_s \geqslant \alpha_{smax}$，则说明已知的 A_s' 尚不足，需按 A_s' 为未知的情况 1 重新计算。如果 $x < 2a_s'$，近似取 $x = 2a_s'$，由式（5-20）得

$$A_s = \frac{N(e_i - 0.5h + a_s')}{f_y(h_0 - a_s')}$$

3）当 $e_i \leqslant 0.3h_0$ 时，可按小偏心受压构件进行设计。

由小偏心受压承载力计算的基本公式可知，通过两个基本方程，求 A_s'、A_s 和 x 三个未知数。因此，仅根据平衡条件也不能求出唯一解，需要补充一个使钢筋的总用量最小的条件求 ξ。但对于小偏心受压构件要找到与经济配筋相对应的 ξ 值需用试算逼近法求得，计算较为复杂。

小偏心受压应满足 $\xi > \xi_b$ 和 $-f_y' \leqslant \sigma_s \leqslant f_y$ 两个条件。当纵向受力钢筋的应力达到受压屈服（$\sigma_s = -f_y'$），且 $f_y = f_y'$ 时，由式（5-25）可计算此时的受压区相对高度 ξ_{cy}，其表达式为

$$\xi_{cy} = 2\beta_1 - \xi_b \tag{5-30}$$

当 $\xi_b < \xi < \xi_{cy}$，受拉钢筋不屈服，为了使用钢量最小，可取 $A_s = \rho_{min}bh$，即按最小配筋率配置 A_s。因此，小偏心受压配筋计算可采用如下近似方法：

① 首先假定 $A_s = \rho_{min}bh$，并将 A_s 值代入基本公式中求 ξ 和 σ_s。若 σ_s 为负值，说明钢筋处于受压状态，取 $A_s = \rho_{min}'bh$ 重新代入基本公式中求 ξ 和 σ_s。若满足 $\xi_b < \xi < \xi_{cy}$ 的条件，则直接利用式（5-22）求出 A_s'。

② 如果 $h/h_0 > \xi \geqslant \xi_{cy}$，说明受拉钢筋已屈服，取 $\sigma_s = -f_y'$，利用小偏心受压基本公式求 A_s' 和 A_s，并验算反向破坏的截面承载力。

③ 如果 $\xi \geqslant h/h_0$，取 $\xi = h/h_0$ 和 $\sigma_s = -f_y'$，利用小偏心受压基本公式求 A_s' 和 A_s，并验算反向受压的截面承载力。

按上述方法计算的 A_s 应满足最小配筋率的要求。

大、小偏心受压构件均应按轴心受压构件验算垂直于弯矩作用平面的承载力。计算公式（5-1）中的 A_s' 应包括截面上按偏心受压计算出的受拉钢筋 A_s 和受压钢筋 A_s'，即 $N \leqslant 0.9\varphi(f_cA + f_yA_s + f_y'A_s')$。

5.4.3　截面复核

当构件截面尺寸、配筋面积 A_s 及 A_s'、材料强度及计算长度均已知，要求根据给定的轴向压力设计值 N（或偏心距 e_0）确定构件所能承受的弯矩设计值 M（或轴向压力设计值 N）

时，属于截面承载力复核问题。一般情况下，单向偏心受压构件应进行两个平面内的承载力复核，即弯矩作用平面内的承载力复核及垂直于弯矩作用平面内的承载力复核。

（1）弯矩作用平面内的承载力复核

1）给定轴向压力设计值 N，求弯矩设计值 M 或计算偏心距 e_0。由于截面尺寸、配筋及材料强度均为已知，故可先按式（5-19）算得界限轴向力 N_b。

若满足 $N \leq N_b$ 的条件，则为大偏心受压的情况，可按大偏心受压正截面承载力计算的基本公式求 x。如果 $2a_s' \leq x \leq \xi_b h_0$，代入式（5-14）、式（5-15）、式（5-18）求 e_i、e_0 及 $M = Ne_0$；如果 $x < 2a_s'$，由式（5-20）求出 e_i、e_0 及 $M = Ne_0$。进一步求出 $M_2 = M/(C_m \eta_{ns})$。

若满足 $N > N_b$ 的条件，则为小偏心受压的情况，可按小偏心受压正截面承载力计算的基本公式求 x 和 e，采取与大偏心受压构件同样的步骤求弯矩设计值 $M = Ne_0$。进一步求出 $M_2 = M/(C_m \eta_{ns})$。

2）给定计算偏心距 e_0，求轴向压力设计值 N。根据 e_0 先求初始偏心距 e_i。当 $e_i > 0.3h_0$ 时，可按大偏心受压情况计算，利用图 5-22a 对轴向压力的作用点取矩的平衡条件为

$$A_s f_y e = A_s' f_y' e' + \alpha_1 f_c b x \left(e' - a_s' + \frac{x}{2} \right) \tag{5-31}$$

式中　e'——轴向压力作用点至纵向受压钢筋合力点的距离，$e' = e_i - h/2 + a_s'$，当 N 作用于 A_s 及 A_s' 以外时，e' 为正值，否则为负值。

由式（5-31）求 $x(\xi)$ 值，如果 $\xi \leq \xi_b$，则为大偏心受压构件，将 $x(\xi)$ 代入式（5-14）即可求出轴向压力设计值 N；如果 $\xi > \xi_b$，则为小偏心受压构件，此时式（5-31）中的 f_y 应改为 σ_s［按式（5-25）计算］，重新求解 $x(\xi)$ 值，根据 $x(\xi)$ 值范围不同分别用相应的小偏心受压基本公式求出轴向压力设计值 N。

（2）垂直于弯矩作用平面内的承载力复核　当构件在垂直于弯矩作用平面内的长细比较大时，除了验算弯矩作用平面的承载力外，还应按轴心受压构件验算垂直于弯矩作用平面内的受压承载力。这时应取截面高度 b 计算稳定系数 φ，按轴心受压构件的基本公式计算轴力设计值 N。无论截面设计还是截面复核，都应进行此项验算。

【例 5-4】　已知矩形截面框架柱，处于一类环境，截面尺寸为 $b \times h = 300\text{mm} \times 400\text{mm}$，柱的计算长度为 4.0m，选用 C30 混凝土和 HRB400 级钢筋，轴向压力设计值为 $N = 500\text{kN}$，两柱端弯矩设计值 $M_1 = M_2 = 230\text{kN} \cdot \text{m}$。确定截面所需配置的纵向受力钢筋（按两端弯矩相等考虑）。

【解】　本例题属于截面设计类。

（1）设计参数

查附表 6 及表 3-3 可知，C30 混凝土 $f_c = 14.3\text{N/mm}^2$，$\alpha_1 = 1.0$。

查附表 2 及表 3-4 可知，HRB400 级钢筋 $f_y = f_y' = 360\text{N/mm}^2$，$\xi_b = 0.518$。

查附表 8 可知，一类环境，$c = 20\text{mm}$，取箍筋直径 $d_{sv} = 10\text{mm}$，纵向受力钢筋直径 $d = d' = 20\text{mm}$，则 $a_s = a_s' = c + d_{sv} + d/2 = (20 + 10 + 20 \div 2)\text{mm} = 40\text{mm}$，$h_0 = h - a_s = (400 - 40)\text{mm} = 360\text{mm}$。

（2）计算截面弯矩设计值 M

由于 $M_1/M_2 = 1 > 0.9$，因此，需考虑附加弯矩的影响。

由式（5-8）得

$$C_m = 0.7 + 0.3M_1/M_2 = 1$$

由式（5-10）得

$$\zeta_c = \frac{0.5 f_c bh}{N} = \frac{0.5 \times 14.3 \times 300 \times 400}{500 \times 10^3} = 1.72 > 1.0$$

取 $\zeta_c = 1.0$。

$$e_a = \max\left\{\frac{h}{30}, \ 20\text{mm}\right\} = 20\text{mm}$$

由式（5-9）得

$$\eta_{ns} = 1 + \frac{1}{1300(M_2/N + e_a)/h_0}\left(\frac{l_0}{h}\right)^2 \zeta_c = 1 + \frac{1}{1300 \times (230 \times 10^6 \div 500 \times 10^3 + 20) \div 360} \times \left(\frac{4000}{400}\right)^2 \times 1.0$$

$$= 1.058$$

由式（5-11）得

$$M = C_m \eta_{ns} M_2 = 1.0 \times 1.058 \times 230\text{kN} \cdot \text{m} = 243.34\text{kN} \cdot \text{m}$$

（3）判断大、小偏心受压类别

$$e_0 = \frac{M}{N} = \frac{243.34}{500} \times 10^3 \text{mm} = 486.68\text{mm}$$

由式（5-6）得

$$e_i = e_0 + e_a = (486.68 + 20)\text{mm} = 506.68\text{mm} > 0.3h_0 = 0.3 \times 360\text{mm} = 108\text{mm}$$

因此，可先按大偏心受压构件进行计算。

（4）计算钢筋截面面积 A_s、A'_s

本题为受压钢筋截面面积 A'_s 及受拉钢筋截面面积 A_s 均未知的情况，存在未知数 A'_s、A_s 及 x，通过基本公式不能得出唯一解，需补充条件。为了配筋最经济，使 $A_s + A'_s$ 最小，令 $\xi = \xi_b$。

由式（5-18）得

$$e = e_i + \frac{h}{2} - a_s = (506.68 + 200 - 40)\text{mm} = 666.68\text{mm}$$

1）计算受压钢筋截面面积 A'_s。将上述参数代入式（5-15）得

$$A'_s = \frac{Ne - \alpha_1 f_c bh_0^2 \xi_b(1 - 0.5\xi_b)}{f'_y(h_0 - a'_s)}$$

$$= \frac{500 \times 10^3 \times 666.68 - 1.0 \times 14.3 \times 300 \times 360^2 \times 0.518 \times (1 - 0.5 \times 0.518)}{360 \times (360 - 40)}\text{mm}^2$$

$$= 1041\text{mm}^2 > \rho'_{\min} bh = 0.2\% \times 300 \times 400\text{mm}^2 = 240\text{mm}^2$$

2）计算受拉钢筋截面面积 A_s。将 $A'_s = 1041\text{m}^2$ 代入式（5-14）得

$$A_s = \frac{\alpha_1 f_c \xi_b bh_0 + f'_y A'_s - N}{f_y} = \frac{1.0 \times 14.3 \times 0.518 \times 300 \times 360 + 360 \times 1041 - 500 \times 10^3}{360}\text{mm}^2 = 1874\text{mm}^2$$

（5）选配钢筋

查附表 10 可知，受拉钢筋选用 4 Φ 25（$A_s = 1964\text{mm}^2$），受压钢筋选用 3 Φ 22（$A'_s = 1140\text{mm}^2$），配筋如图 5-24 所示。满足最小配筋率及构造要求。

（6）验算垂直于弯矩作用平面的轴心受压承载力

$l_0/b = 4000/300 = 13.33$，查表 5-3 可知，$\varphi = 0.93$。

经计算，配筋率不超过 3%，由式（5-1）得

$$N_u = 0.9\varphi(f_c A + f_y' A_s') = 0.9 \times 0.93 \times$$

$$[14.3 \times 300 \times 400 + 360 \times (1964 + 360 \times 1140)] N$$

$$= 2372kN > N = 500kN（满足要求）$$

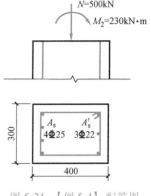

图 5-24　【例 5-4】配筋图

【例 5-5】　钢筋混凝土偏心受压柱，截面尺寸为 $b \times h = 300mm \times 400mm$，柱的计算长度为 4.0m，选用 C30 混凝土和 HRB400 级钢筋，轴向压力设计值为 $N = 212kN$，柱端较大弯矩设计值 $M_2 = 135kN \cdot m$。确定截面所需配置的纵向受力钢筋（按两端弯矩相等考虑）。

【解】　本例题属于截面设计类。

（1）设计参数

查附表 6 及表 3-3 可知，C30 混凝土 $f_c = 14.3N/mm^2$，$\alpha_1 = 1.0$。

查附表 2 及表 3-4 可知，HRB400 级钢筋 $f_y = f_y' = 360N/mm^2$，$\xi_b = 0.518$。

查附表 8 可知，一类环境，$c = 20mm$，取箍筋直径 $d_{sv} = 10mm$，纵向受力钢筋直径 $d = d' = 20mm$，则 $a_s = a_s' = c + d_{sv} + d/2 = (20 + 10 + 20 \div 2)mm = 40mm$，$h_0 = h - a_s = (400 - 40)mm = 360mm$。

（2）计算截面弯矩设计值 M

由于 $M_1/M_2 = 1 > 0.9$，因此，需考虑附加弯矩的影响。

由式（5-8）得

$$C_m = 0.7 + 0.3\frac{M_1}{M_2} = 1$$

由式（5-10）得

$$\zeta_c = \frac{0.5f_c bh}{N} = \frac{0.5 \times 14.3 \times 300 \times 400}{212 \times 10^3} = 4.05 > 1.0$$

取 $\zeta_c = 1.0$。

$$e_a = \max\left\{\frac{h}{30}, 20mm\right\} = 20mm$$

由式（5-9）得

$$\eta_{ns} = 1 + \frac{1}{1300(M_2/N + e_a)/h_0}\left(\frac{l_0}{h}\right)^2 \zeta_c = 1 + \frac{1}{1300 \times (135 \times 10^6 \div 212 \times 10^3 + 20) \div 360} \times \left(\frac{4000}{400}\right)^2 \times 1.0$$

$$= 1.042$$

由式（5-11）得

$$M = C_m \eta_{ns} M_2 = 1.0 \times 1.042 \times 135kN \cdot m = 140.67kN \cdot m$$

（3）判断大、小偏心受压类别

$$e_0 = \frac{M}{N} = \frac{140.67}{212} \times 10^3 mm = 663.54mm$$

由式（5-6）得

$$e_i = e_0 + e_a = (663.54 + 20)\,\text{mm} = 683.54\,\text{mm} > 0.3h_0 = 0.3 \times 360\,\text{mm} = 108\,\text{mm}$$

因此，可先按大偏心受压构件进行计算。

（4）计算钢筋截面面积 A_s 和 A_s'

本题为受压钢筋截面面积 A_s' 及受拉钢筋截面面积 A_s 均未知的情况，存在未知数 A_s'、A_s 及 x，通过基本公式不能得出唯一解，需补充条件。为了配筋最经济，使 $A_s + A_s'$ 最小，令 $\xi = \xi_b$。

由式（5-18）得

$$e = e_i + \frac{h}{2} - a_s = (683.54 + 200 - 40)\,\text{mm} = 843.54\,\text{mm}$$

1）计算受压钢筋截面面积 A_s'。将上述参数代入式（5-15）得

$$A_s' = \frac{Ne - \alpha_1 f_c b h_0^2 \xi_b (1 - 0.5\xi_b)}{f_y'(h_0 - a_s')}$$

$$= \frac{212 \times 10^3 \times 843.54 - 1.0 \times 14.3 \times 300 \times 360^2 \times 0.518 \times (1 - 0.5 \times 0.518)}{360 \times (360 - 40)} < 0$$

取 $A_s' = \rho_{min}' bh = 0.2\% \times 300 \times 400\,\text{mm}^2 = 240\,\text{mm}^2$。

选 3Φ12 为受压钢筋（$A_s' = 339\,\text{mm}^2$），满足构造要求。

2）重新计算受压区高度 x。

① 计算截面抵抗矩系数 α_s。将 $A_s' = 339\,\text{mm}^2$ 代入式（5-17）得

$$\alpha_s = \frac{Ne - f_y'A_s'(h_0 - a_s')}{\alpha_1 f_c b h_0^2} = \frac{212 \times 10^3 \times 843.54 - 360 \times 339 \times (360 - 40)}{1.0 \times 14.3 \times 300 \times 360^2} = 0.251$$

② 计算受压区高度 x。由式（3-18）得

$$\xi = 1 - \sqrt{1 - 2\alpha_s} = 1 - \sqrt{1 - 2 \times 0.251} = 0.294$$

$$x = \xi h_0 = 0.294 \times 360\,\text{mm} = 105.84\,\text{mm} > 2a_s' = 80\,\text{mm}$$

符合适用条件。

3）计算受拉钢筋截面面积 A_s。由式（5-14）得

$$A_s = \frac{\alpha_1 f_c \xi b h_0 + f_y'A_s' - N}{f_y} = \frac{1.0 \times 14.3 \times 0.294 \times 300 \times 360 + 360 \times 339 - 212 \times 10^3}{360}\,\text{mm}^2 = 1011\,\text{mm}^2$$

（5）选配钢筋

查附表 10 可知，选用 3Φ22 钢筋（$A_s = 1140\,\text{mm}^2$），符合构造要求。配筋如图 5-25 所示。

截面总配筋率为

$$\rho = \frac{A_s + A_s'}{bh} = \frac{339 + 1140}{300 \times 400} = 0.0123 > 0.0055 \text{（满足要求）}$$

（6）验算垂直于弯矩作用平面的轴心受压承载力

$l_0/b = 4000/300 = 13.33$，查表 5-3 可知，$\varphi = 0.93$。

经计算，配筋率不超过 3%，由式（5-1）得

$$N_u = 0.9\varphi(f_c A + f_y'A_s') = 0.9 \times 0.93 \times [14.3 \times 300 \times 400 + 360 \times (339 + 1140)]\,\text{N}$$

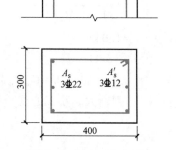

图 5-25 【例 5-5】配筋图

＝1882kN＞N＝212kN（满足要求）

【例 5-6】　已知一矩形截面框架柱的轴向压力设计值为 N＝500kN，弯矩设计值为 M_2＝150kN·m，在近轴向压力一侧配置 3 ⊈ 22 钢筋（A'_s＝1140mm²），其他条件同【例 5-4】，确定截面所需配置的受拉钢筋。

【解】　计算步骤及相关参数如【例 5-4】所示。

（1）计算截面弯矩设计值 M

由式（5-10）得

$$\zeta_c = \frac{0.5f_c bh}{N} = \frac{0.5 \times 14.3 \times 300 \times 400}{500 \times 10^3} = 1.72 > 1.0$$

取 $\zeta_c = 1.0$。

由式（5-9）得

$$\eta_{ns} = 1 + \frac{1}{1300(M_2/N + e_a)/h_0}\left(\frac{l_0}{h}\right)^2 \zeta_c = 1 + \frac{1}{1300 \times (150 \times 10^6 \div 500 \times 10^3 + 20) \div 360} \times \left(\frac{4000}{400}\right)^2 \times 1.0$$

$$= 1.087$$

由式（5-11）得

$$M = C_m \eta_{ns} M_2 = 1.0 \times 1.087 \times 150 \text{kN} \cdot \text{m} = 163.05 \text{kN} \cdot \text{m}$$

（2）判断大、小偏心受压类别

$$e_0 = \frac{M}{N} = \frac{163.05}{500} \times 10^3 \text{mm} = 326.1 \text{mm}$$

由式（5-6）得

$$e_i = e_0 + e_a = (326.1 + 20) \text{mm} = 346.1 \text{mm} > 0.3h_0 = 0.3 \times 360 \text{mm} = 108 \text{mm}$$

因此，可先按大偏心受压构件进行计算。

（3）计算受拉钢筋截面面积 A_s

由式（5-18）得

$$e = e_i + \frac{h}{2} - a_s = \left(346.1 + \frac{400}{2} - 40\right) \text{mm} = 506.1 \text{mm}$$

1）计算截面抵抗矩系数 α_s。式（5-17）得

$$\alpha_s = \frac{Ne - f'_y A'_s (h_0 - a'_s)}{\alpha_1 f_c bh_0^2} = \frac{500 \times 10^3 \times 506.1 - 360 \times 1140 \times (360 - 40)}{1.0 \times 14.3 \times 300 \times 360^2} = 0.219$$

2）计算受压区高度 x。由式（3-18）得

$$\xi = 1 - \sqrt{1 - 2\alpha_s} = 1 - \sqrt{1 - 2 \times 0.219} = 0.250$$

$$x = \xi h_0 = 0.250 \times 360 \text{mm} = 90 \text{mm} > 2a'_s = 80 \text{mm}$$

符合适用条件。

3）计算受拉钢筋截面面积 A_s。由式（5-14）得

$$A_s = \frac{\alpha_1 f_c \xi b h_0 + f_y' A_s' - N}{f_y} = \frac{1.0 \times 14.3 \times 0.250 \times 300 \times 360 + 360 \times 1140 - 500 \times 10^3}{360} mm^2 = 824mm^2$$

与【例 5-4】比较可知，本例的弯矩小，截面配筋也小。在大偏心受压的情况下，若轴向压力设计值相同，弯矩设计值越大，配筋越多。

（4）选配钢筋

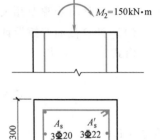

远离偏心压力一侧钢筋选用 3 Φ 20 钢筋（$A_s = 942mm^2$），配筋如图 5-26 所示。

截面总配筋率为

$$\rho = \frac{A_s + A_s'}{bh} = \frac{1140 + 942}{300 \times 400} = 0.017 > 0.0055 \text{（满足要求）}$$

（5）验算垂直于弯矩作用平面的轴心受压承载力

$$\frac{l_0}{b} = \frac{4000}{300} = 13.33，查表 5-3 可知，\varphi = 0.93。$$

图 5-26 【例 5-6】配筋图

经计算，配筋率不超过 3%，由式（5-1）得

$$N_u = 0.9\varphi(f_c A + f_y' A_s') = 0.9 \times 0.93 \times [14.3 \times 300 \times 400 + 360 \times (942 + 1140)]N$$
$$= 2064kN > N = 500kN \text{（满足要求）}$$

【例 5-7】 将【例 5-6】的配筋调整为 4 Φ 22（$A_s' = 1520mm^2$），其他条件不变。确定截面所需配置的受拉钢筋。

【解】 由【例 5-6】知，此构件为大偏心受压构件。

（1）计算截面抵抗矩系数 α_s

由式（5-17）得

$$\alpha_s = \frac{Ne - f_y' A_s'(h_0 - a_s')}{\alpha_1 f_c b h_0^2} = \frac{500 \times 10^3 \times 506.1 - 360 \times 1520 \times (360 - 40)}{1.0 \times 14.3 \times 300 \times 360^2} = 0.140$$

（2）计算受压区高度 x

由式（3-18）得

$$\xi = 1 - \sqrt{1 - 2\alpha_s} = 1 - \sqrt{1 - 2 \times 0.140} = 0.151$$
$$x = \xi h_0 = 0.151 \times 360mm = 54.36mm < 2a_s' = 80mm$$

受压钢筋不屈服，取 $x = 2a_s'$，利用式（5-20）求解。

（3）计算受拉钢筋截面面积 A_s

由式（5-20）得

$$A_s = \frac{N(e_i - 0.5h + a_s')}{f_y(h_0 - a_s)} = \frac{500 \times 10^3 \times (346.1 - 200 + 40)}{360 \times (360 - 40)}mm^2 = 808mm^2$$

（4）选配钢筋

查附表 10 可知，远离偏心压力一侧钢筋选用 3 Φ 20 钢筋（$A_s = 942mm^2$），配筋如图 5-27 所示。

截面总配筋率为

$$\rho = \frac{A_s + A_s'}{bh} = \frac{1520+942}{300\times400} = 0.021 > 0.0055 \ (满足要求)$$

（5）验算垂直于弯矩作用平面的轴心受压承载力

$l_0/b = 4000/300 = 13.33$，查表 5-3 可知，$\varphi = 0.93$。

经计算，配筋率不超过 3%，由式（5-1）得

$$N_u = 0.9\varphi(f_c A + f_y' A_s') = 0.9\times0.93\times$$
$$[14.3\times300\times400 + 360\times(942+1520)]N$$
$$= 2178kN > N = 500kN \ (满足要求)$$

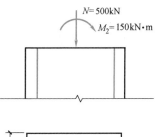

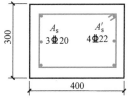

图 5-27　【例 5-7】配筋图

【例 5-8】　已知一偏心受压构件，处于一类环境，截面尺寸为 $b\times h = 450mm\times450mm$，$a_s = a_s' = 40mm$，柱的计算长度为 3.5m，选用 C35 混凝土，配置 4Φ18 受拉钢筋（$A_s = 1017mm^2$）和 4Φ16 受压钢筋（$A_s' = 804mm^2$），轴向压力设计值为 $N = 1000kN$，试确定截面能承受的弯矩设计值。

【解】　本例题属于截面复核类。

（1）设计参数

查附表 6 及表 3-3 可知，C35 混凝土 $f_c = 16.7N/mm^2$，$\alpha_1 = 1.0$。

查附表 2 及表 3-4 可知，HRB400 级钢筋 $f_y = f_y' = 360N/mm^2$，$\xi_b = 0.518$。

$$h_0 = h - a_s = (450-40)mm = 410mm$$

（2）判断大、小偏心受压类别

由式（5-19）得

$N_b = \alpha_1 f_c \xi_b b h_0 + f_y' A_s' - f_y A_s = (1.0\times16.7\times0.518\times450\times410 + 360\times804 - 360\times1017)N = 1519kN > N = 1000kN$ 因此，构件为大偏心受压。

（3）计算受压区高度 x

由式（5-14）得

$$x = \frac{N - f_y' A_s' + f_y A_s}{\alpha_1 f_c b} = \frac{1000\times10^3 - 360\times804 + 360\times1017}{1.0\times16.7\times450}mm = 143mm$$

满足 $2a_s' \leqslant x \leqslant \xi_b h_0$ 的条件。

（4）计算偏心距 e_0

$$e_a = \max\left\{\frac{h}{30}, 20mm\right\} = 20mm$$

由式（5-15）得

$$e = \frac{f_y' A_s'(h_0 - a_s') + \alpha_1 f_c b x\left(h_0 - \dfrac{x}{2}\right)}{N}$$
$$= \frac{360\times804\times(410-40) + 1.0\times16.7\times450\times143\times(410-0.5\times143)}{1000\times10^3}mm = 471mm$$

由式（5-18）得

$$e_i = e - \frac{h}{2} + a_s = \left(471 - \frac{1}{2}\times450 + 40\right)mm = 286mm$$

$$e_0 = e_i - e_a = (286-20)\,\text{mm} = 266\text{mm}$$

（5）计算弯矩设计值 M_2

截面弯矩设计值为

$$M = Ne_0 = 1000 \times 0.266\text{kN} \cdot \text{m} = 266\text{kN} \cdot \text{m} = C_m \eta_{ns} M_2$$

由式（5-8）得

$$C_m = 0.7 + 0.3\frac{M_1}{M_2} = 1$$

由式（5-10）得

$$\zeta_c = \frac{0.5f_c bh}{N} = \frac{0.5 \times 16.7 \times 450 \times 450}{1000 \times 10^3} = 1.69 > 1$$

取 $\zeta_c = 1$。

$$\frac{l_0}{h} = \frac{3.5}{0.45} = 7.78$$

由式（5-9）得

$$\frac{M}{C_m M_2} = \eta_{ns} = 1 + \frac{1}{1300(M_2/N + e_a)/h_0}\left(\frac{l_0}{h}\right)^2 \zeta_c$$

求解 $M_2 = 248.3\text{kN} \cdot \text{m}$，因此，截面能够承受的弯矩设计值为 $248.3\text{kN} \cdot \text{m}$。

（6）验算垂直于弯矩作用平面的轴心受压承载力

$l_0/b = 3500/450 = 7.778 < 8$，查表5-3可知，$\varphi = 1.0$

经计算，配筋率不超过3%，由式（5-1）得

$$N_u = 0.9\varphi[f_c bh + f'_y(A_s + A'_s)] = 0.9 \times 1.0 \times [16.7 \times 450 \times 450 + 360 \times (1017 + 804)]\text{N}$$
$$= 3634\text{kN} > 1000\text{kN}\ (\text{满足要求})$$

【例5-9】 将【例5-8】中的轴向压力设计值改为 $N = 500\text{kN}$，其他条件不变，试确定截面所能承受的最大弯矩值。

【解】 本例题属于截面复核类。

（1）设计参数

查附表6及表3-3可知，C35 混凝土 $f_c = 16.7\text{N/mm}^2$，$\alpha_1 = 1.0$。

查附表2及表3-4可知，HRB400 级钢筋 $f_y = f'_y = 360\text{N/mm}^2$，$\xi_b = 0.518$。

$$h_0 = h - a_s = (450 - 40)\text{mm} = 410\text{mm}$$

（2）判断大、小偏心受压类别

由式（5-19）得

$$N_b = \alpha_1 f_c \xi_b bh_0 + f_y A_s - f'_y A'_s = (1.0 \times 16.7 \times 0.518 \times 450 \times 410 + 360 \times 1018 - 360 \times 804)\text{N}$$
$$= 1673\text{kN} > N = 500\text{kN}$$

因此，构件为大偏心受压。

（3）计算受压区高度 x

由式（5-14）得

$$x = \frac{N - f'_y A'_s + f_y A_s}{\alpha_1 f_c b} = \frac{500 \times 10^3 + (1017 - 804) \times 360}{1.0 \times 16.7 \times 450}\text{mm} = 77\text{mm}$$

$x<2a'_s$，受压钢筋不能屈服，因此，取 $x=2a'_s$。

（4）计算偏心距 e_0

$$e_a = \max\left\{\frac{h}{30}, 20\text{mm}\right\} = 20\text{mm}$$

由式（5-20）得

$$e_i = \frac{f_y A_s (h_0 - a'_s)}{N} + 0.5h - a'_s = \left[\frac{360 \times 1017 \times (410-40)}{500000} + 0.5 \times 450 - 40\right]\text{mm} = 456\text{mm}$$

由式（5-6）得

$$e_0 = e_i - e_a = (456-20)\text{mm} = 436\text{mm}$$

（5）计算弯矩设计值 M_2

截面弯矩设计值为

$$M = Ne_0 = 500 \times 0.436\text{kN} \cdot \text{m} = 218\text{kN} \cdot \text{m} = C_m \eta_{ns} M_2$$

由式（5-8）得

$$C_m = 0.7 + 0.3\frac{M_1}{M_2} = 1$$

由式（5-10）得

$$\zeta_c = \frac{0.5 f_c bh}{N} = \frac{0.5 \times 16.7 \times 450 \times 450}{500 \times 10^3} = 3.38 > 1$$

取 $\zeta_c = 1$。

$$\frac{l_0}{h} = \frac{3.5}{0.45} = 7.78$$

由式（5-9）得

$$\frac{M}{C_m M_2} = \eta_{ns} = 1 + \frac{1}{1300(M_2/N + e_a)/h_0}\left(\frac{l_0}{h}\right)^2 \zeta_c$$

求解 $M_2 = 208.9\text{kN} \cdot \text{m}$，因此，截面能够承受的弯矩设计值为 208.9kN·m。

（6）验算垂直于弯矩作用平面的轴心受压承载力

$l_0/b = 3500/450 = 7.778 < 8$，查表 5-3 可知，$\varphi = 1.0$。

经计算，配筋率不超过 3%，由式（5-1）得

$$N_u = 0.9\varphi[f_c bh + f'_y(A_s + A'_s)] = 0.9 \times 1.0 \times [16.7 \times 450 \times 450 + 360 \times (1017 + 804)]\text{N}$$
$$= 3633.579\text{kN} > 500\text{kN}（满足要求）$$

【例 5-10】　已知一偏心受压构件，处于二 a 类环境，截面尺寸为 $b \times h = 300\text{mm} \times 400\text{mm}$，$a_s = a'_s = 45\text{mm}$，柱的计算长度为 4.0m，偏心矩 $e_0 = 642\text{mm}$。选用 C30 混凝土，配置 3 Φ 22 受拉钢筋（$A_s = 1140\text{mm}^2$）和 3 Φ 12 受压钢筋（$A'_s = 339\text{mm}^2$），试确定截面所能承受的轴向压力设计值。

【解】　本例题属于截面复核类。

（1）设计参数

查附表 6 及表 3-3 可知，C30 混凝土 $f_c = 14.3\text{N/mm}^2$，$\alpha_1 = 1.0$。

查附表 2 及表 3-4 可知，HRB400 级钢筋 $f_y = f'_y = 360\text{N/mm}^2$，$\xi_b = 0.518$。

$$h_0 = h - a_s = (400 - 45)\,\text{mm} = 355\,\text{mm}$$

（2）判断大、小偏心受压类别

$$e_a = \max\left\{\frac{h}{30}, 20\,\text{mm}\right\} = 20\,\text{mm}$$

$$e_i = e_0 + e_a = (642 + 20)\,\text{mm} = 662\,\text{mm} > 0.3h_0 = 106.5\,\text{mm}$$

因此，可先按大偏心受压构件进行计算。

（3）计算受压区高度 x

$$e = e_i + \frac{h}{2} - a_s = (662 + 200 - 45)\,\text{mm} = 817\,\text{mm}$$

$$e' = e_i - \frac{h}{2} + a_s' = (662 - 200 + 45)\,\text{mm} = 507\,\text{mm}$$

由式（5-31）得

$$1140 \times 360 \times 817 = 339 \times 360 \times 507 + 1.0 \times 14.3 \times 300x \times (507 - 45 + 0.5x)$$

求解 $x = 122\,\text{mm}$，满足 $2a_s' \leqslant x \leqslant \xi_b h_0$ 的条件，受压钢筋能屈服。

（4）计算弯矩作用平面内所能承受的轴向压力设计值 N_1

由式（5-14）得

$$\begin{aligned} N_1 &= \alpha_1 f_c bx + f_y' A_s' - f_y A_s = (1.0 \times 14.3 \times 300 \times 122 + 360 \times 339 - 360 \times 1140)\,\text{N} = 235020\,\text{N} \\ &= 235.02\,\text{kN} \end{aligned}$$

（5）计算垂直于弯矩作用平面所能承受的轴向压力设计值 N_2

$l_0/b = 4000/300 = 13.33$，查表 5-3 可知，$\varphi = 0.93$。

由式（5-1）得

$$\begin{aligned} N_2 &= 0.9\varphi[f_c A + f_y'(A_s' + A_s)] = 0.9 \times 0.93 \times [14.3 \times 300 \times 400 + 360 \times (339 + 1140)]\,\text{N} \\ &= 1881.944 \times 10^3\,\text{N} \end{aligned}$$

由于 $N_1 < N_2$，因此该柱能承受的轴向压力设计值为 235.02kN。

【例 5-11】 已知一偏心受压构件，处于二 a 类环境，截面尺寸为 $b \times h = 400\,\text{mm} \times 500\,\text{mm}$，$a_s = a_s' = 45\,\text{mm}$，柱的计算长度为 4.0m，偏心矩 $e_0 = 602\,\text{mm}$。选用 C30 混凝土，配置 3 ⏀ 18 受拉钢筋（$A_s = 763\,\text{mm}^2$）和 4 ⏀ 22 受压钢筋（$A_s' = 1520\,\text{mm}^2$），试确定截面所能承受的轴向压力设计值。

【解】 本例题属于截面复核类。

（1）设计参数

查附表 6 及表 3-3 可知，C30 混凝土 $f_c = 14.3\,\text{N/mm}^2$，$\alpha_1 = 1.0$。

查附表 2 及表 3-4 可知，HRB400 级钢筋 $f_y = f_y' = 360\,\text{N/mm}^2$，$\xi_b = 0.518$。

$$h_0 = h - a_s = (500 - 45)\,\text{mm} = 455\,\text{mm}$$

（2）判断大、小偏心受压类别

$$e_a = \max\left\{\frac{h}{30}, 20\,\text{mm}\right\} = 20\,\text{mm}$$

$$e_i = e_0 + e_a = (602 + 20)\,\text{mm} = 622\,\text{mm} > 0.3h_0 = 136.5\,\text{mm}$$

因此，可先按大偏心受压构件进行计算。

（3）计算受压区高度 x

$$e = e_i + \frac{h}{2} - a_s = (622 + 250 - 45)\,\text{mm} = 827\,\text{mm}$$

$$e' = e_i - \frac{h}{2} + a_s = (622 - 250 + 45)\,\text{mm} = 417\,\text{mm}$$

由式（5-31）得

$$763 \times 360 \times 827 = 1520 \times 360 \times 417 + 1.0 \times 14.3 \times 400x \times (417 - 45 + 0.5x)$$

求解 $x < 0\,\text{mm}$，确为大偏心受压，但受压区高度 $x < 2a_s'$。

（4）计算弯矩作用平面内所能承受的轴向压力设计值 N_1

由式（5-20）得

$$N_1 = \frac{f_y A_s (h_0 - a_s')}{e'} = \frac{360 \times 763 \times (455 - 45)}{417}\,\text{N} = 270069\,\text{N} = 270.07\,\text{kN}$$

（5）计算垂直于弯矩作用平面所能承受的轴向压力设计值 N_2

$\dfrac{l_0}{b} = \dfrac{4000}{400} = 10$，查表 5-3 可知，$\varphi = 0.98$。

由式（5-1）得

$$N_2 = 0.9\varphi[f_c A + f_y'(A_s' + A_s)] = 0.9 \times 0.98 \times [14.3 \times 400 \times 500 + 360 \times (763 + 1520)]\,\text{N}$$
$$= 3247.42\,\text{kN}$$

由于 $N_1 < N_2$，因此该柱能承受的轴向压力设计值为 270.07kN。

【例 5-12】　已知一偏心受压构件，处于一类环境，截面尺寸为 $b \times h = 400\text{mm} \times 600\text{mm}$，柱的计算长度为 6.0m，选用 C30 混凝土和 HRB400 级钢筋，轴向压力设计值为 $N = 3000\text{kN}$，两端弯矩相等，其弯矩设计值为 $M_1 = M_2 = 150\text{kN} \cdot \text{m}$，确定截面所需配置的纵向受力钢筋。

【解】　本例题属于截面设计类。

（1）设计参数

查附表 6 及表 3-3 可知，C30 混凝土 $f_c = 14.3\text{N}/\text{mm}^2$，$\alpha_1 = 1.0$，$\beta_1 = 0.8$。

查附表 2 及表 3-4 可知，HRB400 级钢筋 $f_y = f_y' = 360\text{N}/\text{mm}^2$，$\xi_b = 0.518$。

查附表 8 可知，一类环境，$c = 20\text{mm}$，取箍筋直径 $d_{sv} = 10\text{mm}$，纵向受力钢筋直径 $d = d' = 20\text{mm}$，则 $a_s = a_s' = c + d_{sv} + d/2 = (20 + 10 + 20 \div 2)\,\text{mm} = 40\,\text{mm}$，$h_0 = h - a_s = (600 - 40)\,\text{mm} = 560\,\text{mm}$。

（2）计算截面弯矩设计值 M

由于 $M_1/M_2 = 1 > 0.9$，因此，需考虑附加弯矩的影响。

由式（5-8）得

$$C_m = 0.7 + 0.3\frac{M_1}{M_2} = 1$$

由式（5-10）得

$$\zeta_c = \frac{0.5 f_c bh}{N} = \frac{0.5 \times 14.3 \times 400 \times 600}{3000 \times 10^3} = 0.572$$

$$e_a = \max\left\{\frac{h}{30}, 20\text{mm}\right\} = 20\text{mm}$$

由式（5-9）得

$$\eta_{ns} = 1 + \frac{1}{1300(M_2/N+e_a)/h_0}\left(\frac{l_0}{h}\right)^2 \zeta_c$$

$$= 1 + \frac{1}{1300\times(150\times10^6\div3000\times10^3+20)\div560}\times\left(\frac{6000}{600}\right)^2\times0.572 = 1.352$$

由式（5-11）得

$$M = C_m\eta_{ns}M_2 = 1.0\times1.352\times150\text{kN}\cdot\text{m} = 202.8\text{kN}\cdot\text{m}$$

（3）判断大、小偏心受压类别

$$e_0 = \frac{M}{N} = \frac{202.8}{3000}\times10^3\text{mm} = 67.6\text{mm}$$

由式（5-6）得

$$e_i = e_0 + e_a = (67.6+20)\text{mm} = 87.6\text{mm} < 0.3h_0 = 0.3\times560\text{mm} = 168\text{mm}$$

故为小偏心受压构件。

（4）计算钢筋截面面积 A_s、A_s'

$$e = e_i + \frac{h}{2} - a_s = (87.6+300-40)\text{mm} = 347.6\text{mm}$$

$$e' = \frac{h}{2} - a_s' - e_i = (300-40-87.6)\text{mm} = 172.4\text{mm}$$

1）计算受拉钢筋截面面积 A_s。

小偏心受压远离轴向压力一侧的钢筋不屈服，为使配筋较少，令

$$A_s = \rho_{min}bh = 0.002\times400\times600\text{mm}^2 = 480\text{mm}^2$$

查附表 10 可知，选 2Φ18 钢筋，实配 $A_s = 509\text{mm}^2$。

2）计算受压区高度 x。

由式（5-23）和式（5-25）得

$$Ne' = \alpha_1 f_c b\xi h_0\left(\frac{\xi h_0}{2}-a_s'\right) + f_y\frac{\xi-\beta_1}{\xi_b-\beta_1}A_s(h_0-a')$$

$$3000\times10^3\times172.4 = 1.0\times14.3\times400\xi\times560\times\left(\frac{560\xi}{2}-40\right) + 360\times\frac{\xi-0.8}{0.518-0.8}\times509\times(560-40)$$

求解 $\xi = 0.8453$，受压区高度为 $x = 473.4\text{mm}$，$\xi_{cy} = 2\beta_1-\xi_b = 2\times0.8-0.518 = 1.082$，满足 $\xi_b \leq \xi \leq \xi_{cy}$ 的条件。

3）计算受压钢筋截面面积 A_s'。

由式（5-22）得

$$A_s' = \frac{Ne-\alpha_1 f_c bx\left(h_0-\frac{x}{2}\right)}{f_y'(h_0-a_s')} = \frac{3000\times10^3\times347.6-1.0\times14.3\times400\times473.3\times(560-0.5\times473.3)}{360\times(560-40)}\text{mm}^2$$

$$= 894\text{mm}^2 > A_s' = \rho_{min}bh = 0.002\times400\times600\text{mm}^2 = 480\text{mm}^2$$

查附表 10 可知，选用 4Φ18（$A_s' = 1017\text{mm}^2$），截面总配筋率为

$$\rho = \frac{A_s + A'_s}{bh} = \frac{509 + 1017}{400 \times 600} = 0.00636 > 0.0055$$

满足配筋面积和构造要求。配筋如图 5-28 所示。

（5）验算垂直于弯矩作用平面的轴心受压承载力

由 $l_0/b = 15$，查表 5-3 可知，$\varphi = 0.895$。

经计算，配筋率不超过 3%，由式（5-1）得

$$\begin{aligned} N_u &= 0.9\varphi(f_c bh + f_y A_s + f'_y A'_s) = 0.9 \times 0.895 \times \\ &\quad (14.3 \times 400 \times 600 + 360 \times 509 + 360 \times 1017)N \\ &= 3207 \text{kN} > 3000 \text{kN}（满足要求） \end{aligned}$$

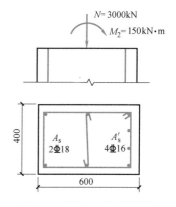

图 5-28　【例 5-12】配筋图

【例 5-13】　已知一偏心受压构件，处于一类环境，截面尺寸为 $b \times h = 400\text{mm} \times 500\text{mm}$，$a_s = a'_s = 40\text{mm}$，柱的计算长度为 6m。选用 C30 混凝土，配置 4 ⌀ 18 受拉钢筋（$A_s = 1017\text{mm}^2$）和 4 ⌀ 22 受压钢筋（$A'_s = 1520\text{mm}^2$），轴向压力设计值 $N = 2600\text{kN}$。试确定截面所能承受的弯矩设计值。

【解】　本例题属于截面复核类。

（1）设计参数

查附表 6 及表 3-3 可知，C30 混凝土 $f_c = 14.3\text{N/mm}^2$，$\alpha_1 = 1.0$，$\beta_1 = 0.8$。

查附表 2 及表 3-4 可知，HRB400 级钢筋 $f_y = f'_y = 360\text{N/mm}^2$，$\xi_b = 0.518$。

$$h_0 = h - a_s = (500 - 40)\text{mm} = 460\text{mm}$$

（2）判断大、小偏心受压类别

由式（5-19）得

$$\begin{aligned} N_b &= \alpha_1 f_c \xi_b bh_0 + f'_y A'_s - f_y A_s = (1.0 \times 14.3 \times 0.518 \times 400 \times 460 + 360 \times 1520 - 360 \times 1017)N \\ &= 1544 \text{kN} < N = 2600 \text{kN} \end{aligned}$$

可先按小偏心受压构件计算。

（3）计算受压区高度 x

由式（5-21）和式（5-25）得

$$\xi = \frac{x}{h_0} = \frac{N - f'_y A'_s - \dfrac{\beta_1}{\xi_b - \beta_1} f_y A_s}{\alpha_1 f_c bh_0 - \dfrac{1}{\xi_b - 0.8} f_y A_s} = 0.81 > \xi_b = 0.518$$

确为小偏心受压构件。

$x = 0.81 \times 460\text{mm} = 373\text{mm} < \xi_{cy} h_0$

（4）计算偏心距 e_0

由式（5-22）得

$$\begin{aligned} e &= \frac{\alpha_1 f_c bx(h_0 - 0.5x) + f'_y A'_s(h_0 - a'_s)}{N} \\ &= \frac{1.0 \times 14.3 \times 400 \times 373 \times (460 - 0.5 \times 373) + 360 \times 1520 \times (460 - 40)}{2600 \times 10^3}\text{mm} = 313\text{mm} \end{aligned}$$

由式（5-18）得

$$e_i = e - \frac{h}{2} + a'_s = (313 - 250 + 40)\,\text{mm} = 103\,\text{mm}$$

$$e_a = \max\left\{\frac{h}{30}, 20\,\text{mm}\right\} = 20\,\text{mm}$$

由式（5-6）得

$$e_0 = e_i - e_a = (103 - 20)\,\text{mm} = 83\,\text{mm}$$

（5）计算弯矩设计值 M_2

截面弯矩设计值为

$$M = Ne_0 = 2600 \times 0.083\,\text{kN} \cdot \text{m} = 215.8\,\text{kN} \cdot \text{m} = C_m \eta_{ns} M_2$$

由式（5-8）得

$$C_m = 0.7 + 0.3\frac{M_1}{M_2} = 1$$

由式（5-10）得

$$\zeta_c = \frac{0.5f_c A}{N} = \frac{0.5 \times 14.3 \times 400 \times 500}{2600 \times 10^3} = 0.55$$

$$\frac{L_0}{h} = \frac{6}{0.5} = 12$$

由式（5-9）得

$$\frac{M}{C_m M_2} = \eta_{ns} = 1 + \frac{1}{1300(M_2/N + e_a)/h_0}\left(\frac{l_0}{h}\right)^2 \zeta_c$$

求解 $M_2 = 123$ kN·m，因此，截面能够承受的弯矩设计值为 123kN·m。

（6）验算垂直于弯矩作用平面的轴心受压承载力

$l_0/b = 6 \div 0.4 = 15$，查表 5-3 可知，$\varphi = 0.895$。

经计算，配筋率不超过 3%，由式（5-1）得

$N_u = 0.9\varphi[f_c bh + f'_y(A_s + A'_s)] = 0.9 \times 0.895 \times [14.3 \times 400 \times 500 + 360 \times (1520 + 1017)]\text{N}$
$\quad\quad = 3039\text{kN} > 2600\text{kN}$（满足要求）

【例 5-14】 已知一偏心受压构件，处于一类环境，截面尺寸为 $b \times h = 300\text{mm} \times 400\text{mm}$，$a_s = a'_s = 45\text{mm}$，偏心矩 $e_0 = 80\text{mm}$，柱的计算长度为 4.0m。选用 C30 混凝土，配置 4 ⊈ 25 受拉钢筋（$A_s = 1964\text{mm}^2$）和 3 ⊈ 12 受压钢筋（$A'_s = 339\text{mm}^2$），试确定截面所能承受的轴向压力设计值。

【解】 本例题属于截面复核类。

（1）设计参数

查附表 6 及表 3-3 可知，C30 混凝土 $f_c = 14.3\text{N/mm}^2$，$\alpha_1 = 1.0$，$\beta_1 = 0.8$。

查附表 2 及表 3-4 可知，HRB400 级钢筋 $f_y = f'_y = 360\text{N/mm}^2$，$\xi_b = 0.518$。

$$h_0 = h - a_s = (400 - 45)\,\text{mm} = 355\,\text{mm}$$

（2）判断大、小偏心受压类别

$$e_a = \max\left\{\frac{h}{30}, 20\,\text{mm}\right\} = 20\,\text{mm}$$

$$e_i = e_0 + e_a = (80+20)\,\mathrm{mm} = 100\,\mathrm{mm} < 0.3h_0 = 106.5\,\mathrm{mm}$$

可先按小偏心受压构件计算。

（3）计算受压区高度 x

$$e = e_i + \frac{h}{2} - a_s = (100+200-45)\,\mathrm{mm} = 255\,\mathrm{mm}$$

$$e' = \frac{h}{2} - e_i - a'_s = (200-100+45)\,\mathrm{mm} = 145\,\mathrm{mm}$$

由式（5-25）和式（5-31）得

$$A_s f_y \frac{\xi - \beta_1}{\xi_b - \beta_1} e = A'_s f'_y e' + \alpha_1 f_c b \xi h_0 \left(e' + a'_s - \frac{\xi h_0}{2} \right)$$

$$1964 \times 360 \times \frac{\xi - 0.8}{0.518 - 0.8} \times 255 = 339 \times 360 \times 145 + 1.0 \times 14.3 \times 300 \times 355\xi \times \left(145 + 45 - \frac{355\xi}{2} \right)$$

求解 $\xi = 0.658$，受压区高度为 $x = 233.59\,\mathrm{mm}$，$\xi_{cy} = 2\beta_1 - \xi_b = 2 \times 0.8 - 0.518 = 1.082$，满足 $\xi_b \le \xi \le \xi_{cy}$ 的条件。

（4）计算弯矩作用平面内所能承受的轴向压力设计值 N

由式（5-25）得

$$\sigma_s = f_y \frac{\xi - \beta_1}{\xi_b - \beta_1} = 360 \times \frac{0.658 - 0.8}{0.518 - 0.8}\,\mathrm{N/mm^2} = 181.28\,\mathrm{N/mm^2}（拉应力）$$

由式（5-21）得

$$\begin{aligned} N_1 &= \alpha_1 f_c bx + f'_y A'_s - \sigma_s A_s \\ &= (1.0 \times 14.3 \times 300 \times 233.59 + 360 \times 339 - 181.28 \times 1964)\,\mathrm{N} \\ &= 768107\,\mathrm{N} = 768.11\,\mathrm{kN} \end{aligned}$$

为避免发生反向破坏，由式（5-27）得

$$\begin{aligned} N_2 &= \frac{\alpha_1 f_c bh \left(h'_0 - \frac{h}{2} \right) + f'_y A_s (h'_0 - a_s)}{\frac{h}{2} - a'_s - (e_0 - e_a)} \\ &= \frac{1.0 \times 14.3 \times 300 \times 400 \times (355-200) + 360 \times 1964 \times (355-45)}{[200-45-(80-20)]}\,\mathrm{N} \\ &= 5106973\,\mathrm{N} = 5106.97\,\mathrm{kN} \end{aligned}$$

由于 $N_2 > N_1$，因此，该柱能承受的轴向压力设计值为 768.107kN。

（5）计算垂直于弯矩作用平面所能承受的轴向压力设计值 N_3

$l_0/b = 4000 \div 300 = 13.33$，查表 5-3 可知，$\varphi = 0.93$。

经计算，配筋率不超过 3%，由式（5-1）得

$$\begin{aligned} N_3 &= 0.9\varphi(f_c A + f'_y A'_s) = 0.9 \times 0.93 \times [14.3 \times 300 \times 400 + 360 \times (339+1964)]\,\mathrm{N} \\ &= 2130.232 \times 10^3\,\mathrm{N} \end{aligned}$$

由于 $N_1 < N_3$，因此，该柱能承受的轴向压力设计值为 768.11kN。

5.5 矩形截面对称配筋偏心受压构件的正截面承载力计算

在工程设计中，考虑各种荷载的组合，偏心受压构件常常要承受变号弯矩的作用，当两者数值相差不大时，或即使相差较大，但按对称配筋设计求得的纵向受力钢筋总量比按非对称配筋设计求得的纵向受力钢筋总量增加不多时，为使构造简单及便于施工，宜采用对称配筋。装配式偏心受压构件，为了保证安装时不会出现错误，一般也宜采用对称配筋。对称配筋是指截面的两侧采用相同钢筋级别和数量的配筋，即 $A_s = A'_s$，$f_y = f'_y$，且 $a_s = a'_s$。

5.5.1 截面设计

1. 截面受压类型的判别

由式（5-19）可知，当 $A_s = A'_s$，$f_y = f'_y$ 时，$N_b = \alpha_1 f_c \xi_b b h_0$。因此，当 $N > N_b$ 时，为小偏心受压；当 $N \leqslant N_b$ 为大偏心受压。

2. 大偏心受压构件截面设计

由式（5-14）可求出受压区高度

$$x = \frac{N}{\alpha_1 f_c b} \tag{5-32}$$

将式（5-32）求出的 x 代入（5-15）可得

$$A'_s = A_s = \frac{Ne - \alpha_1 f_c bx\left(h_0 - \dfrac{x}{2}\right)}{f'_y(h_0 - a'_s)} \tag{5-33}$$

若 $x < 2a'_s$，对受压钢筋合力点取矩，按下式求 A_s 和 A'_s：

$$A'_s = A_s = \frac{N\left(e_i - \dfrac{h}{2} + a'_s\right)}{f'_y(h_0 - a'_s)} \tag{5-34}$$

3. 小偏心受压构件截面设计

在小偏心受压的情况下，远离轴力一侧的钢筋不屈服，且 $A_s = A'_s$，$f_y = f'_y$，由式（5-21）和式（5-25）可得

$$N = \alpha_1 f_c \xi b h_0 + f'_y A'_s \frac{\xi_b - \xi}{\xi_b - \beta_1} \tag{5-35}$$

或

$$f'_y A'_s = (N - \alpha_1 f_c b h_0)\frac{\xi_b - \beta_1}{\xi_b - \xi} \tag{5-36}$$

将式（5-36）代入式（5-22）可得

$$Ne = \frac{\xi_b - \xi}{\xi_b - \beta_1} = \alpha_1 f_c b h_0^2 \xi(1 - 0.5\xi)\frac{\xi_b - \xi}{\xi_b - \beta_1} + (N - \alpha_1 f_c \xi b h_0)(h_0 - a'_s) \tag{5-37}$$

式（5-37）是一个 ξ 的三次方程，用于设计是非常不便的。为了化简计算，设式（5-37）等号右侧第一项中含有 ξ 的表达式用 Y 表示

$$Y = \xi(1-0.5\xi)\frac{\xi_b - \xi}{\xi_b - \beta_1} \tag{5-38}$$

对于给定的钢筋级别和混凝土强度等级，ξ_b 和 β_1 为 定值。根据试验研究，当 $\xi > \xi_b$ 时，Y 与 ξ 的关系近似直线，对常用的钢材可近似取：

$$Y = 0.43\frac{\xi_b - \xi}{\xi_b - \beta_1} \tag{5-39}$$

将式（5-39）代入（5-37），经整理后可得 ξ 的计算公式为

$$\xi = \frac{N - \xi_b \alpha_1 f_c b h_0}{\dfrac{Ne - 0.43\alpha_1 f_c b h_0^2}{(\beta_1 - \xi_b)(h_0 - a_s')} + \alpha_1 f_c b h_0} + \xi_b \tag{5-40}$$

将算得的 ξ 代入式（5-22），则计算矩形截面对称配筋小偏心受压构件钢筋截面积的公式为

$$A_s' = A_s = \frac{Ne - \xi(1-0.5\xi)\alpha_1 f_c b h_0^2}{f_y'(h_0 - a_s')} \tag{5-41}$$

5.5.2　截面复核

对称配筋矩形截面承载力的复核与非对称配筋矩形截面的相同，只是引入对称配筋条件 $A_s = A_s'$，$f_y = f_y'$。与非对称配筋一样，也应同时考虑弯矩作用平面的承载力及垂直于弯矩作用平面的承载力。

【例 5-15】　已知条件同【例 5-4】，采用对称配筋，确定截面所需配置的纵向受力钢筋。

【解】　本例题属于截面设计类。

（1）设计参数

查附表 6 及表 3-3 可知，C30 混凝土 $f_c = 14.3\text{N/mm}^2$，$\alpha_1 = 1.0$。

查附表 2 及表 3-4 可知，HRB400 级钢筋 $f_y = f_y' = 360\text{N/mm}^2$，$\xi_b = 0.518$。

查附表 8 可知，一类环境，$c = 20\text{mm}$，取箍筋直径 $d_{sv} = 10\text{mm}$，纵向受力钢筋直径 $d = d' = 20\text{mm}$，则 $a_s = a_s' = c + d_{sv} + d/2 = (20+10+20\div2)\text{mm} = 40\text{mm}$，$h_0 = h - a_s = (400-40)\text{mm} = 360\text{mm}$。

（2）计算截面弯矩设计值 M

由于 $M_1/M_2 = 1 > 0.9$，因此，需考虑附加弯矩的影响。

由式（5-8）得

$$C_m = 0.7 + 0.3\frac{M_1}{M_2} = 1$$

由式（5-10）得

$$\zeta_c = \frac{0.5 f_c bh}{N} = \frac{0.5 \times 14.3 \times 300 \times 400}{500 \times 10^3} = 1.72 > 1.0$$

取 $\zeta_c = 1.0$。

$$e_a = \max\left\{\frac{h}{30}, 20mm\right\} = 20mm$$

由式（5-9）得

$$\eta_{ns} = 1 + \frac{1}{1300(M_2/N + e_a)/h_0}\left(\frac{l_0}{h}\right)^2 \zeta_c = 1 + \frac{1}{1300\times(230\times10^6\div500\times10^3+20)\div360}\times\left(\frac{4000}{400}\right)^2\times1.0$$

$$= 1.058$$

由式（5-11）得

$$M = C_m\eta_{ns}M_2 = 1.0\times1.058\times230kN\cdot m = 243.34kN\cdot m$$

（3）判断大、小偏心受压类别

由式（5-19）得

$$N_b = \alpha_1 f_c \xi_b b h_0 = 1.0\times14.3\times0.518\times300\times360\times10^{-3}kN = 800kN > N = 500kN$$

故为大偏心受压构件。

（4）计算钢筋截面面积 A_s 和 A_s'

$$e_0 = \frac{M}{N} = \frac{243.34}{500}\times10^3 mm = 486.7mm$$

$$e_i = e_0 + e_a = (486.68+20)mm = 506.68mm$$

由式（5-14）得

$$x = \frac{N}{\alpha_1 f_c b} = \frac{500\times10^3}{1.0\times14.3\times300}mm = 116.6mm > 2a_s' = 80mm$$

由式（5-18）得

$$e = e_i + \frac{h}{2} - a_s = (506.7+200-40)mm = 666.7mm$$

将上述参数代入式（5-33）得

$$A_s' = \frac{Ne - \alpha_1 f_c b x\left(h_0 - \frac{x}{2}\right)}{f_y'(h_0 - a_s')}$$

$$= \frac{500\times10^3\times666.7 - 1.0\times14.3\times300\times116.6\times(360-0.5\times116.6)}{360\times(360-40)}mm^2$$

$$= 1584mm^2 > \rho_{min}'bh = 240mm^2$$

（5）选配钢筋

查附表 10 可知，受拉和受压钢筋选用 2 ⚎ 25 + 2 ⚎ 22 $[A_s = A_s' = (982+760)mm^2 = 1742mm^2]$，截面总配筋率 $\rho = \frac{A_s + A_s'}{bh} = \frac{2\times1742}{300\times400} = 0.029 > 0.0055$，满足构造要求，配筋如

图 5-29 所示。

与【例 5-4】计算结果比较可知,对称配筋用钢量有所增加。

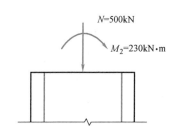

(6) 验算垂直于弯矩作用平面的轴心受压承载力

$l_0/b = 4000 \div 300 = 13.33$,查表 5-3 可知,$\varphi = 0.93$。

经计算,配筋率不超过 3%,由式(5-1)得

$$N = 0.9\varphi(f_c bh + f_y A_s + f'_y A'_s) = 0.9 \times 0.93 \times$$
$$(14.3 \times 300 \times 400 + 360 \times 2 \times 1742)N$$
$$= 2486.1kN > 500kN \text{(满足要求)}$$

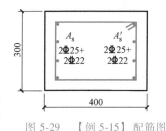

图 5-29 【例 5-15】配筋图

【例 5-16】 钢筋混凝土偏心受压柱,截面尺寸 $b \times h = 300mm \times 400mm$,柱的计算长度为 4.0m,选用 C30 混凝土和 HRB400 级钢筋,轴向压力设计值为 $N = 212kN$,柱端较大弯矩设计值 $M_2 = 135kN \cdot m$(按两端弯矩相等考虑),采用对称配筋方式,确定截面所需配置的纵向受力钢筋。

【解】 本例题属于截面设计类。

(1) 设计参数

查附表 6 及表 3-3 可知,C30 混凝土 $f_c = 14.3N/mm^2$,$\alpha_1 = 1.0$。

查附表 2 及表 3-4 可知,HRB400 级钢筋 $f_y = f'_y = 360N/mm^2$,$\xi_b = 0.518$。

查附表 8 可知,一类环境,$c = 20mm$,取箍筋直径 $d_{sv} = 10mm$,纵向受力钢筋直径 $d = d' = 20mm$,则 $a_s = a'_s = c + d_{sv} + d/2 = (20 + 10 + 20 \div 2)mm = 40mm$,$h_0 = h - a_s = (400 - 40)mm = 360mm$。

(2) 计算弯矩设计值 M

由于 $M_1/M_2 = 1 > 0.9$,因此,需考虑附加弯矩的影响。

由式(5-8)得

$$C_m = 0.7 + 0.3\frac{M_1}{M_2} = 1$$

由式(5-10)得

$$\zeta_c = \frac{0.5f_c bh}{N} = \frac{0.5 \times 14.3 \times 300 \times 400}{212 \times 10^3} = 4.05 > 1.0$$

取 $\zeta_c = 1.0$。

$$e_a = \max\left\{\frac{h}{30}, 20mm\right\} = 20mm$$

由式(5-9)得

$$\eta_{ns} = 1 + \frac{1}{1300(M_2/N + e_a)/h_0}\left(\frac{l_0}{h}\right)^2\zeta_c = 1 + \frac{1}{1300 \times (135 \times 10^6 \div 212 \times 10^3 + 20) \div 360} \times \left(\frac{4000}{400}\right)^2 \times 1.0$$

$$= 1.042$$

由式(5-11)得

$$M = C_m\eta_{ns}M_2 = 1.0 \times 1.042 \times 135kN \cdot m = 140.67kN \cdot m$$

（3）判断大、小偏心受压类别

由式（5-19）得

$$N_b = \alpha_1 \xi_b f_c b h_0 = 1.0 \times 0.518 \times 14.3 \times 300 \times 360 \text{N} = 800 \text{kN} > N = 212 \text{kN}$$

故为大偏心受压构件。

因此，可先按大偏心受压构件进行计算。

（4）计算钢筋截面面积 A_s 和 A_s'

$$e_0 = \frac{M}{N} = \frac{140.67}{212} \times 10^3 \text{mm} = 663.54 \text{mm}$$

由式（5-6）得

$$e_i = e_0 + e_a = (663.54 + 20)\text{mm} = 683.54 \text{mm}$$

由式（5-14）得

$$x = \frac{N}{\alpha_1 f_c b} = \frac{212 \times 10^3}{1.0 \times 14.3 \times 300}\text{mm} = 49.4 \text{mm} < 2a_s' = 80 \text{mm}$$

由式（5-34）得

$$A_s' = A_s = \frac{N\left(e_i - \dfrac{h}{2} + a_s'\right)}{f_y'(h_0 - a_s')} = \frac{212 \times 10^3 \times (683.54 - 200 + 40)}{360 \times (360 - 40)}\text{mm}^2 = 963.46 \text{mm}^2 > \rho_{min}' bh = 240 \text{mm}^2$$

（5）选配钢筋

受拉和受压钢筋选用 4 Φ 18（$A_s' = A_s = 1017 \text{mm}^2$），满足构造要求。配筋如图 5-30 所示。

（6）验算垂直于弯矩作用平面的轴心受压承载力

$l_0/b = 4000 \div 300 = 13.33$，查表 5-3 可知，$\varphi = 0.93$。

经计算，配筋率不超过 3%，由式（5-1）得

$$N = 0.9\varphi(f_c bh + f_y A_s + f_y' A_s') = 0.9 \times 0.93 \times$$
$$(14.3 \times 300 \times 400 + 2 \times 360 \times 1017)\text{N}$$
$$= 2049.177 \text{kN} > 212 \text{kN}（满足要求）$$

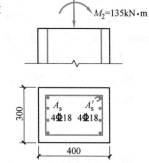

图 5-30 【例 5-16】配筋图

【例 5-17】 已知条件同【例 5-12】，采用对称配筋，确定截面所需配置的纵向受力钢筋。

【解】 本例题属于截面设计类。

（1）设计参数

查附表 6 及表 3-3 可知，C30 混凝土 $f_c = 14.3 \text{N/mm}^2$，$\alpha_1 = 1.0$。

查附表 2 及表 3-4 可知，HRB400 级钢筋 $f_y = f_y' = 360 \text{N/mm}^2$，$\xi_b = 0.518$。

查附表 8 可知，一类环境，$c = 20\text{mm}$，取箍筋直径 $d_{sv} = 10\text{mm}$，纵向受力钢筋直径 $d = d' = 20\text{mm}$，则 $a_s = a_s' = c + d_{sv} + d/2 = (20 + 10 + 20 \div 2)\text{mm} = 40\text{mm}$，$h_0 = h - a_s = (600 - 40)\text{mm} = 560\text{mm}$。

（2）计算截面弯矩设计值 M

由于 $M_1/M_2 = 1 > 0.9$，因此，需考虑附加弯矩的影响。

由式（5-8）得

$$C_m = 0.7 + 0.3\frac{M_1}{M_2} = 1$$

由式（5-10）得

$$\zeta_c = \frac{0.5 f_c bh}{N} = \frac{0.5 \times 14.3 \times 400 \times 600}{3000 \times 10^3} = 0.572$$

$$e_a = \max\left\{\frac{h}{30}, 20\text{mm}\right\} = 20\text{mm}$$

由式（5-9）得

$$\eta_{ns} = 1 + \frac{1}{1300(M_2/N + e_a)/h_0}\left(\frac{l_0}{h}\right)^2 \zeta_c$$

$$= 1 + \frac{1}{1300 \times (150 \times 10^6 \div 3000 \times 10^3 + 20) \div 560} \times \left(\frac{6000}{600}\right)^2 \times 0.572$$

$$= 1.352$$

由式（5-11）得

$$M = C_m \eta_{ns} M_2 = 1.0 \times 1.352 \times 150\text{kN} \cdot \text{m} = 202.8\text{kN} \cdot \text{m}$$

（3）判断大、小偏心受压类别

$$N_b = \alpha_1 f_c \xi_b bh_0 = 1.0 \times 14.3 \times 0.518 \times 400 \times 560 \times 10^{-3}\text{kN} = 1659.3\text{kN} < 3000\text{kN}$$

为小偏心受压。

（4）计算钢筋截面面积 A_s 和 A_s'

$$e_0 = \frac{M}{N} = \frac{202.8}{3000} \times 10^3\text{mm} = 67.6\text{mm}$$

由式（5-6）得

$$e_i = e_0 + e_a = (67.6 + 20)\text{mm} = 87.6\text{mm}$$

由式（5-18）

$$e = e_i + \frac{h}{2} - a_s = (87.6 + 300 - 40)\text{mm} = 347.6\text{mm}$$

由式（5-40）得

$$\xi = \frac{N - \xi_b \alpha_1 f_c bh_0}{\dfrac{Ne - 0.43\alpha_1 f_c bh_0^2}{(0.8 - \xi_b)(h_0 - a_s')} + \alpha_1 f_c bh_0} + \xi_b = 0.783$$

由式（5-41）得

$$A_s' = A_s = \frac{Ne - \xi(1 - 0.5\xi)\alpha_1 f_c bh_0^2}{f_y'(h_0 - a_s')}$$

$$= \frac{3000 \times 10^3 \times 347.6 - 0.783 \times (1 - 0.5 \times 0.783) \times 1.0 \times 14.3 \times 400 \times 560^2}{360 \times (560 - 40)}\text{mm}^2$$

$$= 1005\text{mm}^2 > \rho_{min}bh = 0.002 \times 400 \times 600\text{mm}^2 = 480\text{mm}^2$$

查附表 10 可知，受拉和受压钢筋选用 4 Φ 18（$A_s = A_s' = 1017\text{mm}^2$），满足截面总配筋率

为 $\rho = \dfrac{A_s + A_s'}{bh} = \dfrac{2 \times 1017}{400 \times 600} = 0.85\% > 0.55\%$ 的构造要求。配筋如图 5-31 所示。

（5）验算垂直于弯矩作用平面的轴心受压承载力

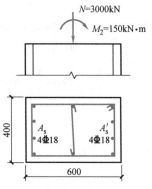

图 5-31 【例 5-17】配筋图

$l_0/b = 6000 \div 400 = 15$，查 5-3 可知，$\varphi = 0.895$。

经计算，配筋率不超过 3%，由式（5-1）得

$$N_u = 0.9\varphi[f_c A + f'_y(A'_s + A_s)] = 0.9 \times 0.895 \times$$
$$(14.3 \times 400 \times 600 + 360 \times 1017 + 360 \times 1017)N$$
$$= 3354 \times 10^3 N > N = 3000kN \quad (满足要求)$$

5.6 Ⅰ形截面偏心受压构件的正截面承载力计算

在现浇刚架及拱架中，由于结构构造的原因，经常出现Ⅰ形截面的偏心受压构件；在单层工业厂房中，为了节省混凝土和减轻构件自重，对于截面高度大于 600mm 的柱，也常采用Ⅰ形截面。

Ⅰ形截面的一般截面形式如图 5-32 所示，其两侧翼缘的宽度及厚度通常是对应相同的，即 $b'_f = b_f$，$h'_f = h_f$。

5.6.1 基本公式及适用条件

因为Ⅰ形截面偏心受压构件的正截面破坏特征与矩形截面的相似，同样存在大偏心受压和小偏心受压两种破坏情况，所以Ⅰ形截面偏心受压构件的正截面承载力计算方法与矩形截面的也基本相同，区别只在于Ⅰ形截面需要考虑受压翼缘的作用，受压区的截面形状一般较为复杂。

图 5-32 Ⅰ形截面形式

1. 大偏心受压情况

当截面受压区高度 $x \leqslant \xi_b h_0$ 时，属于大偏心受压情况。按 x 的大小，可分为两类。

1）当 $x \leqslant h'_f$ 时，截面受力情况如图 5-33 所示，受压区为矩形，整个截面相当于宽度为 b'_f 的矩形截面。该情况下的基本公式为

$$N \leqslant N_u = \alpha_1 f_c b'_f x + f'_y A'_s - f_y A_s \tag{5-42}$$

$$Ne \leqslant N_u e = \alpha_1 f_c b'_f x\left(h_0 - \frac{x}{2}\right) + f'_y A'_s(h_0 - \alpha'_s) \tag{5-43}$$

适用条件：$x \geq 2a'_s$。

2）当 $x > h'_f$ 时，截面受力情况如图 5-34 所示，受压区为 T 形。该情况下的基本公式为

$$N \leq N_u = \alpha_1 f_c [bx + (b'_f - b)h'_f] + f'_y A'_s - f_y A_s \tag{5-44}$$

$$Ne \leq N_u e = \alpha_1 f_c [bx(h_0 - 0.5x) + (b'_f - b)h'_f(h_0 - 0.5h'_f)] + f'_y A'_s(h_0 - a'_s) \tag{5-45}$$

适用条件：$x \leq \xi_b h_0$。

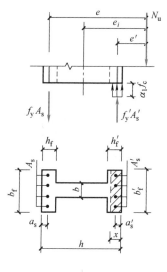

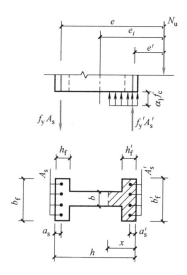

图 5-33　$x \leq h'_f$ 时计算简图　　　　　图 5-34　$h'_f < x \leq \xi_b h_0$ 时计算简图

2. 小偏心受压情况

当截面受压区高度 x 大于 $\xi_b h_0$ 时，属于小偏心受压情况，按 x 的大小，也可分为两类。

1）当 $x \leq h - h_f$ 时，截面受力情况如图 5-35 所示，受压区仍为 T 形。该情况下的基本公式为

$$N \leq N_u = \alpha_1 f_c [bx + (b'_f - b)h'_f] + f'_y A'_s - \sigma_s A_s \tag{5-46}$$

$$Ne \leq N_u e = \alpha_1 f_c [bx(h_0 - 0.5x) + (b'_f - b)h'_f(h_0 - 0.5h'_f)] + f'_y A'_s(h_0 - a'_s) \tag{5-47}$$

2）当 $x > h - h_f$ 时，截面受力情况如图 5-36 所示，受压区为 I 形，该情况下的基本公式为

$$N \leq N_u = \alpha_1 f_c A_c + f'_y A'_s - \sigma_y A_s \tag{5-48}$$

$$Ne \leq N_u e = \alpha_1 f_c S_c + f'_y A'_s(h_0 - a'_s) \tag{5-49}$$

其中，

$$A_c = bx + (b'_f - b)h'_f + (b_f - b)(x - h + h_f)$$

$$S_c = bx(h_0 - 0.5x) + (b'_f - b)h'_f(h_0 - 0.5h'_f) + (b_f - b)(x - h + h_f)[h_f - a_s - 0.5(x - h + h_f)]$$

与矩形截面相同，钢筋应力 σ_s 可按式（5-25）计算，钢筋应力需符合式（5-26）的要求。

运用式（5-48）和式（5-49）要求 $x < h$。

当全截面受压（$x \geq h$）时，应考虑附加偏心距 e_a 与偏心距 e_0 反向对 A_s 的不利影响，不计偏心距增大系数，取初始偏心距 $e_i = e_0 - e_a$，按下式计算 A_s：

$$A_s = \frac{N[0.5h-a_s'-(e_0-e_a)]-\alpha_1 f_c[bh+(b_f'-b)h_f'+(b_f-b)h_f](0.5h-a_s')}{f_y'(h_0-a_s')} \quad (5\text{-}50)$$

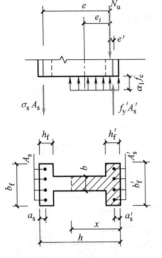

图 5-35 $\xi_b h_0 < x \leqslant h-h_f$ 时计算简图

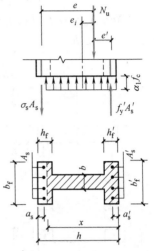

图 5-36 $x > h-h_f$ 时计算简图

5.6.2 对称配筋的计算

在实际工程中，I 形截面一般按对称配筋原则进行配筋，即取 $A_s' = A_s$、$f_y' = f_y$、$a_s' = a_s$。进行截面设计时，可分情况按下列方法计算。

1) 当 $N \leqslant \alpha_1 f_c b_f' h_f'$ 时，$x \leqslant h_f'$，可按宽度为 b_f' 的大偏心受压矩形截面计算。

$$x = \frac{N}{\alpha_1 f_c b_f'} \quad (5\text{-}51)$$

$$A_s' = A_s = \frac{Ne-\alpha_1 f_c b_f' x(h_0-0.5x)}{f_y'(h_0-a_s')} \quad (5\text{-}52)$$

2) 当 $\alpha_1 f_c [\xi_b b h_0 + (b_f'-b) h_f'] > N > \alpha_1 f_c b_f' h_f'$ 时，$h_f' < x < \xi_b h_0$，可按大偏心受压处理。

$$x = \frac{N-\alpha_1 f_c(b_f'-b)h_f'}{\alpha_1 f_c b} \quad (5\text{-}53)$$

$$A_s' = A_s = \frac{Ne-\alpha_1 f_c[bx(h_0-0.5x)+(b_f'-b)h_f'(h_0-0.5h_f')]}{f_y'(h_0-a_s')} \quad (5\text{-}54)$$

3) 当 $N > \alpha_1 f_c[\xi_b b h_0 + (b_f'-b)h_f']$ 时，$x > \xi_b h_0$，为了避免求解关于 ξ 的三次方程，可按下式计算 ξ：

$$\xi = \frac{N-\alpha_1 f_c[\xi_b b h_0 + (b_f'-b)h_f']}{\dfrac{Ne-\alpha_1 f_c[0.43bh_0^2+(b_f'-b)h_f'(h_0-0.5h_f')]}{(\beta_1-\xi_b)(h_0-a_s')}+\alpha_1 f_c b h_0}+\xi_b \quad (5\text{-}55)$$

进而得到 $x = \xi h_0$。如果 $x \leqslant h-h_f$，则可代入式（5-47）计算得到 $A_s' = A_s$；如果 $x > h-h_f$，则需按式（5-48）和式（5-49）等重新计算 ξ，而后再计算 $A_s' = A_s$。

【例 5-18】 某对称 I 形截面柱，$b_f' = b_f = 400\text{mm}$，$b = 100\text{mm}$，$h_f' = h_f = 120\text{mm}$，$h = $

600mm，取 $C_m\eta_{ns}=1.0$。处于一类环境，选用 C30 混凝土和 HRB400 级钢筋，轴向压力设计值 $N=750\text{kN}$，弯矩设计值 $M=400\text{kN}\cdot\text{m}$。采用对称配筋，确定截面所需配置的纵向受力钢筋。

【解】　本例题属于截面设计类。

（1）设计参数

查附表 6 及表 3-3 可知，C30 混凝土 $f_c=14.3\text{N/mm}^2$，$\alpha_1=1.0$。

查附表 2 及表 3-4 可知，HRB400 级钢筋 $f_y=f_y'=360\text{N/mm}^2$，$\xi_b=0.518$。

查附表 8 可知，一类环境，$c=20\text{mm}$，取箍筋直径 $d_{sv}=10\text{mm}$，纵向受力钢筋直径 $d=d'=20\text{mm}$，则 $a_s'=a_s=c+d_{sv}+d/2=(20+10+20\div2)\text{mm}=40\text{mm}$，$h_0=h-a_s=(600-40)\text{mm}=560\text{mm}$。

（2）判断大、小偏心受压类别

$$\alpha_1 f_c b_f' h_f'=1.0\times14.3\times400\times120\text{N}=686400\text{N}<N=750\text{kN}$$

$$\alpha_1 f_c[\xi_b bh_0+(b_f'-b)h_f']=1.0\times14.3\times[0.518\times100\times560+(400-100)\times120]\text{N}$$
$$=929.6\text{kN}>N=750\text{kN}$$

该截面为中和轴通过腹板的大偏压 I 形截面，按式（5-53）和式（5-54）计算。

（3）计算受压区高度 x

由式（5-53）得

$$x=\frac{N-\alpha_1 f_c(b_f'-b)h_f'}{\alpha_1 f_c b}=\frac{750\times10^3-1.0\times14.3\times(400-100)\times120}{1.0\times14.3\times100}\text{mm}=164.5\text{mm}$$

$$\xi_b h_0=0.518\times560\text{mm}=290\text{mm}>x>h_f'=100\text{mm}\text{（满足适用条件）}$$

（4）计算钢筋截面面积 A_s 和 A_s'

$$e_0=\frac{M}{N}=\frac{400}{750}\times10^3\text{mm}=533\text{mm}$$

$$e_a=\max\left\{\frac{h}{30},20\text{mm}\right\}=20\text{mm}$$

由式（5-6）得

$$e_i=e_0+e_a=(533+20)\text{mm}=553\text{mm}$$

由式（5-18）得

$$e=e_i+\frac{h}{2}-a_s=\left(553+\frac{600}{2}-40\right)\text{mm}=813\text{mm}$$

由式（5-54）得

$$A_s=A_s'=\frac{Ne-\alpha_1 f_c[bx(h_0-0.5x)+(b_f'-b)h_f'(h_0-0.5h_f')]}{f_y'(h_0-a_s')}$$

$$=\frac{750\times10^3\times813-1.0\times14.3\times[100\times164.5\times(560-0.5\times164.5)+(400-100)\times120\times(560-0.5\times120)]}{360\times(560-40)}\text{mm}^2$$

$$=1282\text{mm}^2$$

（5）选配钢筋

查附表 10 可知，每边选配 4 Φ 22（$A_s=A_s'=1520\text{mm}^2$）。

$$A=bh+2(b_f'-b)h_f'=[100\times600+2\times(400-100)\times120]\text{mm}^2=132000\text{mm}^2$$

$$A_s=A_s'=1520\text{mm}^2>0.006A/2=396\text{mm}^2\text{（符合要求）}$$

配筋如图 5-37 所示。

【例 5-19】 某单层工业厂房柱,其下柱为 I 形截面,处于一类环境, $b'_f = b_f = 350\text{mm}$, $b = 80\text{mm}$, $h'_f = h_f = 112\text{mm}$, $h = 700\text{mm}$ 。截面控制内力设计值为 $M = 400\text{kN} \cdot \text{m}$, $N = 1000\text{kN}$;选用 C35 混凝土和 HRB400 级钢筋。采用对称配筋,确定截面所需配置的纵向受力钢筋。

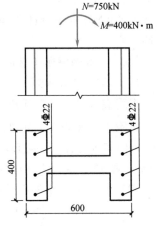

图 5-37 【例 5-18】配筋图

【解】 本例题属于截面设计类。

(1) 设计参数

查附表 6 及表 3-3 可知,C35 混凝土 $f_c = 16.7\text{N/mm}^2$, $\alpha_1 = 1.0$, $\beta_1 = 0.8$ 。

查附表 2 及表 3-4 可知,HRB400 级钢筋 $f_y = f'_y = 360\text{N/mm}^2$, $\xi_b = 0.518$ 。

查附表 8 可知,一类环境, $c = 20\text{mm}$,取箍筋直径 $d_{sv} = 10\text{mm}$,纵向受力钢筋直径 $d = d' = 20\text{mm}$,则 $a'_s = a_s = c + d_{sv} + d/2 = (20 + 10 + 20 \div 2)\text{mm} = 40\text{mm}$, $h_0 = h - a_s = (700 - 40)\text{mm} = 660\text{mm}$ 。

(2) 判断大、小偏心受压类别

$\alpha_1 f_c [\xi_b b h_0 + (b'_f - b) h'_f] = 1.0 \times 16.7 \times [0.518 \times 80 \times 660 + (350 - 80) \times 112]\text{N} = 961.76\text{kN} < 1000\text{kN}$

为小偏心受压 I 形截面。

(3) 计算受压区高度 x

$$e_0 = \frac{M}{N} = \frac{400}{1000} \times 10^3 \text{mm} = 400\text{mm}$$

$$e_a = \max\left\{\frac{h}{30}, 20\text{mm}\right\} = 23\text{mm}$$

由式 (5-6) 得

$$e_i = e_0 + e_a = (400 + 23)\text{mm} = 423\text{mm}$$

由式 (5-18) 得

$$e = e_i + \frac{h}{2} - a_s = \left(423 + \frac{700}{2} - 40\right)\text{mm} = 733\text{mm}$$

由式 (5-55) 得

$$\xi = \frac{N - \alpha_1 f_c [\xi_b b h_0 + (b'_f - b) h'_f]}{\dfrac{Ne - \alpha_1 f_c [0.43 b h_0^2 + (b'_f - b) h'_f (h_0 - 0.5 h'_f)]}{(\beta_1 - \xi_b)(h_0 - a'_s)} + \alpha_1 f_c b h_0} + \xi_b$$

$$= \frac{1000 \times 10^3 - 1.0 \times 16.7 \times [0.518 \times 80 \times 660 + (350 - 80) \times 112]}{\dfrac{1000 \times 10^3 \times 733 - 1.0 \times 16.7 \times [0.43 \times 80 \times 660^2 + (350 - 80) \times 112 \times (660 - 0.5 \times 112)]}{(0.8 - 0.518) \times (660 - 40)} + 1.0 \times 16.7 \times 80 \times 660} +$$

$$0.518 = 0.538$$

$$x = \xi h_0 = 0.538 \times 660\text{mm} = 355.08\text{mm} > \xi_b h_0 = 0.518 \times 660\text{mm} = 342\text{mm}$$

且

$$x < h - h_f = (700 - 112)\text{mm} = 588\text{mm}$$

满足中和轴在腹板内的小偏心受压适用条件。

（4）计算钢筋截面面积 A_s 和 A_s'

由式（5-47）得

$$A_s = A_s' = \frac{Ne - \alpha_1 f_c [bx(h_0 - 0.5x) + (b_f' - b)h_f'(h_0 - 0.5h_f')]}{f_y'(h_0 - a_s')}$$

$$= \frac{1000 \times 10^3 \times 733 - 1.0 \times 16.7 \times [80 \times 355.08 \times (660 - 0.5 \times 355.08) + (350 - 80) \times 112 \times (660 - 0.5 \times 112)]}{360 \times (660 - 40)} \mathrm{mm}^2$$

$$= 892 \mathrm{mm}^2$$

（5）选配钢筋

查附表 10 可知，每边选配 4 ⏀ 18（$A_s = A_s' = 1017 \mathrm{mm}^2$）。

$$A = bh + 2(b_f' - b)h_f' = [80 \times 700 + 2 \times (350 - 80) \times 112] \mathrm{mm}^2 = 116480 \mathrm{mm}^2$$

$$A_s = A_s' = 1017 \mathrm{mm}^2 > 0.006A/2 = 0.003 \times 116480 \mathrm{mm}^2 = 349 \mathrm{mm}^2 \quad （符合要求）$$

配筋如图 5-38 所示。

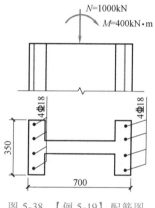

图 5-38　【例 5-19】配筋图

5.7　偏心受压构件的正截面承载力 M-N 的关系

对于给定截面、配筋及材料的偏心受压构件，无论是大偏心受压，还是小偏心受压，达到承载力极限状态时，截面所能承受的内力设计值 N 和 M 是互为相关的。N 的大小受到 M 大小的制约并影响 M，M 的大小受到 N 大小的制约并影响 N，这种相关性会直接甚至从根本上影响构件截面的破坏形态、承载能力及配筋情况，从而决定了截面的工作性质和性能，进而决定了结构设计的经济性。因此，必须分析偏心受压构件承载力的 N 与 M 之间的相关性。

5.7.1　大偏心受压

由式（5-32）知，对称配筋矩形截面大偏心受压时的受压区高度为 $x = N/\alpha_1 f_c b$，忽略附加偏心距的影响，则

$$e = e_0 + \frac{h}{2} - a_s = \frac{M}{N} + \frac{h}{2} - a_s \qquad (5-56)$$

将式（5-56）代入式（5-15），得

$$M = \alpha_1 f_c bx \left(h_0 - \frac{x}{2} \right) + f_y A_s (h_0 - a_s') - N \left(\frac{h}{2} - a_s' \right) \qquad (5-57)$$

将 $x = N/\alpha_1 f_c b$ 代入式（5-57），整理得

$$M = \frac{N^2}{2\alpha_1 f_c b} + N \frac{h}{2} + f_y A_s (h_0 - a_s') \qquad (5-58)$$

式（5-58）为大偏心受压 M-N 关系表达式，该式表明，大偏心受压时，M-N 为二次抛物线关系，如图 5-39 中的 AB 曲线段，随着 N 的增大，M 相应地增大。

5.7.2 小偏心受压

仿照大偏心受压情况，整理式（5-21）及式（5-25）得对称配筋矩形截面小偏心受压时的相对受压区高度为

$$\xi = \frac{N(\xi_b - \beta_1) - f_y A_s \xi_b}{\alpha_1 f_c bh_0 (\xi_b - \beta_1) - f_y A_s} \qquad (5-59)$$

将式（5-59）代入式（5-37），整理得出 M 与 N 也为二次抛物线关系（过程略去），如图 5-39 中的 BC 曲线段。随着 N 的增大，M 相应地减小。

5.7.3 内力组合

1. M-N 相关曲线与极限状态内力组合

将上述分析出的大、小偏心受压情况下的 M 与 N 之间的关系以图的形式表示出来，得到偏心受压构件的 M-N 相关曲线，如图 5-39 所示。该图表明：

1）偏心受压构件的极限承载力 M 与 N 之间是互为相关的。当截面处于大偏心受压状态时，随着 N 的增大，M 也将增大；当截面处于小偏心受压状态时，随着 N 的增大，M 反而减小。图中 B 点为大、小偏心受压状态的分界点，此时构件的抗弯承载力达到最大值；A 点代表截面处于受弯状态，此时从理论上讲构件不受压；C 点代表截面处于轴心受压状态，此时构件受压承载力达到最大值。

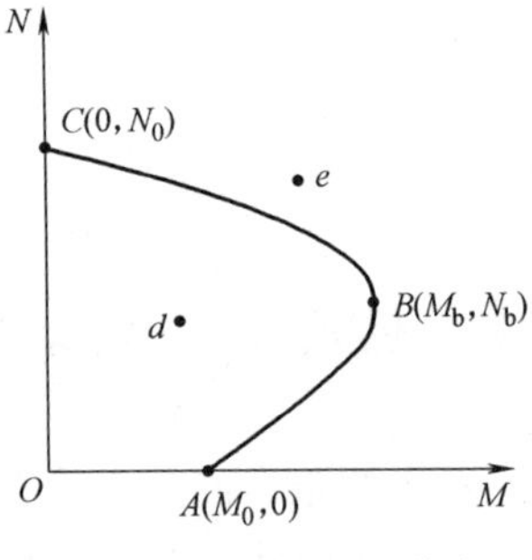

图 5-39　M-N 相关曲线

2）对于某一构件，当其截面尺寸、配筋情况及材料强度均给定时，构件的受弯承载力 M 与受压承载力 N 可以存有不同的组合，曲线上任意一点的坐标 (M, N) 均代表了截面处于承载力极限状态时的一种 M 与 N 的内力组合，构件可以在不同的 M 与 N 的组合下达到其承载力极限状态。

3）任意给定的内力组合 (M, N) 是否会使截面达到某种承载力极限状态，可以从该组合在图中所代表的点与曲线之间的相对位置关系上来看。如果该点处于曲线的内侧，表明该组合不能使截面达到承载力极限状态，是一种安全的内力组合；如果该点处于曲线的外侧，表明该组合已使截面超过了承载力极限状态，截面的承载力不足；如果该点恰好处于曲线上，表明该组合正好使截面达到承载力极限状态，为一种承载力极限状态的内力组合。

2. 最不利内力组合及其判定原则

如上所述，对于某一偏心受压的截面，其极限承载力状态的内力组合可以存有多种，实

际设计时，最需要关心的是其中的最不利内力组合。通常以配筋量为指标来判断某种组合是否为最不利内力组合，即在若干极限状态下的内力组合中，考察其配筋量的多少，以配筋量最多的那种组合，作为截面的最不利内力组合。

当一个截面承受一定的内力（M，N）作用时，达到极限状态时的配筋量，并非单独取决于 M 或 N 的大小，而是从根本上取决于截面的破坏状态及偏心距的大小。当截面处于大偏心受压状态时，偏心距越大，则其所需的抗弯承载力越强，从而配筋量也将会越多；当截面处于小偏心受压状态时，偏心距越小，则其所需的抗压承载力越强，从而配筋量也将会越多。

因此，对于已知的若干组内力（M，N）而言，欲从中判断出哪些可能是使截面达到极限承载力状态的内力组合，理论上讲就需要首先逐个分析它们会使截面处于什么偏心受压的状态，然后再根据偏心距的大小做抉择；而欲确定其中的最不利内力组合，就需要进一步进行配筋计算，由最终的配筋量来定夺。

理论分析和工程设计实践表明，对称配筋时的最不利内力组合有可能是下列组合之一：

1）$|M|_{max}$ 及其相应的 N。
2）N_{max} 及其相应的 M。
3）N_{min} 及其相应的 M。
4）当 $|M|$ 虽然不是最大，但其相应的 N 很小时的 $|M|$ 及其相应的 N。

5.8　偏心受压构件的斜截面受剪承载力

实际结构中的偏心受压构件，在承受轴力与弯矩共同作用的同时，往往还会受到较大的剪力作用（特别是在地震作用下）。为了防止构件发生斜截面受剪破坏，对于钢筋混凝土偏心受压构件，既要进行正截面的受压承载力计算，又要进行斜截面的受剪承载力计算。

5.8.1　轴向压力的作用

轴力对偏心受力构件的斜截面承载力会产生一定的影响。轴向压力能够阻滞构件斜裂缝的出现和发展，使混凝土的剪压区高度增大，提高混凝土承担剪力的能力，从而提高构件的受剪承载力。试验研究表明：当 $N<0.3f_cA$ 时，轴向压力 N 所引起的构件受剪承载力的增量 ΔV_N 会随 N 的增大而几乎成比例地增大；当 $N>0.3f_cA$ 时，ΔV_N 将不再随 N 的增大而增大（图 5-40）。因此，轴向压力对偏心受力构件的受剪承载力具有有利的作用，但其作用效果是有限的。

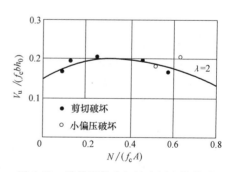

图 5-40　受剪承载力与轴向压力的关系

5.8.2　计算公式

基于上述考虑，通过大量试验资料的分析，对于钢筋混凝土偏心受压构件斜截面受剪承载力的计算问题，《混凝土结构设计规范（2015 年版）》（GB 50010—2010）在集中荷载作用下矩形截面独立梁斜截面承载力的计算方法基础上，给出矩形、T形和I形截面斜截面承载力的计算公式：

$$V \leqslant \frac{1.75}{\lambda+1.0} f_t b h_0 + f_{yv} \frac{A_{sv}}{s} h_0 + 0.07N \tag{5-60}$$

式中　V——控制截面的剪力设计值；

$\quad\quad$ N——与 V 相应的轴向压力设计值，当 $N>0.3f_cA$ 时，取 $N=0.3f_cA$，A 为构件横截面面积；

$\quad\quad$ λ——计算剪跨比，对于各类结构中的框架柱，$\lambda=M/Vh_0$，其中框架结构中的框架柱可按 $\lambda=H_n/(2h_0)$ 计算，当 $\lambda<1$ 时，取 $\lambda=1$，当 $\lambda>3$ 时，取 $\lambda=3$，对于其他的偏心受压构件，当承受均布荷载时，$\lambda=1.5$，当承受集中荷载时，$\lambda=a/h_0$，当 $\lambda<1.5$ 时，取 $\lambda=1.5$，当 $\lambda>3$ 时，取 $\lambda=3$；M 为与 V 相应的弯矩设计值；H_n 为柱净高；a 为集中荷载至支座或节点边缘的距离；

其余符号意义同前。

当符合以下条件时，可不进行斜截面受剪承载力计算，而仅按构造要求配置必要的箍筋。

$$V \leqslant \frac{1.75}{\lambda+1.0} f_t b h_0 + 0.07N \tag{5-61}$$

同时，偏心受压构件的截面尺寸应满足下式要求：

$$V \leqslant 0.25\beta_c f_c b h_0 \tag{5-62}$$

【例 5-20】　某钢筋混凝土框架结构中的矩形截面偏心受压柱，处于一类环境，截面尺寸 $b \times h = 400\text{mm} \times 600\text{mm}$，$H_n = 3.0\text{m}$，轴向压力设计值 $N = 1500\text{kN}$，剪力设计值 $V = 282\text{kN}$。采用 C30 混凝土和 HPB300 级箍筋。试确定箍筋用量。

【解】　本例题属于截面设计类。

（1）设计参数

查附表 6 可知，C30 混凝土 $f_c = 14.3\text{N/mm}^2$，$f_t = 1.43\text{N/mm}^2$。

查附表 2 可知，HPB300 级箍筋 $f_{yv} = 270\text{N/mm}^2$。

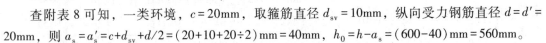

查附表 8 可知，一类环境，$c = 20\text{mm}$，取箍筋直径 $d_{sv} = 10\text{mm}$，纵向受力钢筋直径 $d = d' = 20\text{mm}$，则 $a_s = a_s' = c + d_{sv} + d/2 = (20+10+20\div2)\text{mm} = 40\text{mm}$，$h_0 = h - a_s = (600-40)\text{mm} = 560\text{mm}$。

（2）验算截面尺寸

$$h_w = h_0 = 560\text{mm}$$

$$h_w/b = 560 \div 400 = 1.4 < 4$$

$$V = 282\text{kN} < 0.25\beta_c f_c b h_0 = 0.25 \times 1.0 \times 14.3 \times 400 \times 560\text{N} = 800.8\text{kN}（符合要求）$$

（3）验算是否由计算配置箍筋

$$\lambda = \frac{H_n}{2h_0} = \frac{3000}{2 \times 560} = 2.68$$

$$0.3f_cA = 0.3 \times 14.3 \times 400 \times 600\text{N} = 1029.6\text{kN} < N = 1500\text{kN}$$

取 $N = 0.3f_cA = 1029.6\text{kN}$

由式（5-61）得

$$V_{c}=\frac{1.75}{\lambda+1}f_{t}bh_{0}+0.07N=\left(\frac{1.75}{2.68+1}\times1.43\times400\times560+0.07\times1029.6\times10^{3}\right)N=224.398kN<V$$

需由计算配置箍筋。

（4）计算箍筋

由式（5-60）得

$$\frac{A_{sv}}{s}=\frac{V-\left(\dfrac{1.75}{\lambda+1.0}f_{t}bh_{0}+0.07N\right)}{f_{yv}h_{0}}=\frac{282000-\left(\dfrac{1.75}{2.68+1}\times1.43\times400\times560+0.07\times1029600\right)}{270\times560}mm^{2}/mm$$

$$=0.381mm^{2}/mm$$

（5）选配箍筋

选取双肢箍筋，$n=2$，直径 $d_{sv}=\max\{d/4,6mm\}=6mm$，$A_{sv1}=28.3mm^{2}$，$s=140mm$，则

实际 $\dfrac{A_{sv}}{s}=\dfrac{2\times28.3}{140}mm^{2}/mm=0.404mm^{2}/mm$，满足计算要求，且满足 $s\leq\min\{400mm,15d,$

$b\}=300mm$ 的构造要求。

习　题

一、简答题

1. 纵向受力钢筋在钢筋混凝土柱中有什么作用？对纵向受力钢筋的直径、根数和间距有什么要求？为什么要如此要求？为什么对纵向受力钢筋要有一侧及全部钢筋最小配筋率的要求，其数值为多少？

2. 钢筋混凝土柱中箍筋有什么作用？对箍筋的直径、间距有什么要求？在什么情况下要设置复合箍筋、复合纵筋？为什么不能采用内折角钢筋？

3. 轴心受压短柱的破坏特征是什么？长柱和短柱在破坏时有何不同？计算中如何考虑长柱的影响？

4. 试分析轴心受压柱受力过程中，纵向受压钢筋和混凝土由于混凝土徐变和随荷载不断增加的应力变化规律。

5. 轴心受压柱中在什么情况下混凝土压应力能达到 f_{c}，钢筋压应力也能达到 f_{y}'？而在什么情况下混凝土压应力能达到 f_{c} 时钢筋压应力却达不到 f_{y}'？

6. 配置间接钢筋柱承载力提高的原因是什么？若用矩形加密箍筋能否达到同样效果？为什么？

7. 间接钢筋柱的适用条件是什么？为何限制这些条件？

8. 长细比是如何影响偏心受压构件的破坏形态的？

9. 钢筋混凝土柱大小偏心受压破坏形态有何不同？大小偏心受压的界限是什么？截面设计时如何初步判断？截面校核时如何判断？

10. 为什么有时虽然偏心距很大，也会出现小偏心受压破坏？什么情况下需要验算反向偏心受压的承载力？

11. 偏心受压构件正截面承载力计算中什么情况下可不考虑构件自身挠曲产生的附加弯矩影响？

12. 在偏心受压构件承载力计算中，为什么要考虑偏心距调节系数及弯矩增大系数的影响？

13. 为什么要考虑附加偏心距？附加偏心距的取值与哪些因素有关？

14. 在计算大偏心受压构件的配筋时：

1）什么情况下假定 $\xi = \xi_b$？当求得的 $A'_s \leq 0$ 或 $A_s \leq 0$ 时，应如何处理？

2）当 A'_s 为已知时，是否也可通过假定 $\xi = \xi_b$ 求 A_s？

3）什么情况下会出现 $\xi < 2a'_s/h_0$？此时如何求钢筋面积？

15. 小偏心受压构件有哪三种情况？

16. 为什么偏心受压构件一般采用对称配筋截面？对称配筋的偏心受压构件如何判别大、小偏心？

17. 对于偏心受压构件，除应计算弯矩作用平面的承载力外，为什么还应按轴心受压构件验算垂直于弯矩作用平面的承载力？

18. I 形截面偏心受压构件与矩形截面偏心受压构件的正截面承载力计算方法相比有何特点？其关键何在？

19. 在进行 I 形截面对称配筋的计算过程中，截面类型是根据什么来区分的？具体如何判别？

20. 当根据轴力的大小来判别截面类型时，若 $\alpha_1 f_c [\xi_b b h_0 + (b'_f - b) h'_f] \geq N \geq \alpha_1 f_c b'_f h'_f$，表明中和轴处于什么位置？此时如何确定实际的受压区高度，如何计算受压区混凝土的应力之合力，又如何考虑钢筋的应力？

21. 若完全根据公式计算，是否会出现 $x > h$ 的情况？这种情况表明了什么？实际设计时，如何对待并处理此种情况？

22. 偏心受压构件的 M-N 相关曲线说明了什么？偏心距的变化对构件的承载力有什么影响？

23. 有两个对称配筋的偏心受压柱，其截面尺寸相同，均为 $b \times h$ 的矩形截面，忽略自身弯曲及侧移产生的二阶效应影响。控制截面所承受的轴力 N 和弯矩 M 大小不同，A 柱承受 N_1、M_1，B 柱承受 N_2、M_2。试指出下列各种情况下 A、B 截面中哪个截面所需配筋较多，并解释原因。

1）当 $N_1 = N_2$ 而 $M_1 > M_2$ 时。

2）当 $M_1 = M_2$ 而 $N_1 > N_2 > N_b$ 时。

3）当 $M_1 = M_2$ 而 $N_b > N_1 > N_2$ 时。

24. 轴向压力对钢筋混凝土偏心受力构件的受剪承载力有何影响？它在计算公式中是如何体现的？

25. 受压构件的受剪承载力计算公式的适用条件是什么？如何防止发生其他形式的破坏？

26. 一偏心受压框架柱截面尺寸为 $b \times h = 400 \times 800\text{mm}$，$a_s = 40\text{mm}$，$C_m = \eta_{ns} = 1.0$，在不同的荷载作用情况下，其截面内力组合有以下两组，在计算配筋量时，确定每组中究竟是组合 a 还是组合 b 是控制截面配筋量？（弯矩 M 沿截面长边 h 方向作用。）

A. 组合 a：$M = 400\text{kN} \cdot \text{m}$、$N = 2000\text{kN}$；组合 b：$M = 300\text{kN} \cdot \text{m}$、$N = 2000\text{kN}$。

B. 组合 a：$M = 400 \text{kN} \cdot \text{m}$、$N = 2000 \text{kN}$；组合 b：$M = 400 \text{kN} \cdot \text{m}$、$N = 2400 \text{kN}$。

27. 某对称配筋的矩形截面钢筋混凝土柱，截面尺寸为 $b \times h = 300 \times 400 \text{mm}$，采用强度等级为 C30 的混凝土和 HRB400 级钢筋，设 $C_m = \eta_{ns} = 1.0$，该柱可能有下列两组内力组合，试问应该用哪一组来计算配筋？

A. $M = 182 \text{kN} \cdot \text{m}$、$N = 695 \text{kN}$。

B. $M = 175 \text{kN} \cdot \text{m}$、$N = 400 \text{kN}$。

二、选择题（单选或多选）

1. 受压构件采用 HRB400 级纵向受力钢筋时，一侧配筋率不应小于（　　　）。

A. 0.5%　　　　　　　　B. 0.55%　　　　　　　　C. 0.2%　　　　　　　　D. 0.3%

2. 对长细比大于 12 的柱不宜采用螺旋箍筋，其原因是（　　　）。

A. 柱的承载力较高

B. 施工难度大

C. 抗震性能不好

D. 柱的强度会由于纵向弯曲而降低，螺旋箍筋作用不能发挥

3. 轴心受压短柱在持续不变的轴心压力 N 的作用下，经过一段时间后，量测钢筋和混凝土应力情况，会发现与加载时相比（　　　）。

A. 钢筋的应力增大，混凝土的应力减小

B. 钢筋的应力减小，混凝土的应力增大

C. 钢筋和混凝土的应力均未变化

D. 以上说法都不正确

4. 下列哪些因素会影响混凝土柱的延性（　　　）？

A. 混凝土的强度等级　　　　　　　　　　B. 纵向受力钢筋的数量

C. 箍筋的数量和形式　　　　　　　　　　D. 纵筋的强度

5. 偏心受压构件计算中，通过（　　　）来考虑二阶偏心矩的影响。

A. e_0　　　　　　　　B. e_a　　　　　　　　C. e_i　　　　　　　　D. η_{ns}

6. 判别大偏心受压破坏的本质条件是（　　　）。

A. $e_i > 0.3h_0$　　　　B. $e_i \leqslant 0.3h_0$　　　　C. $\xi \leqslant \xi_b$　　　　D. $\xi > \xi_b$

7. 由 M-N 相关曲线可以看出，下面观点不正确的是（　　　）。

A. 小偏心受压情况下，随着 N 的增加，正截面受弯承载力随之减小

B. 大偏心受压情况下，随着 N 的增加，正截面受弯承载力随之减小

C. 界限破坏时，正截面受弯承载力达到最大值

D. 对称配筋时，如果截面尺寸和形状相同，混凝土强度等级和钢筋级别也相同，但配筋量不同，则在界限破坏时，它们的 N_u 是相同的

8. 大偏心受压构件的破坏特征是（　　　）。

A. 远侧钢筋受拉屈服，随后近侧钢筋受压屈服，混凝土压碎

B. 近侧钢筋受拉屈服，随后远侧钢筋受压屈服，混凝土压碎

C. 近侧钢筋和混凝土应力不定，远侧钢筋受拉屈服

D. 远侧钢筋和混凝土应力不定，近侧钢筋受拉屈服

9. 一对称配筋的大偏心受压构件，承受的四组内力中，最不利的一组内力为（　　　）。

A. $M=500\text{kN}\cdot\text{m}$、$N=200\text{kN}$ B. $M=491\text{kN}\cdot\text{m}$、$N=304\text{kN}$

C. $M=503\text{kN}\cdot\text{m}$、$N=398\text{kN}$ D. $M=512\text{kN}\cdot\text{m}$、$N=506\text{kN}$

10. 一对称配筋的小偏心受压构件，承受的四组内力中，最不利的一组内力为（　　　）。

A. $M=525\text{kN}\cdot\text{m}$、$N=2050\text{kN}$ B. $M=520\text{kN}\cdot\text{m}$、$N=3060\text{kN}$

C. $M=524\text{kN}\cdot\text{m}$、$N=3040\text{kN}$ D. $M=525\text{kN}\cdot\text{m}$、$N=3090\text{kN}$

11. 偏心受压构件的受弯承载力（　　　）。

A. 随着轴力的增加而增加   B. 随着轴力的减少而增加

C. 小偏心受压时随着轴力的增加而增加   D. 大偏心受压时随着轴力的增加而增加

12. 偏心受压构件破坏始于混凝土压碎的是（　　　）。

A. 受压破坏   B. 受拉破坏   C. 大偏心受压破坏   D. 界限破坏

13. 矩形截面大偏心受压构件截面设计时，假设 $x=\xi_b h_0$，其目的是（　　　）。

A. 使钢筋用量最少

B. 保证破坏时，远离轴向压力一侧的钢筋应力能达到屈服强度

C. 避免发生小偏心受压破坏

D. 保证破坏时，临近轴向力一侧的钢筋应力能达到屈服强度

14. 矩形截面小偏心受压构件截面设计时，受拉钢筋可按最小配筋率及构造要求配置，这是为了（　　　）。

A. 保证构件破坏时，受拉钢筋的应力能达到屈服强度 f_y，以充分利用钢筋的抗拉作用

B. 保证构件破坏时不是从受拉钢筋一侧先被压坏引起的

C. 节约钢材用量，因为构件破坏时受拉钢筋应力 σ_s 一般达不到屈服强度

D. 保证构件破坏时是从受拉钢筋一侧先被压坏引起的

15. 混凝土受压构件中的箍筋有哪些作用（　　　）。

A. 固定纵向受力钢筋   B. 提高承载力

C. 抵抗剪力   D. 抵抗压力

E. 增加延性

16. 大偏心受压构件，以下关于 N 或 M 变化规律正确的是（　　　）。

A. M 不变时，N 越大越危险   B. N 不变时，M 越大越危险

C. M 不变时，N 越小越危险   D. N 不变时，M 越小越危险

17. 小偏心受压构件，以下关于 N 或 M 变化规律正确的是（　　　）。

A. M 不变时，N 越大越安全   B. M 不变时，N 越小越安全

C. N 不变时，M 越大越安全   D. N 不变时，M 越小越安全

18. 对称配筋小偏心受压构件的判别条件是（　　　）。

A. $\xi \leqslant \xi_b$ B. $e_i \leqslant 0.3h_0$

C. $\xi > \xi_b$ D. $e_i > 0.3h_0$

三、填空题

1. 按照构件长细比的不同，轴心受压构件可分为_____和_____。

2. 螺旋箍筋的作用是使截面中间部分混凝土成为约束混凝土，从而提高构件的_____和_____。

3. 钢筋混凝土短柱的延性比素混凝土短柱要_____，柱延性的好坏主要取决于

_____和_____，对柱的约束程度越大，柱的延性就_____。

4. 截面尺寸、混凝土强度等级及配筋相同的长柱和短柱相比较，可发现长柱的破坏荷载_____短柱，并且柱越细长，则_____越多。因此在设计中，必须考虑由于_____对柱的承载力的影响。

5. 轴心受压构件中的箍筋应做成_____式的。

6. 影响钢筋混凝土矩形截面轴心受压柱稳定系数 φ 的主要因素是_____，当它_____时，可以不考虑纵向弯曲的影响，称为_____；当柱过分细长时受压后容易发生_____，而导致_____。

7. 在长柱破坏前，横向挠度增加得很快，使长柱的破坏来得比较突然，导致_____。

8. 区别大、小偏心受压的关键是远离轴向压力一侧的钢筋先_____，还是靠近轴向压力一侧的混凝土先_____，前者为大偏心受压，后者为小偏心受压。这与区别受弯构件中_____和_____的界限类似。

9. 轴心受压构件纵向弯曲系数主要与构件的_____有关。

10. 某螺旋箍筋柱，若按普通钢筋混凝土柱计算，其承载力为 300kN，若按螺旋箍筋柱计算，其承载力为 500kN，则该柱的承载力应为_____。

11. 钢筋混凝土偏心受压构件按长细比可分为_____、_____和_____。

12. 在矩形截面偏心受压构件截面设计时，由于钢筋截面面积 A_s 及 A_s' 为未知数，截面混凝土相对受压区高度 ξ _____，因此无法利用_____来判断构件属于大偏心受压构件还是小偏心受压构件。实际设计时常根据_____来加以判定。当_____时可按大偏心受压构件设计；当_____时可按小偏心受压构件设计。

13. 矩形截面小偏心受压构件破坏时，受拉钢筋的应力一般_____屈服强度，因此，为节约_____，可按最小配筋率及_____配置 A_s。

14. 矩形截面偏心受压构件，若计算所得混凝土受压区高度 $x \leqslant \xi_b h_0$，可保证构件破坏时受拉钢筋_____，$x \geqslant 2a_s'$，可保证构件破坏时受压钢筋_____；$x < 2a_s'$，则受压钢筋_____，此时可按 $x = 2a_s'$ 取力矩平衡公式计算。

15. 对于小偏心受压构件，可能由于柱子长细比较_____，在与弯矩作用平面相垂直的平面内发生_____而破坏。在这个平面内_____弯矩作用，因此应按轴心受压构件进行承载力复核，计算时考虑_____的影响。

16. 偏心受压构件截面两侧配置_____的钢筋，称为对称配筋，对称配筋虽然要_____一些钢筋，但构造及施工_____。特别是构件在荷载组合下，同一截面可能承受数量相近的_____时，更应采用对称配筋。

17. 当偏心受压构件在两种荷载组合作用下同为大偏心受压时，若内力组合中弯矩 M 相同，则轴力 N 越_____，构件就越_____，这是因为大偏心受压破坏受控于_____，轴力越_____，就使_____应力越_____，当然就_____承载力。

18. 当偏心受压构件在两种荷载组合作用下同为小偏心受压时，若内力组合中轴力 N 相同，则弯矩 M 越_____，构件就越_____，这是因为小偏心受压破坏受控于_____，弯矩 M 越_____，就使_____应力越_____，当然就_____承载力。

四、计算题

1. 某多层现浇钢筋混凝土框架结构房屋，现浇楼盖，二层层高 $H = 3.6m$，其中柱轴力

设计值 $N = 2420$kN（含柱自重）。采用 C30 混凝土和 HRB400 级钢筋。求该柱截面尺寸及纵向受力钢筋截面面积。

2. 某现浇钢筋混凝土框架的底层中柱，处于一类环境，截面尺寸为 $b \times h = 450$mm $\times$ 450mm，选用 C30 混凝土并配置 8 Φ 25 的 HRB400 级钢筋。计算长度 $l_0 = 8$m，试确定该柱承受的轴力 N_u 为多少？

3. 某宾馆门厅现浇的圆形钢筋混凝土柱直径为 450mm，轴向压力设计值 $N = 4680$kN，计算长度 $l_0 = H = 4.5$m，混凝土强度等级为 C30，柱中纵向受力钢筋和箍筋分别采用 HRB400 和 HPB300 级钢筋，试进行该柱配筋计算。

4. 已知矩形截面框架柱，处于一类环境，截面尺寸为 $b \times h = 300$mm$\times$400mm，弯矩作用平面内外柱的计算长度 $l_0 = 3.5$m，选用 C30 混凝土和 HRB400 级纵向受力钢筋，轴向压力设计值为 $N = 310$kN，柱端较大弯矩设计值为 $M_2 = 173$kN $\cdot$ m、柱底弯矩设计值为 $M_1 = 184$kN $\cdot$ m。求该柱的截面配筋 A_s 和 A_s'

5. 已知条件同计算题第 4 题，截面受压区已配有 2 Φ 20 的钢筋，试求该柱的受拉配筋 A_s。

6. 已知矩形截面框架柱，处于一类环境，截面尺寸为 $b \times h = 300$mm$\times$400mm，柱的计算长度为 3.6m，选用 C30 混凝土和 HRB400 级钢筋，承受轴向压力设计值为 $N = 280$kN，柱端较大弯矩设计值为 $M_2 = 170$kN $\cdot$ m。求该柱的截面配筋 A_s 和 A_s'（按两端弯矩相等考虑）。

7. 已知条件同计算题第 6 题，若近轴向压力一侧配受压钢筋为 3 Φ 20，其他条件不变，求另一侧的纵向受拉钢筋截面面积 A_s。

8. 已知条件同计算题第 6 题，采用对称配筋，求截面所需纵向受力钢筋。

9. 已知某矩形截面柱，处于一类环境，截面尺寸为 $b \times h = 300$mm$\times$400mm，计算长度为 2.0m，轴向压力设计值 $N = 212$kN，选用 C30 混凝土和 HRB400 级钢筋，截面受拉钢筋为 3 Φ 22（$A_s = 1140$mm^2），受压钢筋为 3 Φ 12（$A_s' = 339$mm^2），求该构件在高度方向能承受的设计弯矩（假设柱两端弯矩相等）。

10. 计算题第 9 题中其他条件不变，轴向压力设计值改为 $N = 800$kN，截面对称配置 4 Φ 20 钢筋（$A_s = A_s' = 1256$mm^2），求该构件在高度方向能承受的设计弯矩。

11. 某 I 形截面柱，处于一类环境，截面尺寸 $b = 100$mm，$h = 1000$mm，$b_f = b_f' = 500$mm，$h_f = h_f' = 120$mm，计算长度 $l_0 = 11$m，截面控制内力设计值 $M_2 = 700$kN $\cdot$ m、$N = 1700$kN，选用 C35 混凝土和 HRB400 级钢筋。试按对称配筋确定该柱的纵向受力钢筋用量（假设柱两端弯矩相等）。

12. 某 I 形截面柱，处于一类环境，截面尺寸 $b = 160$mm，$h = 680$mm，$b_f = b_f' = 480$mm，$h_f = h_f' = 132.5$mm，计算长度 $l_0 = 5.5$m，截面控制内力设计值 $M_2 = 275$kN $\cdot$ m、$N = 368$kN，选用 C30 混凝土和 HRB400 级钢筋。试按对称配筋确定该柱的纵向受力钢筋用量（假设柱两端弯矩相等）。

13. 对于计算题第 12 题，若轴向压力设计值 $N = 500$kN，而其他条件均不变，则其纵向受力钢筋用量又如何？

14. 矩形截面偏心受压框架柱，处于一类环境，截面尺寸 $b \times h = 400$mm$\times$600mm、$a_s = 40$mm，柱净高 $H_n = 4.8$m，计算长度 $l_0 = 6.3$m，选用 C30 混凝土及 HRB400 级纵向受力钢筋、HPB300 级箍筋，截面控制内力设计值 $M_2 = 380$kN $\cdot$ m、$N = 1250$kN、$V = 350$kN。试确定该柱的钢筋用量并绘制配筋图（采用对称配筋且假设柱两端弯矩相等）。

第6章　钢筋混凝土受拉构件承载力计算

本章导读

➤ **内容及要求**　本章的主要内容包括轴心受拉构件的正截面承载力计算，偏心受拉构件的正截面承载力计算，偏心受拉构件的斜截面承载力计算。通过本章学习，掌握偏心受拉构件的分类，轴心受拉、偏心受拉构件正截面受力分析及计算方法，熟悉偏心受拉构件斜截面承载力计算方法。

➤ **重点**　矩形截面大、小偏心受拉构件正截面承载力计算。

➤ **难点**　矩形截面大偏心受拉构件正截面承载力计算。

在钢筋混凝土结构中，承受轴向拉力或承受轴向拉力及弯矩共同作用的构件称为受拉构件。其中，轴向拉力作用线与构件截面形心线重合的构件称为轴心受拉构件；轴向拉力作用线偏离构件截面形心或承受轴向拉力及弯矩共同作用的构件称为偏心受拉构件。在实际工程中，由于构件制作过程中的不均匀性以及荷载的偏心，没有真正的轴心受拉构件。但当构件上弯矩很小（或偏心距很小）时，为方便计算，可近似地简化为轴心受拉构件进行设计。例如：圆形水池的池壁、钢筋混凝土屋架的下弦杆等是轴心受拉构件（图 6-1a、b）；矩形水池的池壁（图 6-1c）则是偏心受拉构件。

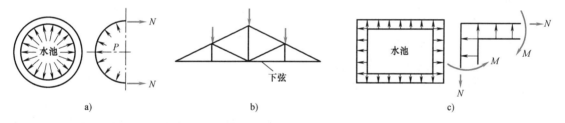

图 6-1　受拉构件工程示例

a）圆形水池池壁　b）钢筋混凝土屋架　c）矩形水池池壁

6.1　轴心受拉构件的正截面承载力计算

6.1.1　轴心受拉构件的受力特点

与适筋受弯构件相似，轴心受拉构件从开始加载到破坏，其受力过程也可分为三个受力阶段：第 I 阶段为从加载到混凝土开裂前，此时纵向受力钢筋和混凝土共同承受拉力；第 II 阶段为混凝土开裂到纵向受力钢筋屈服前，此时裂缝处的混凝土不再承受拉力，所有拉力均由纵向受力钢筋来承受；第 III 阶段为纵向受力钢筋达到屈服，此时，拉力基本保持不变，裂缝不断加宽，直至构件破坏，可认为构件达到极限承载力。

6.1.2　轴心受拉构件正截面承载力计算

轴心受拉构件破坏时，裂缝截面上混凝土因开裂不能承受拉力，全部拉力由纵向受力钢筋来承受，故轴心受拉构件正截面承载力计算公式为

$$N \leqslant A_s f_y \tag{6-1}$$

式中　N——轴向拉力设计值；

　　　A_s——纵向受力钢筋截面面积；

　　　f_y——钢筋抗拉强度设计值。

6.2　偏心受拉构件的正截面承载力计算

6.2.1　偏心受拉构件正截面的破坏形态

偏心受拉构件是一种介于轴心受拉和受弯之间的受力构件，因此，其受力和破坏形态与轴向拉力 N_u 的偏心距大小有关。在实际设计中根据轴向拉力 N_u 的作用点在截面上的位置不同，偏心受拉构件有两种破坏形态：小偏心受拉破坏和大偏心受拉破坏。如图 6-2 所示，设轴向拉力 N_u 的作用点距构件截面形心的距离为 e_0，在截面上靠近偏心拉力 N_u 一侧的钢筋截面面积为 A_s、较远一侧的钢筋截面面积为 A_s'。

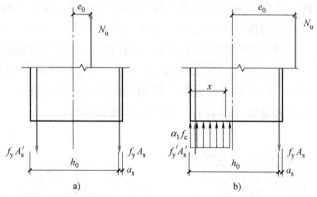

图 6-2　大、小偏心受拉构件的计算简图

a）小偏心受拉破坏　b）大偏心受拉破坏

（1）小偏心受拉破坏　当轴向拉力 N_u 作用在 A_s 合力点与 A_s' 合力点之间（$e_0 \leqslant h/2 - a_s$）时，如图 6-2a 所示，临近破坏前，混凝土沿全截面裂通，混凝土不参加工作，拉力全部由钢筋承担，两侧钢筋均受拉屈服，构件的破坏取决于受拉钢筋和受压钢筋的抗拉强度。这类情况称为小偏心受拉破坏。

（2）大偏心受拉破坏　当轴向拉力 N_u 作用在 A_s 外侧（$e_0 > h/2 - a_s$）时，如图 6-2b 所示，靠近轴向拉力一侧的混凝土开裂，裂缝虽能开展，但不会贯穿全截面，而始终保持一定的受压区，构件截面一侧受拉，一侧受压，构件的破坏取决于受拉钢筋的抗拉强度或混凝土受压区的抗压能力。这类情况称为大偏心受拉破坏。

6.2.2　小偏心受拉构件正截面承载力计算

1. 基本公式

小偏心受拉构件在截面达到极限承载力时，两侧钢筋应力均达到屈服强度 f_y。根据力和力矩的平衡条件，如图 6-3 所示，可得到小偏心受拉构件正截面承载力的基本公式。

$$\sum M_{A_s'} = 0 \qquad Ne' \leqslant N_u e' = f_y A_s (h_0' - a_s) \tag{6-2}$$

$$\sum M_{A_s} = 0 \qquad Ne \le N_u e = f_y A_s'(h_0' - a_s) \tag{6-3}$$

式中　e'——轴向拉力至受压钢筋合力点之间的距离，$e' = h/2 - a_s' + e_0$；

　　　e——轴向拉力至受拉钢筋合力点之间的距离，$e = h/2 - a_s - e_0$。

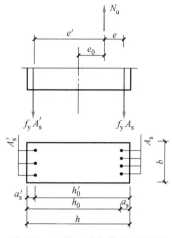

图 6-3　小偏心受拉构件正截面承载力计算简图

2. 计算方法

截面设计时，截面尺寸、材料强度、轴向拉力 N 及截面弯矩 M 的大小及作用点位置均已知，可计算出轴向拉力 N 是否在受拉钢筋与受压钢筋之间。如在受拉钢筋与受压钢筋之间，计算出轴向拉力 N 至受拉钢筋与受压钢筋的距离 e 和 e'，按式（6-2）、式（6-3）计算出 A_s 与 A_s'。求得的 A_s、A_s' 要满足最小配筋率条件。

截面复核时，根据已知的 A_s、A_s' 及设计强度，可由式（6-2）、式（6-3）分别求得 N_u，其中较小者即为构件正截面的极限承载力。

【例 6-1】　某偏心受拉构件，处于一类环境，截面尺寸 $b \times h = 300\text{mm} \times 450\text{mm}$，承受轴向拉力设计值 $N = 600\text{kN}$，弯矩设计值 $M = 60\text{kN} \cdot \text{m}$，选用 C30 混凝土和 HRB400 级钢筋。试进行配筋计算，并画出配筋图。

【解】　（1）基本参数

查附表 6 可知，C30 混凝土 $f_t = 1.43\text{N}/\text{mm}^2$。

查附表 2 可知，HRB400 级钢筋 $f_y = 360\text{N}/\text{mm}^2$。

查附表 8 可知，一类环境，$c = 20\text{mm}$，取箍筋直径 $d_{sv} = 10\text{mm}$，纵向受力钢筋直径 $d = 20\text{mm}$，$a_s = a_s' = c + d_{sv} + d/2 = (20 + 10 + 20 \div 2)\text{mm} = 40\text{mm}$，$h_0 = h_0' = (450 - 40)\text{mm} = 410\text{mm}$。

查附表 9 可知，$\rho_{min} = 0.2\% > 0.45 \times \dfrac{f_t}{f_y} \times 100\% = 0.45 \times \dfrac{1.43}{360} \times 100\% = 0.179\%$。

（2）判别截面类型

$$e_0 = \frac{M}{N} = \frac{60 \times 10^6}{600 \times 10^3}\text{mm} = 100\text{mm} < \frac{h}{2} - a_s = \left(\frac{450}{2} - 40\right)\text{mm} = 185\text{mm}$$

故为小偏心受拉构件。

（3）计算几何条件

$$e = \frac{h}{2} - a_s - e_0 = \left(\frac{450}{2} - 40 - 100\right)\text{mm} = 85\text{mm}$$

$$e' = \frac{h}{2} - a_s' + e_0 = \left(\frac{450}{2} - 40 + 100\right)\text{mm} = 285\text{mm}$$

（4）计算受力钢筋截面面积 A_s、A_s'

由式（6-2）得

$$A_s = \frac{Ne'}{f_y(h_0' - a_s)} = \frac{600 \times 10^3 \times 285}{360 \times (410 - 40)}\text{mm}^2 = 1284\text{mm}^2 > \rho_{min}bh = 0.2\% \times 300 \times 450\text{mm}^2 = 270\text{mm}^2$$

由式（6-3）得

$$A'_s = \frac{Ne}{f_y(h_0 - a'_s)} = \frac{600 \times 10^3 \times 85}{360 \times (410-40)} \text{mm}^2 = 383 \text{mm}^2 > \rho_{min} bh = 0.2\% \times 300 \times 450 \text{mm}^2 = 270 \text{mm}^2$$

（5）选用钢筋并绘制配筋图

A_s 选配 4 Φ 20（$A_s = 1256 \text{mm}^2$），A'_s 选用 2 Φ 16（$A'_s = 402 \text{mm}^2$）。配筋如图 6-4 所示。

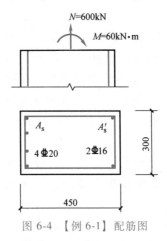

图 6-4 【例 6-1】配筋图

6.2.3 大偏心受拉构件正截面承载力计算

1. 基本公式及适用条件

大偏心受拉构件在截面达到极限承载力时，靠近轴向拉力一侧的混凝土开裂，拉力全部由钢筋承担，受拉钢筋达到屈服，远离轴向拉力一侧的混凝土受压，混凝土达到极限压应变，如图 6-5 所示，由力和力矩平衡条件，可得到大偏心受拉构件正截面承载力的基本公式。

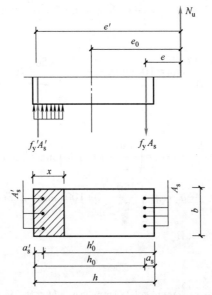

图 6-5 大偏心受拉构件正截面承载力计算简图

$\sum Y = 0$ $\qquad N \leqslant N_u = f_y A_s - f_y' A_s' - \alpha_1 f_c b x$ (6-4a)

$\sum M_{A_s} = 0$ $\qquad Ne \leqslant N_u e = \alpha_1 f_c b x (h_0 - 0.5x) + f_y' A_s' (h_0 - a_s')$ (6-4b)

式中 e——轴向拉力至受拉钢筋合力点之间的距离，$e = e_0 - h/2 + a_s$。

为简化计算，将 $x = \xi h_0$ 代入式（6-4a）、式（6-4b），则公式变换为

$\sum Y = 0$ $\qquad N \leqslant N_u = f_y A_s - \alpha_1 f_c b \xi h_0 - f_y' A_s'$ (6-5a)

$\sum M_{A_s} = 0$ $\qquad Ne \leqslant N_u e = \alpha_s \alpha_1 f_c b h_0^2 + f_y' A_s' (h_0 - a_s')$ (6-5b)

为了保证构件不发生超筋和少筋破坏，并在破坏时使纵向受压钢筋应力达到屈服强度，上述公式的适用条件为：①$x \leqslant \xi_b h_0$；②$x \geqslant 2a_s'$；③$A_s \geqslant \rho_{min} bh$。

当 $x < 2a_s'$ 时，受压钢筋不会受压屈服，即受压钢筋的应力是未知数，可令 $x = 2a_s'$，对受压钢筋合力点取矩得

$$Ne' \leqslant f_y A_s (h_0 - a_s')$$ (6-6)

式中 e'——轴向拉力至受压钢筋合力点之间的距离，$e' = h/2 - a_s' + e_0$。

2. 计算方法

（1）截面设计 已知截面尺寸 b、h，材料强度 f_c、f_y、f_y'，轴向拉力设计值 N 和弯矩设计值 M，确定截面所需配置的 A_s 和 A_s'。

情况 1：A_s 和 A_s' 均未知时，可按如下步骤进行设计：

1）判别截面类型。当 $e_0 > h/2 - a_s$ 时为大偏心受拉。

2）计算受压钢筋截面面积 A_s'。为充分发挥混凝土抗压性能，令 $x = \xi_b h_0$，$\alpha_{sb} = \xi_b (1 - 0.5\xi_b)$，由式（6-4b）得

$$A_s' = \frac{Ne - \alpha_{sb} \alpha_1 f_c b h_0^2}{f_y' (h_0 - a_s')}$$

3）计算受拉钢筋截面面积 A_s。将 A_s' 及 $x = \xi_b h_0$ 代入式（6-4a）得

$$A_s = \frac{N + \alpha_1 f_c b \xi_b h_0 + f_y' A_s'}{f_y}$$

并应满足 $A_s \geqslant \rho_{min} bh$。

4）若 $A_s' < \rho_{min} bh$ 或出现负值时，可按构造要求选配受压钢筋，并按 A_s' 已知，根据情况 2 进行计算。

情况 2：A_s' 已知，A_s 未知时，可按如下步骤进行设计：

①将 A_s' 代入式（6-4b）计算 x；②若 $2a_s' \leqslant x \leqslant \xi_b h_0$，将 A_s' 及 x 代入式（6-4a）计算 A_s；③若 $x < 2a_s'$，则由式（6-6）计算 A_s，并应满足 $A_s \geqslant \rho_{min} bh$；④若 $x > \xi_b h_0$，则表示构件截面尺寸偏小，此时应重新拟定截面尺寸再进行计算。

（2）截面复核 已知截面尺寸 b、h，材料强度 f_c、f_y、f_y' 以及截面作用效应 M、N，确定截面承载力 N_u。

复核步骤如下：

联立解式（6-4a）和式（6-4b）得 x、N_u。

1）若 $2a_s' \leqslant x \leqslant \xi_b h_0$，则截面所能承受的轴向拉力为 N_u。

2）若 $x > \xi_b h_0$，则取 $x = \xi_b h_0$ 代入式（6-4a）计算截面所能承受的轴向拉力 N_u。

3）若 $x < 2a_s'$，则由式（6-6）计算截面所能承受的轴向拉力 N_u。

【例6-2】 钢筋混凝土偏心受拉构件，处于一类环境，截面尺寸 $b \times h = 350\text{mm} \times 400\text{mm}$（$a_s = a'_s = 40\text{mm}$）。轴心拉力设计值 $N = 400\text{kN}$，弯矩设计值 $M = 80\text{kN} \cdot \text{m}$，选用 C30 混凝土和 HRB400 级纵向受力钢筋。确定截面所需配置的钢筋并绘制配筋图。

【解】 本例题属于截面设计类。

（1）基本参数

查附表6及表3-3可知，C30混凝土 $f_c = 14.3\text{N/mm}^2$，$f_t = 1.43\text{N/mm}^2$，$\alpha_1 = 1.0$。

查附表2及表3-4、表3-5可知，HRB400级钢筋 $f_y = 360\text{N/mm}^2$，$\xi_b = 0.518$，$\alpha_{sb} = 0.384$。

查附表9可知，$\rho_{min} = 0.2\% > 0.45 \times \dfrac{f_t}{f_y} \times 100\% = 0.45 \times \dfrac{1.43}{360} \times 100\% = 0.179\%$。

（2）截面类型判别

$$e_0 = M/N = 80 \times 10^3 \div 400\text{mm} = 200\text{mm} > h/2 - a_s = (400 \div 2 - 40)\text{mm} = 160\text{mm}$$

属大偏心受拉构件。

（3）计算钢筋截面面积

$$h_0 = (400 - 40)\text{mm} = 360\text{mm}$$

$$x = \xi_b h_0 = 0.518 \times 360\text{mm} = 186.48\text{mm}$$

$$e = e_0 - h/2 + a = (200 - 400 \div 2 + 40)\text{mm} = 40\text{mm}$$

由式（6-4b）得

$$A'_s = \frac{Ne - \alpha_1 f_c bx (h_0 - 0.5x)}{f'_y (h_0 - a'_s)} = \frac{400 \times 10^3 \times 40 - 1.0 \times 14.3 \times 350 \times 186.48 \times (360 - 0.5 \times 186.48)}{360 \times (360 - 40)}\text{mm}^2$$

$$< 0\text{mm}^2 < \rho'_{min} bh$$

$$= 0.2\% \times 350 \times 400\text{mm}^2 = 280\text{mm}^2$$

查附表10可知，选 2⏀14（$A'_s = 308\text{mm}^2$），此时应按 A'_s 已知，A_s 未知求解。

由式（6-5b）得

$$\alpha_s = \frac{Ne - f'_y A'_s (h - a'_s)}{\alpha_1 f_c bh_0^2} = \frac{400 \times 10^3 \times 40 - 360 \times 308 \times (360 - 40)}{1.0 \times 14.3 \times 350 \times 360^2} < 0$$

取 $x = 2a'_s$ 计算 A_s。

$$e' = h/2 + e_0 - a'_s = (400 \div 2 + 200 - 40)\text{mm} = 360\text{mm}$$

由式（6-6）得

$$A_s = \frac{Ne'}{f_y (h_0 - a'_s)} = \frac{400 \times 10^3 \times 360}{360 \times (360 - 40)}\text{mm}^2 = 1250\text{mm}^2 > \rho_{min} bh$$

$$= 0.2\% \times 350 \times 400\text{mm}^2 = 280\text{mm}^2$$

查附表10可知，选用 4⏀20（$A_s = 1256\text{mm}^2$）。配筋如图6-6所示。

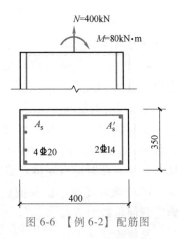

图6-6 【例6-2】配筋图

6.3 偏心受拉构件的斜截面承载力计算

对于偏心受拉构件，往往在受到弯矩 M 及轴力 N 作用的同时，还受到较

大的剪力 V 的作用。因此，对于偏心受拉构件，除了需要进行正截面承载力计算外，还需计算斜截面受剪承载力。

研究表明，由于轴向拉力的存在，混凝土的剪压区高度比仅受弯矩 M 作用时小，同时轴向拉力的存在也增大了构件中的主拉应力，使得构件中的斜裂缝开展得较长、较宽，且倾角也较大，从而导致构件的斜截面受剪承载力降低。轴向拉力对斜截面受剪承载力的不利影响为 $(0.06 \sim 0.16)N$，考虑到实验室试验条件与实际工程条件的差别，同时考虑轴向拉力的存在对构件抗剪的不利，因此通过可靠度的分析计算，将轴向拉力这种不利影响取为 $0.2N$。

偏心受拉构件承受轴向拉力 N、弯矩 M 和剪力 V 的作用，可视为受弯构件处于同时承受轴向拉力的受力状态，因此以受弯构件斜截面受剪承载力计算公式为基础，考虑轴向拉力 N 对斜截面受剪承载力的不利影响，得到矩形、I 形、T 形截面的偏心受拉构件斜截面受剪承载力计算公式：

$$V \leqslant \frac{1.75}{\lambda+1}f_t b h_0 + f_{yv}\frac{A_{sv}}{s}h_0 - 0.2N \tag{6-7}$$

式中　λ——计算剪跨比，当承受均布荷载时，取 $\lambda = 1.5$，当承受集中荷载时，取 $\lambda = a/h_0$（a 为集中荷载到支座截面或节点边缘的距离），当 $\lambda < 1.5$ 时，取 $\lambda = 1.5$，当 $\lambda > 3$ 时，取 $\lambda = 3$；

　　　　N——与剪力设计值 V 相对应的轴向拉力设计值。

在式（6-7）中，由于箍筋的存在，至少可以承担 $f_{yv}\dfrac{A_{sv}}{s}h_0$ 的剪力。所以，当式（6-7）右边的计算值小于 $f_{yv}\dfrac{A_{sv}}{s}h_0$ 时，应取为 $f_{yv}\dfrac{A_{sv}}{s}h_0$。同时，为了防止箍筋过少、过稀，保证箍筋承担一定的受剪承载力，$f_{yv}\dfrac{A_{sv}}{s}h_0$ 不应小于 $0.36f_t b h_0$。

同时，偏心受拉构件的截面尺寸应满足下式要求：

$$V \leqslant 0.25\beta_c f_c b h_0 \tag{6-8}$$

式中　β_c——混凝土强度影响系数。混凝土强度等级低于 C50 时，$\beta_c = 1.0$；混凝土强度等级高于 C80 时，$\beta_c = 0.8$；其间按线性内插法确定。

【例 6-3】　图 6-7 所示为某钢筋混凝土矩形截面偏心受拉构件，处于一类环境，截面尺寸 $b \times h = 300\text{mm} \times 300\text{mm}$，$l = 3.0\text{m}$，跨中承受集中力 $P = 160\text{kN}$，轴向拉力设计值 $N = 80\text{kN}$，采用 C30 混凝土和 HPB300 级箍筋。确定箍筋用量。

【解】　本例题属于截面设计类。

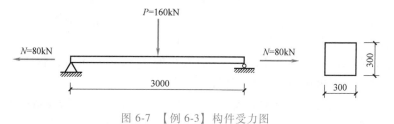

图 6-7　【例 6-3】构件受力图

（1）基本参数

查附表 6 可知，C30 混凝土 $f_c = 14.3 \text{N/mm}^2$，$f_t = 1.43 \text{N/mm}^2$，且 $\beta_c = 1.0$。

查附表 2 可知，HPB300 级箍筋 $f_{yv} = 270 \text{N/mm}^2$。

查附表 8 可知，一类环境，$c = 20\text{mm}$，取箍筋直径 $d_{sv} = 10\text{mm}$，纵向受力钢筋直径 $d = 20\text{mm}$，$a_s = c + d_{sv} + d/2 = 40\text{mm}$，$h_0 = h - a_s = (300 - 40)\text{mm} = 260\text{mm}$。

（2）验算截面尺寸

$V = 160 \div 2\text{kN} = 80\text{kN} < 0.25\beta_c f_c b h_0 = 0.25 \times 1.0 \times 14.3 \times 300 \times 260\text{N} = 278.85\text{kN}$（满足要求）

（3）计算箍筋用量

$$\lambda = \frac{a}{h_0} = \frac{1500}{260} = 5.77 > 3.0$$

取 $\lambda = 3$。

$$V_c = \frac{1.75}{\lambda + 1} f_t b h_0 = \frac{1.75}{3 + 1} \times 1.43 \times 300 \times 260\text{N} = 48798.75\text{N} > 0.2N = 16000\text{N}$$

将上式代入式（6-7）得

$$\frac{nA_{sv1}}{s} = \frac{V - V_c + 0.2N}{f_{yv} h_0} = \frac{80000 - 48798.75 + 16000}{270 \times 260}\text{mm}^2/\text{mm} = 0.672\text{mm}^2/\text{mm}$$

（4）选配箍筋

选配 φ8 双肢箍，$s = \dfrac{nA_{sv1}}{0.672} = 149.7\text{mm}$，取 $s = 140\text{mm}$，因此选配双肢箍 φ8@140。

习　题

一、简答题

1. 实际工程中，哪些受拉构件可以按轴心受拉构件计算，哪些受拉构件可以按偏心受拉构件计算？

2. 大、小偏心受拉构件的界限是什么？两种受拉构件的受力特点和破坏形态有何不同？

3. 比较不对称配筋的大偏心受压构件及大偏心受拉构件正截面承载力计算的异同。

4. 轴向拉力对偏心受拉构件的受剪承载力有何影响？计算时如何考虑这一影响？

二、选择题

1. 大偏心受拉构件设计时，若已知 A_s'，计算出 $\xi > \xi_b$，则表明（　　）。

A. 受压钢筋过多　　B. 受压钢筋过少　　C. 受拉钢筋过多　　D. 受拉钢筋过少

2. 大偏心受拉构件的破坏特征与（　　）构件类似。

A. 受剪　　　　　B. 大偏心受压　　　C. 小偏心受拉　　　D. 小偏心受压

3. 在小偏心受拉构件设计中，计算出的钢筋用量为（　　）。

A. 受拉钢筋>受压钢筋　　　　　　　B. 受拉钢筋<受压钢筋

C. 受拉钢筋=受压钢筋　　　　　　　D. 不确定

4. 在大偏心受拉构件的截面计算中，当计算出的 $A_s' < 0$ 时，A_s' 可按构造要求配置，而后再计算 A_s，若此时计算出现 $x < 2a_s'$ 的情况时，说明（　　）。

A. 受压钢筋的应力达不到屈服强度　　　B. 受压钢筋过少，需要增加用量

C. 受拉钢筋的应力达不到屈服强度　　　D. 受拉钢筋过少，需要增加用量

5. 对于钢筋混凝土偏心受拉构件，下面说法错误的是 （　　）。

A. $\xi > \xi_b$，为小偏心受拉破坏

B. 小偏心受拉破坏时，混凝土完全退出工作

C. 大偏心构件存在混凝土受压区

D. $e_0 \leqslant h/2 - a_s$ 为小偏心受拉破坏

6. 钢筋混凝土偏心受拉构件轴向拉力的存在，使其斜截面受剪承载力 （　　）。

A. 增大　　　　　　 B. 减小　　　　　　 C. 没有影响　　　　　　 D. 无法比较

7. 钢筋混凝土小偏心受拉构件破坏时，下列说法正确的是 （　　）。

A. 受拉钢筋受拉屈服，受压钢筋不屈服　　 B. 受压钢筋受拉屈服，受拉钢筋不屈服

C. 受拉钢筋和受压钢筋均受拉屈服　　　　 D. 受拉钢筋受拉屈服，受压钢筋受压屈服

三、填空题

1. 钢筋混凝土小偏心受拉构件破坏时，拉力由＿＿＿＿＿承担。

2. 在钢筋混凝土偏心受拉构件中，当轴向拉力 N 作用在受拉钢筋的外侧时，截面虽开裂，但仍然有＿＿＿＿＿存在，这类情况称为＿＿＿＿＿。

3. 钢筋混凝土大偏心受拉构件破坏时，近轴向拉力一侧的钢筋＿＿＿＿＿，远轴向拉力一侧的混凝土＿＿＿＿＿。

4. 钢筋混凝土大偏心受拉构件正截面承载力计算公式的适用条件是 ＿＿＿＿＿ 和 ＿＿＿＿＿，如果出现了 $x < 2a_s'$ 的情况，此时可假定＿＿＿＿＿。

5. 钢筋混凝土偏心受拉构件，轴向拉力的存在使混凝土的受剪承载力＿＿＿＿＿。因此，钢筋混凝土偏心受拉构件的斜截面受剪承载力要比同样情况下的受弯构件斜截面受剪承载力＿＿＿＿＿。

四、计算题

1. 钢筋混凝土拉杆，处于一类环境，截面尺寸 $b \times h = 250\text{mm} \times 250\text{mm}$，选用 C30 混凝土，其内配置 4$\Phi$20 钢筋。构件上作用轴心拉力设计值 $N = 420\text{kN}$。复核此拉杆是否安全。

2. 偏心受拉构件，处于一类环境，截面尺寸 $b \times h = 300\text{mm} \times 500\text{mm}$，选用 C30 混凝土和 HRB400 级钢筋。承受轴向拉力设计值 $N = 400\text{kN}$，弯矩设计值 $M = 60\text{kN} \cdot \text{m}$。对构件进行配筋计算。

3. 偏心受拉构件，处于一类环境，截面尺寸 $b \times h = 350\text{mm} \times 600\text{mm}$，选用 C30 混凝土和 HRB400 级钢筋。承受轴向拉力设计值 $N = 140\text{kN}$，弯矩设计值 $M = 110\text{kN} \cdot \text{m}$。对构件进行配筋计算。

第7章　钢筋混凝土受扭构件承载力计算

本章导读

➤ **内容及要求**　本章的主要内容包括受扭构件的主要特点、破坏形态、受力性能和开裂扭矩，不同截面形状的构件在纯扭、剪扭、弯扭和弯剪扭作用下，承载力计算和配筋设计方法。通过本章学习，熟悉受扭构件的受力性能，掌握受扭构件的破坏形态和影响因素，掌握在纯扭、剪扭、弯扭和弯剪扭作用下，构件承载力计算原理、配筋设计、验算方法和构造要求。

➤ **重点**　受扭构件的破坏形态、配筋形式和构造要求，纯扭、剪扭和弯剪扭构件的承载力计算。

➤ **难点**　受扭纵筋与受扭箍筋的配筋强度比，混凝土的剪扭相关性。

受扭构件为钢筋混凝土结构基本构件之一。实际工程中，构件只承受扭矩作用的情况很少，绝大多数处在弯矩、剪力、扭矩（有时还有轴力）共同作用下的复合受力状态。根据扭转作用形成的原因，可将扭转分为平衡扭转和协调扭转。静定结构中的扭矩可利用平衡条件求得，称为平衡扭转，如图 7-1a 所示的雨篷梁和图 7-1b 所示的吊车梁。协调扭转又称超静定扭转，是由超静定结构中相邻构件间的变形协调引起的，其扭矩由静力平衡条件和变形协调条件求得，即构件所受扭矩的大小与构件扭转刚度的大小有关，如图 7-1c 所示的框架边梁。

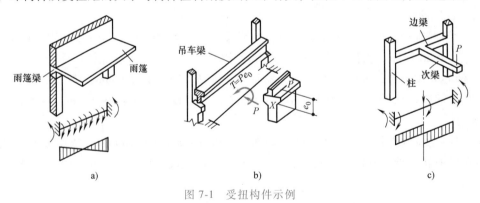

图 7-1　受扭构件示例

受弯、受剪、受压和受拉构件的破坏面均为平面（如正截面、斜截面），受扭构件的破坏面则为空间扭曲面，因此需要布置空间钢筋骨架。在实际工程中，一般采用受扭纵筋与受扭箍筋（统称为受扭钢筋）形成的空间钢筋骨架来共同承担扭矩，如图 7-2 所示。因此，在设计中需要考虑两种钢筋用量协调的问题。

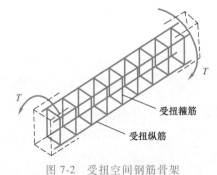

图 7-2　受扭空间钢筋骨架

7.1　纯扭构件的承载力计算

7.1.1　纯扭构件的受力性能

　　试验研究表明，素混凝土构件在扭矩作用下首先在一个长边侧面的中点 m 附近出现斜

裂缝，如图 7-3a 所示；随着荷载的增大，该裂缝沿着与构件轴线约成 45°的方向迅速延伸，到达该侧面的上、下边缘 a、b 两点后，分别在顶面和底面大致沿 45°方向继续延伸到 c、d 两点，构成三面开裂、一面受压的受力状态；最后，在 cd 连线所在的受压面上混凝

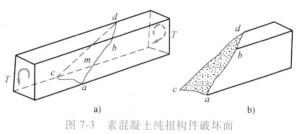

图 7-3　素混凝土纯扭构件破坏面

土被压碎，构件断裂破坏。此时，构件承担的扭矩为极限扭矩 T_u，破坏面为一个空间扭曲面，如图 7-3b 所示。构件破坏具有突然性，属脆性破坏。

　　对于配有适量受扭钢筋的矩形截面构件，在扭矩作用下，裂缝出现前，钢筋中的应力很小，开裂扭矩 T_{cr} 与同截面的素混凝土构件极限扭矩 T_u 几乎相等，这时配置的钢筋对开裂扭矩 T_{cr} 的贡献很少。但在裂缝出现后，由于钢筋的存在，构件并不立即破坏，而是随着扭矩的增加，构件表面逐渐形成大体连续、近于 45°方向、呈螺旋式发展的斜裂缝，而且裂缝之间的距离从总体来看是比较均匀的，如图 7-4 所示。此时，原由混凝土承担的主拉应力大部分由与斜裂缝相交的受扭箍筋和受扭纵筋共同承担，在受扭钢筋屈服之前，构件继续承受更大的扭矩，直至破坏。

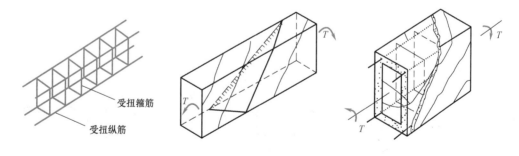

受扭箍筋

受扭纵筋

图 7-4　钢筋混凝土纯扭构件适筋破坏

　　由上可见，在纯扭构件中，最合理的受扭配筋方式应是在构件靠近表面处设置呈 45°走向的螺旋箍筋，其方向与混凝土的主拉应力方向相平行，也就是与可能出现的斜裂缝相垂直，但是螺旋箍筋施工比较复杂，同时其配置方法也不能适应扭矩方向的改变，因此实际工程中很难采用。在实际工程中，通常采取一种简单可行的替代方式，即采用由靠近构件表面设置的横向箍筋和沿构件周边均匀对称布置的纵向钢筋共同组成的受扭钢筋骨架，它恰好与构件中受弯钢筋和受剪钢筋的配置方式相协调。

　　试验表明，纯扭构件的破坏形态主要与受扭纵筋和受扭箍筋的配置多少有关，可分为四类：

1. 少筋破坏

当构件中配筋过少时，破坏形态如图 7-5a 所示。配筋构件的受扭承载力与素混凝土构件的受扭承载力几乎相等。这种破坏具有明显的脆性，没有任何预兆，在工程设计中应予以避免。因此，应控制受扭箍筋和受扭纵筋的最小配筋率。

2. 适筋破坏

当构件中配筋适当时，破坏形态如图 7-5b 所示。构件上先后出现多条呈 45°走向的螺旋形裂缝，随着与其中一条裂缝相交的箍筋和纵向受力钢筋达到屈服强度，该条裂缝不断加宽，形成三面开裂、一边受压的空间扭曲破坏面，最后受压边混凝土被压碎，构件破坏。整个破坏过程有一定的延性和较明显的预兆。这种破坏与受弯构件适筋梁破坏类似，工程设计中应尽可能设计成具有这种破坏特点的构件，并通过合理设计来避免发生破坏。

3. 部分超筋破坏

当构件中受扭纵筋和受扭箍筋配置不适当时，破坏形态如图 7-5c 所示。在构件破坏前，数量相对较少的那部分钢筋首先受拉屈服，而另一部分钢筋直到构件破坏，仍未能屈服。由于构件破坏时有部分钢筋达到屈服强度，破坏特征并非完全脆性，但也没有较好的延性。这种破坏与受弯构件超筋梁破坏类似，由于部分受扭钢筋不能被充分利用，不太经济，工程设计中不宜采用。

4. 超筋破坏

当构件中配筋过多时，破坏形态如图 7-5c 所示。在钢筋都未达到屈服强度前，构件中混凝土先被压碎而导致突然破坏，这类构件破坏具有明显的脆性，与受弯构件超筋梁破坏类似。该类构件虽然具有较高的承载力，但受扭钢筋都不能被充分利用，不经济，工程设计中应予以避免。

图 7-6 所示为由试验得到的不同破坏形态时钢筋混凝土构件扭矩-扭转角 （T-θ） 关系曲线。

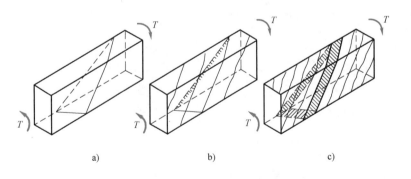
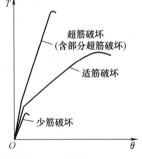

图 7-5　纯扭构件的破坏形态

a）少筋破坏　b）适筋破坏　c）超筋破坏（含部分超筋破坏）

图 7-6　扭矩-扭转角

（T-θ）关系曲线

7.1.2　纯扭构件的开裂扭矩

1. 矩形截面的开裂扭矩

钢筋混凝土纯扭构件在裂缝出现前处于弹性工作阶段，构件的变形很小，钢筋的应力也很小，因此可忽略钢筋对开裂扭矩的影响，按素混凝土构件计算。由材料力学可知，矩形截面匀质弹性材料构件在扭矩作用下，截面中各点均产生剪应力 τ，其分布规律如图 7-7 所示。最大剪应力 $\tau_{\max}$ 发生在截面长边的中点，与该点剪应力作用相对应的主拉应力 σ_{tp} 和主压应力 σ_{cp} 分别与构件纵轴线成 45° 方向，其大小均为 $\tau_{\max}$。当主拉应力 σ_{tp} 超过混凝土的抗拉强度时，混凝土将沿主压应力方向开裂，并发展成螺旋形裂缝。

按照弹性理论，当截面上某一点应力达到极限强度，即 $\tau = \sigma_{tp} = f_t$ 时的扭矩为开裂扭矩 T_{cr}，其计算公式为

$$T_{cr} = f_t W_{te} \tag{7-1}$$

式中　W_{te}——截面的受扭弹性抵抗矩，$W_{te} = \alpha bh^2$，其中，b、h 分别为矩形截面的短边和长边尺寸；α 为系数，当 $h/b = 1.0$ 时，$\alpha = 0.2$，当 $h/b \approx \infty$ 时，$\alpha = 0.33$。

按照塑性理论，当截面某一点的应力达到极限强度时，构件进入塑性状态。该点应力保持在极限强度，而应变可继续增长，荷载仍可增加，直到截面上所有点的应力达到材料的极限强度，构件才达到极限承载力。图 7-8 所示为矩形截面纯扭构件在全塑性状态时的剪应力分布。截面上的剪应力分为四个区域，分别计算其合力及所组成的力偶，取 $\tau_{\max} = f_t$，可求得总扭矩 T 为

$$T = f_t \frac{b^2}{6} (3h - b) \tag{7-2}$$

定义 $W_t = \dfrac{T}{f_t}$ 为截面受扭塑性抵抗矩，则

$$W_t = \frac{b^2}{6} (3h - b) \tag{7-3}$$

混凝土既非弹性材料，又非理想塑性材料，而是介于两者之间的弹塑性材料。为了实用，可按全塑性状态的截面应力分布计算，而将材料强度适当降低。根据试验研究结果，《混凝土结构设计规范（2015 年版）》（GB 50010—2010）取混凝土抗拉强度降低系数为 0.7，故开裂扭矩的计算式为

$$T_{cr} = 0.7 f_t W_t \tag{7-4}$$

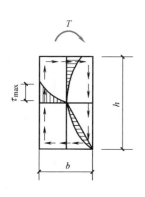

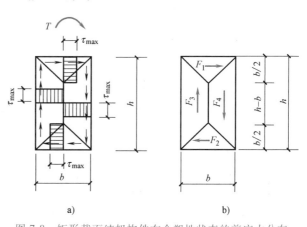

a)　　　　　　b)

图 7-7　矩形截面弹性　　　　　　图 7-8　矩形截面纯扭构件在全塑性状态的剪应力分布
　　状态的剪应力分布

2. T 形和 I 形截面的开裂扭矩

在实际工程中, 钢筋混凝土受扭构件常为带翼缘的截面, 如 T 形、I 形截面。试验研究表明, T 形和 I 形截面的纯扭构件的第一条斜裂缝首先出现在腹板侧面中部, 其破坏形态和规律与矩形截面纯扭构件相似。

通过试验观察腹板宽度大于翼缘高度的 T 形截面纯扭构件的裂缝开展情况, 发现如果将其翼缘部分去掉, 则可见其腹板侧面裂缝与其顶面裂缝基本相连, 形成了断断续续、互相贯通的螺旋形裂缝。这表明腹板裂缝的形成有其自身的独立性, 受翼缘的影响不大。这就提供了可将腹板和翼缘分别进行受扭计算的试验依据。因此, 在计算 T 形、I 形等组合截面纯扭构件的承载力时, 可将整个截面划分为若干个矩形分块, 并将扭矩 T 按各个矩形分块的受扭塑性抵抗矩分配给各个矩形分块, 以求得各个矩形分块所承担的扭矩。因此, 开裂扭矩即为各个矩形分块开裂扭矩总和, 开裂扭矩的计算式为

$$T_{cr} = 0.7 f_t W_t \tag{7-5}$$

式中 W_t——全截面受扭塑性抵抗矩, 是各个分块矩形的受扭塑性抵抗矩的总和。

T 形和 I 形截面受扭塑性抵抗矩公式见表 7-1。

表 7-1 T 形和 I 形截面受扭塑性抵抗矩公式

截面	受扭塑性抵抗矩公式	截面	受扭塑性抵抗矩公式
全截面	$W_t = W_{tw} + W_{tf} + W'_{tf}$	受压翼缘	$W'_{tf} = \dfrac{h'^2_f}{2}(b'_f - b)$
腹板	$W_{tw} = \dfrac{b^2}{6}(3h - b)$	受拉翼缘	$W_{tf} = \dfrac{h^2_f}{2}(b_f - b)$

T 形、I 形截面划分原则: 首先满足腹板矩形截面的完整性, 然后再划分受压或受拉翼缘, 如图 7-9 所示。试验表明充分参与腹板受力的翼缘每侧伸出宽度一般不超过厚度的 3 倍, 故计算纯扭构件承载力时截面的有效翼缘宽度应符合 $b'_f \le b + 6h'_f$ 及 $b_f \le b + 6h_f$ 的条件。所划分的矩形截面受扭塑性抵抗矩, 按表 7-1 的近似值取用。

3. 箱形截面的开裂扭矩

试验表明, 具有一定壁厚的箱形截面, 如图 7-10 所示, 其受扭承载力计算与实心矩形

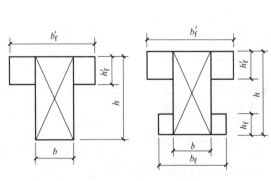

图 7-9 T 形和 I 形截面划分矩形截面

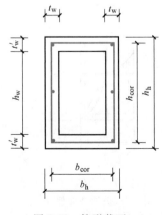

图 7-10 箱形截面

截面的基本相同。因此，箱形截面开裂扭矩与矩形截面相同，需要先计算箱型截面受扭塑性抵抗矩 W_t，但需要考虑箱形截面壁厚影响系数 α_h，故箱形截面开裂扭矩的计算式为

$$T_{cr} = 0.7f_t W_t \alpha_h \tag{7-6}$$

箱型截面受扭塑性抵抗矩为

$$W_t = \frac{b_h^2}{6}(3h_h - b_h) - \frac{(b_h - 2t_w)^2}{6}\left[3h_w - (b_h - 2t_w)\right] \tag{7-7}$$

箱形截面壁厚影响系数为

$$\alpha_h = \frac{2.5t_w}{b_h} \tag{7-8}$$

式中　α_h——箱形截面壁厚影响系数，当 $\alpha_h > 1.0$ 时，取 $\alpha_h = 1.0$；

$\quad\quad t_w$——箱形截面壁厚，其值应不小于 $b_h/7$；

h_h、b_h——箱形截面的长边和短边尺寸；

$\quad\quad h_w$——箱形截面腹板高度。

7.1.3　纯扭构件的承载力计算

钢筋混凝土纯扭构件的承载力计算，主要是以变角度空间桁架理论和斜弯理论（扭曲破坏面极限平衡理论）为基础的计算方法，《混凝土结构设计规范（2015 年版）》（GB 50010—2010）采用了变角度空间桁架理论。

混凝土纯扭构件的核心部分对抵抗外扭矩的贡献甚微，因此可以将其计算简图简化为等效箱形截面，如图 7-11 所示。存在螺旋形斜裂缝的混凝土箱壁，由四周侧壁混凝土、箍筋、纵向受力钢筋形成空间桁架抵抗扭矩。每个侧壁受力状况相当于一个平面桁架，纵向受力筋和箍筋只承受拉力，纵向受力筋为桁架的弦杆，箍筋为桁架的竖腹杆，斜裂缝间的混凝土只承受压力，具有螺旋形裂缝的混凝土外壳组成桁架的斜压杆。在每个节点处，斜向压力由纵向受力筋和箍筋的拉力所平衡，不考虑裂缝面上的骨料咬合力及钢筋的销栓作用。

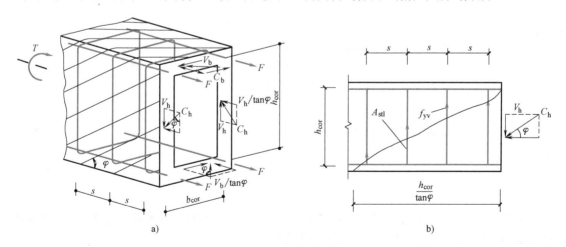

图 7-11　混凝土纯扭构件计算简图

假设达到极限扭矩时混凝土斜压杆与构件轴线的夹角为 φ，分别以 C_h 和 C_b 表示作用在箱形截面长、短边上的斜压杆的总压力，以 V_h 和 V_b 表示斜压力沿箱壁方向的竖向和水平

分力，以 $\dfrac{V_\mathrm{h}}{\tan\varphi}$ 和 $\dfrac{V_\mathrm{b}}{\tan\varphi}$ 表示斜压力垂直箱壁方向的轴向分力，则

$$V_\mathrm{h} = C_\mathrm{h}\sin\varphi$$

$$V_\mathrm{b} = C_\mathrm{b}\sin\varphi$$

竖向分力 V_h 和水平分力 V_b 对构件轴线取矩，得到受扭承载力为

$$T_\mathrm{u} = V_\mathrm{h}b_\mathrm{cor} + V_\mathrm{b}h_\mathrm{cor} \tag{7-9}$$

假设纵向受力钢筋集中于四角，每根纵向受拉钢筋拉力为 F，则由轴力平衡得

$$4F = \frac{2(V_\mathrm{b}+V_\mathrm{h})}{\tan\varphi} \tag{7-10}$$

假设箍筋和纵向受力钢筋均达到屈服强度，沿箱壁方向的竖向分力 V_h 和水平分力 V_b 与箍筋受力平衡，垂直箱壁方向的轴向分力 $\dfrac{V_\mathrm{h}}{\tan\varphi}$ 和 $\dfrac{V_\mathrm{b}}{\tan\varphi}$ 与纵向受力钢筋受力平衡，分别得

$$C_\mathrm{h}\sin\varphi = V_\mathrm{h} = f_\mathrm{yv} \cdot \frac{A_\mathrm{st1}}{s} \cdot \frac{h_\mathrm{cor}}{\tan\varphi} \tag{7-11}$$

$$C_\mathrm{b}\sin\varphi = V_\mathrm{b} = f_\mathrm{yv} \cdot \frac{A_\mathrm{st1}}{s} \cdot \frac{b_\mathrm{cor}}{\tan\varphi} \tag{7-12}$$

$$\frac{2(V_\mathrm{b}+V_\mathrm{h})}{\tan\varphi} = f_\mathrm{y}A_{\mathrm{st}l} \tag{7-13}$$

将式（7-11）中的 V_h 和式（7-12）中的 V_b 代入式（7-13），得

$$\tan^2\varphi = \frac{A_\mathrm{st1}u_\mathrm{cor}}{A_{\mathrm{st}l}s} \cdot \frac{f_\mathrm{yv}}{f_\mathrm{y}} \tag{7-14}$$

令

$$\zeta = \frac{A_{\mathrm{st}l}s}{A_\mathrm{st1}u_\mathrm{cor}} \cdot \frac{f_\mathrm{y}}{f_\mathrm{yv}} \tag{7-15}$$

式中 ζ——配筋强度比，为受扭纵筋与受扭箍筋的体积比和强度比的乘积；

$A_{\mathrm{st}l}$——受扭计算中沿构件截面周边对称布置的全部纵向受力钢筋截面面积；

A_st1——受扭计算中沿截面周边配置的箍筋单肢截面面积；

u_cor——截面核心部分的周长，$u_\mathrm{cor} = 2(b_\mathrm{cor}+h_\mathrm{cor})$；

f_y——受扭纵筋的抗拉强度设计值；

f_yv——受扭箍筋的抗拉强度设计值。

则

$$\tan\varphi = \sqrt{\frac{1}{\zeta}} \tag{7-16}$$

将式（7-11）中的 V_h 和式（7-12）中的 V_b 代入式（7-9），并利用式（7-16），推导出按变角度空间桁架模型得出的极限扭矩表达式为

$$T_\mathrm{u} = 2\sqrt{\zeta}\frac{f_\mathrm{yv}A_\mathrm{st1}}{s}A_\mathrm{cor} \tag{7-17}$$

式中 A_cor——截面核心部分的面积，$A_\mathrm{cor} = b_\mathrm{cor}h_\mathrm{cor}$，$b_\mathrm{cor}$ 为箍筋内表面范围内截面核心部分

的短边尺寸，$b_{cor} = b - 2(c + d_{sv})$，$h_{cor}$ 为箍筋内表面范围内截面核心部分的长边尺寸，$h_{cor} = h - 2(c + d_{sv})$；

s——箍筋的间距。

1. 矩形截面纯扭构件的承载力计算

式 (7-17) 是按变角度空间桁架模型推导的计算公式，由于构件的实际受力机理比较复杂，因此该公式的计算值与试验结果存在一定差异，《混凝土结构设计规范 (2015 年版)》(GB 50010—2010) 根据对试验结果的统计分析，并参考变角度空间桁架模型给出计算公式。

试验结果表明，构件的受扭承载力 T_u 由混凝土的受扭承载力 T_c 和钢筋（纵向受力钢筋和箍筋）的受扭承载力 T_s 两部分组成，即

$$T_u = T_c + T_s \tag{7-18}$$

对于混凝土的受扭承载力 T_c，可以借用 $f_t W_t$ 作为基本变量；对于钢筋的受扭承载力 T_s，由变角度空间桁架模型中的 $f_{yv} A_{st1} A_{cor}/s$ 作为基本变量，再用 $\sqrt{\zeta}$ 来反映纵向受力钢筋和箍筋的共同工作，则式 (7-18) 可进一步表达为

$$T = \alpha_1 f_t W_t + \alpha_2 \sqrt{\zeta} f_{yv} \frac{A_{st1} A_{cor}}{s} \tag{7-19}$$

图 7-12 所示为配有不同数量受扭钢筋的钢筋混凝土纯扭构件承载力规范公式与实验值的比较。在试验结果统计分析的基础上，取试验点的偏下限，取系数 $\alpha_1 = 0.35$，$\alpha_2 = 1.2$。将 α_1、α_2 代入式 (7-19) 得到矩形截面钢筋混凝土纯扭构件的受扭承载力计算公式为

$$T \leqslant T_u = 0.35 f_t W_t + 1.2 \sqrt{\zeta} f_{yv} \frac{A_{st1} A_{cor}}{s} \tag{7-20}$$

式中　T——扭矩设计值。

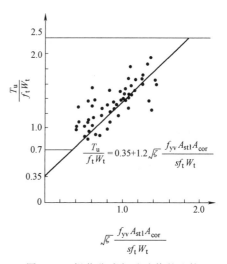

图 7-12　规范公式与试验值的比较

式 (7-20) 中的 ζ 考虑了纵向受力钢筋与箍筋之间不同配筋比对受扭承载力的影响。为了使箍筋和纵向受力钢筋相互匹配，共同发挥受扭作用，应将两种钢筋的用量匹配控制在合理的范围内。试验表明，当 $0.5 \leqslant \zeta \leqslant 2.0$ 时，受扭破坏时纵向受力钢筋和箍筋基本上都能达到屈服强度。《混凝土结构设计规范 (2015 年版)》(GB 50010—2010) 建议取 $0.6 \leqslant \zeta \leqslant 1.7$，当 ζ 接近 1.2 时，钢筋达到屈服强度的最佳值，因此设计时一般取 $\zeta = 1.2$。

2. T 形和 I 形截面纯扭构件的承载力计算

为简化计算，按各矩形截面的受扭塑性抵抗矩的比例来分配截面总扭矩 T，以确定各矩形截面所承受的扭矩。当已知腹板、受压翼缘和受拉翼缘的受扭塑性抵抗矩 W_{tw}、W_{tf} 和 W'_{tf} 时，则各矩形截面所承担的扭矩为

腹板承担的扭矩

$$T_w = \frac{W_{tw}}{W_t} T \tag{7-21}$$

受压翼缘承担的扭矩

$$T'_f = \frac{W'_{tf}}{W_t}T \tag{7-22}$$

受拉翼缘承担的扭矩

$$T_f = \frac{W_{tf}}{W_t}T \tag{7-23}$$

式中 T_w、T'_f、T_f——腹板、受压翼缘和受拉翼缘承担的扭矩设计值。

各矩形分块的受扭承载力计算同式（7-20），只需把各项参数按各矩形分块参数代入即可。

3. 箱型截面纯扭构件的承载力计算

试验表明，具有一定壁厚的箱形截面（图 7-10），其受扭承载力计算与实心矩形截面的基本相同。因此，箱形截面受扭承载力公式可在矩形截面受扭承载力公式［式（7-20）］的基础上，经对 T_c 项乘以壁厚修正系数 α_h，α_h 按式（7-8）计算，W_t 按式（7-7）计算，得出具体表达式为

$$T \leqslant 0.35\alpha_h f_t W_t + 1.2\sqrt{\zeta}f_{yv}\frac{A_{st1}A_{cor}}{s} \tag{7-24}$$

4. 构造要求

（1）截面尺寸和混凝土强度限值 为了防止构件发生超筋破坏，对 $\frac{h_w}{b} \leqslant 6$ 的矩形、T 形、I 形截面和 $\frac{h_w}{t_w} \leqslant 6$ 的箱形截面构件（图 7-13），其截面应符合下列条件：

当 $\frac{h_w}{b}\left(\text{或}\frac{h_w}{t_w}\right) \leqslant 4$ 时

$$T \leqslant 0.2\beta_c f_c W_t \tag{7-25}$$

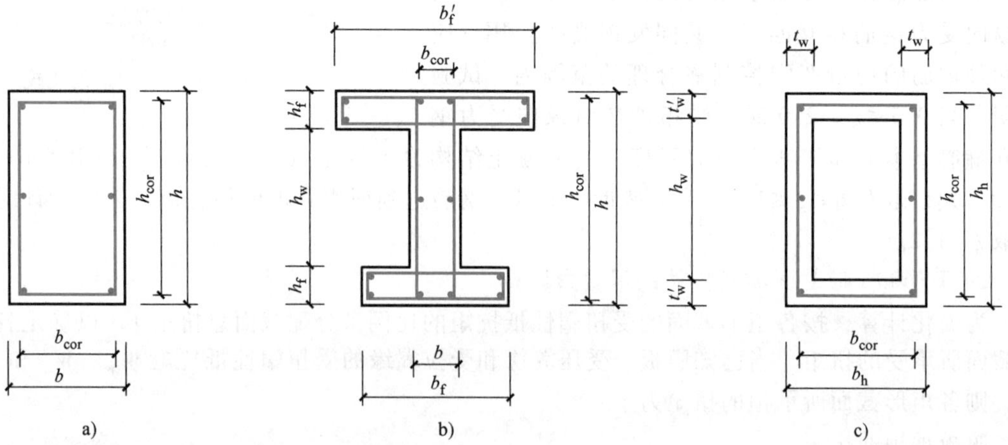

图 7-13 受扭构件截面

a）矩形截面 b）T 形、I 形截面 c）箱形截面（$t_w \leqslant t'_w$）

当 $\dfrac{h_w}{b}\left(或\dfrac{h_w}{t_w}\right)=6$ 时

$$T\leqslant 0.16\beta_c f_c W_t \tag{7-26}$$

当 $4<\dfrac{h_w}{b}\left(或\dfrac{h_w}{t_w}\right)<6$ 时，按线性内插法确定。

式中　β_c——混凝土强度影响系数，当混凝土强度等级不超过 C50 时，取 $\beta_c=1.0$，当混凝土强度等级为 C80 时，取 $\beta_c=0.8$，其间按线性内插法取用；

　　　　b——矩形截面的宽度，T 形或 I 形截面的腹板宽度，箱形截面的侧壁总厚度（ $b=2t_w$ ）。

截面的腹板高度 h_w，对矩形截面，取有效高度；对 T 形截面，取有效高度减去翼缘高度；对 I 形和箱形截面，取腹板净高。

若不能满足上述要求，则需要调整截面尺寸或混凝土强度等级。

（2）最小配筋率　当 $T\leqslant T_{cr}=0.7f_t W_t$ 时，截面处于未裂状态，因此不需要进行受扭承载力计算，按配筋率的下限和构造要求配筋。纯扭构件最小配筋率原则上应根据 $T=T_{cr}$ 的条件得出，《混凝土结构设计规范（2015 年版）》（GB 50010—2010）规定受扭箍筋的配筋率 ρ_{sv} 应满足

$$\rho_{sv}=\frac{n}{b}\cdot\frac{A_{st1}}{s}\geqslant\rho_{sv,min}=0.28\frac{f_t}{f_{yv}} \tag{7-27}$$

相应地，受扭纵筋的配筋率 ρ_{tl} 应满足

$$\rho_{tl}=\frac{A_{stl}}{bh}\geqslant\rho_{tl,min}=0.85\frac{f_t}{f_y} \tag{7-28}$$

（3）钢筋布置　图 7-14 所示为纯扭构件的配筋形式及构造要求。由于扭矩引起的剪应力在截面四周最大，同时为满足扭矩变向的要求，所配的受扭纵筋应沿截面周边均匀对称布置，且截面四角处必须放置，其间距不应大于 200mm 及截面短边长度 b，受扭纵筋的两端应按受拉钢筋锚固长度要求锚固在支座内。

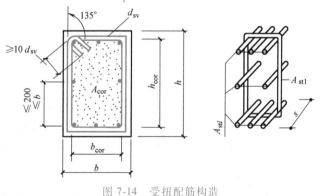

图 7-14　受扭配筋构造

所配的受扭箍筋必须采用封闭式并沿截面周边布置。当采用复合箍筋时，位于截面内部的箍筋不应计入受扭所需的箍筋面积。箍筋的每边都应能承担拉力，故箍筋末端弯钩应大于 135°（采用绑扎骨架时），且弯钩端平直长度不应小于 $10d_{sv}$（ d_{sv} 为箍筋直径），以使箍筋末端锚固于截面核心混凝土内。受扭箍筋的直径和最大间距应满足箍筋的有关规定。

5. 纯扭构件承载力的计算步骤

以钢筋混凝土矩形截面纯扭构件为例，简单介绍一下计算过程。

（1）验算截面尺寸　当 $\dfrac{h_w}{b}\leqslant 4$ 时，由式（7-25）得

$$T \leqslant 0.2\beta_c f_c W_t$$

若不能满足，需要增加截面尺寸或提高混凝土强度等级。

（2）验算是否需要由计算配置受扭钢筋 当 $T > T_{cr} = 0.7f_t W_t$ 时，需要按计算配置受扭钢筋；当 $T \leqslant T_{cr} = 0.7f_t W_t$ 时，不需要进行受扭承载力计算，按配筋率的下限和构造要求配筋。

（3）计算受扭箍筋用量 选取 $\zeta = 1.2$，代入式（7-20）得

$$\frac{A_{st1}}{s} = \frac{T - 0.35f_t W_t}{1.2\sqrt{\zeta}f_{yv}A_{cor}}$$

验算受扭箍筋的配筋率否满足式（7-27）：

$$\rho_{sv} = \frac{n}{b} \cdot \frac{A_{st1}}{s} \geqslant \rho_{sv,min} = 0.28\frac{f_t}{f_{yv}}$$

结合受扭箍筋的配筋形式和构造要求，选择合适的箍筋直径、根数、间距等。

（4）计算受扭纵筋用量 由式（7-15）得

$$A_{stl} = \frac{\zeta f_{yv}u_{cor}}{f_y} \cdot \frac{A_{st1}}{s}$$

验算受扭纵筋的配筋率是否满足式（7-28）：

$$\rho_{tl} = \frac{A_{stl}}{bh} \geqslant \rho_{tl,min} = 0.85\frac{f_t}{f_y}$$

结合受扭纵筋的配筋形式和构造要求，选择合适的纵筋直径、根数、间距等。

（5）绘制截面配筋图 根据选定的受扭箍筋和受扭纵筋绘制截面配筋图。

【例 7-1】 钢筋混凝土矩形截面构件，处于一类环境，扭矩设计值 $T = 23\text{kN} \cdot \text{m}$。截面尺寸 $b \times h = 250\text{mm} \times 500\text{mm}$，选用 C30 混凝土、HRB400 级纵向受力钢筋和 HPB300 级箍筋。确定截面所需配置的钢筋并绘制截面配筋图。

【解】 （1）设计参数

查附表 6 可知，C30 混凝土 $f_c = 14.3\text{N/mm}^2$，$f_t = 1.43\text{N/mm}^2$，$\beta_c = 1.0$。

查附表 2 可知，HRB400 级钢筋 $f_y = 360\text{N/mm}^2$，HPB300 级箍筋 $f_{yv} = 270\text{N/mm}^2$。

查附表 8 可知，一类环境，$c = 20\text{mm}$，按 $d = 20\text{mm}$、$d_{sv} = 10\text{mm}$ 估算，纵向受力钢筋按单排布置，$a_s = c + d_{sv} + d/2 = 40\text{mm}$，$h_0 = h - a_s = (500 - 40)\text{mm} = 460\text{mm}$。

$$b_{cor} = b - 2(c + d_{sv}) = [250 - 2 \times (20 + 10)]\text{mm} = 190\text{mm}$$
$$h_{cor} = h - 2(c + d_{sv}) = [500 - 2 \times (20 + 10)]\text{mm} = 440\text{mm}$$
$$A_{cor} = 190 \times 440\text{mm}^2 = 83600\text{mm}^2$$
$$u_{cor} = 2(b_{cor} + h_{cor}) = 2 \times (190 + 440)\text{mm} = 1260\text{mm}$$
$$W_t = \frac{b^2}{6}(3h - b) = \frac{250^2}{6} \times (3 \times 500 - 250)\text{mm}^3 = 13.02 \times 10^6\text{mm}^3$$

（2）验算截面尺寸

$$\frac{h_w}{b} = \frac{460}{250} < 4$$

由式（7-25）得

$$\frac{T}{W_t} = \frac{23 \times 10^6}{13.02 \times 10^6} \text{N/mm}^2 = 1.77 \text{N/mm}^2 < 0.2\beta_c f_c = 2.86 \text{N/mm}^2 \text{（满足要求）}$$

（3）验算是否需要由计算配置受扭钢筋

$$\frac{T}{W_t} = \frac{23 \times 10^6}{13.02 \times 10^6} \text{N/mm}^2 = 1.77 \text{N/mm}^2 > 0.7 f_t = 1.0 \text{N/mm}^2$$

应由计算配置受扭钢筋。

（4）计算受扭箍筋用量

取 $\zeta = 1.2$，由式（7-20）得

$$\frac{A_{st1}}{s} = \frac{T - 0.35 f_t W_t}{1.2\sqrt{\zeta} f_{yv} A_{cor}} = \frac{23 \times 10^6 - 0.35 \times 1.43 \times 13.02 \times 10^6}{1.2\sqrt{1.2} \times 270 \times 83600} \text{mm}^2/\text{mm} = 0.56 \text{mm}^2/\text{mm}$$

选用 $\phi 10$ 箍筋，$A_{st1} = 78.5 \text{mm}^2$，则

$$s = \frac{78.5}{0.56} \text{mm} = 140.2 \text{mm}$$

实际取 $s = 140 \text{mm}$。

验算配箍率：由式（7-27）得

$$\rho_{sv} = \frac{2}{b} \cdot \frac{A_{st1}}{s} \times 100\% = \frac{2}{250} \times \frac{78.5}{140} \times 100\% = 0.45\% > \rho_{sv,min} = 0.28 \times \frac{f_t}{f_{yv}} \times 100\%$$

$$= 0.28 \times \frac{1.43}{270} \times 100\% \doteq 0.15\% \text{（满足要求）}$$

（5）计算受扭纵筋用量

由式（7-15）得

$$A_{stl} = \frac{\zeta f_{yv} u_{cor}}{f_y} \cdot \frac{A_{st1}}{s} = \frac{1.2 \times 270 \times 1260}{360} \times 0.56 \text{mm}^2 = 635 \text{mm}^2$$

实际选用 $6 \Phi 12$（$A_{stl} = 678 \text{mm}^2$）。

验算受扭纵筋的配筋率：由式（7-28）得

$$\rho_{tl} = \frac{A_{stl}}{bh} \times 100\% = \frac{678}{250 \times 500} \times 100\% = 0.54\% > \rho_{tl,min} = 0.85 \times \frac{f_t}{f_y} \times 100\%$$

$$= \frac{0.85 \times 1.43}{360} \times 100\% = 0.34\% \text{（满足要求）}$$

（6）绘制截面配筋图。

截面配筋如图 7-15 所示。

【例 7-2】 钢筋混凝土 T 形截面构件，处于一类环境，扭
矩设计值 $T = 28 \text{kN} \cdot \text{m}$。截面尺寸 $b'_f = 500 \text{mm}$，$b = 250 \text{mm}$，$h = 500 \text{mm}$，$h'_f = 150 \text{mm}$。选用 C30 混凝土、HRB400 级纵向受力
钢筋和 HPB300 级箍筋。确定截面所需配置的钢筋并绘制截面配筋图。

【解】 （1）设计参数

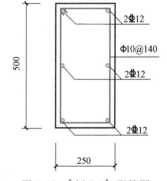

图 7-15 【例 7-1】配筋图

查附表 6 可知，C30 混凝土 $f_c = 14.3 \text{N/mm}^2$，$f_t = 1.43 \text{N/mm}^2$，$\beta_c = 1.0$。

查附表 2 可知，HRB400 级钢筋 $f_y = 360 \text{N/mm}^2$，HPB300 级箍筋 $f_{yv} = 270 \text{N/mm}^2$。

查附表 8 可知，一类环境，$c = 20 \text{mm}$，按 $d = 20 \text{mm}$、$d_{sv} = 10 \text{mm}$ 估算，纵向受力钢筋按单排布置，$a_s = c + d_{sv} + d/2 = 40 \text{mm}$，$h_0 = h - a_s = (500 - 40) \text{mm} = 460 \text{mm}$。

将截面划分为腹板 $b \times h = 250 \text{mm} \times 500 \text{mm}$ 和受压翼缘 $h_f' \times (b_f' - b) = 150 \text{mm} \times (500 - 250) \text{mm}$ 两块矩形截面。

$$b_{cor} = b - 2(c + d_{sv}) = [250 - 2 \times (20 + 10)] \text{mm} = 190 \text{mm}$$

$$h_{cor} = h - 2(c + d_{sv}) = [500 - 2 \times (20 + 10)] \text{mm} = 440 \text{mm}$$

$$b_{f,cor}' = b_f' - b - 2(c + d_{sv}) = [500 - 250 - 2 \times (20 + 10)] \text{mm} = 190 \text{mm}$$

$$h_{f,cor}' = h_f' - 2(c + d_{sv}) = [150 - 2 \times (20 + 10)] \text{mm} = 90 \text{mm}$$

$$A_{cor} = b_{cor} h_{cor} = 190 \times 440 \text{mm}^2 = 83600 \text{mm}^2$$

$$u_{cor} = 2(b_{cor} + h_{cor}) = 2 \times (190 + 440) \text{mm} = 1260 \text{mm}$$

$$A_{f,cor}' = b_{f,cor}' h_{f,cor}' = 190 \times 90 \text{mm}^2 = 17100 \text{mm}^2$$

$$u_{f,cor}' = 2(b_{f,cor}' + h_{f,cor}') = 2 \times (190 + 90) \text{mm} = 560 \text{mm}$$

由表 7-1 计算得

$$W_{tw} = 13.02 \times 10^6 \text{mm}^3$$

$$W_{tf}' = \frac{h_f'^2}{2}(b_f' - b) = \frac{150^2}{2} \times (500 - 250) \text{mm}^3 = 2.81 \times 10^6 \text{mm}^3$$

$$W_t = W_{tw} + W_{tf}' = (13.02 \times 10^6 + 2.81 \times 10^6) \text{mm}^3 = 15.83 \times 10^6 \text{mm}^3$$

（2）验算截面尺寸

$$h_w = h_0 - h_f' = (460 - 150) \text{mm} = 310 \text{mm}$$

$$\frac{h_w}{b} = \frac{310}{250} < 4$$

由式（7-25）得

$$\frac{T}{W_t} = \frac{28 \times 10^6}{15.83 \times 10^6} \text{N/mm}^2 = 1.77 \text{N/mm}^2 < 0.2\beta_c f_c = 2.86 \text{N/mm}^2 \quad （满足要求）$$

（3）验算是否需要由计算配置受扭钢筋

$$\frac{T}{W_t} = \frac{28 \times 10^6}{15.83 \times 10^6} \text{N/mm}^2 = 1.77 \text{N/mm}^2 > 0.7 f_t = 1.00 \text{N/mm}^2$$

应由计算配置受扭钢筋。

（4）各矩形截面分担的扭矩

由式（7-21）得腹板分担的扭矩为

$$T_w = \frac{W_{tw}}{W_t} T = \frac{13.02 \times 10^6}{15.83 \times 10^6} \times 28 \text{kN} \cdot \text{m} = 23.03 \text{kN} \cdot \text{m}$$

由式（7-22）得受压翼缘分担的扭矩为

$$T_f' = \frac{W_{tf}'}{W_t} T = \frac{2.81 \times 10^6}{15.83 \times 10^6} \times 28 \text{kN} \cdot \text{m} = 4.97 \text{kN} \cdot \text{m}$$

（5）腹板的配筋计算

腹板的配筋计算同【例 7-1】。

（6）受压翼缘的配筋计算

1）计算受扭箍筋：取 $\zeta = 1.2$，由式（7-20）得

$$\frac{A_{st1}}{s} = \frac{T_f' - 0.35 f_t W_{tf}'}{1.2 \sqrt{\zeta} f_{yv} A_{f,cor}'} = \frac{4.97 \times 10^6 - 0.35 \times 1.43 \times 2.81 \times 10^6}{1.2 \sqrt{1.2} \times 270 \times 17100} \text{mm}^2/\text{mm} = 0.587 \text{mm}^2/\text{mm}$$

选用 φ10 箍筋 $A_{st1} = 78.5 \text{mm}^2$，则

$$s = \frac{78.5}{0.587} \text{mm} = 134 \text{mm}$$

实际取 $s = 130 \text{mm}$。

2）验算配箍率：由式（7-27）得

$$\rho_{sv} = \frac{2}{h_f'} \cdot \frac{A_{st1}}{s} \times 100\% = \frac{2}{150} \times \frac{78.5}{130} \times 100\% = 0.78\% > \rho_{sv,min} = 0.28 \times \frac{f_t}{f_{yv}} \times 100\% = 0.28 \times \frac{1.43}{270} \times 100\%$$

$= 0.15\%$（满足要求）

3）计算受扭纵筋：由式（7-15）得

$$A_{stl} = \frac{\zeta f_{yv} u_{f,cor}'}{f_y} \cdot \frac{A_{st1}}{s} = \frac{1.2 \times 270 \times 560}{360} \times 0.587 \text{mm}^2 = 296 \text{mm}^2$$

实际选用 4 Φ 10 （$A_{stl}' = 314 \text{mm}^2$）。

4）验算受扭纵筋的配筋率：由式（7-28）得

$$\rho_{tl} = \frac{A_{stl}}{h_f'(b_f' - b)} \times 100\% = \frac{314}{250 \times 150} \times 100\% = 0.84\% > \rho_{tl,min}$$

$$= 0.85 \times \frac{f_t}{f_y} \times 100\% = \frac{0.85 \times 1.43}{360} \times 100\%$$

$= 0.338\%$（满足要求）

（7）绘制截面配筋图

截面配筋如图 7-16 所示。

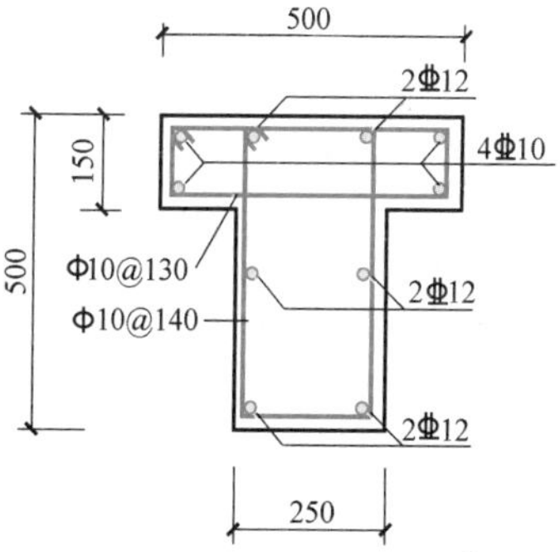

图 7-16　【例 7-2】配筋图

7.2　弯剪扭构件的承载力计算

7.2.1　弯剪扭构件的受力性能

1. 扭矩对受弯和受剪性能的影响

构件在受弯矩、剪力、扭矩共同作用时，其破坏特征及其承载力与外部荷载条件和构件的内在因素相关：外部荷载条件是指弯矩、剪力、扭矩的相对比例关系；内在因素是指构件的截面尺寸、材料强度及配筋。

1）如图 7-17a 所示，扭矩 T 和弯矩 M 在纵向受力钢筋中产生的拉应力叠加使纵向受力钢筋拉应力增大，从而导致承载力总是小于扭矩和弯矩单独作用时的承载力。

2）如图 7-17b 所示，扭矩 T 和剪力 V 产生的剪应力总会在构件的一个侧面上方向一致，导致承载力总是小于剪力和扭矩单独作用时的承载力。

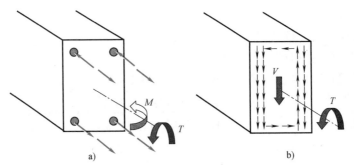

图 7-17 扭矩对受弯、受剪承载力的影响

2. 破坏形式

弯剪扭构件的破坏形式主要与三个外力之间的比例关系和配筋情况有关。矩形截面弯剪扭构件主要有三种破坏形式：

当弯矩 M 较大，扭矩 T 和剪力 V 均较小时，弯矩起主导作用。裂缝首先在弯曲受拉底面出现，然后开展到两个侧面，第四个面即弯曲受压顶面无裂缝，最终与螺旋形裂缝相交的纵向受力钢筋及箍筋均受拉屈服，顶面混凝土被压坏，形成图 7-18a 所示的弯型破坏。

当扭矩 T 较大，弯矩 M 和剪力 V 较小，且顶部纵向受力钢筋少于底部纵向受力钢筋时，扭矩引起顶部纵向受力钢筋的拉应力很大，而弯矩引起的压应力很小，导致顶部纵向受力钢筋拉应力大于底部纵向受力钢筋，破坏时顶部纵向受力钢筋先达到屈服强度，然后底部混凝土压碎，形成图 7-18b 所示的扭型破坏。但对于顶部和底部纵向受力钢筋对称布置情况，总是底部纵向受力钢筋先达到屈服强度，该种情况不可能出现扭型破坏。

当扭矩 T 和剪力 V 较大，弯矩 M 较小时，在扭矩 T 和剪力 V 共同作用下，裂缝首先在侧面出现，然后向构件底面和顶面开展，另一侧面则为受压区。破坏时，与螺旋形裂缝相交的纵向受力钢筋和箍筋均达到屈服强度，另一侧面混凝土被压坏，形成图 7-18c 所示的剪扭型破坏。

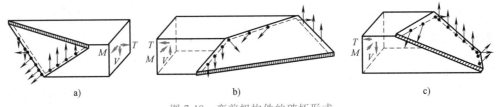

图 7-18 弯剪扭构件的破坏形式

a）弯型破坏 b）扭型破坏 c）剪扭型破坏

7.2.2 剪扭构件的承载力计算

1. 剪扭相关性

对于同时受到剪力 V 和扭矩 T 作用的构件，由于剪力 V 和扭矩 T 产生的剪应力在构件的一个侧面上总是叠加的，因此其承载力总是低于剪力或扭矩单独作用时的承载力，即存在着剪扭相关性。图 7-19 所示为无腹筋构件在不同扭矩和剪力比值下的承载力试验结果，图中无量纲坐标系的纵坐标为 $\dfrac{T_c}{T_{c0}}$，横坐标为 $\dfrac{V_c}{V_{c0}}$。其中，V_{c0}、T_{c0} 分别为剪力、扭矩单独作用

时的无腹筋构件承载力，V_c、T_c 分别为剪扭共同作用时的无腹筋构件的受剪、受扭承载力。可以看出，无腹筋构件的受剪和受扭承载力相关关系大致按 1/4 圆规律变化，即随着扭矩作用的增大，构件受剪承载力逐渐降低，当扭矩达到构件的纯受扭承载力时，其受剪承载力下降为零。

试验研究表明，对于有腹筋构件的剪扭相关曲线近似于 1/4 圆（图 7-19）。图中 V_0、T_0 分别为剪力、扭矩单独作用时的有腹筋构件的受剪、受扭承载力，V、T 分别为剪扭共同作用时的有腹筋构件的受剪、受扭承载力。

2. 简化计算方法

剪扭构件的受力性能是比较复杂的，难以完全按照其相关关系进行承载力计算。由于在受剪承载力和纯扭承载力中，均同时包含混凝土部分和钢筋部分，《混凝土结构设计规范（2015 年版）》（GB 50010—2010）在试验研究的基础上，采用混凝土部分相关、钢筋部分不相关的近似计算方法简化剪扭构件承载力计算。箍筋按剪扭构件的受剪承载力和受扭承载力分别计算其所需箍筋用量，采用叠加配筋方法。

如图 7-20 所示，根据 $V\text{-}T$ 相关关系，可以假设有腹筋构件中混凝土部分所贡献的剪扭承载力与无腹筋梁一样，也可遵循 1/4 圆的规律。为简化计算，将图 7-20 的 1/4 圆用三折线 AB、BC 和 CD 代替。当 $\dfrac{T_c}{T_{c0}} \leqslant 0.5$ 时，取 $\dfrac{V_c}{V_{c0}} = 1.0$（$CD$ 段）；当 $\dfrac{V_c}{V_{c0}} \leqslant 0.5$ 时，取 $\dfrac{T_c}{T_{c0}} = 1.0$（$AB$ 段）；当位于 BC 斜线上时：

$$\frac{T_c}{T_{c0}} + \frac{V_c}{V_{c0}} = 1.5 \tag{7-29}$$

设 $T_c = \beta_t T_{c0}$，并取 $\dfrac{V_c}{V} \approx \dfrac{T_c}{T}$，则

$$\beta_t = \frac{1.5}{1 + \dfrac{V}{T}\dfrac{T_{c0}}{V_{c0}}} \tag{7-30}$$

由于式（7-30）是根据 BC 段导出的，所以当 $\beta_t < 0.5$ 时，取 $\beta_t = 0.5$，当 $\beta_t > 1.0$ 时，取 $\beta_t = 1.0$，即应符合 $0.5 \leqslant \beta_t \leqslant 1.0$，故称 β_t 为剪扭构件混凝土受扭承载力降低系数。因此，当构件中有剪力和扭矩共同作用时，应对构件的受剪承载力和受扭承载力计算式进行修正：对受剪承载力计算式中混凝土作用项乘以（$1.5-\beta_t$），对受扭承载力计算式中混凝土作用项乘以 β_t。

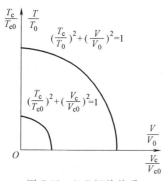

图 7-19　$V\text{-}T$ 相关关系

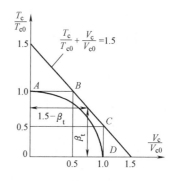

图 7-20　β_t 的近似计算

3. 矩形截面剪扭构件承载力计算

（1）一般剪扭构件　一般剪扭构件的受剪承载力和受扭承载力分别按下列公式计算：

$$V \leqslant 0.7(1.5-\beta_t)f_t bh_0 + f_{yv}\frac{A_{sv}}{s}h_0 \tag{7-31}$$

$$T \leqslant 0.35\beta_t f_t W_t + 1.2\sqrt{\zeta}f_{yv}\frac{A_{st1}A_{cor}}{s} \tag{7-32}$$

式中　A_{sv}——受剪承载力所需的箍筋截面面积。

将 $V_{c0}=0.7f_t bh_0$，$T_{c0}=0.35f_t W_t$ 代入式（7-30）得

$$\beta_t = \frac{1.5}{1+0.5\dfrac{V}{T}\cdot\dfrac{W_t}{bh_0}} \tag{7-33}$$

（2）集中荷载作用下的独立剪扭构件　在集中荷载作用下的独立剪扭构件，受剪承载力和受扭承载力分别按下列公式计算：

$$V \leqslant \frac{1.75}{\lambda+1}(1.5-\beta_t)f_t bh_0 + f_{yv}\frac{A_{sv}}{s}h_0 \tag{7-34}$$

$$T \leqslant 0.35\beta_t f_t W_t + 1.2\sqrt{\zeta}f_{yv}\frac{A_{st1}A_{cor}}{s} \tag{7-35}$$

将 $V_{c0}=\dfrac{1.75}{\lambda+1}f_t bh_0$，$T_{c0}=0.35f_t W_t$ 代入式（7-30）得

$$\beta_t = \frac{1.5}{1+0.2(\lambda+1)\dfrac{V}{T}\cdot\dfrac{W_t}{bh_0}} \tag{7-36}$$

式中　λ——计算截面的剪跨比。

4. T形和I形截面剪扭构件承载力计算

T形和I形截面剪扭构件受剪承载力不考虑翼缘的受剪作用，全部由腹板承担，分别按照式（7-31）、式（7-33）或式（7-34）、式（7-36）进行计算，计算时应将 T 和 W_t 分别以 T_w 和 W_{tw} 代替。

T形和I形截面剪扭构件的受扭承载力，根据第 7.1.2 节中规定划分为几个矩形截面分别进行计算：腹板可按式（7-32）、式（7-33）或式（7-35）、式（7-36）进行计算，计算时应将 T 和 W_t 分别以 T_w 和 W_{tw} 代替；受压翼缘及受拉翼缘由于不考虑翼缘的受剪作用，按纯扭构件式（7-20）的规定进行计算，计算时应将 T 和 W_t 分别以 T'_f 和 W'_{tf} 或 T_f 和 W_{tf} 代替。

5. 箱形截面剪扭构件承载力计算

对式（7-32）、式（7-33）和式（7-35）、式（7-36）中的 W_t 按式（7-7）计算，还需要乘以系数 α_h，α_h 按式（7-8）计算，其余同矩形截面。

6. 受扭钢筋的上下限

（1）截面尺寸或混凝土强度限值　为了防止剪扭构件的破坏始于混凝土被压碎从而发生超筋破坏，$\dfrac{h_w}{b}\leqslant 6$ 的矩形、T形、I形截面和 $\dfrac{h_w}{t_w}\leqslant 6$ 的箱形截面构件的截面应符合下列条件：

当 $\dfrac{h_w}{b}\left(\text{或}\dfrac{h_w}{t_w}\right)\leqslant 4$ 时

$$\frac{V}{bh_0}+\frac{T}{0.8W_t}\leqslant 0.25\beta_c f_c \tag{7-37}$$

当 $\dfrac{h_w}{b}\left(\text{或}\dfrac{h_w}{t_w}\right)=6$ 时

$$\frac{V}{bh_0}+\frac{T}{0.8W_t}\leqslant 0.2\beta_c f_c \tag{7-38}$$

当 $4<\dfrac{h_w}{b}\left(\text{或}\dfrac{h_w}{t_w}\right)<6$ 时，按线性内插法确定。

（2）最小配筋率　为了避免发生少筋破坏，《混凝土结构设计规范（2015 年版）》（GB 50010—2010）规定，剪扭构件的受扭纵筋配筋率应满足：

$$\rho_{tl}=\frac{A_{stl}}{bh}\geqslant\rho_{tl,\min}=0.6\sqrt{\frac{T}{Vb}}\cdot\frac{f_t}{f_y} \tag{7-39}$$

当 $\dfrac{T}{Vb}>2$ 时，取 $\dfrac{T}{Vb}=2$。

式中　b——受剪截面的宽度，即矩形和箱形截面的宽度，T 形或 I 形截面的腹板宽度。

同纯扭构件一样，受扭箍筋的配筋率应满足：

$$\rho_{sv}=\frac{n}{b}\cdot\frac{A_{st1}}{s}\geqslant\rho_{sv,\min}=0.28\frac{f_t}{f_{yv}} \tag{7-40}$$

当符合下式：

$$\frac{V}{bh_0}+\frac{T}{W_t}\leqslant 0.7f_t \tag{7-41}$$

可不进行剪扭构件承载力计算，但为了防止构件的脆断和保证构件破坏时具有一定的延性，需按构造要求配置纵向受力钢筋和箍筋。

【例 7-3】　钢筋混凝土矩形截面构件，处于一类环境，扭矩设计值 $T=23\text{kN}\cdot\text{m}$，剪力设计值 $V=100\text{kN}$。截面尺寸 $b\times h=250\text{mm}\times500\text{mm}$。选用 C30 混凝土、HRB400 级纵向受力钢筋和 HPB300 级箍筋。确定截面所需配置的钢筋并绘制截面配筋图。

【解】　（1）设计参数

查附表 6 可知，C30 混凝土 $f_c=14.3\text{N/mm}^2$，$f_t=1.43\text{N/mm}^2$，$\beta_c=1.0$。

查附表 2 可知，HRB400 级钢筋 $f_y=360\text{N/mm}^2$，HPB300 级箍筋 $f_{yv}=270\text{N/mm}^2$。

查附表 8 可知，一类环境，$c=20\text{mm}$，按 $d=20\text{mm}$、$d_{sv}=10\text{mm}$ 估算，纵向受力钢筋按单排布置，$a_s=c+d_{sv}+d/2=40\text{mm}$，$h_0=h-a_s=(500-40)\text{mm}=460\text{mm}$。

W_t、A_{cor}、u_{cor} 等计算见【例 7-1】。

（2）验算截面尺寸

$$\frac{h_w}{b}=\frac{460}{250}<4$$

由式（7-37）得

$$\frac{V}{bh_0}+\frac{T}{0.8W_t}=\left(\frac{100\times10^3}{250\times460}+\frac{23\times10^6}{0.8\times13.02\times10^6}\right)\text{N/mm}^2=3.08\text{N/mm}^2<0.25\beta_c f_c=3.575\text{N/mm}^2 \text{（满足要求）}$$

（3）验算是否需要由计算配置受扭钢筋

由式（7-41）得

$$\frac{V}{bh_0}+\frac{T}{W_t}=\left(\frac{100\times10^3}{250\times460}+\frac{23\times10^6}{13.02\times10^6}\right)\text{N/mm}^2=2.64\text{N/mm}^2>0.7f_t=1.00\text{N/mm}^2$$

应由计算配置受扭钢筋。

（4）计算受扭承载力降低系数

由式（7-33）得

$$\beta_t=\frac{1.5}{1+0.5\dfrac{VW_t}{Tbh_0}}=\frac{1.5}{1+0.5\times\dfrac{100\times10^3\times13.02\times10^6}{23\times10^6\times250\times460}}=1.20>1.0$$

取 $\beta_t=1.0$。

（5）计算受剪箍筋

由式（7-31）得

$$\frac{nA_{sv1}}{s}\geqslant\frac{V-0.7（1.5-\beta_t）f_tbh_0}{f_{yv}h_0}=\frac{100\times10^3-0.7\times（1.5-1.0）\times1.43\times250\times460}{270\times460}\text{mm}^2\text{/mm}=0.342\text{mm}^2\text{/mm}$$

采用双肢箍，$n=2$，则 $\dfrac{A_{sv1}}{s}\geqslant0.171\text{mm}^2\text{/mm}$。

（6）计算受扭箍筋

取 $\zeta=1.2$，由式（7-32）得

$$\frac{A_{st1}}{s}=\frac{T-0.35\beta_t f_t W_t}{1.2\sqrt{\zeta}f_{yv}A_{cor}}=\frac{23\times10^6-0.35\times1.0\times1.43\times13.02\times10^6}{1.2\sqrt{1.2}\times270\times83600}\text{mm}^2\text{/mm}=0.56\text{mm}^2\text{/mm}$$

（7）计算受扭纵筋

由式（7-15）得

$$A_{stl}=\frac{\zeta f_{yv}u_{cor}}{f_y}\cdot\frac{A_{st1}}{s}=\frac{1.2\times270\times1260}{360}\times0.56\text{mm}^2=635\text{mm}^2$$

实际选用 6Φ12（$A_{stl}=678\text{mm}^2$）。

验算受扭纵筋的配筋率：

$$\frac{T}{Vb}=\frac{23\times10^6}{100\times10^3\times250}=0.92<2$$

$$\rho_{tl,min}=0.6\times\sqrt{\frac{T}{Vb}}\cdot\frac{f_t}{f_y}\times100\%=0.6\times\sqrt{0.92}\times\frac{1.43}{360}\times100\%=0.229\%$$

$$\rho_{tl}=\frac{A_{stl}}{bh}\times100\%=\frac{678}{250\times500}\times100\%=0.54\%>\rho_{tl,min}=0.229\% \text{（满足要求）}$$

（8）选配受剪扭箍筋

受剪扭箍筋由受剪箍筋和受扭箍筋组成：

$$\frac{A_{sv1}}{s}+\frac{A_{st1}}{s}=（0.171+0.56）\text{mm}^2\text{/mm}=0.731\text{mm}^2\text{/mm}>\rho_{sv,min}\frac{b}{n}=0.28\frac{f_t}{f_{yv}}\cdot\frac{b}{2}$$

$$= 0.28 \times \frac{1.43}{270} \times \frac{250}{2} \, \text{mm}^2/\text{mm} = 0.185 \, \text{mm}^2/\text{mm} \text{（满足要求）}$$

选用 $\phi 10$ 箍筋，单肢面积为 $78.5 \, \text{mm}^2$，则

$$s = \frac{78.5}{0.731} \, \text{mm} = 107.8 \, \text{mm}$$

实际取 $s = 100 \, \text{mm}$。

（9）绘制截面配筋图。

截面配筋图如图 7-21 所示。

【例 7-4】　钢筋混凝土 T 形截面构件，处于一类环境，扭矩设计值 $T = 28 \, \text{kN} \cdot \text{m}$，剪力设计值 $V = 100 \, \text{kN}$。截面尺寸如图 7-22 所示，选用 C30 混凝土、HRB400 级纵向受力钢筋和 HPB300 级箍筋。确定截面所需配置的钢筋并绘制截面配筋图。

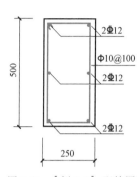

图 7-21　【例 7-3】配筋图

【解】　（1）设计参数

查附表 6 可知，C30 混凝土 $f_c = 14.3 \, \text{N/mm}^2$，$f_t = 1.43 \, \text{N/mm}^2$，$\beta_c = 1.0$。

查附表 2 可知，HRB400 级钢筋 $f_y = 360 \, \text{N/mm}^2$，HPB300 级箍筋 $f_{yv} = 270 \, \text{N/mm}^2$。

查附表 8 可知，一类环境，$c = 20 \, \text{mm}$，按 $d = 20 \, \text{mm}$、$d_{sv} = 10 \, \text{mm}$ 估算，纵向受力钢筋按单排布置，$a_s = c + d_{sv} + d/2 = 40 \, \text{mm}$，$h_0 = h - a_s = (500 - 40) \, \text{mm} = 460 \, \text{mm}$。

W_t、W_{tw}、W'_{tf}、T'_f、$A'_{f,cor}$、$u'_{f,cor}$ 等计算见【例 7-2】。

（2）验算截面尺寸

$$h_w = h_0 - h'_f = (460 - 150) \, \text{mm} = 310 \, \text{mm}$$

$$\frac{h_w}{b} = \frac{310}{250} < 4$$

由式（7-37）得

$$\frac{V}{bh_0} + \frac{T}{0.8W_t} = \left(\frac{100 \times 10^3}{250 \times 460} + \frac{28 \times 10^6}{0.8 \times 15.83 \times 10^6} \right) \text{N/mm}^2 = 3.08 \, \text{N/mm}^2 < 0.25\beta_c f_c = 3.575 \, \text{N/mm}^2 \text{（满足要求）}$$

（3）验算是否需要由计算配置受扭钢筋

由式（7-41）得

$$\frac{V}{bh_0} + \frac{T}{W_t} = \left(\frac{100 \times 10^3}{250 \times 460} + \frac{28 \times 10^6}{15.83 \times 10^6} \right) \text{N/mm}^2 = 2.64 \, \text{N/mm}^2 > 0.7f_t = 1.00 \, \text{N/mm}^2$$

应由计算配置受扭钢筋。

（4）各矩形截面分担的扭矩

由式（7-21）得腹板分担的扭矩：

$$T_w = \frac{W_{tw}}{W_t} T = \frac{13.02 \times 10^6}{15.83 \times 10^6} \times 28 \, \text{kN} \cdot \text{m} = 23.03 \, \text{kN} \cdot \text{m}$$

由式（7-22）得受压翼缘分担的扭矩：

$$T'_f = \frac{W'_{tf}}{W_t} T = \frac{2.81 \times 10^6}{15.83 \times 10^6} \times 28 \, \text{kN} \cdot \text{m} = 4.97 \, \text{kN} \cdot \text{m}$$

（5）腹板的配筋计算

腹板的配筋计算同【例 7-1】。

（6）受压翼缘的配筋计算

由于受压翼缘不考虑翼缘的抗剪承载力，故按纯扭计算。

1）计算受扭箍筋：取 $\zeta = 1.2$，由式（7-20）得

$$\frac{A_{st1}}{s} = \frac{T_f' - 0.35 f_t W_{tf}'}{1.2 \sqrt{\zeta} f_{yv} A_{f,cor}'} = \frac{4.97 \times 10^6 - 0.35 \times 1.43 \times 2.81 \times 10^6}{1.2 \sqrt{1.2} \times 270 \times 17100} \mathrm{mm^2/mm} = 0.587 \mathrm{mm^2/mm}$$

选用 $\phi 10$ 箍筋 $A_{st1} = 78.5 \mathrm{mm^2}$，则

$$s = \frac{78.5}{0.587} \mathrm{mm} = 134 \mathrm{mm}$$

实际取 $s = 130 \mathrm{mm}$。

2）验算配箍率：由式（7-27）得

$$\rho_{sv} = \frac{2}{h_f'} \cdot \frac{A_{st1}}{s} \times 100\% = \frac{2}{150} \times \frac{78.5}{130} \times 100\% = 0.81\% > \rho_{sv,min} = 0.28 \times \frac{f_t}{f_{yv}} \times 100\%$$

$$= 0.28 \times \frac{1.43}{270} \times 100\% = 0.148\% \text{（满足要求）}$$

3）计算受扭纵筋：由式（7-15）得

$$A_{stl} = \frac{\zeta f_{yv} u_{f,cor}'}{f_y} \cdot \frac{A_{st1}}{s} = \frac{1.2 \times 270 \times 560}{360} \times 0.587 \mathrm{mm^2} = 296 \mathrm{mm^2}$$

实际选用 $4 \oplus 10$（$A_{stl}' = 314 \mathrm{mm^2}$）。

4）验算受扭纵筋的配筋率：由式（7-28）得

$$\rho_{tl} = \frac{A_{stl}}{h_f'(b_f' - b)} \times 100\% = \frac{314}{250 \times 150} \times 100\% = 0.84\% > \rho_{tl,min} = 0.85 \times \frac{f_t}{f_y} \times 100\% = \frac{0.85 \times 1.43}{360} \times 100\%$$

$$= 0.338\% \text{（满足要求）}$$

（7）绘制截面配筋图。

截面配筋图如图 7-22 所示。

7.2.3 弯扭构件的承载力计算

弯扭构件所承受的弯矩和扭矩同样存在一定的相关关系，如图 7-23 所示。对于一个给

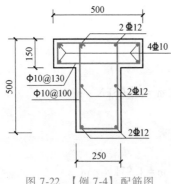

图 7-22 【例 7-4】配筋图

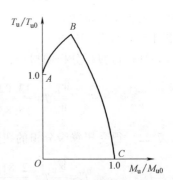

图 7-23 弯扭构件 M-T 关系曲线

定的截面，当扭矩起控制作用时，随着弯矩的增加，截面受扭承载力增强；当弯矩起控制作用时，随着扭矩的减小，截面受弯承载力增强。

对于弯扭构件截面的配筋计算，《混凝土结构设计规范（2015 年版）》（GB 50010—2010）采用简单的叠加法，即首先对构件按纯弯和纯扭分别计算所需的纵向受力钢筋和箍筋，然后将钢筋相应的部分叠加。因此，弯扭构件所需的纵向受力钢筋为按受弯构件计算的纵向受力钢筋和按纯扭构件计算的纵向受力钢筋截面面积之和，相同位置处的钢筋面积叠加后再配筋（注意：受弯纵筋布置在构件受拉区或者受压区，而受扭纵筋则必须沿截面周边均匀布置，如图 7-24 所示）；箍筋则按纯扭构件计算，沿截面周边均匀布置。

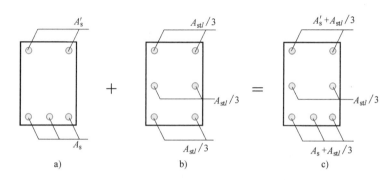

图 7-24　弯扭构件纵向受力钢筋叠加示意图

a）受弯构件的纵向受力钢筋　b）纯扭构件的受扭纵筋　c）弯扭构件的所有纵向受力钢筋

7.2.4　弯剪扭构件的承载力计算

在弯剪扭共同作用下，构件处于复杂受力状态，难以准确地分析和进行配筋计算。根据前述剪扭构件和弯扭构件配筋计算的方法，矩形、T 形、I 形和箱形截面钢筋混凝土弯剪扭构件配筋计算的一般原则是：对于纵向受力钢筋，应根据受弯构件的受弯承载力和剪扭构件的受扭承载力计算所需的纵向受力钢筋截面面积并配置在相应的位置，且相同位置处的纵向受力钢筋面积叠加后再配筋，如图 7-25 所示；对于箍筋，应根据剪扭构件的受剪承载力和受扭承载力分别计算所需的箍筋截面面积并配置在相应的位置，且相同位置处的箍筋面积叠加后再配筋，如图 7-26 所示。

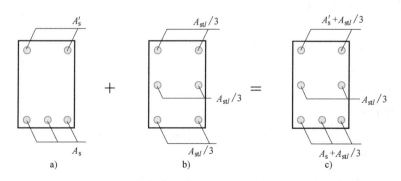

图 7-25　弯剪扭构件纵向受力钢筋叠加示意图

a）受弯的纵向受力钢筋　b）剪扭的纵向受力钢筋　c）弯剪扭的所有纵向受力钢筋

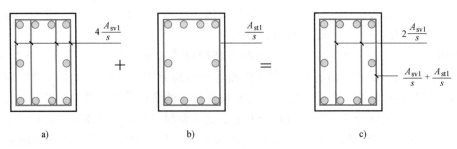

图 7-26 弯剪扭构件箍筋叠加示意图

a）剪扭受剪的箍筋 b）剪扭受扭的箍筋 c）弯剪扭的所有箍筋

在弯矩、剪力和扭矩共同作用下但剪力或扭矩较小的矩形、T 形、I 形和箱形截面钢筋混凝土构件，当符合下列条件时，可按以下规定进行承载力计算：

1）当 $V \leq 0.35 f_t b h_0$ 或 $V \leq \dfrac{0.875 f_t b h_0}{(\lambda + 1)}$ 时，可仅按受弯构件的正截面承载力和纯扭构件的受扭承载力分别进行计算，即忽略剪力对构件承载力的影响，按弯矩和扭矩共同作用构件计算配筋。

2）当 $T \leq 0.175 f_t W_t$ 或 $T \leq 0.175 \alpha_h f_t W_t$ 时，可仅按受弯构件的正截面承载力和斜截面承载力分别进行计算，即忽略扭矩对构件承载力的影响，按弯矩和剪力共同作用构件计算配筋。

【例 7-5】 钢筋混凝土矩形截面构件，处于一类环境，扭矩设计值 $T = 23 \text{kN} \cdot \text{m}$，弯矩设计值 $M = 120 \text{kN} \cdot \text{m}$。截面尺寸 $b \times h = 250 \text{mm} \times 500 \text{mm}$。选用 C30 混凝土、HRB400 级纵向受力钢筋和 HPB300 级箍筋。确定截面所需配置的钢筋并绘制截面配筋图。

【解】 （1）设计参数

查附表 6 可知，C30 混凝土 $f_c = 14.3 \text{N/mm}^2$，$f_t = 1.43 \text{N/mm}^2$，$\beta_c = 1.0$。

查附表 2 可知，HRB400 级钢筋 $f_y = 360 \text{N/mm}^2$，HPB300 级箍筋 $f_{yv} = 270 \text{N/mm}^2$。

查附表 8 可知，一类环境，$c = 20 \text{mm}$，按 $d = 20 \text{mm}$、$d_{sv} = 10 \text{mm}$ 估算，纵向受力钢筋按单排布置，$a_s = c + d_{sv} + d/2 = 40 \text{mm}$，$h_0 = h - a_s = (500 - 40) \text{mm} = 460 \text{mm}$。

（2）计算受扭钢筋用量

受扭钢筋用量计算同【例 7-1】。

（3）计算受弯纵向受力钢筋用量

由式（3-17）得

$$\alpha_s = \frac{M}{\alpha_1 f_c b h_0^2} = \frac{120 \times 10^6}{1.0 \times 14.3 \times 250 \times 460^2} = 0.159 < \alpha_{s,\max} = 0.384 \ （满足要求）$$

不会发生超筋破坏。

由式（3-18）得

$$\xi = 1 - \sqrt{1 - 2\alpha_s} = \sqrt{1 - 2 \times 0.159} = 0.174$$

由式（3-15）得

$$A_s = \frac{\alpha_1 f_c b \xi h_0}{f_y} = \frac{1.0 \times 14.3 \times 250 \times 0.174 \times 460}{360} \text{mm}^2 = 794 \text{mm}^2$$

$$\rho_{\min} = 0.45 \times \frac{f_t}{f_y} \times 100\% = 0.45 \times \frac{1.43}{360} \times 100\% = 0.179\% < 0.2\%$$

$$A_s > \rho_{\min} bh = 0.2\% \times 250 \times 500 \text{mm}^2 = 250 \text{mm}^2 \text{（满足要求）}$$

不会发生少筋破坏。

（4）选配钢筋

受扭箍筋：选用 φ10@140。

受扭纵筋：$A_{stl} = 635 \text{mm}^2$，分上、中、下三排布置，每排面积为 $\frac{A_{stl}}{3} = 211.7 \text{mm}^2$。

受弯纵筋：$A_s = 794 \text{mm}^2$。

则上、中部可以选用 2Φ12（面积为 226mm²）。

叠加下部所需钢筋面积为

$$A_s + \frac{A_{stl}}{3} = (794 + 211.7) \text{mm}^2 = 1005.7 \text{mm}^2$$

实际选用 4Φ18（面积为 1017mm²）。

（5）绘制截面配筋图。

截面配筋如图 7-27 所示。

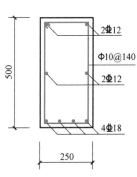

图 7-27 【例 7-5】配筋图

【例 7-6】 钢筋混凝土 T 形截面构件，处于一类环境，扭矩设计值 $T = 28 \text{kN} \cdot \text{m}$，弯矩设计值 $M = 120 \text{kN} \cdot \text{m}$。截面尺寸如图 7-28 所示。选用 C30 混凝土、HRB400 级纵向受力钢筋和 HPB300 级箍筋。确定截面所需配置的钢筋并绘制截面配筋图。

【解】 （1）设计参数

查附表 6 可知，C30 混凝土 $f_c = 14.3 \text{N/mm}^2$，$f_t = 1.43 \text{N/mm}^2$，$\beta_c = 1.0$。

查附表 2 可知，HRB400 级钢筋 $f_y = 360 \text{N/mm}^2$，HPB300 级箍筋 $f_{yv} = 270 \text{N/mm}^2$。

查附表 8 可知，一类环境，$c = 20 \text{mm}$，按 $d = 20 \text{mm}$、$d_{sv} = 10 \text{mm}$ 估算，纵向受力钢筋按单排布置，$a_s = c + d_{sv} + d/2 = 40 \text{mm}$，$h_0 = h - a_s = (500 - 40) \text{mm} = 460 \text{mm}$。

（2）计算受扭钢筋用量

受扭钢筋用量计算见【例 7-2】。

（3）计算受弯纵向受力钢筋用量

$$\alpha_1 f_c b_f' h_f' \left(h_0 - \frac{h_f'}{2} \right) = 1.0 \times 14.3 \times 500 \times 150 \times \left(460 - \frac{150}{2} \right) \text{kN} \cdot \text{m} = 412.9 \text{kN} \cdot \text{m} > M = 120 \text{kN} \cdot \text{m}$$

为第一类 T 形截面，按 500mm×500mm 的矩形计算。

由式（3-17）得

$$\alpha_s = \frac{M}{\alpha_1 f_c bh_0^2} = \frac{120 \times 10^6}{1.0 \times 14.3 \times 500 \times 460^2} = 0.079 < \alpha_{s,\max} = 0.384 \text{（满足要求）}$$

不会发生超筋破坏。

由式（3-18）得

$$\xi = 1 - \sqrt{1 - 2\alpha_s} = \sqrt{1 - 2 \times 0.079} = 0.082$$

由式（3-15）得

$$A_s = \frac{\alpha_1 f_c b \xi h_0}{f_y} = \frac{1.0 \times 14.3 \times 500 \times 0.082 \times 460}{360} \text{mm}^2 = 749 \text{mm}^2$$

$$\rho_{\min} = 0.45 \times \frac{f_t}{f_y} \times 100\% = 0.45 \times \frac{1.43}{360} \times 100\% = 0.179\% < 0.2\%$$

$A_s > \rho_{\min} bh = 0.2\% \times 250 \times 500 \text{mm}^2 = 250 \text{mm}^2$（满足要求）

不会发生少筋破坏。

（4）选配钢筋

1）腹板配筋：受扭箍筋选用 φ10@140。

受扭纵筋 $A_{stl} = 635 \text{mm}^2$，分上、中、下三排布置，每排面积为 $\frac{A_{stl}}{3} = 211.7 \text{mm}^2$。受弯纵筋 $A_s = 749 \text{mm}^2$。则上、中部可以选用 2 Φ 12（面积为 226mm²）。

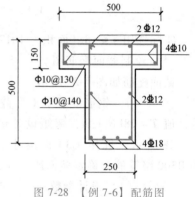

叠加下部所需钢筋面积为

$$A_s + \frac{A_{stl}}{3} = (749 + 211.7) \text{mm}^2 = 960.7 \text{mm}^2$$

实际选用 4 Φ 18（面积为 1017mm²）。

2）受压翼缘配筋：受扭箍筋选用 φ10@ 130。受扭纵筋选用 4 Φ 10（面积为 314mm²）。

（5）绘制截面配筋图

截面配筋如图 7-28 所示。

图 7-28 【例 7-6】配筋图

【例 7-7】 钢筋混凝土矩形截面构件，处于一类环境，扭矩设计值 $T = 23 \text{kN} \cdot \text{m}$，弯矩设计值 $M = 120 \text{kN} \cdot \text{m}$，剪力设计值 $V = 100 \text{kN}$。截面尺寸 $b \times h = 250 \text{mm} \times 500 \text{mm}$。选用 C30 混凝土、HRB400 级纵向受力钢筋和 HPB300 级箍筋。确定截面所需配置的钢筋并绘制截面配筋图。

【解】 弯剪扭构件按剪扭构件和受弯构件进行配筋计算，相同部位的钢筋面积叠加后再配筋。

（1）受剪扭箍筋

同【例 7-3】，选用 φ10@ 100。

（2）纵筋

受扭纵筋：同【例 7-5】，$A_{stl} = 635 \text{mm}^2$，分上、中、下三排布置，每排面积为 $\frac{A_{stl}}{3} = 211.7 \text{mm}^2$。

受弯纵筋：同【例 7-5】，$A_s = 794 \text{mm}^2$。

则上、中部可以选用 2 Φ 12（面积为 226mm²）。

叠加下部所需钢筋面积为

$$A_s + \frac{A_{stl}}{3} = (794 + 211.7) \text{mm}^2 = 1005.7 \text{mm}^2$$

实际选用 4 ⊈ 18（面积为 1018mm²）。

（3）绘制截面配筋图。

截面配筋如图 7-29 所示。

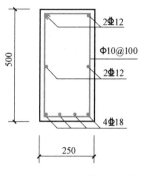

【例 7-8】　钢筋混凝土 T 形截面构件，处于一类环境，扭矩设计值 $T = 28$kN·m，弯矩设计值 $M = 120$kN·m，剪力设计值 $V = 100$kN·m。截面尺寸如图 7-30 示。选用 C30 混凝土、HRB400 级纵向受力钢筋和 HPB300 级箍筋。确定截面所需配置的钢筋并绘制截面配筋图。

图 7-29　【例 7-7】配筋图

【解】　弯剪扭构件按剪扭构件和受弯构件进行配筋计算，相同部位上的钢筋面积叠加后再配筋。

（1）腹板配筋

抗剪扭箍筋：同【例 7-4】，选 ϕ10@100。

受扭纵筋：同【例 7-6】，$A_{stl} = 635$mm²，分上、中、下三排布置，每排面积为 $\dfrac{A_{stl}}{3} = 211.7$mm²。

受弯纵筋：$A_s = 749$mm²。

则上、中部可以选用 2 ⊈ 12（面积为 226mm²）。

叠加下部所需钢筋面积为

$$A_s + \frac{A_{stl}}{3} = (749 + 211.7)\,\text{mm}^2 = 960.7\,\text{mm}^2$$

实际选用 4 ⊈ 18（面积为 1017mm²）。

（2）受压翼缘配筋

受扭箍筋选用 ϕ10@130。受扭纵筋选用 4 ⊈ 10（$A'_{stl} = 314$mm²）。

（3）绘制截面配筋图。

截面配筋图如图 7-30 所示。

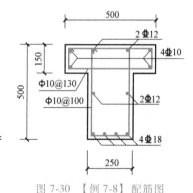

图 7-30　【例 7-8】配筋图

7.2.5　轴力、弯矩、剪力、扭矩共同作用下的受扭构件承载力计算

1. 轴向压力、弯矩、剪力和扭矩共同作用时

在压弯剪扭矩形截面框架柱中，轴向压力的存在主要提高了混凝土的受剪及受扭承载力，所以矩形截面受剪扭承载力按下列公式计算：

1）受剪承载力：

$$V \leqslant V_u = (1.5 - \beta_t)\left(\frac{1.75}{\lambda + 1}f_t b h_0 + 0.07N\right) + f_{yv}\frac{A_{sv}}{s}h_0 \tag{7-42}$$

2）受扭承载力：

$$T \leqslant T_u = \beta_t\left(0.35f_t + 0.07\frac{N}{A}\right)W_t + 1.2\sqrt{\zeta}f_{yv}\frac{A_{st1}}{s}A_{cor} \tag{7-43}$$

在轴向压力、弯矩、剪力和扭矩共同作用下的钢筋混凝土矩形截面框架柱中，当 $T \leqslant \left(0.175f_t + 0.035\dfrac{N}{A}\right)W_t$ 时，可仅计算偏心受压构件的正截面承载力和斜截面受剪承载力。

在轴向压力、弯矩、剪力和扭矩共同作用下的钢筋混凝土矩形截面框架柱，其纵向受力钢筋截面面积应分别按偏心受压构件的正截面承载力和剪扭构件的受扭承载力计算确定，并应配置在相应的位置；箍筋截面面积应分别按剪扭构件的受剪承载力和受扭承载力计算确定，并应配置在相应的位置。

2. 轴向拉力、弯矩、剪力和扭矩共同作用时

在拉弯剪扭矩形截面框架柱中，轴向拉力的存在主要降低了混凝土的受剪及受扭承载力，所以矩形截面受剪扭承载力按下列公式计算：

1）受剪承载力：

$$V \leqslant V_u = (1.5 - \beta_t)\left(\frac{1.75}{\lambda+1}f_t bh_0 - 0.2N\right) + f_{yv}\frac{A_{sv}}{s}h_0 \tag{7-44}$$

2）受扭承载力：

$$T \leqslant T_u = \beta_t\left(0.35f_t - 0.2\frac{N}{A}\right)W_t + 1.2\sqrt{\zeta}f_{yv}\frac{A_{st1}}{s}A_{cor} \tag{7-45}$$

当式（7-44）右边的计算值小于 $f_{yv}\frac{A_{sv}}{s}h_0$ 时，取 $f_{yv}\frac{A_{sv}}{s}h_0$；当式（7-45）右边的计算值小于 $1.2\sqrt{\zeta}f_{yv}\frac{A_{st1}}{s}A_{cor}$ 时，取 $1.2\sqrt{\zeta}f_{yv}\frac{A_{st1}}{s}A_{cor}$。

在轴向拉力、弯矩、剪力和扭矩共同作用下的钢筋混凝土矩形截面框架柱中，当 $T \leqslant \left(0.175f_t - 0.1\frac{N}{A}\right)W_t$ 时，可仅计算偏心受拉构件的正截面承载力和斜截面受剪承载力。

在轴向拉力、弯矩、剪力和扭矩共同作用下的钢筋混凝土矩形截面框架柱，其纵向受力钢筋截面面积应分别按偏心受拉构件的正截面承载力和剪扭构件的受扭承载力计算确定，并应配置在相应的位置；箍筋截面面积应分别按剪扭构件的受剪承载力和受扭承载力计算确定，并应配置在相应的位置。

式（7-42）~式（7-45）中的 β_t 按式（7-36）计算，式（7-42）和式（7-44）中的剪跨比 λ 与第4章中 λ 的取值一致。同时，压（拉）弯剪扭矩形截面框架柱的截面尺寸限制条件及配筋构造要求，应满足7.1.3节及7.2.2节的规定。

习 题

一、简答题

1. 简要说明素混凝土纯扭构件的破坏特征。

2. 钢筋混凝土纯扭构件的破坏形态有哪些？它们的破坏特点是什么？在工程中如何考虑这些破坏形态？

3. 受扭纵筋和受扭箍筋是否需要同时配置？它们的配置量对构件的开裂扭矩和承载力有何影响？

4. 矩形截面受扭塑性抵抗矩 W_t 是如何确定的？T形和I形截面如何计算 W_t？箱型截面如何计算 W_t？

5. 纯扭构件中配筋有哪些构造要求？

6. 配筋强度比 ζ 的物理意义是什么？在实际工程中，为什么对其取值范围要加以限制？

7. 受扭承载力计算的基本公式建立在哪种破坏形态之上？在设计工程中，如何避免超筋破坏、部分超筋破坏和少筋破坏？

8. 简述钢筋混凝土矩形截面纯扭构件受扭承载力的计算步骤。

9. 在剪扭构件计算中，如何考虑剪扭相关性？为什么要引入系数 β_t，简述其物理意义和取值范围。

10. 在工程设计中，如何进行剪扭构件的配筋计算，如何布置？

11. 对于剪扭构件的截面尺寸有何要求？钢筋的配筋率有哪些要求？

12. 在工程设计中，如何进行弯扭构件的配筋计算，如何布置？

13. 在工程设计中，如何进行弯剪扭构件的配筋计算，如何布置？

14. 对于弯剪扭构件的截面尺寸有何要求？钢筋的配筋率有哪些要求？

二、选择题

1. 受扭构件中，受扭纵筋应（　　　）。

A. 在四角布置　　　　　　　　　　B. 在截面左右两侧布置

C. 沿截面周边对称布置　　　　　　D. 在截面下侧布置

2. 钢筋混凝土受扭构件中配筋强度比 ζ 如果取值合理，当构件破坏时，（　　　）。

A. 纵向受力钢筋和箍筋都能达到屈服强度

B. 仅箍筋达到屈服强度

C. 仅纵向受力钢筋达到屈服强度

D. 纵向受力钢筋和箍筋都不能达到屈服强度

3. 钢筋混凝土剪扭构件的受剪承载力随扭矩的增加而（　　　）。

A. 增大　　　　B. 减小　　　　C. 不变　　　　D. 不确定

4. 在受扭构件设计时，若 $\dfrac{V}{bh_0} + \dfrac{T}{0.8W_t} > 0.25\beta_c f_c$，则应（　　　）。

A. 增加纵向受力钢筋面积　　　　　B. 增加箍筋面积

C. 增大截面尺寸　　　　　　　　　D. 提高混凝土强度等级

5. 对于剪扭构件承载力计算，《混凝土结构设计规范（2015 年版）》（GB 50010—2010）在处理剪扭相关作用时（　　　）。

A. 不考虑二者之间的相关性

B. 考虑二者之间的相关性

C. 混凝土的承载力考虑剪扭相关性，而钢筋的承载力不考虑剪扭相关性

D. 钢筋的承载力考虑剪扭相关性，而混凝土的承载力不考虑剪扭相关性

6. 钢筋混凝土 T 形和 I 形截面剪扭构件可划分为矩形块计算，此时（　　　）。

A. 腹板承受全部的剪力和扭矩

B. 剪力由腹板全部承受，扭矩由腹板和翼缘共同承受

C. 翼缘承受全部的剪力和扭矩

D. 扭矩由腹板全部承受，剪力由腹板和翼缘共同承受

7. 均布荷载作用下的弯剪扭复合受力构件，当满足（　　　）时，可忽略剪力的影响。

A. $T \leqslant 0.175 f_t W_t$　　B. $T \leqslant 0.35 f_t W_t$　　C. $V \leqslant 0.35 f_t bh_0$　　D. $V \leqslant 0.7 f_t bh_0$

8. 均布荷载作用下的弯剪扭复合受力构件，当满足（　　）时，可忽略扭矩的影响。

A. $T \leqslant 0.175 f_t W_t$ B. $T \leqslant 0.35 f_t W_t$ C. $V \leqslant 0.35 f_t b h_0$ D. $V \leqslant 0.7 f_t b h_0$

三、填空题

1. 根据扭转作用形成的原因，构件的扭转可以分为两类：_____和_____。

2. 钢筋混凝土纯扭构件的受扭破坏形态有_____、_____、_____和_____。

3. 受扭钢筋包括_____和_____。钢筋混凝土构件受扭破坏形态主要与_____有关。

4. 钢筋混凝土矩形截面构件在弯剪扭共同作用下的破坏形态与_____、_____、_____等因素有关。

5. 钢筋混凝土矩形截面构件在弯剪扭共同作用下，纵向受力钢筋应按_____和_____计算结果进行配置，相同位置处的钢筋面积叠加后再配筋；箍筋应按构件的_____和_____计算结果进行配置，相同位置处的钢筋面积叠加后再配筋。

四、计算题

1. 钢筋混凝土矩形截面构件，截面尺寸 $b \times h = 250\text{mm} \times 600\text{mm}$，处于一类环境，选用 C25 混凝土、HRB400 级纵向受力钢筋和 HPB300 级箍筋。承受如下内力：

1）扭矩设计值为 $T = 20\text{kN} \cdot \text{m}$。

2）扭矩设计值为 $T = 20\text{kN} \cdot \text{m}$，剪力设计值为 $V = 100\text{kN}$。

3）扭矩设计值为 $T = 20\text{kN} \cdot \text{m}$，弯矩设计值为 $M = 120\text{kN} \cdot \text{m}$。

4）扭矩设计值为 $T = 20\text{kN} \cdot \text{m}$，弯矩设计值为 $M = 120\text{kN} \cdot \text{m}$，剪力设计值为 $V = 100\text{kN}$。

试计算各组内力作用下截面配筋，并画出截面配筋图。

2. 钢筋混凝土 T 形截面构件，截面尺寸如图 7-31 所示，处于一类环境，选用 C25 混凝土、HRB400 级纵向受力钢筋和 HPB300 级箍筋。承受如下内力：

1）扭矩设计值为 $T = 25\text{kN} \cdot \text{m}$。

2）扭矩设计值为 $T = 25\text{kN} \cdot \text{m}$，剪力设计值为 $V = 100\text{kN}$。

3）扭矩设计值为 $T = 25\text{kN} \cdot \text{m}$，弯矩设计值为 $M = 150\text{kN} \cdot \text{m}$。

4）扭矩设计值为 $T = 25\text{kN} \cdot \text{m}$，弯矩设计值为 $M = 150\text{kN} \cdot \text{m}$，剪力设计值为 $V = 100\text{kN}$。

试计算各组内力作用下截面配筋，并绘制出截面配筋图。

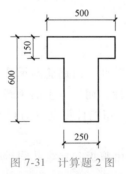

图 7-31 计算题 2 图

第8章 钢筋混凝土构件裂缝、变形及耐久性

本章导读

➤ **内容及要求** 本章的主要内容包括构件裂缝宽度及受弯构件挠度的验算，结构的耐久性设计。通过本章学习，应掌握裂缝宽度、截面受弯刚度的定义及计算原理，掌握各类构件裂缝宽度及受弯构件挠度的验算方法，理解混凝土碳化、钢筋锈蚀的机理，熟悉耐久性设计的内容。

➤ **重点** 构件裂缝宽度和挠度的验算方法。

➤ **难点** 平均裂缝间距，平均裂缝宽度，受弯构件短期刚度公式的建立思路。

8.1 裂缝宽度验算

普通的混凝土结构构件在正常使用阶段通常是带裂缝工作的，其裂缝控制等级属于三级。裂缝的出现和一定程度的开展并不意味着构件的破坏，但有一定的危害性，一方面影响结构的外观，给人以不安全感；另一方面过宽的裂缝易造成钢筋的锈蚀，影响结构的耐久性。

混凝土构件的裂缝按其形成的原因可分为两大类：一类是由荷载引起的裂缝（约占20%），另一类是由温度变化、混凝土收缩、基础不均匀沉降、混凝土塑性坍落等非荷载因素引起的裂缝（约占80%）。在工程设计和施工中，应采取相应的构造措施尽量减小或避免非荷载因素导致的裂缝产生和开展。

荷载作用下的裂缝与构件的受力特征有关，本节主要分析由弯矩、轴向拉力、偏心拉（压）力等荷载效应引起的正截面裂缝。《混凝土结构设计规范（2015年版）》（GB 50010—2010）规定，按荷载准永久组合并考虑长期作用影响计算的最大裂缝宽度 w_{max}，应满足下列要求：

$$w_{max} \leqslant w_{lim} \tag{8-1}$$

式中 w_{lim}——最大裂缝宽度限值，由附表12查得。

8.1.1 裂缝出现、分布与开展

以受弯构件为例说明裂缝出现、分布与开展的机理。

在裂缝未出现前（即荷载下的弯矩值 $M < M_{cr}$），受拉区钢筋与混凝土共同受力，沿构件长度方向，各截面的受拉钢筋和混凝土的拉应力大体上保持均等。

裂缝出现过程如下：当弯矩即将达到开裂弯矩时（$M = M_{cr}$），构件进入裂缝出现的临界状态，如图8-1a所示由于混凝土的离散性，各截面混凝土的实际抗拉强度是有差异的。在最薄弱的截面上将出现第一条裂缝，有时也可能在几个截面上同时出现一批裂缝，如图8-1b所示的 a—a、c—c 截面。在裂缝出现的瞬间，裂缝截面的混凝土退出工作，应力降至零，钢筋应力将突然增大，应变也突增。裂缝处原来受拉张紧的混凝土向两侧回缩，钢筋

与混凝土出现相对滑移产生变形差，因此裂缝一出现就会有一定的宽度。

裂缝开展过程如下：由于钢筋与混凝土之间黏结应力的存在，混凝土的回缩受到钢筋的黏结约束，混凝土将在远离裂缝截面重新建立起拉应力。随着荷载的增加，离裂缝截面某一长度处混凝土拉应力增大到混凝土实际抗拉强度，其附近某一薄弱截面又将出现第二条裂缝，如图 8-1c 所示的 *b—b* 截面，或第二批裂缝、第三条或第三批裂缝。试验表明，对正常配筋率或配筋率较高的梁来说，当荷载超过开裂荷载的 50% 以上时，裂缝间距已基本趋于稳定。此后增加荷载，构件不再产生新的裂缝，只是使原来的裂缝继续开展与延伸，荷载越大，裂缝越宽。

在裂缝陆续出现后，沿构件长度方向，钢筋与混凝土的应力是随着裂缝位置的变化而变化的。同时，中和轴也随着裂缝的位置呈波浪形起伏。

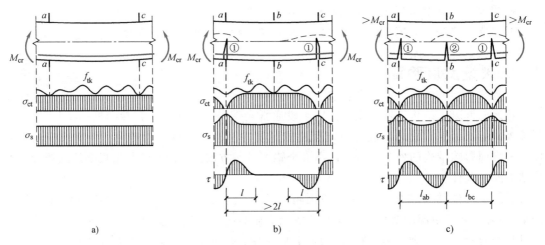

图 8-1　裂缝发展过程中混凝土及钢筋应力的变化

a）裂缝即将出现　b）第一批裂缝出现　c）第二批裂缝出现

8.1.2　平均裂缝间距

试验表明，平均裂缝间距 l_m 最终将稳定在 $l_{min} \sim 2l_{min}$ 之间。对裂缝间距和裂缝宽度而言，钢筋的作用仅仅影响到它周围的有限区域，裂缝出现后只是钢筋周围有限范围内的混凝土受到钢筋的约束，而距离钢筋较远的混凝土受钢筋的约束影响就小得多。因此，取平均裂缝间距 l_m 的钢筋及其有效约束范围内的受拉混凝土为脱离体进行受力分析（图 8-2）。

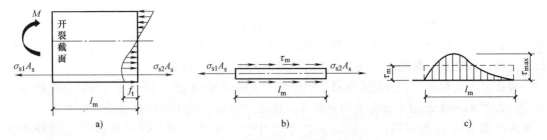

图 8-2　受弯构件混凝土脱离体受力分析

a）脱离体　b）钢筋受力平衡　c）裂缝间的黏结应力分布

取图 8-2a 所示脱离体，脱离体两端的拉力之差将由钢筋与混凝土之间的黏结力来平衡，可得

$$\sigma_{s1}A_s = \sigma_{s2}A_s + f_t A_{te} \tag{8-2}$$

取图 8-2b 所示 l_m 段的钢筋为脱离体，作用在两端的不平衡力由黏结力来平衡，可得

$$\sigma_{s1}A_s = \sigma_{s2}A_s + \tau_m u l_m \tag{8-3}$$

由式 (8-2)、式 (8-3) 得

$$l_m = \frac{f_t A_{te}}{\tau_m u} \tag{8-4}$$

式中　l_m——平均裂缝间距；

　　　τ_m——l_m 范围内纵向受拉钢筋与混凝土的平均黏结应力，如图 8-2c 所示；

　　　u——纵向受拉钢筋截面总周长，$u=n\pi d$，n 和 d 分别为钢筋的根数和直径；

　　　A_{te}——有效受拉混凝土截面面积，对轴心受拉构件取构件截面面积，对受弯、偏心受压和偏心受拉构件，取 $A_{te}=0.5bh+(b_f-b)h_f$（b_f、h_f 分别为受拉翼缘的宽度和高度）。A_{te} 取值如图 8-3 所示的阴影部分。

令 $\rho_{te}=A_s/A_{te}$，代入式 (8-4) 得

$$l_m = \frac{f_t d}{4\tau_m \rho_{te}} \tag{8-5}$$

式中　ρ_{te}——按有效受拉混凝土截面面积计算的纵向受拉钢筋配筋率，$\rho_{te}=A_s/A_{te}$。当 $\rho_{te}<0.01$ 时，取 $\rho_{te}=0.01$。

由于钢筋和混凝土的黏结力随着混凝土抗拉强度的增大而增大，可近似地取 f_t/τ_m 为常数。同时，根据试验资料分析，构件侧表面钢筋重心水平位置处的裂缝间距与混凝土保护层厚度 c 成线性增长关系，并考虑纵向受拉钢筋表面形状的影响及不同直径钢筋的黏结性能等效换算，式 (8-5) 可改写为

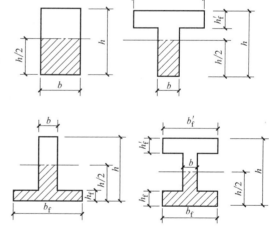

图 8-3　有效受拉混凝土截面面积（阴影部分面积）

$$l_m = \alpha\left(1.9c_s + 0.08\frac{d_{eq}}{\rho_{te}}\right) \tag{8-6}$$

$$d_{eq} = \frac{\sum n_i d_i^2}{\sum n_i v_i d_i} \tag{8-7}$$

式中　α——系数，对轴心受拉构件，取 1.1；对偏心受拉构件，取 1.05；对其他受力构件，取 1.0；

　　　c_s——最外层纵向受拉钢筋外边缘至受拉区底边的距离，当 $c_s<20mm$ 时，取 $c_s=20mm$，当 $c_s>65mm$ 时，取 $c_s=65mm$；

　　　d_{eq}——纵向受拉钢筋的等效直径；

　　　d_i——第 i 种纵向受拉钢筋的直径；

n_i——第 i 种纵向受拉钢筋的根数;

v_i——第 i 种纵向受拉钢筋的相对黏结特性系数,对带肋钢筋取 1.0,对光面钢筋取 0.7。

8.1.3 平均裂缝宽度

裂缝开展后,平均裂缝宽度 w_m 等于相邻两条裂缝之间钢筋的平均伸长与相应水平处构件侧表面混凝土平均伸长的差值(图 8-4),即

$$w_m = \varepsilon_{sm} l_m - \varepsilon_{tm} l_m = \left(1 - \frac{\varepsilon_{tm}}{\varepsilon_{sm}}\right) \varepsilon_{sm} l_m \tag{8-8}$$

式中 ε_{sm}——钢筋重心处裂缝截面之间钢筋的平均拉应变;

ε_{tm}——钢筋重心处裂缝截面之间受拉区混凝土的平均拉应变。

由于混凝土的拉伸变形很小,取式 (8-8) 中括号项为定值 $\alpha_c = 1 - \varepsilon_{tm}/\varepsilon_{sm}$。受拉构件取 $\alpha_c = 0.85$;受弯构件、偏心受压构件取 $\alpha_c = 0.77$。

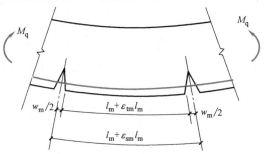

图 8-4 平均裂缝宽度计算简图

应力沿纵向受力钢筋是不均匀分布的,裂缝截面处钢筋应力最大,相邻裂缝中间截面处钢筋应力最小,其差值反映了混凝土参与受拉工作的多少。引入裂缝间钢筋应变不均匀系数 ψ,系数 ψ 为钢筋重心处裂缝截面之间钢筋平均拉应变与裂缝截面钢筋应变之比,即 $\psi = \varepsilon_{sm}/\varepsilon_s$。$\psi$ 值越小,表示混凝土承受拉力的程度越大;ψ 值越大,表示混凝土承受拉力的程度越小;当 ψ 值等于 1 时,表示混凝土完全脱离受拉工作,钢筋应力趋于均匀。ψ 值与混凝土强度、有效截面配筋率、钢筋与混凝土之间的黏结性能及裂缝截面钢筋应力等因素有关,准确计算 ψ 值是相当复杂的,其半理论半经验公式为

$$\psi = 1.1 - \frac{0.65 f_{tk}}{\rho_{te} \sigma_{sq}} \tag{8-9}$$

式中 σ_{sq}——按荷载准永久组合计算的钢筋混凝土构件纵向受拉钢筋应力。

当 $\psi < 0.2$ 时,取 $\psi = 0.2$;当 $\psi > 1.0$ 时,取 $\psi = 1.0$。对直接承受重复荷载的构件,取 $\psi = 1.0$。

式 (8-8) 可改写为

$$w_m = \alpha_c \psi \frac{\sigma_{sq}}{E_s} l_m \tag{8-10}$$

式中 E_s——钢筋的弹性模量。

8.1.4 裂缝截面钢筋应力

《混凝土结构设计规范(2015 年版)》(GB 50010—2010)规定,在荷载准永久组合下,钢筋混凝土构件开裂截面处受压边缘混凝土压应力、不同位置处钢筋的拉应力宜按下列假定计算:

1）截面应变保持平面。

2）受压区混凝土的法向应力图取为三角形。

3）不考虑受拉区混凝土的抗拉强度。

4）采用换算截面。

1. 轴心受拉构件

对于轴心受拉构件，裂缝截面的全部拉力均由钢筋承担（图 8-5），故钢筋应力为

图 8-5　轴心受拉构件截面受力平衡图

$$\sigma_{sq} = \frac{N_q}{A_s} \tag{8-11}$$

式中　N_q——按荷载准永久组合计算的轴向拉力值。

2. 受弯构件

受弯构件在正常使用荷载作用下，可假定其裂缝截面的受压区混凝土处于弹性阶段，应力图形为三角形分布（图 8-6），受拉区混凝土的作用忽略不计，按截面应变符合平截面假定求得应力图形的内力臂 z，一般可近似地取 $z = 0.87 h_0$，故有

$$\sigma_{sq} = \frac{M_q}{0.87 h_0 A_s} \tag{8-12}$$

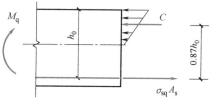

图 8-6　受弯构件截面应力图形

式中　M_q——按荷载准永久组合计算的弯矩值。

3. 矩形截面偏心受拉构件

小偏心受拉构件，对拉应力较小一侧的钢筋重心取力矩平衡（图 8-7a）；大偏心受拉构件，近似取受压区混凝土压应力合力点与受压钢筋合力点的重合点并对受压钢筋重心取力矩平衡（图 8-7b），取内力臂 $\eta h_0 = h_0 - a_s'$，得

$$\sigma_{sq} = \frac{N_q e'}{A_s (h_0 - a_s')} \tag{8-13}$$

$$e' = e_0 + \frac{h}{2} - a_s' \tag{8-14}$$

式中　e'——轴向拉力作用点至纵向受压钢筋合力点的距离。

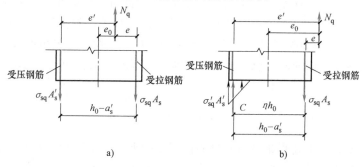

图 8-7　偏心受拉构件截面受力图

a）小偏心受拉　b）大偏心受拉

4. 大偏心受压构件

在正常使用荷载作用下，可假定大偏心受压构件的应力图形同受弯构件，按照受压区三角形应力分布假定和平截面假定求得内力臂。但因需求解三次方程，不便于计算。为此，《混凝土结构设计规范（2015 年版）》（GB 50010—2010）给出了内力臂近似计算公式

$$z = \left[0.87 - 0.12(1-\gamma_f')\left(\frac{h_0}{e}\right)^2 \right] h_0 \tag{8-15}$$

$$e = \eta_s e_0 + y_s \tag{8-16}$$

$$\eta_s = 1 + \frac{1}{4000\dfrac{e_0}{h_0}}\left(\frac{l_0}{h}\right)^2 \tag{8-17}$$

$$\gamma_f' = \frac{(b_f'-b)h_f'}{bh_0} \tag{8-18}$$

由图 8-8 的力矩平衡条件可得

$$\sigma_{sq} = \frac{N_q}{A_s}\left(\frac{e}{z}-1\right) \tag{8-19}$$

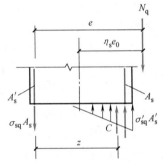

图 8-8 大偏心受压构件截面应力图形

式中 e——轴向压力作用点至纵向受拉钢筋合力点的距离；

z——内力臂，即纵向受拉钢筋合力点至受压区混凝土合力点的距离，且不大于 $0.87h_0$；

η_s——使用阶段的偏心距增大系数。当 $l_0/h \leqslant 14$ 时，可取 $\eta_s = 1.0$；

y_s——截面重心至纵向受拉钢筋合力点的距离；

γ_f'——受压翼缘面积与腹板有效面积的比值，当 $h_f' > 0.2h_0$ 时，取 $h_f' = 0.2h_0$。

8.1.5 最大裂缝宽度

由于混凝土的滑移徐变和受拉钢筋的应力松弛，导致裂缝间混凝土不断退出工作，钢筋平均应变增大，裂缝宽度随时间推移逐渐增大，且由于混凝土质量的不均质性，裂缝宽度有很大的离散性。综合考虑以上因素，最大裂缝宽度 w_{max} 可以采用平均裂缝宽度 w_m 乘以荷载短期效应裂缝扩大系数 α_s 以及荷载长期效应裂缝扩大系数 α_l 得到。

根据可靠概率为 95% 的要求，由实测裂缝宽度分布的统计分析求出荷载短期效应裂缝扩大系数 α_s，对轴心受拉和偏心受拉构件取 $\alpha_s = 1.90$，对受弯和偏心受压构件取 $\alpha_s = 1.66$。《混凝土结构设计规范（2015 年版）》（GB 50010—2010）考虑荷载短期效应与长期效应的组合作用，对各种受力构件，均取 $\alpha_l = 1.50$。因此，考虑荷载长期效应影响在内的最大裂缝宽度公式为

$$w_{max} = \alpha_s \alpha_l w_m = \alpha_s \alpha_l \alpha_c \psi \frac{\sigma_s}{E_s} l_{cr} \tag{8-20}$$

令 $\alpha_{cr} = \alpha_s \alpha_l \alpha_c$，在上述理论分析和试验研究基础上，对于矩形、T 形、倒 T 形及 I 形截面的钢筋混凝土受拉、受弯和偏心受压构件，按荷载准永久组合并考虑长期作用影响的最大裂缝宽度 w_{max} 按下列公式计算：

$$w_{\max} = \alpha_{\mathrm{cr}}\psi \frac{\sigma_{\mathrm{sq}}}{E_{\mathrm{s}}}\left(1.9c_{\mathrm{s}}+0.08\frac{d_{\mathrm{eq}}}{\rho_{\mathrm{te}}}\right) \tag{8-21}$$

式中　　α_{cr}——构件受力特征系数：对轴心受拉构件取 2.7，对偏心受拉构件取 2.4，对受弯构件和偏心受压构件取 1.9。

根据试验，当偏心受压构件 $e_0/h_0 \le 0.55$ 时，正常使用阶段裂缝宽度较小，均能满足要求，故可不进行验算。对于直接承受重复荷载作用的吊车梁，卸载后裂缝可部分闭合，同时由于起重机满载的概率很低，起重机最大荷载作用时间很短暂，可将计算所得的最大裂缝宽度乘以系数 0.85。

当 $w_{\max}$ 超过允许值时，宜选择较细直径的变形钢筋，以增大钢筋与混凝土接触的表面积，提高钢筋与混凝土的黏结力，也可增大钢筋截面面积，提高有效配筋率，从而减小钢筋应力和裂缝间距。

【例 8-1】　某屋架下弦按轴心受拉构件设计，处于二 a 类环境，截面尺寸为 $b\times h = 250\mathrm{mm}\times 250\mathrm{mm}$，采用 C45 混凝土，配置 4 Φ 18（$A_{\mathrm{s}} = 1017\mathrm{mm}^2$）的纵向受拉钢筋、$\Phi$ 10@150 的箍筋，按荷载准永久组合计算的轴向拉力 $N_{\mathrm{q}} = 180\mathrm{kN}$。试验算其裂缝宽度是否满足控制要求。

【解】　查附表 5 可知，C45 混凝土 $f_{\mathrm{tk}} = 2.51\mathrm{N/mm}^2$。

查附表 13 可知，HRB400 级钢筋 $E_{\mathrm{s}} = 2.0\times10^5\mathrm{N/mm}^2$。

查附表 8 可知，二 a 类环境，$c = 25\mathrm{mm}$。

查附表 12 可知，二 a 类环境，$w_{\lim} = 0.20\mathrm{mm}$。

$d_{\mathrm{eq}} = 18\mathrm{mm}$

$$c_{\mathrm{s}} = c + d_{\mathrm{sv}} = 35\mathrm{mm}$$

$$\rho_{\mathrm{te}} = \frac{A_{\mathrm{s}}}{A_{\mathrm{te}}} = \frac{A_{\mathrm{s}}}{b\times h} = \frac{1017}{250\times250} = 0.016 > 0.01$$

由式（8-11）得

$$\sigma_{\mathrm{sq}} = \frac{N_{\mathrm{q}}}{A_{\mathrm{s}}} = \frac{180\times10^3}{1017}\mathrm{N/mm}^2 = 176.99\mathrm{N/mm}^2$$

由式（8-9）得

$$\psi = 1.1 - 0.65\frac{f_{\mathrm{tk}}}{\rho_{\mathrm{te}}\sigma_{\mathrm{sq}}} = 1.1 - 0.65\times\frac{2.51}{0.016\times176.99} = 0.524 > 0.2 \text{ 且 } \psi < 1.0$$

轴心受拉构件 $\alpha_{\mathrm{cr}} = 2.7$，由式（8-21）得

$$w_{\max} = \alpha_{\mathrm{cr}}\psi \frac{\sigma_{\mathrm{sq}}}{E_{\mathrm{s}}}\left(1.9c_{\mathrm{s}}+0.08\frac{d_{\mathrm{eq}}}{\rho_{\mathrm{te}}}\right) = 2.7\times0.524\times\frac{176.99}{2.0\times10^5}\times\left(1.9\times35 + 0.08\times\frac{18}{0.016}\right)\mathrm{mm}$$

$$= 0.196\mathrm{mm} < w_{\lim} = 0.20\mathrm{mm}$$

满足裂缝宽度控制要求。

【例 8-2】　结合【例 3-2】、【例 4-1】，活荷载准永久系数 $\psi_{\mathrm{q}} = 0.5$，验算裂缝宽度是否满足控制要求。

【解】　（1）设计参数

查附表 5 可知，C30 混凝土 $f_{\mathrm{tk}} = 2.01\mathrm{N/mm}^2$。

查附表 13 可知，HRB400 级钢筋 $E_s = 2.0 \times 10^5 \text{ N/mm}^2$。

查附表 8 可知，二 a 类环境，$c = 25\text{mm}$。

查附表 12 可知，二 a 类环境，$w_{\lim} = 0.20\text{mm}$。

由【例 3-2】可知配置 2Φ25+1Φ22 的纵向受拉钢筋，由【例 4-1】可知配置双肢φ6@220 的箍筋。

$$a_s = c + d_{sv} + d/2 = (25 + 6 + 25 \div 2)\text{mm} = 43.5\text{mm}$$

$$h_0 = h - a_s = (550 - 43.5)\text{mm} = 506.5\text{mm}$$

$$c_s = c + d_{sv} = (25 + 6)\text{mm} = 31\text{mm}$$

（2）内力计算

荷载准永久组合下梁跨中截面弯矩值

$$M_q = \frac{1}{8}(g_k + q_k \psi_q) l_0^2 = \frac{1}{8} \times (19.2 + 0.5 \times 9.5) \times 6.3^2 \text{kN} \cdot \text{m} = 118.82\text{kN} \cdot \text{m}$$

由式（8-7）得

$$d_{eq} = \frac{\sum n_i d_i^2}{\sum n_i v_i d_i} = \frac{2 \times 25^2 + 22^2}{2 \times 25 + 22}\text{mm} = 24.1\text{mm}$$

$$\rho_{te} = \frac{A_s}{0.5bh} = \frac{1362.1}{0.5 \times 200 \times 550} = 0.025 > 0.01$$

由式（8-12）得

$$\sigma_{sq} = \frac{M_q}{0.87 h_0 A_s} = \frac{118.82 \times 10^6}{0.87 \times 506.5 \times 1362.1}\text{N/mm}^2 = 197.96\text{N/mm}^2$$

由式（8-9）得

$$\psi = 1.1 - 0.65 \frac{f_{tk}}{\rho_{te} \sigma_{sq}} = 1.1 - 0.65 \times \frac{2.01}{0.025 \times 197.96} = 0.836 > 0.2 \text{ 且 } \psi < 1.0$$

受弯构件 $\alpha_{cr} = 1.9$，由式（8-21）得

$$w_{max} = \alpha_{cr} \psi \frac{\sigma_{sq}}{E_s} \left(1.9 c_s + 0.08 \frac{d_{eq}}{\rho_{te}}\right) = 1.9 \times 0.836 \times \frac{197.96}{2.0 \times 10^5} \times \left(1.9 \times 31 + 0.08 \times \frac{24.1}{0.025}\right)\text{mm}$$

$$= 0.214\text{mm} > w_{\lim} = 0.20\text{mm}$$

不满足裂缝宽度控制要求。

8.2 受弯构件的挠度验算

对钢筋混凝土受弯构件的挠度应有一定的限制要求，主要基于以下四个方面的考虑：

1）保证构件使用功能的要求。例如，吊车梁的挠度过大会影响起重机的正常运行；精密仪器厂房楼盖梁、板挠度过大将使仪器设备难以保持水平等。

2）防止对结构构件产生不良影响。例如，支承于砖墙（柱）上的梁端产生过大转角，会引起支承面积减小，支承反力偏心增大，会引起墙体开裂。严重时会产生局部承压或墙体失稳破坏等，如图 8-9 所示。

3）防止对非结构构件产生不良影响。例如，构件挠度过大会造成门窗等不能正常开

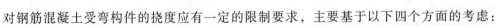

启，导致隔墙、天花板等的开裂、压碎或其他形式的损坏等。

4）考虑使用者的舒适性及感受。过大的振动、挠度会引起使用者的不适或不安全感。

随着高强材料的应用，构件的截面尺寸相应减小，变形问题将更为突出。《混凝土结构设计规范（2015 年版）》（GB 50010—2010）在考虑上述因素的基础上，结合我国工程经验，对受弯构件规定了允许挠度值。

受弯构件按荷载准永久组合并考虑长期作用影响计算的挠度最大值 $a_{f,max}$ 应满足

图 8-9　梁端支承处转角
过大引起的裂缝

$$a_{f,max} \leqslant a_{f,lim} \tag{8-22}$$

式中　$a_{f,lim}$——受弯构件的挠度限值，由附表 14 查得。

8.2.1　受弯构件截面刚度

在材料力学中，匀质弹性梁的挠度计算公式为

$$a_f = S\frac{M}{EI}l_0^2 = S\phi l_0^2 \tag{8-23}$$

式中　ϕ——截面曲率，$\phi = \dfrac{M}{EI}$；

S——与荷载形式、支承条件有关的挠度系数，如承受均布线性荷载的简支梁，$S = 5/48$；

EI——截面抗弯刚度；

l_0——计算跨度；

M——截面弯矩。

当梁的截面形状、尺寸和材料一定时，截面抗弯刚度 EI 是常数，其弯矩 M 与挠度 a_f 以及弯矩 M 与截面曲率 ϕ 均呈线性关系，如图 8-10 中的虚线所示。

由第 3 章可知，对于钢筋混凝土适筋梁，弯矩-挠度（M-a_f）以及弯矩-截面曲率（M-ϕ）的关系如图 8-10 中的实线所示。可见其截面刚度随着弯矩的变化而变化，并与裂缝的出现及开展有关，同时，还随着荷载持续作用的时间变化。因此计算钢筋混凝土受弯构件的挠度时，关键的问题是构件处于 Ⅱ 阶段截面的抗弯刚度的计算。

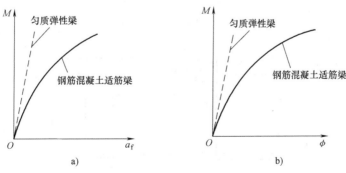

图 8-10　M-a_f、M-ϕ 关系曲线

a）M-a_f 关系曲线　b）M-ϕ 关系曲线

通常用 B_s 表示在荷载准永久组合作用下的钢筋混凝土受弯构件的截面抗弯刚度，简称短期刚度；用 B 表示在荷载准永久组合并考虑长期作用下的截面抗弯刚度，简称长期刚度。

1. 短期刚度 B_s

（1）平均曲率　如图 8-11 所示，受弯构件裂缝出现后，受压混凝土和受拉钢筋的应变沿构件长度方向的分布是不均匀的，中和轴沿构件长度方向的分布呈波浪状。曲率分布也是不均匀的，裂缝截面曲率最大，相邻裂缝中间截面曲率最小。为简化计算，截面上的应变、中和轴位置、曲率均采用平均值。根据平均应变的平截面假定，由图 8-11 的几何关系可得平均曲率为

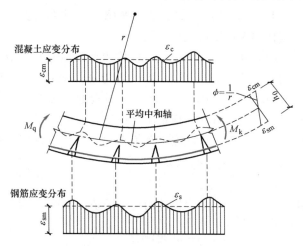

图 8-11　梁纯弯段内混凝土和钢筋应变分布

$$\phi = \frac{1}{r} = \frac{\varepsilon_{sm} + \varepsilon_{cm}}{h_0} \qquad (8\text{-}24)$$

式中　r——与平均中和轴相对应的平均曲率半径；

ε_{sm}——钢筋重心处裂缝截面之间钢筋的平均拉应变；

ε_{cm}——裂缝截面之间受压区边缘混凝土的平均压应变。

由式（8-24）及曲率、弯矩和刚度间的关系 $\phi = M/B_s$ 可得短期刚度为

$$B_s = \frac{M_q h_0}{\varepsilon_{sm} + \varepsilon_{cm}} \qquad (8\text{-}25)$$

（2）钢筋的平均拉应变 ε_{sm}　考虑钢筋应变不均匀系数 ψ，并结合式（8-12），ε_{sm} 可按下式计算：

$$\varepsilon_{sm} = \psi \varepsilon_s = \psi \frac{M_q}{\eta h_0 A_s E_s} \qquad (8\text{-}26)$$

式中　η——裂缝截面处内力臂系数，对于常用的混凝土强度等级及配筋，可近似取 $\eta = 0.87$。

（3）混凝土的平均压应变 ε_{sm}　图 8-12 所示的 T 形截面，其受压区面积为

$$A_c = (b_f' - b) h_f' + bx = (\gamma_f' + \xi) bh_0 \qquad (8\text{-}27)$$

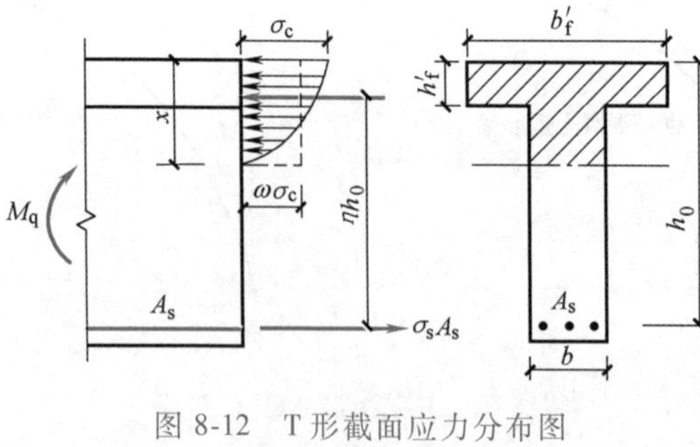

图 8-12　T 形截面应力分布图

由于受压区混凝土的应力图形为曲线分布，在计算受压边缘混凝土应力 σ_c 时，为了简化计算，可用压应力为 $\omega\sigma_c$ 的等效矩形应力图形代替曲线应力图形，则混凝土压应力合力 C 可表示为

$$C = \omega\sigma_c(\gamma_f' + \xi)bh_0 \tag{8-28}$$

对受拉钢筋合力点取矩，由平衡条件可得

$$\sigma_c = \frac{M_q}{\omega(\gamma_f' + \xi)bh_0\eta h_0} \tag{8-29}$$

式中　ω——应力图形丰满程度系数。

考虑混凝土的弹塑性变形性能，取变形模量为 $\nu_c E_c$（ν_c 为混凝土弹性特征系数），同时引入受压区混凝土应变不均匀系数 ψ_c，则

$$\varepsilon_{cm} = \psi_c\varepsilon_c = \psi_c \frac{M_q}{\omega(\gamma_f' + \xi)bh_0\eta h_0\nu_c E_c} \tag{8-30}$$

令 $\zeta = \dfrac{\omega(\gamma_f' + \xi)\eta\nu_c}{\psi_c}$，则式（8-30）改写为

$$\varepsilon_{cm} = \psi_c\varepsilon_c = \frac{M_q}{\zeta bh_0^2 E_c} \tag{8-31}$$

式中　ζ——受压区边缘混凝土平均应变的综合系数。

将式（8-26）和式（8-31）代入式（8-25），并取 $\alpha_E = E_s/E_c$，得

$$B_s = \frac{E_s A_s h_0^2}{1.15\psi + \dfrac{\alpha_E\rho}{\zeta}} \tag{8-32}$$

通过对常见截面受弯构件试验结果统计分析，为简化计算可取

$$\frac{\alpha_E\rho}{\zeta} = 0.2 + \frac{6\alpha_E\rho}{1 + 3.5\gamma_f'} \tag{8-33}$$

将式（8-33）代入式（8-32），可得钢筋混凝土受弯构件短期刚度 B_s 的计算公式

$$B_s = \frac{E_s A_s h_0^2}{1.15\psi + 0.2 + \dfrac{6\alpha_E\rho}{1 + 3.5\gamma_f'}} \tag{8-34}$$

式（8-34）中的 ψ 按式（8-9）计算，γ_f' 按式（8-18）计算。

2. 长期刚度 B

在长期荷载作用下，受压混凝土将发生徐变，即荷载不增加而变形随时间增大；受压混凝土塑性变形以及裂缝不断向上开展使内力臂减小，引起钢筋应变和应力增加；钢筋和混凝土之间发生滑移徐变；以上这些情况都会导致构件刚度降低。此外，由于受拉区与受压区混凝土的收缩不一致使梁发生翘曲，也会导致刚度降低。凡是影响混凝土徐变和收缩的因素都会引起截面刚度的降低，使构件挠度增大。

《混凝土结构设计规范（2015 年版）》（GB 50010—2010）要求，计算受弯构件挠度时，采用的长期刚度 B，是在短期刚度 B_s 的基础上，考虑荷载长期作用对挠度增大的影响系数 θ 来修正的，即

$$B = \frac{B_s}{\theta} \tag{8-35}$$

式 (8-35) 中，影响系数 θ 取值为：当 $\rho' = 0$ 时，取 $\theta = 2.0$；当 $\rho' = \rho$ 时，取 $\theta = 1.6$；当 ρ' 为中间数值时，θ 值按线性内插法取用，即 θ 可按下式计算：

$$\theta = 2.0 - 0.4 \frac{\rho'}{\rho} \tag{8-36}$$

式 (8-36) 中，当 $\frac{\rho'}{\rho} > 1$ 时，取 $\frac{\rho'}{\rho} = 1$。

上述 θ 值适用于一般情况下的矩形、T 形和 I 形截面梁。对于翼缘位于受拉区的倒 T 形梁，θ 应在式 (8-36) 计算结果的基础上增大 20%。

从式 (8-34) 及式 (8-35) 的刚度计算公式分析可知，提高截面刚度最有效的措施是增加截面高度；增加受拉或受压翼缘可使刚度有所增加；当设计不能加大构件截面尺寸时，可考虑通过增加纵向受拉钢筋截面面积或提高混凝土强度等级来提高截面刚度，但其作用不明显；对某些构件还可以充分利用纵向受压钢筋对长期刚度的有利影响，通过在构件受压区配置一定数量的受压钢筋来提高截面刚度。

8.2.2 受弯构件挠度计算

1. 最小刚度原则

对于受弯构件，各截面抗弯刚度是不同的，上述抗弯刚度是指纯弯区段的截面平均抗弯刚度。图 8-13 所示简支梁在剪跨范围内各正截面弯矩是不相等的，靠近支座的截面抗弯刚度要比纯弯区段内的大，如果都用纯弯区段的截面抗弯刚度，则会使挠度计算值偏大。而实际上，因为在剪跨范围内还存在着剪切变形，甚至可能出现少量斜裂缝，它们都会使梁的挠度增大。

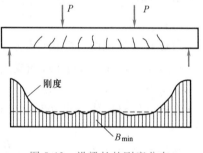

为了简化计算，忽略剪切变形对挠度的影响，对图 8-13 所示的梁，可近似按纯弯区段的平均截面抗弯刚度采用，即"最小刚度原则"，就是在简支梁全跨长范围内，都可按弯矩最大处的截面抗弯刚度，即按最小的截面抗弯刚度；对于连续梁、框架梁或者带悬挑的简支梁，

图 8-13 沿梁长的刚度分布

当构件上存在正负弯矩时，可分别取同号弯矩区段内截面的最小刚度，如图 8-14 所示。

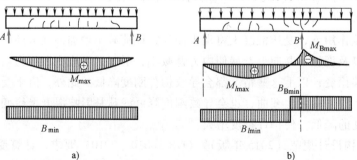

图 8-14 最小刚度取值

a) 简支梁 b) 带悬挑的简支梁

2. 挠度验算

确定了刚度的计算公式及 "最小刚度原则" 后，即可用式（8-23）来计算钢筋混凝土受弯构件的最大挠度 $a_{f,max}$。若不满足式（8-22）的要求，说明受弯构件的刚度不足，应采取相应措施，直到满足为止。

【例 8-3】 结合【例 3-2】、【例 4-1】，活荷载准永久系数 $\psi_q = 0.5$，验算梁的跨中挠度是否满足控制要求。

【解】 （1）设计参数

查附表 5 可知，C30 混凝土 $f_{tk} = 2.01\text{N/mm}^2$。

查附表 7 可知 $E_c = 3.0 \times 10^5 \text{ N/mm}^2$。

查附表 13 可知，HRB400 级钢筋 $E_s = 2.0 \times 10^5 \text{ N/mm}^2$。

查附表 8 可知，二 a 类环境，$c = 25\text{mm}$。

查附表 12 可知，二 a 类环境，$w_{lim} = 0.20\text{mm}$。

由【例 3-2】可知配置 2⚷25+1⚷22 的纵向受拉钢筋，由【例 4-1】可知配置双肢 $\phi6@220$ 的箍筋。

$$a_s = c + d_{sv} + d/2 = (25+6+25\div2)\text{mm} = 43.5\text{mm}$$
$$h_0 = h - a_s = (550-43.5)\text{mm} = 506.5\text{mm}$$
$$c_s = c + d_{sv} = (25+6)\text{mm} = 31\text{mm}$$

（2）计算短期刚度 B_s

由【例 8-2】可知，$M_q = 118.82\text{kN·m}$，$\rho_{te} = 0.025$，$\psi = 0.836$，则

$$\alpha_E = \frac{E_s}{E_c} = \frac{2.0 \times 10^5}{3.0 \times 10^4} = 6.67$$

$$\rho = \frac{A_s}{bh_0} = \frac{1362.1}{200 \times 506.5} = 0.013$$

由式（8-34）得

$$B_s = \frac{E_s A_s h_0^2}{1.15\psi + 0.2 + \frac{6\alpha_E\rho}{1+3.5\gamma'_f}} = \frac{2.0 \times 10^5 \times 1362.1 \times 506.5^2}{1.15 \times 0.836 + 0.2 + \frac{6 \times 6.67 \times 0.013}{1+0}}\text{N·mm}^2 = 4.16 \times 10^{13}\text{N·mm}^2$$

（3）计算长期刚度 B

$\rho' = 0$，$\theta = 2.0$，由式（8-35）得

$$B = \frac{B_s}{\theta} = \frac{4.16 \times 10^{13}}{2}\text{N·mm}^2 = 2.08 \times 10^{13}\text{N·mm}^2$$

（4）计算挠度 a_f

查附表 14 可知：

$$a_{f,lim} = \frac{l_0}{200} = \frac{6300}{200}\text{mm} = 31.5\text{mm}$$

$$a_{f,max} = \frac{5}{48} \times \frac{M_q l_0^2}{B} = \frac{5}{48} \times \frac{118.82 \times 10^6 \times 6.3^2 \times 10^6}{2.08 \times 10^{13}}\text{mm} = 23.62\text{mm} < a_{f,lim}$$

满足挠度控制要求。

【例 8-4】 钢筋混凝土矩形截面梁，处于一类环境，$b \times h = 200\text{mm} \times 450\text{mm}$，计算跨度 $l_0 = 6.0\text{m}$，采用 C30 混凝土，配有 3 Φ 18（$A_s = 763\text{mm}^2$）HRB400 级纵向受力钢筋。承受均布恒荷载标准值为 $g_k = 6.0\text{kN/m}$，均布活荷载标准值 $q_k = 8.1\text{kN/m}$，活荷载准永久系数 $\psi_q = 0.5$。验算该梁的跨中挠度是否满足控制要求。

【解】 （1）设计参数

查附表 5 可知，C30 混凝土 $f_{tk} = 2.01\text{N/mm}^2$。

查附表 7 可知，$E_c = 3.0 \times 10^5 \text{N/mm}^2$。

查附表 13 可知，HRB400 级钢筋 $E_s = 2.0 \times 10^5 \text{N/mm}^2$。

查附表 8 可知，一类环境，$c = 20\text{mm}$。取箍筋直径 $d_{sv} = 10\text{mm}$，则 $a_s = c + d_{sv} + d/2 = (20 + 10 + 18 \div 2)\text{mm} = 39\text{mm}$，$h_0 = h - a_s = (450 - 39)\text{mm} = 411\text{mm}$。

（2）弯矩计算

荷载准永久组合下的弯矩值为

$$M_q = \frac{1}{8}(g_k + q_k \psi_q) l_0^2 = \frac{1}{8} \times (6 + 8.1 \times 0.5) \times 6^2 \text{kN} \cdot \text{m} = 45.23\text{kN} \cdot \text{m}$$

（3）计算短期刚度 B_s

$$\rho_{te} = \frac{A_s}{0.5bh} = \frac{763}{0.5 \times 200 \times 450} = 0.017 > 0.010$$

由式（8-12）得

$$\sigma_{sq} = \frac{M_q}{0.87 h_0 A_s} = \frac{45.23 \times 10^6}{0.87 \times 411 \times 763}\text{N/mm}^2 = 165.78\text{N/mm}^2$$

由式（8-9）得

$$\psi = 1.1 - 0.65 \frac{f_{tk}}{\rho_{te}\sigma_{sq}} = 1.1 - 0.65 \times \frac{2.01}{0.017 \times 165.78} = 0.64 > 0.2 \text{ 且 } \psi < 1.0$$

$$\alpha_E = \frac{E_s}{E_c} = \frac{2.0 \times 10^5}{3.0 \times 10^4} = 6.67$$

$$\rho = \frac{A_s}{bh_0} = \frac{763}{200 \times 411} = 0.01$$

由式（8-34）得

$$B_s = \frac{E_s A_s h_0^2}{1.15\psi + 0.2 + \dfrac{6\alpha_E \rho}{1 + 3.5\gamma_f'}} = \frac{2.0 \times 10^5 \times 763 \times 411^2}{1.15 \times 0.64 + 0.2 + \dfrac{6 \times 6.67 \times 0.01}{1 + 0}}\text{N} \cdot \text{mm}^2 = 1.93 \times 10^{13}\text{N} \cdot \text{mm}^2$$

（4）计算长期刚度 B

$\rho' = 0$，$\theta = 2.0$，则由式（8-35）得

$$B = \frac{B_s}{\theta} = \frac{1.93 \times 10^{13}}{2}\text{N} \cdot \text{mm}^2 = 9.65 \times 10^{12}\text{N} \cdot \text{mm}^2$$

（5）计算挠度 a_f

查附表 14 可知，

$$a_{f,lim} = \frac{l_0}{200} = 30mm$$

$$a_{f,max} = \frac{5}{48} \frac{M_q l_0^2}{B} = \frac{5}{48} \times \frac{45.23 \times 10^6 \times 6^2 \times 10^6}{9.65 \times 10^{12}} mm = 17.58mm < a_{f,lim} = 30mm$$

满足挠度控制要求。

8.3　混凝土结构的耐久性

思政：钢筋混凝土梁的
设计——强化系统的
工程设计理念

8.3.1　混凝土结构耐久性的概念

混凝土结构一直被认为是一种节能、经济、用途极为广泛的耐久性结构形式之一。然而长期以来，很多混凝土结构先后出现病害和劣化，使结构不可避免地出现各种不同程度的隐患、缺陷或损伤，进而降低结构的安全性、适用性、耐久性，并最终导致结构失效，用于混凝土结构修补、重建和改建的费用日益增加。提高混凝土结构的耐久性日益受到重视，混凝土结构的耐久性设计实质上是针对影响耐久性能的主要因素提出相应的对策。

8.3.2　影响混凝土结构耐久性的因素

内外部因素的综合作用影响着混凝土结构的耐久性。内部影响因素主要有混凝土的强度、保护层厚度，水泥品种、强度等级及用量，外加剂、集料的活性等。外部影响因素主要有环境温度、湿度、CO_2 含量、侵蚀性介质等。混凝土结构耐久性差往往是内部的不完善性和外部的不利因素综合作用的结果，而结构缺陷往往是设计不妥、施工不良引起的，也有因使用、维修不当引起的。混凝土结构耐久性问题归纳为以下主要方面：混凝土碳化、混凝土冻融破坏、混凝土碱集料反应、钢筋锈蚀、侵蚀性介质的腐蚀等。

1. 混凝土碳化

碳化是指环境中的 CO_2 与混凝土水泥石中的 $Ca(OH)_2$ 作用生成 $CaCO_3$ 和 H_2O，从而降低混凝土 pH 值的现象。由于 pH 值的降低，混凝土中的钢筋失去保护膜，引起钢筋锈蚀；混凝土表面出现碳化收缩，导致微裂缝的产生，降低混凝土的强度和耐久性。混凝土的碳化从构件表面向内发展，到保护层完全碳化，所需要的时间与碳化速度、混凝土保护层厚度、混凝土密实性以及覆盖层情况等因素有关。防治混凝土碳化的主要措施有：合理设计混凝土的配合比，规定水泥用量的低限值和水胶比的高限值；提高混凝土的密实性、抗渗性；规定混凝土保护层的最小厚度；必要时还可以表面涂刷覆盖面层。

2. 混凝土冻融破坏

混凝土冻融破坏是由于混凝土中的游离水受冻结冰后体积膨胀，在混凝土内部产生应力，由于反复作用或内应力超过混凝土抗拉强度致使混凝土破坏。在混凝土受冻过程中，冰冻应力使混凝土产生裂纹。冰冻所产生的裂纹一般多而细小，因此，在单纯冻融破坏的场合，一般不会看到较粗大的裂缝。但是，在冻融反复交替的情况下，这些细小的裂纹会不断地开展，相互贯通。冻融破坏前期，混凝土强度和弹性模量降低，接着混凝土由表及里剥落。防治冻融破坏的主要措施有：提高混凝土的密实度和含气量；减小水胶比，掺加外加剂和粉煤灰等掺合料；使用渗透结晶型防水剂，阻止水进入混凝土内部。

3. 混凝土碱集料反应

混凝土碱集料反应是指混凝土中的碱和环境中可能渗入的碱与混凝土集料中的某些活性组分，在混凝土硬化后逐渐发生化学反应，反应生成物吸水膨胀，引起混凝土体积膨胀、开裂，最终导致混凝土由内向外延伸开裂和损毁的现象。碱集料反应通常进行得很慢，一般是在混凝土成型后的若干年里逐渐发生，其结果造成混凝土耐久性下降，严重时还会使混凝土丧失使用价值，这种反应造成的破坏既难以预防，又难以阻止，更不易修补和挽救，故被称为混凝土的癌症。防治混凝土碱集料反应的主要措施有：控制水泥中碱的含量，选用非活性集料，掺入活性混合材料等。

4. 钢筋锈蚀

水泥在水化过程中生成大量的 $Ca(OH)_2$，使混凝土孔隙中充满饱和的 $Ca(OH)_2$ 溶液，pH 值大于 12。钢筋在碱性介质中，表面能生成一层稳定致密的氧化物钝化膜，保护着钢筋以防锈蚀。但是，碳化会降低混凝土的碱度，当 pH 值小于 10 时，钢筋表面的钝化膜就开始破坏而失去保护作用。当环境中的水、CO_2、Cl^- 沿裂缝侵入时，首先在裂缝宽度较大处发生个别点的坑蚀，进而逐渐形成环蚀，同时向裂缝两边扩展，形成锈蚀面，锈蚀产生的铁锈体积要比原来的体积增大 3~4 倍，使周围的混凝土产生膨胀拉应力。钢筋锈蚀严重时，体积膨胀导致混凝土沿钢筋长度方向出现纵向裂缝（图 8-15），顺筋裂缝的产生又加剧了钢筋的锈蚀，形成恶性循环。如果混凝土的保护层比较薄，最终会导致保护层剥落，钢筋也可能锈断，使得构件承载力降低直至丧失承载力。钢筋锈蚀是影响钢筋混凝土结构耐久性的最关键问题，也是混凝土结构最常见的耐久性问题。防治钢筋锈蚀的主要措施有：增加混凝土保护层厚度，保证混凝土的密实度，控制混凝土中的水胶比、水泥用量等。

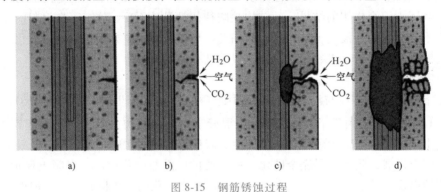

图 8-15　钢筋锈蚀过程

a) 混凝土开裂　b) H_2O、空气、CO_2 侵入　c) 钢筋开始锈蚀　d) 保护层劈裂

5. 侵蚀性介质的腐蚀

混凝土材料是一种非均匀的多孔材料，环境中化学侵蚀性介质对混凝土的腐蚀很普遍。化学侵蚀主要是指硫酸盐侵蚀，此外还有盐类结晶侵蚀、酸性侵蚀、二氧化碳侵蚀、镁盐类侵蚀等。硫酸盐侵蚀是一个复杂的物理化学过程，当硫酸盐溶液与水泥石中的氢氧化钙及水化铝酸钙发生化学反应时，将生成钙矾石；当硫酸盐浓度较高时，还会有石膏结晶析出，钙矾石、石膏是具有膨胀性的腐蚀产物，在混凝土内部产生内应力，引起混凝土膨胀开裂、剥落等现象。防治硫酸盐侵蚀的主要措施有：提高混凝土的质量和抗渗性，限制水泥中铝酸三钙矿物含量，掺加火山灰质矿物外加剂，表面涂层保护等。

8.3.3 混凝土结构耐久性设计的内容

混凝土结构耐久性设计的目标是在规定的设计使用年限内，在正常维护下，满足既定功能的要求。耐久性设计的基本原则是根据结构的环境类别和设计使用年限进行设计。对各种处于侵蚀性环境中工作的结构物，不仅需要考虑强度，还需要从耐久性角度来选择原材料，进行混凝土配合比设计和确定混凝土保护层最小厚度等。

1. 划分混凝土结构的环境类别

混凝土结构耐久性与结构的工作环境条件有密切的关系。同一结构在强腐蚀环境中要比在一般大气环境中使用寿命短。对结构所处的环境划分类别可使设计者针对不同的环境采用相应的对策。根据工程经验，参考国内外有关研究成果，《混凝土结构设计规范（2015 年版）》（GB 50010—2010）将混凝土结构的使用环境分为五类，见附表 15。

2. 规定混凝土保护层厚度

混凝土保护层厚度的大小及保护层的密实性是影响混凝土碳化的根本因素，环境条件及保护层厚度又是影响钢筋锈蚀的决定因素。因此，《混凝土结构设计规范（2015 年版）》（GB 50010—2010）根据混凝土结构所处的环境条件类别，规定了设计年限为 50 年的混凝土结构的最外层钢筋的保护层厚度，见附表 8。

3. 规定裂缝控制等级及其限值

裂缝的出现加快了混凝土的碳化，也是钢筋开始锈蚀的主要条件。因此，《混凝土结构设计规范（2015 年版）》（GB 50010—2010）根据钢筋混凝土结构和预应力混凝土结构所处的环境条件类别和构件受力特征，规定了裂缝控制等级和最大裂缝宽度的限值，见附表 12。

4. 规定混凝土的基本要求

影响结构耐久性的另一个重要因素是混凝土的质量。根据结构的环境类别，合理地选择混凝土原材料，控制混凝土中氯离子含量和碱含量，防止碱集料反应。改善混凝土的级配，控制最大水胶比、最小水泥用量和最低混凝土强度等级，提高混凝土的抗渗性能和密实度，对于混凝土的耐久性起着非常重要的作用。耐久性对混凝土的主要要求如下：

1）对于一类、二类和三类环境中，设计使用年限为 50 年的混凝土结构，其混凝土材料宜符合表 8-1 的规定。

表 8-1　结构混凝土材料的耐久性基本要求

环境等级	最大水胶比	最低强度等级	最大氯离子含量（%）	最大碱含量/（kg/m³）
一	0.60	C25	0.30	不限制
二 a	0.55	C25	0.20	3.0
二 b	0.50（0.55）	C30（C25）	0.15	
三 a	0.45（0.50）	C35（C30）	0.10	
三 b	0.40	C40	0.10	

注：1. 表中氯离子含量是指其占胶凝材料总量的百分比。

2. 预应力构件混凝土中的最大氯离子含量为 0.06%，其最低混凝土强度等级宜按表中的规定提高两个等级。

3. 素混凝土构件的水胶比及最低强度等级的要求可适当放松。

4. 有可靠工程经验时，二类环境中的最低混凝土强度等级可降低一个等级。

5. 处于严寒和寒冷地区二 b、三 a 类环境中的混凝土应使用引气剂，并可采用括号中的有关参数。

6. 当使用非碱活性集料时，对混凝土中的碱含量可不作限制。

2）一类环境中，设计使用年限为 100 年的混凝土结构应符合下列规定：

① 最低混凝土强度等级：钢筋混凝土结构为 C30，预应力混凝土结构为 C40。

② 混凝土中的最大氯离子含量为 0.06%。

③ 宜使用非碱活性集料。当使用碱活性集料时，混凝土中的最大碱含量为 $3.0kg/m^3$。

④ 混凝土保护层厚度不应小于附表 8 中规定值的 1.4 倍。当采用有效的表面防护措施时，混凝土保护层厚度可适当减小。

5. 混凝土结构及构件采取的耐久性技术措施

1）预应力混凝土结构中的预应力钢筋应根据具体情况采取表面防护、孔道灌浆、加大混凝土保护层厚度等措施，外露的锚固端应采取封锚和混凝土表面处理等有效措施。

2）有抗渗要求的混凝土结构，混凝土的抗渗等级应符合有关标准的要求。

3）严寒及寒冷地区的潮湿环境中，结构混凝土应满足抗冻要求，混凝土抗冻等级应符合有关标准的要求。

4）处于二、三类环境中的悬臂构件宜采用悬臂梁-板的结构形式，或在其上表面增设防护层。

5）处于二、三类环境中的结构构件，其表面的预埋件、吊钩、连接件等金属部件应采取可靠的防锈措施。

6）处于三类环境中的混凝土结构构件，可采用阻锈剂、环氧树脂涂层钢筋或其他具有耐腐蚀性能的钢筋，采取阴极保护措施或采取采用可更换的构件等措施。

6. 混凝土结构在设计使用年限内应遵守的规定

1）建立定期检测、维修制度。

2）设计中可更换的混凝土构件应按规定更换。

3）构件表面的防护层、应按规定维护或更换。

4）构件出现可见的耐久性缺陷时，应及时进行处理。

习　题

一、简答题

1. 对钢筋混凝土构件进行裂缝宽度和挠度验算的目的是什么？

2. 钢筋混凝土构件中裂缝的种类有哪些？它们是由什么原因引起的？应怎样控制？

3. 当构件裂缝宽度不满足要求时，可采取哪些措施使其满足要求？

4. 什么是钢筋混凝土受弯构件的最小刚度原则？

5. 当构件挠度验算不满足要求时，可采取哪些措施使其满足要求？

6. 简述耐久性设计的概念。

7. 影响混凝土结构耐久性的主要因素有哪些？

8. 如何提高混凝土结构的耐久性？

二、选择题

1. 在其他条件不变的情况下，钢筋混凝土适筋梁裂缝出现时的弯矩 M_{cr} 与破坏时的极限弯矩 M_u 的比值（M_{cr}/M_u），随着配筋率 ρ 的增大而（　　）。

A. 增大　　　　B. 减小　　　　C. 不变　　　　D. 不确定

2. 平均裂缝间距 l_m 与（　　）无关。

A. 钢筋混凝土保护层厚度　　　　　　　B. 钢筋直径

C. 受拉钢筋的有效配筋率　　　　　　　D. 混凝土的强度等级

3. 受弯构件裂缝截面处钢筋应力 σ_s 与（　　　）无关。

A. 外荷载　　　　B. 钢筋级别　　　　C. 钢筋面积　　　　D. 构件截面尺寸

4. 钢筋应变不均匀系数 ψ 越大，说明（　　　）。

A. 裂缝之间混凝土的应力越大　　　　　B. 裂缝之间钢筋的应力越大

C. 裂缝之间混凝土的应力越小　　　　　D. 裂缝之间钢筋的应力为零

5. 当其他条件完全相同时，根据钢筋面积选择钢筋直径和根数时，对裂缝有利的选择是（　　　）。

A. 较粗的变形钢筋　　　　　　　　　　B. 较粗的光面钢筋

C. 较细的变形钢筋　　　　　　　　　　D. 较细的光面钢筋

6. 按规范所给的公式计算出的最大裂缝宽度是（　　　）。

A. 构件受拉区外边缘处的裂缝宽度　　　B. 构件受拉钢筋位置处的裂缝宽度

C. 构件中和轴处的裂缝宽度　　　　　　D. 构件受压区外边缘处的裂缝宽度

7. 最大裂缝宽度会随钢筋直径的增大而（　　　）。

A. 增加　　　　B. 减小　　　　C. 不变　　　　D. 与此无关

8. 最大裂缝宽度会随混凝土保护层的增大而（　　　）

A. 增大　　　　B. 减小　　　　C. 不变　　　　D. 与此无关

9. 钢筋混凝土梁的受拉区边缘达到混凝土（　　　）时，受拉区开始出现裂缝。

A. 实际的抗拉强度　　　　　　　　　　B. 抗拉标准强度

C. 抗拉设计强度　　　　　　　　　　　D. 弯曲抗拉设计强度

10. 进行挠度和裂缝宽度验算时，（　　　）。

A. 荷载用设计值，材料强度用标准值　　B. 荷载用标准值，材料强度用设计值

C. 荷载用标准值，材料强度用标准值　　D. 荷载用设计值，材料强度用设计值

11. 通过计算控制不出现裂缝或限制裂缝最大宽度指的是（　　　）裂缝。

A. 由内力直接引起的裂缝　　　　　　　B. 由混凝土收缩引起的裂缝

C. 由温度变化引起的裂缝　　　　　　　D. 由不均匀沉降引起的裂缝

12. 对于钢筋混凝土构件，裂缝的出现和开展会使其（　　　）。

A. 刚度降低　　　　　　　　　　　　　B. 结构适用性和耐久性降低

C. 承载力减小　　　　　　　　　　　　D. 刚度增加

13. 长期荷载作用下，钢筋混凝土梁的挠度会随时间的增加而增大，其主要原因是（　　　）。

A. 受拉钢筋产生塑性变形　　　　　　　B. 受拉混凝土产生塑性变形

C. 受压混凝土产生徐变　　　　　　　　D. 受压混凝土产生塑性变形

14. 提高受弯构件抗弯刚度最有效的措施是（　　　）。

A. 提高混凝土强度等级　　　　　　　　B. 增加受拉钢筋的截面面积

C. 增加截面的有效高度　　　　　　　　D. 增加截面宽度

15. 钢筋混凝土梁截面抗弯刚度随荷载的增加及持续时间的增加而（　　　）。

A. 逐渐减小　　　　B. 逐渐增加　　　　C. 保持不变　　　　D. 先增加后减小

16. 下列（　　）不是进行变形控制的主要原因。

A. 构件有超过限值的变形，将不能正常使用

B. 构件有超过限值的变形，将引起隔墙裂缝

C. 构件有超过限值的变形，将影响美观

D. 构件有超过限值的变形，将不能继续承载，影响结构安全

三、填空题

1. 钢筋混凝土构件的变形或裂缝宽度过大会影响结构的_____、_____。

2. 《混凝土结构设计规范（2015 年版）》（GB 50010—2010）规定，构件在_____作用下产生的裂缝宽度和挠度应控制在允许范围内。

3. 在普通钢筋混凝土结构中，只要在构件的某个截面上出现的_____超过混凝土的抗拉强度，就将在该截面上产生_____方向的裂缝。

4. 裂缝的开展是由于钢筋和混凝土之间不再保持_____而出现_____造成的。

5. 钢筋混凝土构件在荷载作用下，裂缝未出现前，受拉区由钢筋与混凝土共同_____，沿构件长度方向，各截面的受拉钢筋应力及受拉混凝土应力大体上_____。裂缝出现后，裂缝截面混凝土_____承受拉力，裂缝截面的钢筋应力会_____，钢筋的应变也_____，加上原来因受拉而张紧的混凝土在裂缝出现的瞬间向裂缝两边_____，所以裂缝一出现就会有一定的_____。

6. 钢筋应变不均匀系数的物理意义是_____。

7. 钢筋混凝土构件在荷载作用下，若计算所得的最大裂缝宽度超过允许值，则应采取相应措施，以减小裂缝宽度，例如，可以适当_____钢筋直径；采用_____钢筋；必要时可适当_____配筋量，以_____使用阶段的钢筋应力。对于抗裂和限制裂缝宽度而言，最根本的方法是采用_____。

8. 理想弹性体梁，当截面尺寸和材料已定时，截面的抗弯刚度 EI 为_____，弯矩 M 和挠度 a_f 成_____关系；而钢筋混凝土梁随着荷载的增加，其刚度值逐渐_____，故其弯矩 M 与挠度 a_f 成_____关系。

9. 钢筋混凝土简支梁挠度验算时，一般取_____抗弯刚度作为该区段的抗弯刚度。

10. 《混凝土结构设计规范（2015 年版）》（GB 50010—2010）建议用_____来考虑荷载长期效应对刚度的影响。

四、计算题

1. 某屋架下弦按轴心受拉构件设计，处于一类环境，截面尺寸 $b \times h = 200mm \times 200mm$，选用 C30 混凝土，配置 4⌀16 纵向受拉钢筋及 ⌀10@150 的箍筋。按荷载准永久值计算的轴向拉力设计值 $N_q = 180kN$。试验算裂缝宽度是否满足控制要求。

2. 某矩形截面简支梁，处于一类环境，截面尺寸 $b \times h = 200mm \times 500mm$，计算跨度 $l_0 = 4.5m$。使用期间承受均布恒载标准值 $g_k = 17.5kN/m$（含自重），均布可变荷载标准值 $q_k = 11.5kN/m$。活荷载准永久系数为 0.5。选用 C30 混凝土，HRB400 级钢筋。配置 4⌀16 纵向受拉钢筋和 ⌀10@150 的箍筋。试验算裂缝宽度是否满足控制要求。

3. 某矩形截面简支梁，已知条件与计算题第 2 题相同，试验算梁的挠度是否满足控制要求？

第9章　预应力混凝土构件计算

本章导读

➤ 内容及要求　本章的主要内容包括预应力混凝土的基本概念、分类、材料及锚具与夹具，预应力筋张拉控制应力、预应力损失及预应力损失的组合，预应力混凝土轴心受拉构件各阶段应力分析、施工阶段混凝土应力及正常使用极限状态验算、承载力计算，预应力混凝土受弯构件各阶段应力分析、施工阶段混凝土应力和正常使用极限状态验算、正截面和斜截面承载力计算，预应力混凝土构件的构造要求。通过本章学习，掌握预应力混凝土的基本概念、各项预应力损失的计算及组合，掌握轴心受拉构件和受弯构件各阶段受力分析及设计方法，熟悉预应力混凝土结构的施工工艺和主要构造要求。

➤ 重点　预应力混凝土的基本概念，预应力损失的计算和组合，预应力构件的设计方法。

➤ 难点　预应力构件各阶段受力分析，预应力混凝土构件的设计方法。

9.1　预应力混凝土的基本原理

9.1.1　预应力混凝土的基本概念

混凝土的抗拉强度低，导致受拉区混凝土过早开裂，或者裂缝宽度过宽。故钢筋混凝土构件抗裂性能差，通常带裂缝工作，构件刚度小，耐久性差。混凝土的极限拉应变一般为 $0.0001 \sim 0.00015$，混凝土开裂时，钢筋的应力只有 $20 \sim 30 \text{N/mm}^2$，对应于裂缝宽度为 $0.2 \sim 0.3 \text{mm}$ 时的钢筋应力约为 250N/mm^2。可见，钢筋混凝土构件中采用高强度钢筋，不能发挥高强度钢筋的强度优势。钢筋混凝土构件应用于大跨度结构时，如果为增加刚度而加大截面尺寸，会导致自重进一步增大。为了克服混凝土过早出现裂缝的缺陷，以适应现代化建设大跨度和大空间的需要，采用预应力混凝土结构是优选方法。

预应力混凝土结构是在外荷载作用之前（制作阶段），预先用某种方法对其可能开裂的部位施加压应力，以抵消或减少外荷载作用所引起的拉应力（使用阶段），这样，在外荷载作用下，裂缝就能延缓发生或者不发生，即使发生了，裂缝宽度也不会开展过宽 。

预应力的作用可用图 9-1 所示的梁来说明。在荷载作用之前，给梁先施加一偏心压力 N，使得梁下边缘产生预压应力 σ_c，如图 9-1a 所示；在外荷载作用下，梁下边缘产生拉应力 σ_t，如图 9-1b 所示；在预压力和外荷载的共同作用下，截面的应力分布将是两者的叠加，如图 9-1c 所示。梁的下边缘应力可为压应力（$\sigma_c - \sigma_t > 0$）或数值很小的拉应力。

相对于钢筋混凝土结构，预应力混凝土结构具有如下特点：

1）自重轻，节约工程材料。预应力混凝土充分发挥了混凝土抗压强度高、钢筋抗拉强度高的优点，利用高强度混凝土和高强度钢筋建立合理的预应力，提高了结构构件的抗裂度和刚度，有效地减小了构件截面尺寸，减轻了自重，节约了工程材料，适用于建造大跨度、大悬臂等有变形控制要求的结构。

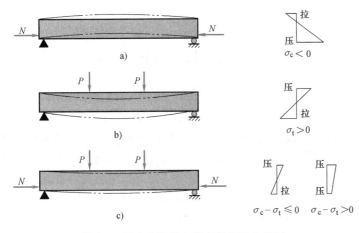

图 9-1 预应力混凝土简支梁的受力情况

a）预压力作用　b）荷载作用　c）预压力+荷载作用

2）改善结构的耐久性。由于对结构构件可能开裂的部位施加了预压应力，避免了使用荷载作用下的裂缝发生，使结构中预应力筋和普通钢筋免受外界有害介质的侵蚀，大大提高了结构的耐久性。对于水池、压力管道、污水沉淀池和污泥消化池等，施加预应力后还提高了其抗渗性能。

3）提高结构的抗疲劳性能。承受重复荷载的结构或构件，如吊车梁、桥梁等，因为荷载经常往复作用，长期处于加载与卸载的反复变化之中，当这种反复变化超过一定次数时，材料就会发生低于静力强度的破坏。预应力可以降低钢筋的疲劳应力变化幅度，从而提高结构或构件的抗疲劳性能。

4）增强结构或构件的抗剪能力。大跨、薄壁结构构件，如薄壁箱形、T形、I形等截面构件，靠近搁置处的薄壁往往由于剪力或扭矩作用产生斜向裂缝，预应力可提高斜截面的抗裂性和抗扭性，并可延迟裂缝出现，约束裂缝宽度开展，因此提高了抗剪能力。

预应力混凝土结构生产工艺比较复杂，技术水平要求高，需要有专门的张拉施工设备和专业技术操作人员，人工费用高，对构件数量少的工程成本较高。

9.1.2　预应力混凝土的分类

根据预应力的施加方法、预加应力的程度、预应力筋与混凝土的黏结程度等，可将预应力混凝土做如下分类：

1. 按预应力的施加方法分类

根据张拉钢筋和浇筑混凝土的先后顺序，可将预应力混凝土分为先张法预应力混凝土和后张法预应力混凝土两类。

（1）先张法预应力混凝土　先张法即先张拉预应力筋，后浇筑混凝土的方法。其施工的主要工序如下：

1）将预应力筋的一端固定在张拉台座上，如图 9-2a 所示。

2）按设计规定的拉力张拉预应力筋至要求的张拉控制应力 σ_{con}，如图 9-2b 所示。

3）用夹具将预应力筋张拉端临时固定在台座上，支模、绑扎普通钢筋、浇筑并养护混凝土构件，如图 9-2c 所示。

4）待构件混凝土达到一定的强度（不宜低于混凝土设计等级值的 75%，以保证预应力筋与混凝土之间具有足够的黏结力）后，切断或放松预应力筋，其弹性内缩受到混凝土阻止而使混凝土受到挤压，产生预压应力，如图 9-2d 所示。

　　先张法构件依靠钢筋与混凝土的黏结力阻止钢筋的弹性回弹获得预压应力。先张法施工简单，临时夹具可以重复使用，大批量生产时经济、质量稳定，适用于中小型构件工厂化生产。但需要有用来张拉和临时固定预应力筋的台座，因此初期投资费用较大。

　　（2）后张法预应力混凝土　后张法即先浇筑混凝土构件，当构件混凝土达到一定的强度后，在构件上张拉预应力筋的方法。按照预应力筋与混凝土的黏结程度，又可划分为有黏结预应力混凝土、无黏结预应力混凝土和缓黏结预应力混凝土。

　　后张有黏结预应力混凝土的主要施工工序如下：

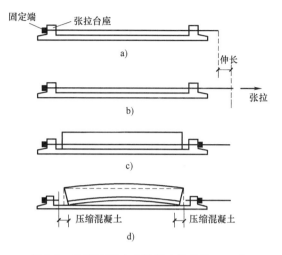

图 9-2　先张法预应力混凝土构件施工工序
a）钢筋就位　b）张拉钢筋　c）浇筑混凝土养护
d）放松钢筋使混凝土产生预应力

　　1）浇筑混凝土构件，并在预应力筋位置处预留孔道，如图 9-3a 所示。

　　2）待构件混凝土达到一定强度（不宜低于设计的混凝土等级值的 75%）后，将预应力筋穿过孔道，以构件本身作为支座张拉预应力筋，此时，构件混凝土两端将同时受到压缩，如图 9-3b、c 所示。

　　3）当预应力筋张拉至要求的控制应力 σ_{con} 时，在张拉端用锚具将其锚固，使混凝土受到预压应力。

　　4）在预留孔道中压入水泥浆，以使预应力筋与混凝土黏结在一起，如图 9-3d 所示。

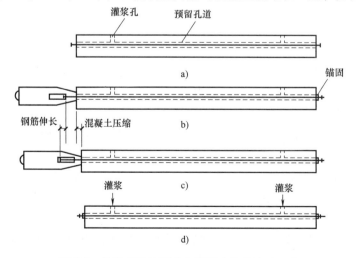

图 9-3　后张有黏结预应力混凝土构件施工工序
a）制作构件，预留孔道，穿预应力筋　b）安装千斤顶　c）张拉预应力筋，
压缩混凝土　d）锚固预应力筋，孔道压力灌浆

无黏结预应力混凝土是采用专门的无黏结预应力筋进行张拉施工的预应力混凝土。无黏结预应力筋全长涂有专用的除锈油脂，并外套防老化的塑料管保护，可自由伸缩与滑动，不与周围混凝土黏结在一起。无黏结预应力筋可在混凝土浇筑前按预定位置固定就位，不需要预留孔道和穿筋；在张拉锚固后，也不需要灌浆。

缓黏结预应力混凝土是采用专门的缓黏结预应力筋进行张拉施工的预应力混凝土。缓黏结预应力筋全长涂有专用的缓黏结剂，并外套防老化的塑料管保护。在张拉锚固前，缓黏结剂不固化，保证了预应力筋的自由伸缩与滑动；在张拉锚固后，缓黏结剂随着时间的增加逐渐固化，使预应力筋与周围混凝土形成黏结作用。缓黏结预应力混凝土的施工工序与无黏结预应力混凝土是相同的。

后张法预应力混凝土构件依靠锚具阻止张拉后的预应力筋弹性回弹，使作为支撑体的混凝土获得预压应力。后张法设备简单，不需要台座，便于大型构件的现场施工。构件施加预应力需要逐个进行，锚具用钢量大。

2. 按预加应力的程度分类

（1）全预应力混凝土　全预应力混凝土即在全部荷载最不利组合作用下，混凝土不出现拉应力，相当于《混凝土结构设计规范（2015 年版）》（GB 50010—2010）中裂缝控制等级为一级，即严格要求不出现裂缝的构件。全预应力混凝土抗裂性好，刚度大。构件中混凝土建立的预压应力越大，产生的反拱值越大，预应力筋用钢量越多。

（2）部分预应力混凝土　部分预应力混凝土分为两类：一类是指构件在使用荷载作用下，截面受拉边缘混凝土的拉应力不超过允许值，又称为有限预应力混凝土，相当于《混凝土结构设计规范（2015 年版）》（GB 50010—2010）中裂缝控制等级为二级，即一般要求不出现裂缝的构件；另一类是指构件在使用荷载作用下，构件的最大裂缝宽度不应超过允许值，相当于《混凝土结构设计规范（2015 年版）》（GB 50010—2010）中裂缝控制等级为三级，即允许出现裂缝的构件。

9.1.3　预应力混凝土的材料

1. 对预应力筋的要求

1）高强度和低松弛。混凝土预压应力的大小取决于预应力筋张拉应力的大小。由于构件在制作过程中会出现各种应力损失，因此必须使用高强度钢筋，同时需控制其松弛应力损失，只有这样才能产生较大的有效张拉应力。

2）足够的塑性和良好的加工性能。高强度钢筋的塑性一般较低，为了保证结构或构件在破坏之前有较大的变形能力，必须保证预应力筋有足够的塑性。同时为了满足钢筋焊接、镦粗的加工要求，还需具备良好的加工性能。

3）必要的黏结性能。先张法构件主要依靠钢筋和混凝土之间的黏结力形成预应力。当采用光面高强度钢丝时，需通过刻痕、压波的方法来提高黏结力。

2. 对混凝土的要求

1）高强度。高强度混凝土可承受较大的预压应力，能有效减小构件截面尺寸，减轻构件自重。高强度混凝土与预应力筋之间具有较高黏结强度，可以减小先张法构件端部预应力传递长度，对于后张法构件可以提高端部局部抗压强度。

2）低收缩、低徐变。有利于减少因收缩、徐变引起的预应力损失。

3）快硬、早强。早期强度发展较快，可较早施加预应力，加快施工速度，提高台座、模具、夹具的周转率，降低间接费用。

3. 孔道成型及灌浆材料

构件中留设的孔道主要用于穿设预应力筋及张拉锚固后灌浆。孔道形状有直线、曲线和折线形。孔道应按设计要求的位置、尺寸埋设准确、牢固，浇筑混凝土时不应出现移位和变形。孔道直径应保证预应力筋能顺利穿过，并在设计规定位置上留设灌浆孔。后张法有黏结预应力筋的孔道成型方法分抽芯型和预埋型两类：

1）抽芯型是在浇筑混凝土前预埋钢管或充水（充压）的橡胶管，在浇筑混凝土达到一定强度时抽拔出预埋管，便形成了预留在混凝土中的孔道。钢管抽芯型适用于留设直线孔道，橡胶管抽芯型适用于直线、曲线或折线孔道成型。

2）预埋型是在浇筑混凝土前预埋金属波纹管或塑料波纹管，如图 9-4 所示，在浇筑混凝土后不再拔出而永久留在混凝土中，适用于预应力筋密集或曲线预应力筋的孔道埋设。

a)　　　　　　　　　　　　　　　b)

图 9-4　孔道成型材料

a）金属波纹管　b）塑料波纹管及连接器

孔道内径应比预应力筋外径或需穿过孔道的锚具外径大 10~15mm（粗钢筋）或 8~12mm（钢丝束或钢绞线束）；且孔道面积应大于预应力筋面积的 3~4 倍。此外，在孔道的端部或中部应设置灌浆孔，其孔距不宜大于 12m（抽芯型）或 30m（预埋型）。孔道的尺寸与位置应正确，孔道的线型应平顺，接头不漏浆等。孔道端部的预埋钢板应垂直于孔道中心线。

预应力筋张拉后，利用灌浆泵将水泥浆压灌到预应力孔道中去。尤其是钢丝束，张拉后应尽快进行灌浆。灌浆可以保护预应力筋以免锈蚀；使预应力筋与构件混凝土有效黏结，控制超载时裂缝的开展；可减轻梁端锚具的负荷。

预留孔道的灌浆材料应具有流动性、密实性和微膨胀性，一般不低于强度等级 42.5 级的普通硅酸盐水泥，水胶比为 0.4~0.45，宜掺入 0.01% 水泥用量的铝粉作膨胀剂。当预留孔道的直径大于 150mm 时，可在水泥浆中掺入不超过水泥用量 30% 的细砂或石灰石粉。

9.1.4　锚具与夹具

锚具是锚固钢筋时所用的工具，是保证预应力混凝土结构安全可靠的关键部位之一。通常把在构件制作完毕后，能够取下重复使用的称为夹具，工程上也称为工具锚。锚固在构件端部，与构件连成一体共同受力，不再取下的称为锚具，工程上也称为工作锚。二者均是依靠摩阻、握裹和承压锚固来夹持或锚固钢筋。锚具、夹具应具有足够强度、刚度，安全可靠，构造简单，加工制作方便，滑移量小，省料价低。设计中应根据预应力筋的类别、施工方式及锚具的技术性能进行选择，锚具类型很多，按锚固方式的不同分为以下三种类型：

1. 夹片式锚具

如图 9-5 所示，夹片式锚具由一个锚板和若干个夹片组成。钢筋或钢绞线在每个孔道内通过夹片夹持，依靠摩擦力将预拉力传给夹片，夹片以其斜面上的承压方式传给锚板，再由锚板下的垫板以承压方式传给构件。按排列方式，夹片式锚具分为单孔锚、多孔锚和扁锚等。

单孔锚用于锚固单根钢绞线，如图 9-5a 所示。扁锚适用于宽高比较大的板类构件，如图 9-5b 所示。多孔锚适用于其他各类情况，如图 9-5c 所示。

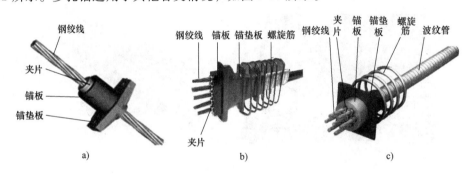

图 9-5　夹片式锚具
a）单孔锚　b）扁锚　c）多孔锚

2. 支承式锚具

（1）螺丝端杆锚具　螺丝端杆锚具主要用于预应力筋或钢丝束张拉端。螺丝端杆一端与钢筋直接对焊连接（图 9-6a）或通过套筒连接（图 9-6b），另一端与张拉千斤顶相连。张拉终止时，通过螺帽和垫板将预应力筋锚固在构件上。此类锚具的优点是比较简单、滑移小和便于再次张拉；缺点是对预应力筋长度的精度要求高。螺丝端杆锚具需要特别注意焊接接头的质量，以防止发生脆断。

（2）镦头锚具　如图 9-7 所示，镦头锚具张拉端由锚杯和锚圈组成，固定端仅由锚杯组成。固定端利用钢丝的镦粗头承压进行锚固。张拉端先由钢丝的镦粗头承压传力到锚杯，再依靠螺纹的承压传力到锚环，最后经过锚板传到混凝土构件上。此类锚具的锚固性能可靠，锚固力大，操作方便，但要求钢丝下料长度有较高的精确度，否则会造成钢丝不均匀受力。

3. 固定端锚具

固定端锚具适用于构件端部应力大或端部空间受到限制的情况，锚头与黏结段的预应力筋一起预埋在混凝土中，待混凝土达到规定强度后进行张拉。

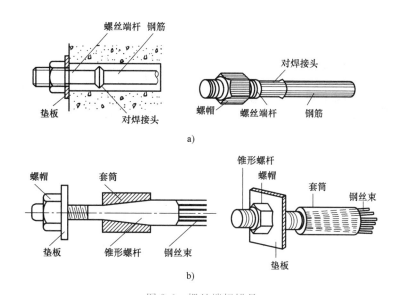

图 9-6　螺丝端杆锚具

a）直形螺杆锚具　b）锥形螺杆锚具

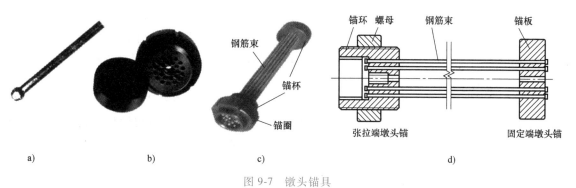

图 9-7　镦头锚具

a）钢丝冷镦头　b）锚杯和锚环　c）组装示意　d）纵剖结构示意

（1）挤压型锚具　用专用挤压机把挤压筒与钢绞线挤压成一体，与锚板共同形成机械增强式锚头，如图 9-8 所示。此类锚具结构紧凑，可有效缩短握裹段预应力筋长度，增强预应力筋锚固性能。

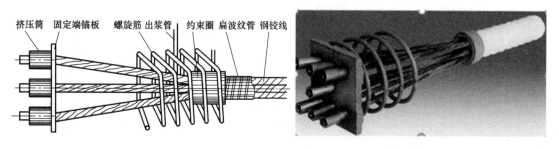

图 9-8　挤压型锚具

（2）压花型锚具　用专用压花设备将钢绞线的端头钢丝挤压分散成梨形锚头，以增强钢绞线与混凝土的黏结性能，缩短锚固段长度，如图 9-9 所示。

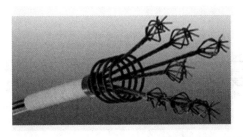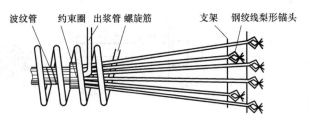

图 9-9　压花型锚具

9.2　预应力筋的张拉控制应力及预应力损失

9.2.1　张拉控制应力 σ_{con}

张拉控制应力是指预应力筋张拉时需要达到的最大应力值，其值为张拉设备（如千斤顶上的油压表）所指示的总张拉力除以预应力筋截面面积而得出的应力值，以 σ_{con} 表示。

为了充分发挥预应力的优势，预应力筋的张拉控制应力 σ_{con} 值宜定得高一些，以便混凝土获得较高的顶压应力。但张拉控制应力 σ_{con} 值过高可能出现下列问题：预应力筋已超过实际屈服强度而失去内缩能力，或已发生脆断现象；构件的开裂荷载与破坏荷载接近，使构件在破坏前无明显预兆，构件的延性较差；构件的反拱过大，预拉区产生裂缝影响正常使用；使后张法构件端部混凝土产生局部受压破坏。故预应力筋的张拉控制应力 σ_{con} 值不能定得过高，应留有适当的余地。根据设计和施工经验，《混凝土结构设计规范（2015 年版）》（GB 50010—2010）规定，在一般情况下，张拉控制应力 σ_{con} 值不宜超过表 9-1 中的限值。f_{ptk} 和 f_{pyk} 的取值见附表 3。

如果 σ_{con} 取值过低，则预应力筋经过各种损失后，对混凝土产生的预压应力过小，预应力混凝土的效果不明显。因此，为了充分发挥预应力筋的作用，减少预应力损失，《混凝土结构设计规范（2015 年版）》（GB 50010—2010）规定消除应力钢丝、钢绞线和中强度预应力钢丝的张拉控制应力 σ_{con} 值不应小于 $0.4f_{ptk}$，预应力螺纹钢筋的张拉控制应力 σ_{con} 值不宜小于 $0.5f_{pyk}$。

表 9-1　张拉控制应力限值

钢筋种类	消除应力钢丝、钢绞线	中强度预应力钢丝	预应力螺纹钢筋
张拉控制应力 σ_{con}	$\leqslant 0.75f_{ptk}$	$\leqslant 0.70f_{ptk}$	$\leqslant 0.85f_{pyk}$

当符合下列情况之一时，表 9-1 中的张拉控制应力限值可相应提高 $0.05f_{ptk}$ 或 $0.05f_{pyk}$。

1）要求提高构件在施工阶段的抗裂性能而在使用阶段受压区内设置的预应力筋。

2）要求部分抵消由于应力松弛、摩擦、钢筋分批张拉以及预应力筋与张拉台座之间的温差等因素产生的预应力损失。

9.2.2　预应力损失

沿预应力混凝土构件长度方向，预应力筋中预拉应力的大小并不是一个恒定值。由于张拉工艺、材料性能及环境条件的影响，预应力筋的应力值从张拉、锚固直到构件安装使用的整个过程中不断降低。这种降低的应力值，称为预应力损失。预应力损失对构件的刚度、抗裂度均会产生不利影响。因此，应采取有效措施，以减少预应力损失，使之控制在一定范围内。引起预应力损失的因素很多，而且许多因素之间相互影响。《混凝土结构设计规范（2015 年版）》（GB 50010—2010）将引起预应力损失的因素归纳为六大类，下面分别讨论这些损失的计算方法，及减少预应力损失的有效措施。再根据先张法和后张法的施工特点，进行预应力损失的组合。

1. 锚具变形和钢筋内缩引起的预应力损失 σ_{l1}

预应力筋张拉后锚固时，由于锚具变形，锚具、垫板与构件间缝隙的挤紧，钢筋和楔块在锚具中的滑移，使预应力筋内缩，引起的预应力损失记为 σ_{l1}。计算这项损失时，只需考虑张拉端，不需考虑锚固端，因为锚固端的锚具变形在张拉过程中已经完成。

（1）直线预应力筋　直线预应力筋 σ_{l1} 可按下式计算：

$$\sigma_{l1} = \frac{a}{l} E_p \tag{9-1}$$

式中　a——张拉端锚具变形和预应力筋内缩值，按表 9-2 取用；

l——张拉端至锚固端之间的距离；

E_p——预应力筋的弹性模量。

表 9-2　锚具变形和钢筋内缩值 a

锚具类别		a/mm
支承式锚具（钢丝束镦头锚具等）	螺帽缝隙	1
	每块后加垫板的缝隙	1
夹片式锚具	有顶压时	5
	无顶压时	6 ~ 8

注：1. 表中的锚具变形和预应力筋内缩值也可根据实测数据确定。
　　2. 其他类型锚具的变形和预应力筋内缩值应根据实测数据确定。

对于块体拼成的结构，其预应力损失尚应计及块体间填缝的预压变形。当采用混凝土或砂浆为填缝材料时，每条填缝的预压变形值可取 1mm。

（2）后张法曲线预应力筋　对于后张法曲线预应力筋，当预应力筋内缩时，预应力筋与孔道壁之间产生反向摩擦力，阻止预应力筋的内缩。因此，锚固损失在张拉端最大，沿预应力筋向内逐步减小，直至消失。

1）抛物线形预应力筋可近似按圆弧形曲线预应力筋考虑，如图 9-10 所示，当其对应的圆心角 $\theta \leq$ 45°时（对于无黏结预应力筋 $\theta \leq 90°$），预应力损失 σ_{l1} 可按下式计算：

$$\sigma_{l1} = 2\sigma_{con} l_f \left(\frac{\mu}{r_c} + \kappa \right) \left(1 - \frac{x}{l_f} \right) \tag{9-2}$$

$$l_f = \sqrt{\frac{a E_s}{1000 \sigma_{con} (\mu / r_c + \kappa)}} \tag{9-3}$$

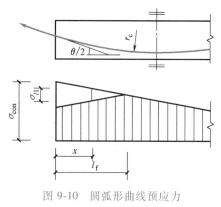

图 9-10　圆弧形曲线预应力筋的预应力损失 σ_{l1}

式中　l_f——反向摩擦影响长度；

　　　r_c——圆弧形曲线预应力筋的曲率半径；

　　　μ——预应力筋与孔道壁之间的摩擦系数，按表 9-3 取用；

　　　κ——考虑孔道每米长度局部偏差的摩擦系数，按表 9-3 取用；

　　　x——张拉端至计算截面的距离；

　　　a——张拉端锚具变形和预应力筋内缩值，按表 9-2 取用。

表 9-3　摩擦系数

孔道成型方式	κ	μ	
		钢绞线、钢丝束	预应力螺纹钢筋
预埋金属波纹管	0.0015	0.25	0.50
预埋塑料波纹管	0.0015	0.15	—
预埋钢管	0.0010	0.30	—
抽芯成型	0.0014	0.55	0.60
无黏结预应力筋	0.0040	0.09	—

2）端部为直线（直线长度为 l_0），而后由两条圆弧形曲线（圆弧对应的圆心角 $\theta \leqslant 45°$，对于无黏结预应力筋取 $\theta \leqslant 90°$）组成的预应力筋（图 9-11），预应力损失 σ_{l1} 可按下列公式计算：

当 $x \leqslant l_0$ 时

$$\sigma_{l1} = 2i1(l_1 - l_0) + 2i_2(l_f - l_1) \tag{9-4a}$$

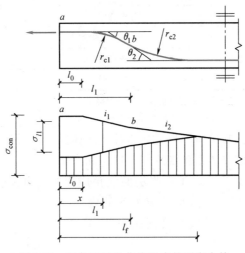

图 9-11　两条圆弧形曲线组成的预应力筋
的预应力损失 σ_{l1}

当 $l_0 < x \leqslant l_1$ 时

$$\sigma_{l1} = 2i_1(l_1 - x) + 2i_2(l_f - l_1) \tag{9-4b}$$

当 $l_1 < x \leqslant l_f$ 时

$$\sigma_{l1} = 2i_2(l_f - x) \tag{9-4c}$$

$$l_f = \sqrt{\dfrac{aE_s}{1000i_2} - \dfrac{i_1(l_1^2 - l_0^2)}{i_2} + l_1^2} \tag{9-5}$$

$$i_1 = \sigma_a\left(\kappa + \frac{\mu}{r_{c1}}\right) \qquad (9\text{-}6)$$

$$i_2 = \sigma_b\left(\kappa + \frac{\mu}{r_{c2}}\right) \qquad (9\text{-}7)$$

式中　l_1——预应力筋张拉端起点至反弯点的水平投影长度；

l_0——预应力筋端部直线段长度；

i_1、i_2——第一、二段圆弧形曲线预应力筋中应力近似直线变化的斜率；

r_{c1}、r_{c2}——第一、二段圆弧形曲线预应力筋的曲率半径；

σ_a、σ_b——预应力筋在 a、b 点的应力。

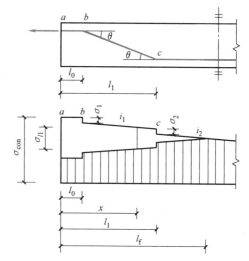

3）当折线形预应力筋的锚固损失消失于折点 c 之外时（图 9-12），预应力损失 σ_{l1} 可按下列公式计算：

当 $x \leqslant l_0$ 时

$$\sigma_{l1} = 2\sigma_1 + 2i_1(l_1 - l_0) + 2\sigma_2 + 2i_2(l_f - l_1) \qquad (9\text{-}8a)$$

当 $l_0 < x \leqslant l_1$ 时

$$\sigma_{l1} = 2i_1(l_1 - x) + 2\sigma_2 + 2i_2(l_f - l_1) \qquad (9\text{-}8b)$$

当 $l_1 < x \leqslant l_f$ 时

$$\sigma_{l1} = 2i_2(l_f - x) \qquad (9\text{-}8c)$$

图 9-12　折线形预应力筋的预应力损失 σ_{l1}

$$l_f = \sqrt{\frac{aE_s}{1000i_2} - \frac{i_1(l_1 - l_0)^2 + 2i_1 l_0(l_1 - l_0) + 2\sigma_1 l_0 + 2\sigma_2 l_1}{i_2} + l_1^2} \qquad (9\text{-}9)$$

$$i_1 = \sigma_{con}(1 - \mu\theta)\kappa \qquad (9\text{-}10)$$

$$i_2 = \sigma_{con}[1 - \kappa(l_1 - l_0)](1 - \mu\theta)^2\kappa \qquad (9\text{-}11)$$

$$\sigma_1 = \sigma_{con}\mu\theta \qquad (9\text{-}12)$$

$$\sigma_2 = \sigma_{con}[1 - \kappa(l_1 - l_0)](1 - \mu\theta)\mu\theta \qquad (9\text{-}13)$$

式中　l_1——张拉端起点至预应力筋折点 c 的水平投影长度；

i_1——预应力筋 bc 段中应力近似直线变化的斜率；

i_2——预应力筋在折点 c 以外应力近似直线变化的斜率。

减小 σ_{l1} 的措施：①选择锚具变形和预应力筋内缩值较小的锚具；②尽量减少垫板的数量；③对先张法，可增加台座的长度 l。

2. 预应力筋与孔道壁之间的摩擦引起的预应力损失 σ_{l2}

采用后张法张拉预应力筋时，预应力筋与孔道壁之间产生摩擦力，使其应力从张拉端向里逐渐减小（图 9-13），从张拉端至计算截面的摩擦损失值以 σ_{l2} 表示。预应力筋与孔道壁间摩擦力产生的原因为：直线预留孔道因施工原因产生凹凸和轴线的偏差，使预应力筋与孔道壁产生法向压力而引起摩擦力，产生孔道偏差的摩擦损失，其值较小；曲线预应力筋与孔道壁之间的法向压力引起的摩擦力，其值较大。σ_{l2} 可按下列公式计算：

$$\sigma_{l2} = \sigma_{con}(1 - e^{-(\kappa x + \mu\theta)}) \qquad (9\text{-}14)$$

当 $(\kappa x + \mu\theta) \leq 0.3$ 时，σ_{l2} 可按下近似公式计算：

$$\sigma_{l2} = (\kappa x + \mu\theta)\sigma_{con} \qquad (9\text{-}15)$$

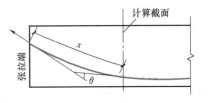

式中 x——从张拉端至计算截面的孔道长度，可近似取该段孔道在纵轴上的投影长度；

θ——从张拉端至计算截面曲线孔道各部分切线的夹角之和。

减小 σ_{l2} 的措施：①较长的构件采用两端张拉。由图 9-14a、b 可见，采用两端张拉时孔道长度可取构件长度的 1/2 计算，其摩擦引起的预应力损失也减小一半。②采用超张拉，如图 9-14c 所示。其张拉方法为：

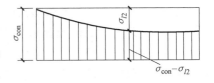

图 9-13　摩擦引起的预应力损失 σ_{l2}

将预应力筋张拉至 $1.1\sigma_{con}$，持荷 2min；卸荷至 $0.85\sigma_{con}$，持荷 2min；再张拉至 σ_{con}。当张拉至 $1.1\sigma_{con}$ 时，预应力筋中的应力分布曲线为 EHD，当卸荷至 $0.85\sigma_{con}$ 时，由于孔道与钢筋之间的反向摩擦，预应力筋中的应力沿 $FGHD$ 分布；再次张拉至 σ_{con} 时，预应力筋中的应力沿 $CGHD$ 分布。

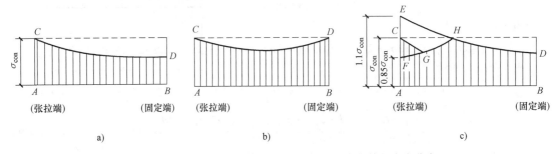

图 9-14　一端张拉、两端张拉及超张拉时预应力筋的应力分布
a）一端张拉　b）两端张拉　c）超张拉

3. 预应力筋和台座之间温差引起的预应力损失 σ_{l3}

由温差引起的预应力损失仅发生在采用蒸汽或其他方法加热养护混凝土的先张法构件中。为了缩短生产周期，先张法构件在浇筑混凝土后采用蒸汽养护。在养护的升温阶段钢筋受热伸长，台座长度不变，故钢筋应力值降低，而此时混凝土尚未硬化。降温时，混凝土已经硬化并与预应力筋产生了黏结，能够一起内缩，预应力筋与台座之间的温差为 Δt，钢筋的线膨胀系数 $\alpha = 0.00001℃^{-1}$，则 σ_{l3} 可按下列公式计算：

$$\sigma_{l3} = \varepsilon_p E_p = \frac{\Delta l}{l}E_p = \frac{al\Delta t}{l}E_p = aE_p\Delta t = 0.00001 \times 2.0 \times 10^5 \times \Delta t = 2\Delta t \qquad (9\text{-}16)$$

$$\Delta t = t_1 - t_2$$

式中 t_1——混凝土加热养护时，受拉预应力筋的最高温度；

t_2——张拉预应力筋时，制造场地的温度。

减小 σ_{l3} 的措施：①采用二次升温养护方法。先在常温或略高于常温下养护，待混凝土达到一定强度后，再逐渐升温至养护温度。这时因为混凝土已硬化与预应力筋黏结成整体，能够一起伸缩而不会引起应力变化。②采用整体式钢模板。预应力筋锚固在钢模板上，因钢模板与构件一起加热养护,不会引起此项预应力损失。

4. 预应力筋应力松弛引起的预应力损失 σ_{l4}

在高拉应力作用下,随时间的增加,预应力筋中将产生塑性变形。预应力筋在保持长度不变的情况下,其拉应力会随时间的增加而逐渐减小,这种现象称为预应力筋的应力松弛。

试验表明,预应力筋的应力松弛与下列因素有关:①时间。受力开始阶段松弛发展较快,1h 和 24h 松弛损失分别达总松弛损失的 50% 和 80% 左右,以后发展缓慢。②预应力筋品种。热处理钢筋的应力松弛值比钢丝、钢绞线小。③初始应力。初始应力越高,应力松弛越大。当预应力筋的初始应力小于 $0.7f_{ptk}$ 时,松弛与初始应力呈线性关系;当预应力筋的初始应力大于 $0.7f_{ptk}$ 时,松弛显著增大。预应力筋应力松弛引起的应力损失 σ_{l4} 可按下列公式计算:

1)消除应力钢丝、钢绞线:

普通松弛:

$$\sigma_{l4} = 0.4\left(\frac{\sigma_{con}}{f_{ptk}} - 0.5\right)\sigma_{con} \tag{9-17}$$

低松弛:

当 $\sigma_{con} \leqslant 0.7f_{ptk}$ 时
$$\sigma_{l4} = 0.125\left(\frac{\sigma_{con}}{f_{ptk}} - 0.5\right)\sigma_{con} \tag{9-18a}$$

当 $0.7f_{ptk} < \sigma_{con} \leqslant 0.8f_{ptk}$ 时
$$\sigma_{l4} = 0.2\left(\frac{\sigma_{con}}{f_{ptk}} - 0.575\right)\sigma_{con} \tag{9-18b}$$

2)中强度预应力钢丝:

$$\sigma_{l4} = 0.08\sigma_{con} \tag{9-19}$$

3)预应力螺纹钢筋:

$$\sigma_{l4} = 0.03\sigma_{con} \tag{9-20}$$

当 $\sigma_{con}/f_{ptk} \leqslant 0.5$ 时,预应力筋应力松弛损失值可取为零。当需考虑不同时间的松弛损失时,可参考《混凝土结构设计规范(2015 年版)》(GB 50010—2010)附录 K。

减小 σ_{l4} 的措施:①采用低松弛预应力筋。②采用超张拉。在高应力状态下,短时间所产生的应力松弛即可达到在低应力状态下较长时间才能产生的应力松弛。所以,经超张拉后部分松弛已经完成,锚固后的松弛值即可减小。

5. 混凝土收缩和徐变引起的预应力损失 σ_{l5}

混凝土在硬化时发生体积收缩,在压应力作用下,混凝土还会产生徐变。混凝土收缩和徐变都使构件长度缩短,预应力筋也随之内缩,造成预应力损失。混凝土收缩和徐变虽是两种性质不同的现象,但它们对预应力的影响是相似的,为了简化计算,将此两项预应力损失一起考虑。混凝土收缩、徐变引起受拉区和受压区预应力筋的预应力损失 σ_{l5}、σ'_{l5} 可按下列公式计算:

先张法构件:

$$\sigma_{l5} = \frac{60 + 340\dfrac{\sigma_{pc}}{f'_{cu}}}{1 + 15\rho} \tag{9-21}$$

$$\sigma'_{l5} = \frac{60+340\dfrac{\sigma'_{pc}}{f'_{cu}}}{1+15\rho'} \qquad (9\text{-}22)$$

后张法构件：

$$\sigma_{l5} = \frac{55+300\dfrac{\sigma_{pc}}{f'_{cu}}}{1+15\rho} \qquad (9\text{-}23)$$

$$\sigma'_{l5} = \frac{55+300\dfrac{\sigma'_{pc}}{f'_{cu}}}{1+15\rho'} \qquad (9\text{-}24)$$

式中　σ_{pc}、σ'_{pc}——受拉区、受压区预应力筋合力点处的混凝土法向压应力；

f'_{cu}——施加预应力时的混凝土立方体抗压强度；

ρ、ρ'——受拉区、受压区预应力筋和普通钢筋的配筋率，对于对称配置预应力筋和普通钢筋的构件，配筋率 ρ、ρ' 应按配筋总截面面积的一半计算。

对于先张法构件有

$$\rho = \frac{A_p + A_s}{A_0}$$

$$\rho' = \frac{A'_p + A'_s}{A_0}$$

对于后张法构件有

$$\rho = \frac{A_p + A_s}{A_n}$$

$$\rho' = \frac{A'_p + A'_s}{A_n}$$

式中　A_0——混凝土换算截面面积；

A_n——混凝土净截面面积。

由式（9-21）~式（9-24）可见，后张法中构件的 σ_{l5}、σ'_{l5} 比先张法构件的小，这是因为后张法构件在施加预应力时，混凝土的收缩已完成了一部分。另外，公式中给出的是线性徐变下的预应力损失，因此要求 σ_{pc}（σ'_{pc}）$<0.5f'_{cu}$。否则，将发生非线性徐变，由此所引起的预应力损失将显著增大。

采用式（9-21）~式（9-24）计算时应注意以下几点：

1）计算 σ_{pc}、σ'_{pc} 时，预应力损失值仅考虑混凝土预压前（第一批）的损失，其普通钢筋中的 σ_{l5}、σ'_{l5} 值应取为零。σ_{pc}、σ'_{pc} 值不得大于 $0.5f'_{cu}$；当 σ'_{pc} 为拉应力时，则式（9-21）~式（9-24）中的 σ'_{pc} 应取为零。计算混凝土法向应力 σ_{pc}、σ'_{pc} 时，可根据构件的制作情况考虑自重的影响。

2）当结构处于年平均相对湿度低于40%的环境下，σ_{l5} 及 σ'_{l5} 值应增加30%。当采用泵送混凝土时，宜根据实际情况考虑混凝土收缩、徐变引起应力损失值的增大。

对重要的结构构件，当计算需要考虑与时间相关的混凝土收缩、徐变损失值时，可参考

《混凝土结构设计规范 (2015 年版)》(GB 50010—2010) 附录 K。

混凝土收缩和徐变引起的预应力损失在预应力总损失中占的比重较大，约为 40% ~ 50%，所有能减小混凝土的收缩和徐变的措施，都能减少因收缩、徐变引起的预应力损失 σ_{l5}、σ'_{l5}。

6. 环形预应力筋挤压混凝土引起的预应力损失 σ_{l6}

当环形构件采用螺旋式预应力筋时，混凝土在环向预应力的挤压作用下产生局部压陷使构件的直径减小 (图 9-15)，从而引起预应力损失 σ_{l6}。σ_{l6} 的大小与环形构件的直径 d 成反比，直径越小，损失越大。《混凝土结构设计规范 (2015 年版)》(GB 50010—2010) 规定，当用螺旋式预应力筋作配筋的环形构件的直径不大于 3m 时，先张法构件可忽略该损失，后张法构件取 $\sigma_{l6} = 30 \text{N/mm}^2$。

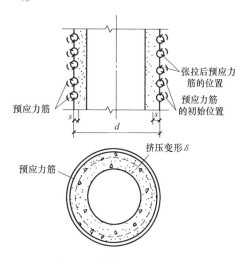

图 9-15　螺旋式预应力筋对环形构件的局部挤压变形

9.2.3　预应力损失值的组合

上述各项预应力损失并不是同时发生的，而是按不同张拉方式分阶段发生的。为了便于分析和计算，通常将预应力损失分为两批：混凝土预压完成前出现的损失 (先张法指放张前，后张法指卸去千斤顶之前)，称第一批损失 σ_{lI}；混凝土预压完成后出现的损失，称第二批损失 σ_{lII}。各阶段的预应力损失值按表 9-4 进行组合。

表 9-4　各阶段预应力损失值的组合

预应力损失值的组合	先张法构件	后张法构件
混凝土预压前 (第一批) 的损失	$\sigma_{l1} + \sigma_{l2} + \sigma_{l3} + \sigma_{l4}$	$\sigma_{l1} + \sigma_{l2}$
混凝土预压后 (第二批) 的损失	σ_{l5}	$\sigma_{l4} + \sigma_{l5} + \sigma_{l6}$

注：先张法构件由于预应力筋应力松弛引起的预应力损失在第一批和第二批损失中所占的比例，如需区分，可按实际情况而定。

考虑到预应力损失的计算值与实际值可能存在一定差异，为确保预应力构件的抗裂性，《混凝土结构设计规范 (2015 年版)》(GB 50010—2010) 规定，当计算求得的预应力总损失 σ_l 小于下列数值时，应按下列数据取用：先张法构件为 100N/mm^2；后张法构件为 80N/mm^2。

9.3　预应力混凝土轴心受拉构件的设计计算

9.3.1　预应力混凝土轴心受拉构件的应力分析

预应力混凝土轴心受拉构件从张拉预应力筋到构件破坏，整个受力过程中，当混凝土受预压应力或者外荷载作用而产生弹性压缩 (或伸长) 时，预应力筋和普通钢筋与混凝土协调变形（即共同缩短或伸长），则预应力筋应力变化量为 $\Delta\sigma_p = \alpha_{Ep}\sigma_c$，普通钢筋应力变化量为 $\Delta\sigma_s = \alpha_{Es}\sigma_c$，其中 α_{Ep}、α_{Es} 分别为预应力筋、普通钢筋弹性模量与混凝土弹性模量之比，即 $\alpha_{Ep} = E_p/E_c$、$\alpha_{Es} = E_s/E_c$。

1. 施工阶段应力分析

施工阶段，构件任一截面各部分应力均为自平衡体系。预应力筋以受拉为正，普通钢筋及混凝土以受压为正。

（1）先张法预应力混凝土轴心受拉构件　先张法预应力混凝土轴心受拉构件施工阶段的主要工序有张拉预应力筋、预应力筋锚固、浇筑和养护混凝土、放松预应力筋等。

1）张拉预应力筋。在台座上穿好预应力筋，用张拉设备张拉预应力筋直至达到张拉控制应力 σ_{con}，预应力筋所受到的总拉力 $N_p = \sigma_{con}A_p$，此时，该拉力由台座承担，如图 9-16a 所示。

2）完成第一批损失。预应力筋锚固、混凝土浇筑完毕并进行养护。由于锚具变形和预应力筋内缩、预应力筋的松弛和混凝土养护时引起的内外温差等原因，使得预应力筋产生了第一批预应力损失 σ_{lI}，此时预应力筋的有效拉应力为

$$\sigma_{pe} = \sigma_{con} - \sigma_{lI} \tag{9-25}$$

预应力筋的合力为

$$N_{pI} = (\sigma_{con} - \sigma_{lI})A_p \tag{9-26}$$

该拉力同样由台座来承担，而混凝土和普通钢筋的应力均为零，如图 9-16b 所示。

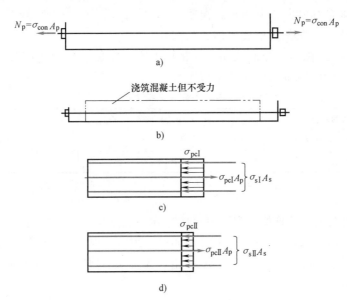

图 9-16　先张法施工阶段应力分析

a）张拉预应力筋　b）完成第一批预应力损失　c）放松预应力筋，压缩混凝土　d）完成第二批预应力损失

3）放松预应力筋，预压混凝土。预应力筋因发生弹性内缩而缩短，由于预应力筋与混凝土之间存在黏结力，所以混凝土受预压作用，如图 9-16c 所示。设此时混凝土受到的预压应力为 σ_{pcI}，因与混凝土一起内缩，预应力筋应力减小 $\alpha_{Ep}\sigma_{pcI}$、普通钢筋应力增加 $\alpha_{Es}\sigma_{pcI}$，则

预应力筋的拉应力为

$$\sigma_{\mathrm{peI}} = \sigma_{\mathrm{con}} - \sigma_{l\mathrm{I}} - \alpha_{\mathrm{Ep}}\sigma_{\mathrm{pcI}} \tag{9-27}$$

普通钢筋的预压应力为

$$\sigma_{\mathrm{sI}} = \alpha_{\mathrm{Es}}\sigma_{\mathrm{pcI}} \tag{9-28}$$

将式（9-27）、式（9-28）代入截面的内力平衡条件 $\sigma_{\mathrm{peI}}A_{\mathrm{p}} = \sigma_{\mathrm{pcI}}A_{\mathrm{c}} + \sigma_{\mathrm{sI}}A_{\mathrm{s}}$，可得混凝土的预压应力 σ_{pcI} 为

$$\sigma_{\mathrm{pcI}} = \frac{(\sigma_{\mathrm{con}} - \sigma_{l\mathrm{I}})A_{\mathrm{p}}}{(A_{\mathrm{c}} + \alpha_{\mathrm{Es}}A_{\mathrm{s}} + \alpha_{\mathrm{Ep}}A_{\mathrm{p}})} = \frac{N_{\mathrm{pI}}}{A_0} \tag{9-29}$$

式中 N_{pI}——完成第一批预应力损失后预应力筋的合力，$N_{\mathrm{pI}} = (\sigma_{\mathrm{con}} - \sigma_{l\mathrm{I}})A_{\mathrm{p}}$；

A_0——混凝土截面面积与普通钢筋和预应力筋换算成混凝土的截面面积之和。

4）完成第二批损失。在预应力筋的拉应力 σ_{peI} 的作用下，混凝土发生收缩和徐变，构件进一步缩短，完成第二批应力损失 $\sigma_{l\mathrm{II}}$，如图 9-16d 所示。此时混凝土的应力减小为 σ_{pcII}，由变形协调计算出预应力筋、普通钢筋的应力。

预应力筋的拉应力为

$$\sigma_{\mathrm{peII}} = \sigma_{\mathrm{peI}} - (\alpha_{\mathrm{Ep}}\sigma_{\mathrm{pcII}} - \alpha_{\mathrm{Ep}}\sigma_{\mathrm{pcI}}) - \sigma_{l\mathrm{II}} = \sigma_{\mathrm{con}} - \sigma_l - \alpha_{\mathrm{Ep}}\sigma_{\mathrm{pcII}} \tag{9-30}$$

普通钢筋的预压应力为

$$\sigma_{\mathrm{sII}} = \alpha_{\mathrm{Es}}\sigma_{\mathrm{pcII}} + \sigma_{l5} \tag{9-31}$$

将式（9-30）、式（9-31）代入截面的内力平衡条件 $\sigma_{\mathrm{peII}}A_{\mathrm{p}} = \sigma_{\mathrm{pcII}}A_{\mathrm{c}} + \sigma_{\mathrm{sII}}A_{\mathrm{s}}$，可得混凝土的预压应力 σ_{pcII} 为

$$\sigma_{\mathrm{pcII}} = \frac{(\sigma_{\mathrm{con}} - \sigma_l)A_{\mathrm{p}} - \sigma_{l5}A_{\mathrm{s}}}{(A_{\mathrm{c}} + \alpha_{\mathrm{Es}}A_{\mathrm{s}} + \alpha_{\mathrm{Ep}}A_{\mathrm{p}})} = \frac{N_{\mathrm{pII}}}{A_0} \tag{9-32}$$

式中 N_{pII}——完成全部预应力损失后预应力筋和普通钢筋的合力，$N_{\mathrm{pII}} = (\sigma_{\mathrm{con}} - \sigma_l)A_{\mathrm{p}} - \sigma_{l5}A_{\mathrm{s}}$。

式（9-32）为先张法预应力混凝土轴心受拉构件建立的预压应力。先张法预应力混凝土轴心受拉构件施工阶段应力分析全过程见表 9-5。

表 9-5 先张法预应力混凝土轴心受拉构件施工阶段的应力分析

应力阶段	截面应力分析	预应力筋的应力	混凝土的应力	普通钢筋的应力
张拉、锚固预应力筋，完成第一批损失	浇筑混凝土但不受力	$\sigma_{\mathrm{pe}} = \sigma_{\mathrm{con}} - \sigma_{l\mathrm{I}}$	0	0
放松预应力筋，混凝土预压	σ_{pcI} $\sigma_{\mathrm{pcI}}A_{\mathrm{p}}$ $\}\sigma_{\mathrm{sI}}A_{\mathrm{s}}$	$\sigma_{\mathrm{peI}} = \sigma_{\mathrm{con}} - \sigma_{l\mathrm{I}} - \alpha_{\mathrm{Ep}}\sigma_{\mathrm{pcI}}$	$\sigma_{\mathrm{pcI}} = \dfrac{(\sigma_{\mathrm{con}} - \sigma_{l\mathrm{I}})A_{\mathrm{p}}}{A_0}$	$\sigma_{\mathrm{sI}} = \alpha_{\mathrm{Es}}\sigma_{\mathrm{pcI}}$
完成第二批损失	σ_{pcII} $\sigma_{\mathrm{pcII}}A_{\mathrm{p}}$ $\}\sigma_{\mathrm{sII}}A_{\mathrm{s}}$	$\sigma_{\mathrm{peII}} = \sigma_{\mathrm{con}} - \sigma_l - \alpha_{\mathrm{Ep}}\sigma_{\mathrm{pcII}}$	$\sigma_{\mathrm{pcII}} = \dfrac{(\sigma_{\mathrm{con}} - \sigma_l)A_{\mathrm{p}} - \sigma_{l5}A_{\mathrm{s}}}{A_0}$	$\sigma_{\mathrm{sII}} = \alpha_{\mathrm{Es}}\sigma_{\mathrm{pcII}} + \sigma_{l5}$

注：先张法构件预应力筋的合力通过钢筋和混凝土之的黏结传递给混凝土和普通钢筋。预应力传递过程中，预应力筋、混凝土、普通钢筋三者协调变形，全截面受力，所以施工阶段计算时采用换算截面面积 A_0。

（2）后张法预应力混凝土轴心受拉构件　后张法与先张法在施工工艺上的主要区别在于张拉预应力筋与浇筑混凝土先后次序不同，在应力状况上也与先张法有本质的差别。

1）张拉预应力筋之前，从浇筑混凝土开始至穿预应力筋后，构件不受任何外力作用，即构件截面不存在任何应力，如图 9-17a 所示。

2）张拉预应力筋，与此同时混凝土受到与张拉力反向的压力作用，并发生了弹性压缩变形，如图 9-17b 所示。同时，在张拉过程中预应力筋与孔道壁之间的摩擦引起预应力损失 σ_{l2}，锚固预应力筋后，锚具的变形和预应力筋的内缩引起预应力损失 σ_{l1}，从而完成了第一批损失 σ_{lI}。设此时混凝土受到的压应力为 σ_{pcI}，普通钢筋与混凝土一起内缩，则

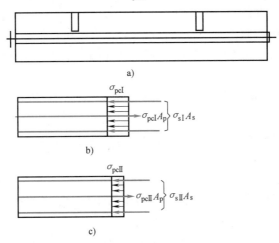

图 9-17　后张法施工阶段应力分析

a）制作构件，预应力钢筋就位　b）完成第一批预应力损失　c）完成第二批预应力损失

预应力筋的拉应力为

$$\sigma_{peI} = \sigma_{con} - \sigma_{lI} \tag{9-33}$$

普通钢筋的预压应力为

$$\sigma_{sI} = \alpha_{Es}\sigma_{pcI} \tag{9-34}$$

将式（9-33）、式（9-34）代入截面的内力平衡条件 $\sigma_{peI}A_p = \sigma_{pcI}A_c + \sigma_{sI}A_s$，可得混凝土的预压应力 σ_{pcI} 为

$$\sigma_{pcI} = \frac{(\sigma_{con} - \sigma_{lI})A_p}{A_c + \alpha_{Es}A_s} = \frac{N_{pI}}{A_n} \tag{9-35}$$

式中　N_{pI}——完成第一批预应力损失后预应力筋的合力，$N_{pI} = (\sigma_{con} - \sigma_{lI})A_p$；

　　　　A_n——扣除孔筋后混凝土的截面面积与普通钢筋换算成混凝土的截面面积之和。

3）在预应力筋张拉全部完成之后，构件中混凝土受到预压应力的作用而发生了收缩和徐变、预应力筋松弛以及预应力筋对孔壁混凝土的挤压，从而完成了第二批预应力损失 σ_{lIII}，如图 9-17c 所示。此时混凝土的应力减小为 σ_{pcII}，预应力筋和普通钢筋的应力按下列公式计算：

预应力筋的拉应力为

$$\sigma_{peII} = \sigma_{peI} - \sigma_{lIII} = \sigma_{con} - \sigma_l \tag{9-36}$$

普通钢筋的预压应力为

$$\sigma_{sⅡ} = \alpha_{Es}\sigma_{pcⅡ} + \sigma_{l5} \tag{9-37}$$

将式（9-36）、式（9-37）代入截面的内力平衡条件 $\sigma_{peⅡ}A_p = \sigma_{pcⅡ}A_c + \sigma_{sⅡ}A_s$，可得混凝土的预压应力 $\sigma_{pcⅡ}$ 为

$$\sigma_{pcⅡ} = \frac{(\sigma_{con}-\sigma_l)A_p - \sigma_{l5}A_s}{A_c + \alpha_{Es}A_s} = \frac{N_{pⅡ}}{A_n} \tag{9-38}$$

式中 $N_{pⅡ}$——完成全部预应力损失后预应力筋和普通钢筋的合力，$N_{pⅡ} = (\sigma_{con}-\sigma_l)A_p - \sigma_{l5}A_s$。

式（9-38）所示为后张法预应力混凝土轴心受拉构件建立的预压应力。后张法预应力混凝土轴心受拉构件施工阶段应力分析全过程见表 9-6。

表 9-6　后张法预应力混凝土轴心受拉构件施工阶段的应力分析

应力阶段	截面应力分析	预应力筋的应力	混凝土的应力	普通钢筋的应力
制作构件，预应力筋就位		$\sigma_{pe} = \sigma_{con}-\sigma_{l1}$	0	0
张拉预应力筋，完成第一批预应力损失		$\sigma_{peⅠ} = \sigma_{con}-\sigma_{lⅠ}$	$\sigma_{pcⅠ} = \dfrac{(\sigma_{con}-\sigma_{lⅠ})A_p}{A_n}$	$\sigma_{sⅠ} = \alpha_{Es}\sigma_{pcⅠ}$
完成第二批预应力损失		$\sigma_{peⅡ} = \sigma_{con}-\sigma_l$	$\sigma_{pcⅡ} = \dfrac{(\sigma_{con}-\sigma_l)A_p - \sigma_{l5}A_s}{A_n}$	$\sigma_{sⅡ} = \alpha_{Es}\sigma_{pcⅡ} + \sigma_{l5}$

2. 正常使用阶段应力分析

虽然先张法和后张法在施工阶段的应力计算有所差别，但施加外荷载后两者的受力过程是相同的。由于混凝土受到预压应力 $\sigma_{pcⅡ}$，因此当轴向拉力在截面上产生的拉应力抵消掉 $\sigma_{pcⅡ}$ 后，混凝土进入受拉状态，在达到混凝土抗拉强度 f_{tk} 之前，可按弹性材料力学用换算截面方法确定截面拉应力。预应力混凝土轴心受拉构件在正常使用荷载作用下，整个受力特点可划分为消压状态、即将开裂状态、带裂缝工作状态及极限状态。

（1）消压状态　随着轴向拉力的增加，预应力筋的应力逐渐增加，普通钢筋及混凝土中压应力逐渐减小，当加载至混凝土中的应力为零（$\sigma_c = 0$）时，相当于普通混凝土轴心受拉构件承受荷载的初始状态，轴向拉力由预应力筋和普通钢筋承受，称之为达到了消压状态，如图 9-18a 所示。钢筋应力的计算公式如下：

预应力筋的拉应力：

先张法构件 $\qquad\qquad \sigma_{p0} = \sigma_{peⅡ} + \alpha_{Ep}\sigma_{pcⅡ} = \sigma_{con}-\sigma_l \tag{9-39a}$

后张法构件 $\qquad\qquad \sigma_{p0} = \sigma_{peⅡ} + \alpha_{Ep}\sigma_{pcⅡ} = \sigma_{con}-\sigma_l + \alpha_{Ep}\sigma_{pcⅡ} \tag{9-39b}$

普通钢筋的压应力：

先张法、后张法构件 $\qquad \sigma_{s0} = \sigma_{sⅡ} - \alpha_{Es}\sigma_{pcⅡ} = \sigma_{l5} \tag{9-40}$

将式（9-39a）、式（9-40）或式（9-39b）、式（9-40）代入截面的内力平衡条件 $N_0 = \sigma_{p0}A_p - \sigma_{s0}A_s$，可得加载至混凝土应力为零时的轴向拉力 N_0 为

$$N_0 = \sigma_{pcII} A_0 \tag{9-41}$$

（2）即将开裂状态　当轴向拉力超过 N_0 后，截面上混凝土开始受拉，当混凝土的拉应力达到其抗拉强度（$\sigma_c = f_{tk}$）时，截面即将开裂，如图 9-18b 所示，钢筋应力的计算公式如下：

预应力筋的应力：

先张法构件
$$\sigma_{p,cr} = \sigma_{p0} + \alpha_{Ep} f_{tk} = \sigma_{con} - \sigma_l + \alpha_{Ep} f_{tk} \tag{9-42a}$$

后张法构件
$$\sigma_{p,cr} = \sigma_{p0} + \alpha_{Ep} f_{tk} = \sigma_{con} - \sigma_l + \alpha_{Ep} \sigma_{pcII} + \alpha_{Ep} f_{tk} \tag{9-42b}$$

普通钢筋的拉应力：

先张法、后张法构件
$$\sigma_{s,cr} = \alpha_{Es} f_{tk} - \sigma_{s0} = \alpha_{Es} f_{tk} - \sigma_{l5} \tag{9-43}$$

将式（9-42a）、式（9-43）或式（9-42b）、式（9-43）代入截面的内力平衡条件 $N_{cr} = \sigma_{p,cr} A_p + \sigma_c A_c + \sigma_{s,cr} A_s$，可得加载至混凝土即将开裂时的轴向拉力 N_{cr} 为

$$N_{cr} = (\sigma_{pcII} + f_{tk}) A_0 \tag{9-44}$$

（3）带裂缝工作状态　当构件所承受的轴向拉力超过开裂轴力 N_{cr} 后，构件受拉开裂，并出现多条大致垂直于构件轴线的裂缝，如图 9-18c 所示。裂缝所在截面处的混凝土不参与受拉，退出工作（$\sigma_c = 0$），轴向拉力全部由预应力筋和普通钢筋来承担。根据变形协调和力的平衡条件，钢筋的拉应力按下式计算：

预应力筋的拉应力：

$$\sigma_p = \sigma_{p0} + \frac{N - N_0}{A_p + A_s} \tag{9-45}$$

普通钢筋的拉应力：

$$\sigma_s = \sigma_{s0} + \frac{N - N_0}{A_p + A_s} \tag{9-46}$$

（4）极限状态　随着荷载的继续增加，当裂缝截面上预应力筋和普通钢筋的拉应力完全达到各自的抗拉强度设计值 f_{py}、f_y 时，构件破坏，如图 9-18d 所示。将 f_{py}、f_y 代入截面内力平衡条件可得极限承载力 N_u 为

$$N_u = f_{py} A_p + f_y A_s \tag{9-47}$$

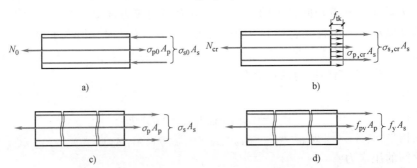

图 9-18　预应力混凝土轴心受拉构件正常使用阶段受力分析

a）消压状态　b）即将开裂状态　c）带裂缝工作状态　d）极限状态

先张法、后张法预应力混凝土轴心受拉构件使用阶段全过程应力分析见表 9-7。

表 9-7　先张法、后张法预应力混凝土轴心受拉构件使用阶段的应力分析

应力阶段	截面应力分析	预应力筋的应力		混凝土的应力	普通钢筋的应力
		先张法	后张法		
消压状态	N_0，$\sigma_{p0}A_p$，$\sigma_{s0}A_s$	$\sigma_{p0} = \sigma_{con} - \sigma_l$	$\sigma_{p0} = \sigma_{con} - \sigma_l + \alpha_{Ep}\sigma_{pcII}$	0	$\sigma_{s0} = \sigma_{l5}$
即将开裂状态	f_{tk}，N_{cr}，$\sigma_{p,cr}A_p$，$\sigma_{s,cr}A_s$	$\sigma_{p,cr} = \sigma_{con} - \sigma_l + \alpha_{Ep}f_{tk}$	$\sigma_{p,cr} = \sigma_{con} - \sigma_l + \alpha_{Ep}\sigma_{pcII} + \alpha_{Ep}f_{tk}$	f_{tk}	$\sigma_{s,cr} = \alpha_{Es}f_{tk} - \sigma_{l5}$
带裂缝工作状态	$N > N_{cr}$，$\sigma_p A_p$，$\sigma_s A_s$	$\sigma_p = \sigma_{p0} + \dfrac{N-N_0}{A_p+A_s}$	$\sigma_p = \sigma_{p0} + \dfrac{N-N_0}{A_p+A_s}$	0	$\sigma_s = \sigma_{s0} + \dfrac{N-N_0}{A_p+A_s}$
极限状态	N_u，$f_{py}A_p$，$f_y A_s$	f_{py}	f_{py}	0	f_y

3. 轴心受拉构件受力特点比较

（1）先张法、后张法预应力混凝土构件比较

1）计算混凝土预压应力 σ_{pcI}、σ_{pcII} 时，可分别将轴向压力 N_{pI}、N_{pII} 作用于构件截面上，用材料力学公式计算。轴向压力 N_{pI}、N_{pII} 由预应力筋和普通钢筋仅扣除预应力损失后的应力乘以截面面积，然后反向再叠加而得。这一结论可以推广到预应力混凝土受弯构件中混凝土预压应力的计算，此时，只需将 N_{pI}、N_{pII} 换成偏心压力即可。

2）先张法和后张法计算预压应力 σ_{pcI}、σ_{pcII} 的公式类似，不同之处是预应力损失的计算值不同，另外先张法构件用换算截面面积 A_0，后张法构件用净截面面积 A_n。由于 $A_0 > A_n$，因此先张法构件的混凝土预压应力小于后张法构件。

3）使用阶段的消压轴力 N_0、开裂轴力 N_{cr} 及极限承载力 N_u 的计算公式形式完全相同，因先张法、后张法构件建立的混凝土预压应力 σ_{pcII} 不同，故对应的量值有所不同。

（2）预应力混凝土构件与普通混凝土构件比较

1）预应力混凝土构件从制作、使用到破坏的整个过程中，预应力筋始终处于高的拉应力状态，因此，宜采用高强钢材作为预应力筋，混凝土在施工阶段一直处于受压状态，当轴力超过 N_0 时，混凝土中出现拉应力。

2）预应力混凝土构件的开裂轴力为 $N_{cr} = (\sigma_{pcII} + f_{tk})A_0$，从式中看出由于 σ_{pcII} 的存在，相同条件下，预应力混凝土构件的开裂荷载远大于普通混凝土构件，构件的抗裂能力大为提高。这正是对构件施加预应力的目的所在。

3）相同条件下，预应力混凝土构件与普通混凝土构件具有相同的承载力。

9.3.2 正常使用极限状态验算

1. 抗裂验算

对预应力混凝土轴心受拉构件的抗裂验算，通过验算构件受拉边缘应力来实现，计算简图如图 9-19 所示。

（1）一级裂缝控制（严格要求不出现裂缝）的构件　在荷载标准组合下，轴心受拉构件受拉边缘不允许出现拉应力，即应满足 $N_k \leqslant N_0$，得

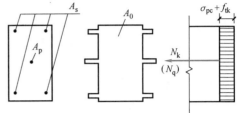

$$\frac{N_k}{A_0} - \sigma_{pc\,\mathrm{II}} \leqslant 0 \qquad (9\text{-}48)$$

（2）二级裂缝控制（一般要求不出现裂缝）的构件　在荷载标准组合下，轴心受拉构件受拉

图 9-19　预应力混凝土轴心受拉构件抗裂验算简图

边缘混凝土拉应力不允许超过混凝土轴心抗拉强度标准值 f_{tk}，即 $N_k < N_{cr}$，结合式（9-44）得

$$\frac{N_k}{A_0} - \sigma_{pc\,\mathrm{II}} \leqslant f_{tk} \qquad (9\text{-}49)$$

（3）处于二 a 类环境的三级裂缝控制（一般要求不出现裂缝）的构件　在荷载准永久组合下，轴心受拉构件受拉边缘混凝土拉应力不允许超过混凝土轴心抗拉强度标准值 f_{tk}，即 $N_q < N_{cr}$，结合式（9-44）得

$$\frac{N_q}{A_0} - \sigma_{pc\,\mathrm{II}} \leqslant f_{tk} \qquad (9\text{-}50)$$

式中　N_k、N_q——按荷载的标准组合、准永久组合计算的轴向拉力。

2. 裂缝宽度验算

对在使用阶段允许出现裂缝的预应力混凝土轴心受拉构件，要求按荷载标准组合并考虑荷载长期作用影响的最大裂缝宽度 w_{max} 不应超过最大裂缝宽度的允许值 w_{lim}。

预应力混凝土轴心受拉构件在荷载作用下消压以后，在增加的荷载作用下，构件截面的应力和应变变化规律与钢筋混凝土轴心受拉构件十分类似，可沿用其基本分析方法计算最大裂缝宽度 w_{max}。

$$w_{max} = \alpha_{cr}\psi\frac{\sigma_{sk}}{E_s}\left(1.9c_s + 0.08\frac{d_{eq}}{\rho_{te}}\right) \qquad (9\text{-}51)$$

式中　α_{cr}——构件受力特征系数，对预应力混凝土轴心受拉构件，取 $\alpha_{cr} = 2.2$；

ψ——两裂缝间纵向受拉钢筋的应变不均匀系数，$\psi = 1.1 - 0.65\dfrac{f_{tk}}{\rho_{te}\sigma_{sk}}$，当 $\psi < 0.2$ 时，取 $\psi = 0.2$，当 $\psi > 1.0$ 时，取 $\psi = 1.0$，对直接承受重复荷载的构件，取 $\psi = 1.0$；

ρ_{te}——按有效受拉混凝土截面面积计算的纵向受拉钢筋的配筋率，$\rho_{te} = \dfrac{A_s + A_p}{A_{te}}$，其中，$A_{te}$ 为有效受拉混凝土截面面积，取构件截面面积，即 $A_{te} = bh$，当 $\rho_{te} <$

0.01 时，取 $\rho_{te}=0.01$；

σ_{sk}——按荷载标准组合计算的预应力混凝土轴心受拉构件纵向受拉钢筋的等效应力，

即从截面混凝土消压算起的预应力筋和普通钢筋的应力增量，$\sigma_{sk}=\dfrac{N_k-N_0}{A_p+A_s}$，

其中，N_k 为按荷载标准组合计算的轴向拉力值，N_0 为预应力混凝土构件消压后，全部纵向预应力筋和普通钢筋拉力的合力；

c_s——最外层纵向受拉钢筋外边缘至构件受拉边缘的最短距离，当 $c_s<20mm$ 时，取 $c_s=20mm$，当 $c_s>65mm$ 时，取 $c_s=65mm$；

d_{eq}——纵向受拉钢筋的等效直径，$d_{eq}=\dfrac{\sum n_i d_i^2}{\sum n_i v_i d_i}$，其中，$d_i$ 为第 i 种纵向受拉钢筋的公称直径；n_i 为第 i 种纵向受拉钢筋的根数，对于有黏结预应力钢绞线，取为钢绞线束数；v_i 为第 i 种纵向受拉钢筋的相对黏结特性系数，可按表 9-8 取用。

表 9-8　受拉钢筋的相对黏结特性系数

钢筋类别	普通钢筋		先张法预应力筋			后张法预应力筋		
	光面钢筋	带肋钢筋	带肋钢筋	螺旋肋钢丝	钢绞线	带肋钢筋	钢绞线	光面钢丝
v_i	0.7	1.0	1.0	0.8	0.6	0.8	0.5	0.4

注：对于环氧树脂涂层带肋钢筋，其相对黏结特性系数应按表中系数的 80% 取用。

9.3.3　正截面承载力分析与计算

预应力混凝土轴心受拉构件达到承载力极限状态时，轴向拉力全部由预应力筋和普通钢筋共同承受，并且两者均达到其屈服强度，如图 9-20 所示。设计计算时，取用它们各自相应的抗拉强度设计值。

因此，预应力混凝土轴心受拉构件正截面承载力计算公式为

$$N\le N_u=f_{py}A_p+f_yA_s \qquad (9\text{-}52)$$

式中　N——轴向拉力设计值；

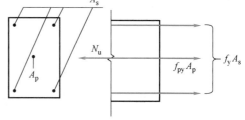

图 9-20　预应力混凝土轴心受拉构件计算简图

N_u——轴心受拉构件承载力设计值；

A_p、A_s——全部预应力筋和普通钢筋的截面面积；

f_{py}、f_y——与预应力筋和普通钢筋相对应的钢筋抗拉强度设计值。

由此可见，除施工方法不同外，在其他条件均相同的情况下，预应力混凝土轴心受拉构件与钢筋混凝土轴心受拉构件的承载力相等。

9.3.4　施工阶段局部承压验算

对于后张法预应力混凝土构件，预应力通过锚具并经过垫板传递给构件端部的混凝土，通常施加的预应力很大，锚具的总预压力也很大。然而，垫板与混凝土的接触面积非常有限，导致锚具下的混凝土将承受较大的局部压应力，并且这种压应力需要经过一定的距离方

能较均匀地扩散到混凝土的全截面上，如图 9-21 所示。

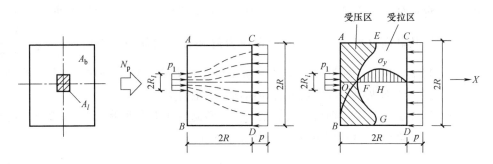

图 9-21　混凝土局部受压时的应力分布

在局部受压区域，除正压应力 σ_x 外，还存在横向应力 σ_y 和 σ_z，处于三向应力状态。在锚具垫板附近（$AOBGFE$ 范围内），横向应力 σ_y 和 σ_z 为压应力，而距构件端部一定距离（$EFGDC$ 范围内），σ_y 则为横向拉应力，H 点处拉应力 σ_y 达到最大值。当超过 f_{tk} 时，将在构件端部出现纵向裂缝。如承载力不足，将会导致局部受压破坏。因此，必须对后张法预应力构件端部锚固区进行局部承压验算。

1. 局部受压面积验算

为防止垫板下混凝土的局部压应力过大，避免间接钢筋配置太多，局部受压区的截面尺寸应符合下式的要求，即

$$F_l \leqslant 1.35\beta_c\beta_l f_c A_{ln} \tag{9-53}$$

式中　F_l——局部受压面上作用的局部荷载或局部压力设计值，取 $F_l = 1.2\sigma_{con}A_p$；

　　　β_c——混凝土强度影响系数，当混凝土强度等级不超过 C50 时，取 1.0，当混凝土强度等级为 C80 时，取 0.8，其间按线性内插法取值；

　　　β_l——混凝土局部受压的强度提高系数，$\beta_l = \sqrt{\dfrac{A_b}{A_l}}$，其中，$A_b$ 为局部受压时的计算底面积，按毛面积计算，可根据局部受压面积与计算底面积按同形心且对称的原则来确定，可参照图 9-22 中所示的局部受压情形来计算，且不扣除孔道的面积，A_l 为混凝土局部受压面积，取毛面积计算，具体计算方法与下述的 A_{ln} 相同，只是计算中 A_l 的面积包含孔道的面积；

　　　f_c——在承受预压时，混凝土的轴心抗压强度设计值，在后张法预应力混凝土构件的张拉阶段验算中，可根据相应阶段的混凝土立方体抗压强度值 f'_{cu}，按附录 6 的规定以线性内插法确定 f_c；

　　　A_{ln}——扣除孔道和凹槽面积的混凝土局部受压净面积，当锚具下有垫板时，考虑到预压力沿锚具边缘在垫板中以 45° 角扩散，传到混凝土的受压面积计算，参见图 9-23。

应注意，式（9-53）是一个截面限制条件，即为预应力混凝土局部受压承载力的上限值。若不能满足该式的要求，应根据工程实际情况，采取必要的措施，例如，加大端部锚固区的截面尺寸、调整锚具的位置或提高混凝土的强度等级。

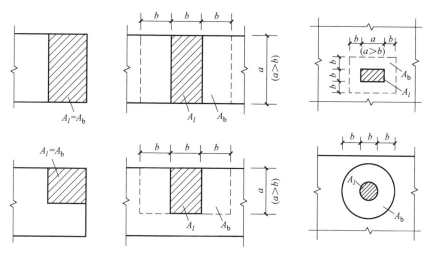

图 9-22　确定局部受压计算底面积简图

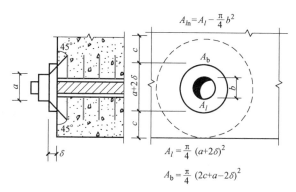

图 9-23　有孔道的局部受压净面积

2. 局部受压承载力验算

为了改善预应力混凝土构件端部混凝土的抗压性能，提高其局部抗压承载力，通常在锚固区段内配置一定数量的间接钢筋，如图 9-24 所示。并在此基础上进行局部受压承载力的验算，即在一定间接配筋量的情况下，控制构件端部横截面单位面积上的局部压力的大小。

构件端部的局部受压承载力应满足下式的要求，即

$$F_l \leqslant 0.9(\beta_c \beta_l f_c + 2\alpha \rho_v \beta_{cor} f_y)A_{ln} \tag{9-54}$$

当采用方格网式配筋（图 9-24a）时，有

$$\rho_v = \frac{n_1 A_{s1} l_1 + n_2 A_{s2} l_2}{A_{cor} s} \tag{9-55a}$$

当采用螺旋式配筋（图 9-24b）时，有

$$\rho_v = \frac{4A_{ss1}}{d_{cor} s} \tag{9-55b}$$

式中　　β_{cor}——配置有间接钢筋的混凝土局部受压承载力提高系数，可按 β_l 计算式以 A_{cor}

代替 A_b 计算，即 $\beta_{cor} = \sqrt{\dfrac{A_{cor}}{A_l}}$，当 $A_{cor} > A_b$ 时，取 $A_{cor} = A_b$，当 $A_{cor} \leqslant 1.25A_l$

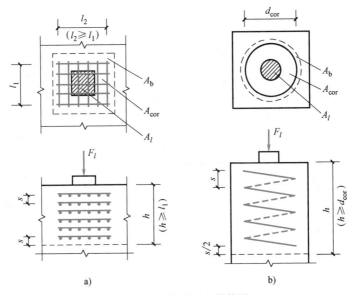

图 9-24 局部受压配筋简图

a）方格网式配筋　b）螺旋式配筋

时，取 $\beta_{cor} = 1.0$；

α——间接钢筋对混凝土约束的折减系数，当混凝土强度等级不超过 C50 时，取 1.0，当混凝土强度等级为 C80 时，取 0.85，其间按线性内插法取值；

A_{cor}——配置有方格网片或螺旋式间接钢筋核心区的表面范围以内的混凝土核心面积，并且要求 $A_{cor} \geqslant A_b$，根据其形心与 A_l 形心重叠和对称的原则，按毛面积且不扣除孔道面积计算；

f_y——间接钢筋的抗拉强度设计值；

ρ_v——间接钢筋的体积配筋率，即配置间接钢筋的核心范围内，混凝土单位体积所含有间接钢筋的体积，并且要求 $\rho_v \geqslant 0.5\%$，具体计算与钢筋配置形式有关；

$n_1 A_{s1}$、$n_2 A_{s2}$——方格网片在 l_1、l_2 方向的钢筋根数与单根钢筋的截面面积的乘积，钢筋网片两个方向上单位长度内的钢筋截面面积的比值不宜大于 1.5；

A_{ss1}——单根螺旋式间接钢筋的截面面积；

d_{cor}——螺旋式间接钢筋内表面范围内核心混凝土截面的直径；

s——方格网片或螺旋式间接钢筋的间距，宜取 30~80mm。

间接钢筋应配置在规定的 h 高度范围内，并且对于方格网片不应少于 4 片；对于螺旋式间接钢筋不应少于 4 圈。

【例 9-1】　27m 跨预应力混凝土屋架下弦拉杆，截面尺寸 $b \times h = 280\text{mm} \times 200\text{mm}$，截面构造如图 9-25 所示。采用 C50 混凝土、HRB400 级普通钢筋（4 Φ 12）和低松弛预应力钢绞线（2 束 5Φ^s1×7，$d = 12.7\text{mm}$）。抽芯成型孔道 2 Φ 50，采用夹片式锚具，一端张拉后张法施工，张拉控制应力 $\sigma_{con} = 0.70 f_{ptk}$，达到混凝土设计强度时施加预应力。承受的永久荷载标准值产生的轴向拉力 $N_{GK} = 580\text{kN}$，可变荷载标准值产生的轴向拉力 $N_{QK} = 450\text{kN}$，结构重要性系数 $\gamma_0 = 1.0$，按二级裂缝控制。试进行：①预应力损失计算；②使用阶段正截面抗裂验算；③正截面受拉承载力复核；④施工阶段承载力及锚固端混凝土局部受压承载力验算。

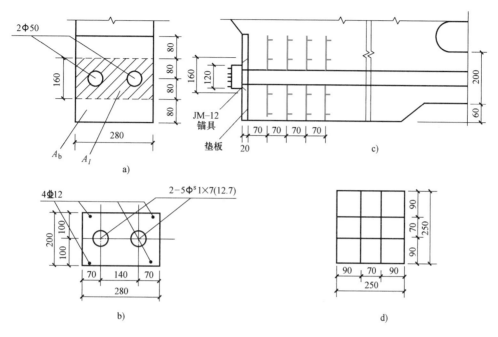

图 9-25 【例 9-1】图

【解】 本例题属于截面设计类。

（1）设计参数及截面几何特征

查附表 5、附表 6 和附表 7 可知，C50 混凝土 $f_{tk} = 2.64 \mathrm{N/mm^2}$，$f_c = 23.1 \mathrm{N/mm^2}$，$E_c = 3.45 \times 10^4 \mathrm{N/mm^2}$。

查附表 3 和附表 13 可知，钢绞线 $f_{ptk} = 1860 \mathrm{N/mm^2}$，$f_{py} = 1320 \mathrm{N/mm^2}$，$E_p = 1.95 \times 10^5 \mathrm{N/mm^2}$。

查附表 2 和附表 13 可知，HRB400 级钢筋 $f_y = 360 \mathrm{N/mm^2}$，$E_s = 2.0 \times 10^5 \mathrm{N/mm^2}$。

查附表 10 和附表 16 可知，$A_s = 452 \mathrm{mm^2}$，$A_p = 987 \mathrm{mm^2}$。

预应力筋：

$$\alpha_{Ep} = \frac{E_p}{E_c} = \frac{1.95 \times 10^5}{3.45 \times 10^4} = 5.65$$

普通钢筋：

$$\alpha_{Es} = \frac{E_s}{E_c} = \frac{2.0 \times 10^5}{3.45 \times 10^4} = 5.80$$

混凝土净截面面积：

$$A_n = A_c + \alpha_{Es} A_s = \left(280 \times 200 - 2 \times \frac{\pi}{4} \times 50^2 + 5.8 \times 452 \right) \mathrm{mm^2} = 54697 \mathrm{mm^2}$$

混凝土换算截面面积

$$A_0 = A_n + \alpha_{Ep} A_p = (54697 + 5.65 \times 987) \, \text{mm}^2 = 60274 \, \text{mm}^2$$

（2）张拉控制应力

$$\sigma_{con} = 0.7 f_{ptk} = 0.7 \times 1860 \, \text{N/mm}^2 = 1302 \, \text{N/mm}^2$$

（3）计算预应力损失

1）锚具变形和钢筋内缩损失 σ_{l1}。查表 9-2 可知，有顶压的夹片式锚具，$a = 5\text{mm}$，由式（9-1）可得

$$\sigma_{l1} = \frac{a}{l} E_p = \frac{5}{27000} \times 1.95 \times 10^5 \, \text{N/mm}^2 = 36.11 \, \text{N/mm}^2$$

2）摩擦损失 σ_{l2}。按锚固端计算该项损失，$l = 27\text{m}$，直线配筋 $\theta = 0°$，查表 9-3 可知，$\kappa = 0.0014$。

$$\kappa x = 0.0014 \times 27 = 0.0378 < 0.3$$

由式（9-15）可得

$$\sigma_{l2} = (\kappa x + \mu\theta) \sigma_{con} = 0.0378 \times 1302 \, \text{N/mm}^2 = 49.22 \, \text{N/mm}^2$$

第一批预应力损失：

$$\sigma_{lI} = \sigma_{l1} + \sigma_{l2} = (36.11 + 49.22) \, \text{N/mm}^2 = 85.33 \, \text{N/mm}^2$$

3）应力松弛损失 σ_{l4}。采用低松弛预应力筋，由式（9-18a）可得

$$\sigma_{l4} = 0.125 \left(\frac{\sigma_{con}}{f_{ptk}} - 0.5 \right) \sigma_{con} = 0.125 \times (0.7 - 0.5) \times 1302 \, \text{N/mm}^2 = 32.55 \, \text{N/mm}^2$$

4）收缩和徐变损失 σ_{l5}。

$$\sigma_{pcI} = \frac{(\sigma_{con} - \sigma_{lI}) A_p}{A_n} = \frac{(1302 - 85.33) \times 987}{54697} \, \text{N/mm}^2 = 21.95 \, \text{N/mm}^2$$

$$\frac{\sigma_{pcI}}{f'_{cu}} = \frac{21.95}{50} = 0.44 < 0.5$$

$$\rho = \frac{A_p + A_s}{A_n} = \frac{987 + 452}{54697} = 0.026$$

由式（9-23）可得

$$\sigma_{l5} = \frac{55 + 300 \dfrac{\sigma_{pcI}}{f'_{cu}}}{1 + 15\rho} = \frac{55 + 300 \times 0.44}{1 + 15 \times 0.026} \, \text{N/mm}^2 = 134.53 \, \text{N/mm}^2$$

第二批预应力损失：

$$\sigma_{lII} = \sigma_{l4} + \sigma_{l5} = (32.55 + 134.53) \, \text{N/mm}^2 = 167.08 \, \text{N/mm}^2$$

总预应力损失：

$$\sigma_l = \sigma_{lI} + \sigma_{lII} = (85.33 + 167.08) \, \text{N/mm}^2 = 252.41 \, \text{N/mm}^2 > 80 \, \text{N/mm}^2$$

（4）使用阶段正截面抗裂验算

由式（9-38）可得

$$\sigma_{pcII} = \frac{(\sigma_{con} - \sigma_l) A_p - \sigma_{l5} A_s}{A_n} = \frac{(1302 - 252.41) \times 987 - 134.53 \times 452}{54697} \, \text{N/mm}^2 = 17.83 \, \text{N/mm}^2$$

荷载标准组合下拉力：

$$N_k = N_{GK} + N_{QK} = (580 + 450) \, \text{kN} = 1030 \, \text{kN}$$

由式（9-49）可得

$$\frac{N_k}{A_0} - \sigma_{pc\,II} = \left(\frac{1030\times10^3}{60274} - 17.83\right) N/mm^2 = -0.74 N/mm^2 < f_{tk} = 2.64 N/mm^2 \quad （满足要求）$$

（5）正截面受拉承载力复核

$$N = 1.3 N_{GK} + 1.5 N_{QK} = (1.3\times580 + 1.5\times450) kN = 1429 kN$$

由式（9-52）可得

$$N_u = f_{py} A_p + f_y A_s = (1320\times987 + 360\times452) N = 1465560 N = 1466 kN > N \quad （满足要求）$$

（6）锚具下混凝土局部受压验算

1）端部受压区截面尺寸验算。局部受压面积从锚具边缘起在垫板中按45°角扩散的面积计算，在计算局部受压面积时，可近似地按图9-25a所示的两条虚线所围的矩形面积代替两个圆面积计算：

$$A_l = 280\times160 mm^2 = 44800 mm^2$$

局部受压计算底面积：

$$A_b = 280\times(160 + 2\times80) mm^2 = 89600 mm^2$$

$$\beta_l = \sqrt{\frac{A_b}{A_l}} = \sqrt{\frac{89600}{44800}} = 1.41$$

混凝土局部受压净面积：

$$A_{ln} = \left(44800 - 2\times\frac{\pi}{4}\times50^2\right) mm^2 = 40875 mm^2$$

构件端部作用的局部压力设计值：

$$F_l = 1.2\sigma_{con} A_p = 1.2\times1302\times987 N = 1542.09\times10^3 N = 1542.09 kN$$

$$1.35\beta_c\beta_l f_c A_{ln} = 1.35\times1\times1.41\times23.1\times40875 N = 1797.31\times10^3 N = 1797.31 kN > F_l \quad （满足要求）$$

2）局部受压承载力计算。间接钢筋采用4片φ8焊接网片，如图9-25c、d所示，$A_{cor} = 250\times250 mm^2 = 62500 mm^2$，$A_l = 44800 mm^2$，$A_b = 89600 mm^2$。由于 $A_{cor} < A_b$，且 $A_{cor} > 1.25 A_l$，所以

$$\beta_{cor} = \sqrt{\frac{A_{cor}}{A_l}} = \sqrt{\frac{62500}{44800}} = 1.18$$

间接钢筋的体积配筋率：

$$\rho_v = \frac{n_1 A_{s1} l_1 + n_2 A_{s2} l_2}{A_{cor} s} = \frac{4\times50.3\times250 + 4\times50.3\times250}{62500\times70} = 0.023 > 0.5\%$$

由式（9-54）可得

$$0.9(\beta_c\beta_l f_c + 2\alpha\rho_v\beta_{cor} f_y) A_{ln} = 0.9\times(1.0\times1.37\times23.1 + 2\times1.0\times0.023\times1.18\times270)\times40875 N$$
$$= 1703.36\times10^3 N = 1703.36 kN > F_l = 1542.09 kN \quad （满足要求）$$

9.4 预应力混凝土受弯构件的设计计算

与预应力混凝土轴心受拉构件类似，预应力混凝土受弯构件的受力过程也分为施工阶段和使用阶段，每个阶段又包括若干不同的应力过程。故应分别进行施工阶段

和使用阶段的应力分析及设计计算或验算。预应力混凝土受弯构件的设计计算主要包括：施工阶段及使用阶段的应力分析；正常使用阶段的裂缝控制（正截面抗裂和裂缝宽度验算、斜截面抗裂验算）和变形验算；正截面承载力和斜截面承载力计算；制作、运输和吊装过程施工阶段的局部承压验算等内容。

9.4.1 施工阶段应力分析

图 9-26 所示为预应力混凝土受弯构件的正截面，在荷载作用下的受拉区（施工阶段的预压区）配置预应力筋和普通钢筋；同时为了防止在制作、运输和吊装等施工阶段，在荷载作用下的受压区（施工阶段的预拉区）出现裂缝，相应地配置预应力筋和普通钢筋。

预应力混凝土受弯构件在预应力张拉施工阶段的受力过程同预应力混凝土轴心受拉构件。计算预应力混凝土受弯构件截面混凝土的预压应力 σ_{pcI}、σ_{pcII} 时，可分别将偏心压力 N_{pI}、N_{pII} 作用于截面上，然后按材料力学公式计算。偏心压力 N_{pI}、N_{pII} 由预应力筋和普通钢筋仅扣除相应阶段预应力损失后的应力乘以各自的截面面积并反向，然后再叠加而得（图 9-27）。计算时所用构件截面面积为：先张法用换算截面面积 A_0，后张法用构件的净截面面积 A_n。公式表达时应力的正负号规定为：预应力筋以受拉为正，普通钢筋及混凝土以受压为正。

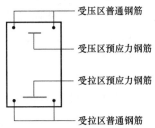

图 9-26 预应力混凝土受弯构件正截面钢筋布置

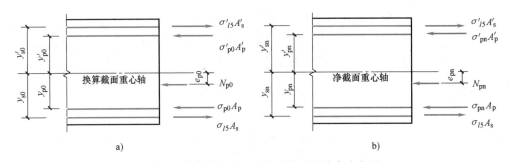

图 9-27 受弯构件预应力筋及普通钢筋合力位置

a）先张法构件 b）后张法构件

1. 先张法

在轴心受拉构件施工阶段应力分析得到的概念，对受弯构件的计算同样适用，即由 N_{p0I}、N_{p0II} 作用于换算截面来计算施工阶段的截面预压应力 σ_{pcI}、σ_{pcII}。

（1）完成第一批应力损失 σ_{lI}、σ'_{lI}

受拉预应力筋与受压预应力筋的应力：

$$\sigma_{p0I} = (\sigma_{con} - \sigma_{lI}) - \alpha_{Ep}\sigma_{pcI} \tag{9-56a}$$

$$\sigma'_{p0I} = (\sigma'_{con} - \sigma_{lI}) - \alpha_{Ep}\sigma'_{pcI} \tag{9-56b}$$

普通受拉钢筋与普通受压钢筋的应力：

$$\sigma_{s0I} = \alpha_{Es}\sigma_{pcI} \tag{9-57a}$$

$$\sigma'_{s0I} = \alpha_{Es}\sigma'_{pcI} \tag{9-57b}$$

预应力筋和普通钢筋的合力 $N_{p0\text{I}}$ 为

$$N_{p0\text{I}} = \sigma_{p0\text{I}} A_p + \sigma'_{p0\text{I}} A'_p \tag{9-58}$$

截面任意一点的混凝土法向应力为

$$\sigma_{pc\text{I}} = \frac{N_{p0\text{I}}}{A_0} \pm \frac{N_{p0\text{I}} e_{p0\text{I}}}{I_0} y_0 \tag{9-59}$$

$$e_{p0\text{I}} = \frac{(\sigma_{con} - \sigma_{l1}) A_p y_{p0} + (\sigma'_{con} - \sigma'_{l1}) A'_p y'_{p0}}{N_{p0\text{I}}} \tag{9-60}$$

（2）完成全部应力损失 σ_l、σ'_l

受拉预应力筋与受压预应力筋的应力：

$$\sigma_{p0\text{II}} = (\sigma_{con} - \sigma_l) - \alpha_{Ep} \sigma_{pc\text{II}} \tag{9-61a}$$

$$\sigma'_{p0\text{II}} = (\sigma'_{con} - \sigma_l) - \alpha_{Ep} \sigma'_{pc\text{II}} \tag{9-61b}$$

普通受拉钢筋与普通受压钢筋的应力：

$$\sigma_{s0\text{II}} = \alpha_{Es} \sigma_{pc\text{II}} + \sigma_{l5} \tag{9-62a}$$

$$\sigma'_{s0\text{II}} = \alpha_{Es} \sigma'_{pc\text{II}} + \sigma'_{l5} \tag{9-62b}$$

预应力筋和普通钢筋的合力 $N_{p0\text{II}}$ 为

$$N_{p0\text{II}} = (\sigma_{con} - \sigma_l) A_p + (\sigma'_{con} - \sigma'_l) A'_p - \sigma_{l5} A_s - \sigma'_{l5} A'_s \tag{9-63}$$

截面任意一点的混凝土法向应力为

$$\sigma_{pc\text{II}} = \frac{N_{p0\text{II}}}{A_0} \pm \frac{N_{p0\text{II}} e_{p0\text{II}}}{I_0} y_0 \tag{9-64}$$

$$e_{p0\text{II}} = \frac{(\sigma_{con} - \sigma_l) A_p y_{p0} - (\sigma'_{con} - \sigma'_l) A'_p y'_{p0} + \sigma_{l5} A_s y_{s0} + \sigma'_{l5} A'_s y'_{s0}}{N_{p0\text{II}}} \tag{9-65}$$

式中　　A_0——换算截面面积，$A_0 = A_c + \alpha_{Ep} A_p + \alpha_{Es} A_s + \alpha_{Ep} A'_p + \alpha_{Es} A'_s$；

$\qquad\quad I_0$——换算截面 A_0 的惯性矩；

$e_{p0\text{I}}$、$e_{p0\text{II}}$——$N_{p0\text{I}}$、$N_{p0\text{II}}$ 至换算截面形心的距离；

$\qquad\quad y_0$——换算截面形心至所计算的纤维层的距离；

y_{p0}、y'_{p0}——受拉区、受压区预应力筋各自合力点至换算截面形心的距离。

2. 后张法

（1）完成第一批应力损失 $\sigma_{l\text{I}}$、$\sigma'_{l\text{I}}$

受拉预应力筋与受压预应力筋的应力：

$$\sigma_{pn\text{I}} = \sigma_{con} - \sigma_{l\text{I}} \tag{9-66a}$$

$$\sigma'_{pn\text{I}} = \sigma'_{con} - \sigma_{l\text{I}} \tag{9-66b}$$

普通受拉钢筋与普通受压钢筋的应力：

$$\sigma_{sn\text{I}} = \alpha_{Es} \sigma_{pc\text{I}} \tag{9-67a}$$

$$\sigma'_{sn\text{I}} = \alpha_{Es} \sigma'_{pc\text{I}} \tag{9-67b}$$

预应力筋和普通钢筋的合力 $N_{pn\text{I}}$ 为

$$N_{pn\text{I}} = (\sigma_{con} - \sigma_{l\text{I}}) A_p + (\sigma'_{con} - \sigma'_{l\text{I}}) A'_p \tag{9-68}$$

截面任意一点的混凝土法向应力为

$$\sigma_{pc\text{I}} = \frac{N_{pn\text{I}}}{A_n} \pm \frac{N_{pn\text{I}} e_{pn\text{I}}}{I_n} y_n \tag{9-69}$$

$$e_{pnI} = \frac{(\sigma_{con} - \sigma_{l1}) A_p y_{pn} - (\sigma'_{con} - \sigma'_{l1}) A'_p y'_{pn}}{N_{pnI}} \tag{9-70}$$

式中　e_{pnI} ——N_{pnI} 至净截面形心的距离。

（2）完成全部应力损失 σ_l、σ'_l

受拉预应力筋与受压预应力筋的应力：

$$\sigma_{pnII} = \sigma_{con} - \sigma_l \tag{9-71a}$$

$$\sigma'_{pnII} = \sigma'_{con} - \sigma'_l \tag{9-71b}$$

普通受拉钢筋与普通受压钢筋的应力：

$$\sigma_{snII} = \alpha_{Es} \sigma_{pcIIs} + \sigma_{l5} \tag{9-72a}$$

$$\sigma'_{snII} = \alpha_{Es} \sigma'_{pcIIs} + \sigma'_{l5} \tag{9-72b}$$

预应力筋和普通钢筋的合力 N_{pnII} 为

$$N_{pnII} = (\sigma_{con} - \sigma_{l1}) A_p + (\sigma'_{con} - \sigma'_{l1}) A'_p - \sigma_{l5} A_s - \sigma'_{l5} A'_s \tag{9-73}$$

截面任意一点的混凝土法向应力为

$$\sigma_{pcII} = \frac{N_{pnII}}{A_n} \pm \frac{N_{pnII} e_{pnII}}{I_n} y_n \tag{9-74}$$

$$e_{pnII} = \frac{(\sigma_{con} - \sigma_l) A_p y_{pn} - (\sigma'_{con} - \sigma'_l) A'_p y'_{pn} + \sigma_{l5} A_s y_{sn} + \sigma'_{l5} A'_s y'_{sn}}{N_{pnII}} \tag{9-75}$$

式中　A_n ——净截面面积，$A_n = A_c + \alpha_{Es} A_s + \alpha_{Es} A'_s$；

I_n ——净截面 A_n 的惯性矩；

e_{pnII} ——N_{pnII} 至净截面形心的距离；

y_n ——净截面形心至所计算的纤维层的距离；

y_{pn}、y'_{pn} ——受拉区、受压区预应力筋各自合力点至净截面形心的距离；

y_{sn}、y'_{sn} ——受拉区、受压区普通钢筋各自合力点至净截面形心的距离。

3. 消压极限状态

外荷载增加至截面弯矩为 M_0 时，受拉边缘混凝土预压应力刚好为零，这时弯矩 M_0 称为消压弯矩，即

$$M_0 = \sigma_{pcII} W_0 \tag{9-76}$$

式中　W_0 ——换算截面对受拉边缘弹性抵抗矩，$W_0 = I_0 / y$，y 为换算截面形心至受拉边缘的距离；

σ_{pcII} ——扣除全部预应力损失后，在截面受拉边缘由预应力产生的混凝土法向应力。

此时受拉预应力筋的应力由 σ_{peII} 增加了 $\alpha_{Ep} \dfrac{M_0}{I_0} y_p$，受压预应力筋的应力由 σ'_{peII} 减少了 $\alpha_{Ep} \dfrac{M_0}{I_0} y'_p$。

受拉预应力筋应力：

$$\sigma_{p0} = \sigma_{peII} + \alpha_E \frac{M_0}{I_0} y_p \tag{9-77a}$$

受压预应力筋应力：

$$\sigma'_{p0} = \sigma'_{peⅡ} - \alpha_E \frac{M_0}{I_0} y'_p \tag{9-77b}$$

相应的普通受拉钢筋的应力 σ_s 由 $\sigma_{sⅡ}$ 减少了 $\alpha_{Es} \dfrac{M_0}{I_0} y_s$，普通受压钢筋的应力 σ'_s 由 $\sigma'_{sⅡ}$ 增加了 $\alpha_{Es} \dfrac{M_0}{I_0} y'_s$。

普通受拉钢筋应力：

$$\sigma_{s0} = \sigma_{sⅡ} - \alpha_{Es} \frac{M_0}{I_0} y_s \tag{9-78a}$$

普通受压钢筋应力：

$$\sigma'_{s0} = \sigma'_{sⅡ} + \alpha_{Es} \frac{M_0}{I_0} y'_s \tag{9-78b}$$

4. 开裂极限状态

外荷载继续增加，使混凝土拉应力达到混凝土轴心抗拉强度标准值 f_{tk}，截面下边缘混凝土即将开裂。此时截面上受到的弯矩即为开裂弯矩 M_{cr}，即

$$M_{cr} = M_0 + f_{tk} W_0 = (\sigma_{pcⅡ} + f_{tk}) W_0 \tag{9-79}$$

式中 $\sigma_{pcⅡ}$——扣除全部预应力损失后，在截面受拉边缘由预应力产生的混凝土法向应力。

9.4.2 施工阶段混凝土应力控制验算

预应力混凝土受弯构件的受力特点在制作、运输和吊装等施工阶段与使用阶段是不同的。在制作时，构件受到预压力及自重的作用，使构件处于偏心受压状态，构件的全截面受压或下边缘受压、上边缘受拉，如图 9-28a 所示。在运输、吊装时如图 9-28b 所示，自重及施工荷载在吊点截面产生的负弯矩如图 9-28c 所示，与预压力产生的负弯矩方向相同如图 9-28d 所示，使吊点截面成为最不利的受力截面。因此必须进行施工阶段的混凝土应力控制验算。

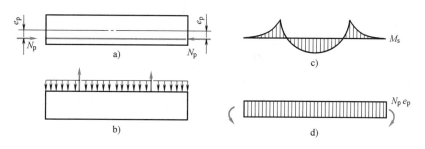

图 9-28 预应力构件运输、吊装时的内力图

a) 制作阶段 b) 运输和吊装 c) 运输吊装时自重产生的弯矩图 d) 制作阶段产生的内力图

截面边缘的混凝土法向压应力为

$$\sigma_{cc} = \sigma_{pcⅡ} + \frac{N_k}{A_0} + \frac{M_k}{W_0} \tag{9-80a}$$

$$\sigma_{ct} = \sigma_{pcII} + \frac{N_k}{A_0} - \frac{M_k}{W_0} \qquad (9\text{-}80b)$$

式中　σ_{ct}、σ_{cc}——相应施工阶段计算截面边缘纤维的混凝土拉应力、压应力；

　　　　σ_{pcII}——预应力作用下验算边缘的混凝土法向应力，可由式（9-64）、式（9-74）求得；

　　　　N_k、M_k——构件自重及施工荷载标准组合在计算截面产生的轴力值、弯矩值。

对于施工阶段预拉区允许出现拉应力的构件，或预压时全截面受压的构件，在预加力、自重及施工荷载作用下（必要时应考虑动力系数）截面边缘的混凝土法向应力宜符合下列规定：

$$\sigma_{ct} \leqslant f'_{tk} \qquad (9\text{-}81)$$

$$\sigma_{cc} \leqslant 0.8 f'_{ck} \qquad (9\text{-}82)$$

式中　f'_{tk}、f'_{ck}——与各施工阶段混凝土立方体抗压强度 f'_{cu} 相应的轴心抗拉、抗压强度标准值，可由附表5用线性内插法得到。

简支构件的端部区段截面预拉区边缘纤维的混凝土拉应力允许大于 f'_{tk}，但不应大于 $1.2f'_{tk}$。

9.4.3　正常使用极限状态验算

1. 正截面抗裂验算

（1）一级裂缝控制（严格要求不出现裂缝）的构件　在荷载标准组合下应满足条件

$$\frac{M_k}{W_0} - \sigma_{pcII} \leqslant 0 \qquad (9\text{-}83)$$

（2）二级裂缝控制（一般要求不出现裂缝）的构件　在荷载标准组合下应满足条件

$$\frac{M_k}{W_0} - \sigma_{pcII} \leqslant f_{tk} \qquad (9\text{-}84)$$

（3）处于二 a 类环境的三级裂缝控制的构件　在荷载准永久组合下应满足条件

$$\frac{M_q}{W_0} - \sigma_{pcII} \leqslant f_{tk} \qquad (9\text{-}85)$$

式中　M_k、M_q——标准荷载组合、荷载准永久组合下弯矩值；

　　　　W_0——换算截面对受拉边缘的弹性抵抗矩；

　　　　f_{tk}——混凝土的轴心抗拉强度标准值；

　　　　σ_{pcII}——扣除全部预应力损失后，在截面受拉边缘由预应力产生的混凝土法向应力。

2. 斜截面抗裂验算

（1）混凝土主拉应力

对一级裂缝控制的构件：

$$\sigma_{tp} \leqslant 0.85 f_{tk} \qquad (9\text{-}86)$$

对二级裂缝控制的构件：

$$\sigma_{tp} \leqslant 0.95 f_{tk} \qquad (9\text{-}87)$$

（2）混凝土主压应力

对一、二级裂缝控制的构件：

$$\sigma_{cp} \leqslant 0.6 f_{tk} \tag{9-88}$$

式中　σ_{tp}、σ_{cp}——混凝土的主拉应力和主压应力。

如满足上述条件，则认为斜截面抗裂，否则应加大构件的截面尺寸。

由于斜裂缝出现以前，构件基本上还处于弹性工作阶段，故可用材料力学公式计算主拉应力和主压应力，即

$$\sigma_{tp} = \frac{\sigma_x + \sigma_y}{2} + \sqrt{\left(\frac{\sigma_x - \sigma_y}{2}\right)^2 + \tau^2} \tag{9-89a}$$

$$\sigma_{cp} = \frac{\sigma_x + \sigma_y}{2} - \sqrt{\left(\frac{\sigma_x - \sigma_y}{2}\right) + \tau^2} \tag{9-89b}$$

$$\sigma_x = \sigma_{pc} + \frac{M_k}{I_0} y_0 \tag{9-90}$$

$$\tau = \frac{(V_k - \sum \sigma_{pe} A_{pb} \sin\alpha_p) S_0}{I_0 b} \tag{9-91}$$

式中　σ_x——由预加力和弯矩 M_k 在计算纤维处产生的混凝土法向应力；

σ_y——由集中荷载（如吊车梁集中力等）标准值 F_k 产生的混凝土竖向压应力，分布在 F_k 作用点两侧一定长度范围内；

τ——由剪力值 V_k 和弯起预应力筋的预加力在计算纤维处产生的混凝土剪应力（如有扭矩作用，尚应考虑由扭矩引起的剪应力），当有集中荷载标准值 F_k 作用时，其为在 F_k 作用点两侧一定长度范围内，由 F_k 产生的混凝土剪应力；

σ_{pc}——扣除全部预应力损失后，在计算纤维处由预应力产生的混凝土法向应力；

σ_{pe}——预应力筋的有效预应力；

M_k、V_k——按荷载标准组合计算的弯矩值、剪力值；

S_0——计算纤维层以上部分的换算截面面积对构件换算截面重心的面积矩。

对预应力混凝土梁，在集中荷载作用点两侧各 $0.6h$ 的长度范围内，集中荷载标准值产生的混凝土竖向压应力和剪应力，可按图 9-29 取用。

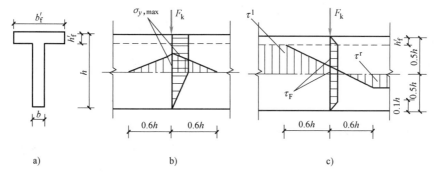

图 9-29　预应力混凝土吊车梁集中荷载作用点附近应力分布

a）截面　b）竖向压应力 σ_y 分布　c）剪应力 τ 分布

3. 裂缝宽度验算

使用阶段允许出现裂缝的预应力受弯构件，应验算裂缝宽度。按荷载标准组合并考虑荷载的长期作用影响的最大裂缝宽度 w_{max}，不应超过附表 12 规定的允许值。

当预应力混凝土受弯构件的混凝土全截面消压时，其起始受力状态等同于钢筋混凝土受弯构件，因此可以按钢筋混凝土受弯构件的类似方法进行裂缝宽度计算，即

$$w_{max} = \alpha_{cr} \psi \frac{\sigma_{sk}}{E_s} \left(1.9 c_s + 0.08 \frac{d_{eq}}{\rho_{te}} \right) \tag{9-92}$$

式中 α_{cr}——受弯构件受力特征系数，取 1.5。

对受压区合力点取矩，求得纵向受力钢筋应力 σ_{sk}（图 9-30），即

$$\sigma_{sk} = \frac{M_k - N_{p0}(z - e_p)}{(\alpha A_p + A_s) z} \tag{9-93}$$

$$z = \left[0.87 - 0.12(1 - \gamma_f') \left(\frac{h_0}{e} \right)^2 \right] h_0 \tag{9-94}$$

$$e = \frac{M_k}{N_{p0}} + e_p \tag{9-95}$$

$$N_{p0} = \sigma_{p0} A_p + \sigma_{p0}' A_p' - \sigma_{l5} A_s - \sigma_{l5}' A_s' \tag{9-96}$$

$$e_{p0} = \frac{\sigma_{p0} A_p y_p - \sigma_{p0}' A_p' y_p' - \sigma_{l5} A_s y_s + \sigma_{l5}' A_s' y_s'}{N_{p0}} \tag{9-97}$$

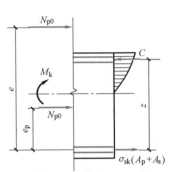

图 9-30 预应力混凝土受弯构件裂缝截面处的应力图形

式中 z——受拉区纵向预应力筋和普通钢筋合力点至受压区合力点的距离；

N_{p0}——混凝土法向预应力等于零时全部纵向预应力筋和普通钢筋的合力，当 $N_{p0} > 0.3 f_c A_0$ 时，取 $N_{p0} = 0.3 f_c A_0$；

e_{p0}——N_{p0} 的作用点至换算截面形心的距离；

e_p——N_{p0} 的作用点至纵向受拉预应力筋和普通钢筋合力点的距离；

α——无黏结预应力筋的等效折减系数，取 0.3；

σ_{p0}——混凝土正截面法向应力为零时，受拉预应力筋合力点处预应力筋的应力，先张法 $\sigma_{p0} = \sigma_{con} - \sigma_l$，后张法 $\sigma_{p0} = \sigma_{con} - \sigma_l + \alpha_{Ep} \sigma_{pcIIp}$；

σ_{p0}'——混凝土正截面法向应力为零时，受压预应力筋合力点处预应力筋的应力，先张法 $\sigma_{p0}' = \sigma_{con}' - \sigma_l'$，后张法 $\sigma_{p0}' = \sigma_{con}' - \sigma_l' + \alpha_{Ep} \sigma_{pcIIp}'$。

其他符号的物理意义同预应力混凝土轴心受拉构件裂缝宽度验算。

计算 ρ_{te} 采用的有效受拉混凝土截面面积 A_{te} 取腹板截面面积的一半与受拉翼缘截面面积之和，即 $A_{te} = 0.5 bh + (b_f - b) h_f$，其中 b_f、h_f 分别为受拉翼缘的宽度、高度。

4. 挠度验算

预应力混凝土受弯构件使用阶段的挠度是由两部分所组成：外荷载作用下产生的挠度、预应力引起的反拱值。反拱可以抵消部分挠度，故预应力混凝土受弯构件的挠度小于钢筋混凝土受弯构件的挠度。

（1）外荷载作用下产生的挠度 a_{fl}　由外荷载引起的挠度，可按材料力学的公式进行计算，即

$$a_{f1} = s \frac{M_k l_0^2}{B} \tag{9-98}$$

式中 s——与荷载形式、支承条件有关的系数;

B——荷载效应的标准组合并考虑荷载长期作用影响的长期刚度。

B 可按下列公式计算:

$$B = \frac{M_k}{M_q(\theta-1)+M_k} B_s \tag{9-99}$$

式中 θ——考虑荷载长期作用对挠度增大的影响系数,取 $\theta = 2.0$;

B_s——荷载标准组合下预应力混凝土受弯构件的短期刚度。

B_s 可按下列公式计算:

不出现裂缝的构件:

$$B_s = 0.85 E_c I_0 \tag{9-100}$$

出现裂缝的构件:

$$B_s = \frac{0.85 E_c I_0}{\frac{M_{cr}}{M_k} + \left(1 - \frac{M_{cr}}{M_k}\right)\omega} \tag{9-101}$$

$$\omega = \left(1.0 + \frac{0.21}{\alpha_E \rho}\right)(1 + 0.45\gamma_f) - 0.7 \tag{9-102}$$

$$M_{cr} = (\sigma_{pcII} + \gamma_m f_{tk}) W_0 \tag{9-103}$$

式中 I_0——换算截面的惯性矩;

M_{cr}——换算截面的开裂弯矩,可按式(9-79)计算,当 $M_{cr}/M_k > 1.0$ 时,取 $M_{cr}/M_k = 1.0$;

γ_f——受拉翼缘面积与腹板有效面积的比值,$\gamma_f = (b_f-b)h_f/(bh_0)$,其中 b_f、h_f 分别为受拉翼缘的宽度、高度;

γ_m——截面抵抗矩塑性影响系数基本值,按附表 18 采用;

α_E——钢筋与混凝土弹性模量之比。

对预压时预拉区允许出现裂缝的构件,B_s 应减小 10%。

(2)预应力引起的反拱值 a_{f2} 由预应力引起的反拱值,可按偏心受压构件求挠度的公式计算,即

$$a_{f2} = \frac{N_p e_p l_0^2}{8 E_c I_0} \tag{9-104}$$

式中 N_p——扣除全部预应力损失后的预应力筋和普通钢筋的合力,先张法为 N_{p0II},后张法为 N_{pnII};

e_p——N_p 对截面形心的偏心距,先张法为 e_{p0II},后张法为 e_{pnII};

考虑到预应力这一因素是长期存在的,所以反拱值可取为 $2a_{f2}$。

对永久荷载所占比例较小的构件,应考虑反拱过大对使用上的不利影响。

(3)荷载作用时的总挠度 a_f

$$a_f = a_{f1} - a_{f2} \tag{9-105}$$

a_f 计算值应满足附表 14 中的挠度限值。

9.4.4 正截面承载力计算

当外荷载增大至构件破坏时，截面受拉区预应力筋和普通钢筋的应力先达到屈服强度 f_{py} 和 f_y，然后受压区边缘混凝土应变达到极限压应变致使混凝土压碎，构件达到极限承载力。此时，受压区普通钢筋的应力可达到受压屈服强度 f'_y。而受压区预应力筋的应力 σ'_p 可能是拉应力，也可能是压应力，但一般达不到受压屈服强度 f'_{py}。

矩形截面预应力混凝土受弯构件与普通钢筋混凝土受弯构件相比，截面中仅多出受压和受拉预应力筋，如图 9-31 所示。

根据截面内力平衡条件可得

$$\sum X = 0 \qquad \alpha_1 f_c bx = f_y A_s - f'_y A'_s + f_{py} A_p + (\sigma'_{p0} - f'_{py}) A'_p \qquad (9\text{-}106)$$

$$\sum M_{A_s} = 0 \qquad M \leqslant M_u = \alpha_1 f_c bx \left(h_0 - \frac{x}{2} \right) + f'_y A'_s (h_0 - a'_s) - (\sigma'_{p0} - f'_{py}) A'_p (h_0 - a'_p) \qquad (9\text{-}107)$$

式中　M——弯矩设计值；

α_1——系数，按表 3-3 取值；

h_0——截面有效高度，$h_0 = h - a$；

a'_p——受压区预应力筋合力点至受压区边缘的距离；

a'_s——受压区普通钢筋合力点至受压区边缘的距离。

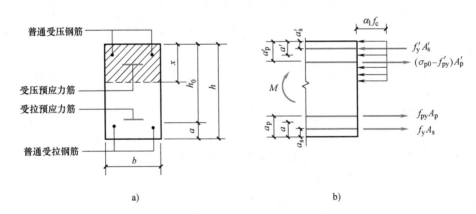

图 9-31　矩形截面预应力混凝土受弯构件正截面承载能力计算简图

为保证适筋梁破坏和受压钢筋达到屈服强度，混凝土受压区高度 x 应符合下列要求：

$$2a' \leqslant x \leqslant \xi_b h_0$$

式中　a'——受压区全部钢筋合力点至受压区边缘的距离。当 $\sigma'_{p0} - f'_{py}$ 为拉应力或 $A'_p = 0$ 时，a' 用 a'_s 代替。

当 $x < 2a'$ 且 $\sigma'_{p0} - f'_{py}$ 为压应力时，正截面受弯承载力可按下列公式计算：

$$M \leqslant M_u = f_{py} A_p (h - a_p - a'_s) + f_y A_s (h - a_s - a'_s) - (\sigma'_{p0} - f'_{py}) A'_p (a'_p - a'_s) \qquad (9\text{-}108)$$

式中　a_p、a_s——受拉区预应力筋、普通钢筋各自合力点至受拉区边缘的距离。

预应力筋的相对界限受压区高度 ξ_b 应按下列公式计算：

$$\xi_b = \frac{\beta_1}{1 + \dfrac{0.002}{\varepsilon_{cu}} + \dfrac{f_{py} - \sigma_{p0}}{\varepsilon_{cu} E_s}} \tag{9-109}$$

式中 β_1——系数，按表 3-3 取值。

9.4.5 斜截面承载力计算

1. 斜截面受剪承载力计算公式

试验表明，由于预压应力和剪应力的复合作用，增加了混凝土剪压区的高度和骨料之间的咬合力，延缓了斜裂缝的出现和开展，因此预应力混凝土受弯构件的斜截面受剪承载力比钢筋混凝土受弯构件的要高。预应力混凝土受弯构件斜截面承载力计算简图如图 9-32 所示。

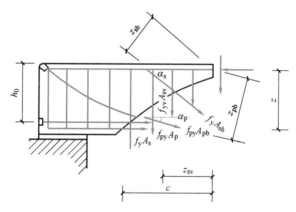

图 9-32 预应力混凝土受弯构件斜截面承载力计算简图

对于矩形、T 形和 I 形截面预应力混凝土梁，斜截面受剪承载力可按下式计算：

当仅配置箍筋时，有

$$V \leqslant V_u = V_{cs} + V_p \tag{9-110}$$

当配置箍筋和弯起钢筋时，有

$$V \leqslant V_u = V_{cs} + V_{sb} + V_p + V_{pb} \tag{9-111}$$

$$V_p = 0.05 N_{p0} \tag{9-112}$$

$$V_{pb} = 0.8 f_y A_{pb} \sin\alpha_p \tag{9-113}$$

式中 V_{cs}——斜截面上混凝土和箍筋的受剪承载力设计值，按式（4-9）、式（4-10）或式（4-11）计算；

V_{sb}——普通弯起钢筋的受剪承载力，按式（4-12）计算；

V_p——由预压应力所提高的受剪承载力；

V_{pb}——预应力弯起钢筋的受剪承载力；

α_p——斜截面处预应力弯起钢筋的切线与构件纵向轴线的夹角，如图 9-32 所示；

A_{pb}——同一弯起平面的预应力弯起钢筋的截面面积。

对于 N_{p0} 引起的截面弯矩与外荷载引起的弯矩方向相同的情况，以及预应力混凝土连续梁和允许出现裂缝的简支梁，不考虑预应力对受剪承载力的提高作用，即取 $V_p = 0$。

当符合式（9-114）或式（9-115）的要求时，可不进行斜截面的受剪承载力计算，仅需按构造要求配置箍筋。

一般受弯构件：

$$V \leqslant 0.7f_t bh_0 + 0.05N_{p0} \tag{9-114}$$

集中荷载作用下的独立梁：

$$V \leqslant \frac{1.75}{\lambda + 1}f_t bh_0 + 0.05N_{p0} \tag{9-115}$$

预应力混凝土受弯构件受剪承载力计算的截面尺寸限制条件、箍筋的构造要求和验算截面的确定等，均与钢筋混凝土受弯构件的要求相同。

2. 斜截面受弯承载力计算公式

预应力混凝土受弯构件的斜截面受弯承载力计算公式为

$$M \leqslant M_u = (f_y A_s + f_{py}A_p)z + \sum f_y A_{sb}z_{sb} + \sum f_{py}A_{pb}z_{pb} + \sum f_{yv}A_{sv}z_{sv} \tag{9-116}$$

此时，斜截面的水平投影长度可按下列条件确定：

$$V = \sum f_y A_{sb}\sin\alpha_s + \sum f_{py}A_{pb}\sin\alpha_p + \sum f_{yv}A_{sv} \tag{9-117}$$

式中　V——斜截面受压区末端的剪力设计值；

　　　z——纵向普通钢筋和预应力受拉钢筋的合力至受压区合力点的距离，可近似取 $z = 0.9h_0$；

z_{sb}、z_{pb}——同一弯起平面内的普通钢筋、预应力钢筋的合力至斜截面受压区合力点的距离；

　　z_{sv}——同一斜截面上箍筋的合力至斜截面受压区合力点的距离。

当配置的纵向受力钢筋和箍筋满足第4.3节规定的斜截面受弯构造要求时，可不进行构件斜截面受弯承载力计算。

在计算先张法预应力混凝土构件端部锚固区的斜截面受弯承载力时，预应力筋的抗拉强度设计值在锚固区内是变化的，在锚固起点处预应力筋是不受力的，该处预应力筋的抗拉强度设计值应取为零。在锚固区的终点处取 f_{py}，在两点之间可按线性内插法取值。锚固长度 l_a 按第2.3节规定计算。

9.4.6　先张法预应力的传递长度

对先张法预应力混凝土构件端部进行正截面、斜截面抗裂验算及斜截面受剪和受弯承载力计算时，应该考虑预应力筋和混凝土在预应力传递长度 l_{tr} 范围内实际应力值是变化的。预应力筋和混凝土的实际预应力假定按线性规律增大，在构件端部取为零，在预应力传递长度的末端取有效预应力值 σ_{pe} 和 σ_{pc}，在两点之间可按线性内插法取值，如图9-33所示。

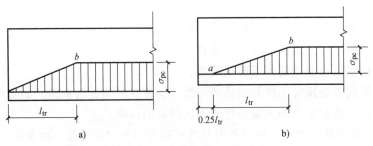

图9-33　预应力筋的预应力传递长度 l_{tr} 范围内有效预应力值的变化图

a）应力分布　b）端部受损后的应力分布

预应力传递长度 l_{tr} 按下式计算：

$$l_{tr} = \alpha \frac{\sigma_{pe}}{f'_{tk}} d \qquad (9\text{-}118)$$

式中　d——预应力筋的公称直径，按附表 16 或附表 17 取值；

　　　α——预应力筋的外形系数，按表 2-2 取值；

　　　f'_{tk}——与放张时混凝土立方体抗压强度相对应的轴心抗拉强度标准值，按附表 5 以线性内插法确定。

思政：预应力混凝土
双 T 板多层工业厂房——
预制装配工业化生产
安装技术的集成创新载体

当采用骤然放松预应力筋的施工工艺时，l_{tr} 的起点应从距构件末端 $0.25 l_{tr}$ 处开始计算，如图 9-33b 所示。

【例 9-2】　图 9-34 所示为某预应力混凝土简支梁，处于一类环境，长度 9m，计算跨度 $l_0 = 8.6$m，截面尺寸 $b \times h = 200\text{mm} \times 900\text{mm}$。荷载下的弯矩标准值 $M_{Gk} = 180\text{kN} \cdot \text{m}$，$M_{Qk} = 120\text{kN} \cdot \text{m}$，准永久系数为 0.5，剪力设计值 $V = 141\text{kN}$。采用 C50 混凝土，受拉区布置 4 Φ 12 的 HRB400 级普通钢筋和 2 束 $\phi^s 1 \times 7$ 的低松弛钢绞线（$d = 15.2\text{mm}$，$f_{ptk} = 1860\text{N/mm}^2$，$\sigma_{con} = 0.75 f_{ptk}$）。采用先张法施工，台座长度 90m，镦头锚固，蒸汽养护 $\Delta t = 20$℃，达到混凝土设计强度时放张预应力筋，该梁裂缝控制等级为三级，跨中挠度允许值为 $l_0/250$。试进行该梁的①施工阶段应力验算；②正常使用阶段的裂缝宽度和变形验算；③正截面受弯承载力和斜截面受剪承载力验算。

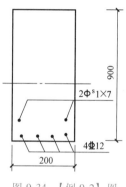

图 9-34　【例 9-2】图

【解】　（1）设计参数

查附表 5~附表 7 可知，C50 混凝土 $E_c = 3.45 \times 10^4 \text{N/mm}^2$，$f_{tk} = 2.64\text{N/mm}^2$，$f_c = 23.1\text{N/mm}^2$；放张预应力筋时 $f'_{cu} = 50\text{N/mm}^2$，$f'_{tk} = 2.64\text{N/mm}^2$，$f'_{ck} = 32.4\text{N/mm}^2$。

查附表 13、附表 2 可知，HRB400 级钢筋 $E_s = 2.0 \times 10^5 \text{N/mm}^2$，$f_y = 360\text{N/mm}^2$。

查附表 13、附表 3、附表 4 可知，钢绞线 $E_p = 1.95 \times 10^5 \text{N/mm}^2$，$f_{ptk} = 1860\text{N/mm}^2$，$f_{py} = 1320\text{N/mm}^2$。

查附表 10、附表 16 可知，$A_s = 452\text{mm}^2$，$A_p = 2 \times 140\text{mm}^2 = 280\text{mm}^2$。

查附表 8 可知，一类环境，$c = 20\text{mm}$。

取箍筋直径 $d_{sv} = 10\text{mm}$。

$$\alpha_{Ep} = \frac{E_p}{E_c} = \frac{1.95 \times 10^5}{3.45 \times 10^4} = 5.65$$

$$\alpha_{Es} = \frac{E_s}{E_c} = \frac{2.0 \times 10^5}{3.45 \times 10^4} = 5.8$$

（2）截面的几何特性

换算截面面积：

$$A_0 = A_c + \alpha_{Ep} A_p + \alpha_{Es} A_s = (200 \times 900 + 5.65 \times 280 + 5.8 \times 452)\text{mm}^2 = 184204\text{mm}^2$$

$$\rho_s = \frac{A_s}{A_0} = \frac{452}{184204} = 0.0025$$

$$\rho_p = \frac{A_p}{A_0} = \frac{280}{184204} = 0.0015$$

$$\rho = 0.0015 + 0.0025 = 0.004$$

换算截面形心至受压区边缘的距离 y'：

$$y' = (0.5 + 0.42\alpha_{Ep}\rho_p + 0.42\alpha_{Es}\rho_s)h$$

$$= (0.5 + 0.42 \times 5.65 \times 0.0015 + 0.42 \times 5.8 \times 0.0025) \times 900\text{mm} = 458.68\text{mm}$$

截面形心至受拉边缘距离 y：

$$y = (900 - 458.68)\text{mm} = 441.32\text{mm}$$

单筋矩形截面的截面惯性矩 I_0：

$$I_0 = (0.0833 + 0.1\alpha_{Ep}\rho_p + 0.1\alpha_{Es}\rho_s)bh^3$$

$$= (0.0833 + 0.1 \times 5.65 \times 0.0015 + 0.1 \times 5.8 \times 0.0025) \times 200 \times 900^3 \text{mm}^4 = 12480 \times 10^6 \text{mm}^4$$

预应力筋合力点至换算截面形心的距离 y_p：

$$y_p = h - y' - c - d_{sv} - d_s - e - \frac{d_p}{2} = (900 - 458.68 - 20 - 10 - 12 - 25 - 7.6)\text{mm} = 366.72\text{mm}$$

普通钢筋合力点至换算截面形心的距离 y_s：

$$y_s = h - y' - c - d_{sv} - \frac{d_s}{2} = (900 - 458.68 - 20 - 10 - 6)\text{mm} = 405.32\text{mm}$$

（3）预应力损失计算

张拉控制应力：

$$\sigma_{con} = 0.75f_{ptk} = 0.75 \times 1860\text{N/mm}^2 = 1395\text{N/mm}^2$$

1）锚具变形和钢筋内缩损失 σ_{l1}：

查表 9-2 可知，$a = 1\text{mm}$。

$$\sigma_{l1} = \frac{a}{l}E_p = \frac{1}{90 \times 10^3} \times 1.95 \times 10^5 \text{N/mm}^2 = 2.17\text{N/mm}^2$$

2）温差损失 σ_{l3}：

$$\sigma_{l3} = 2\Delta t = 2 \times 20\text{N/mm}^2 = 40\text{N/mm}^2$$

3）应力松弛损失 σ_{l4}：

$$\sigma_{l4} = 0.2\left(\frac{\sigma_{con}}{f_{ptk}} - 0.5\right)\sigma_{con} = 0.2 \times (0.75 - 0.5) \times 1395\text{N/mm}^2 = 69.75\text{N/mm}^2$$

第一批预应力损失：

$$\sigma_{lI} = \sigma_{l1} + \sigma_{l3} + \sigma_{l4} = (2.17 + 40 + 69.75)\text{N/mm}^2 = 111.92\text{N/mm}^2$$

$$N_{p0I} = (\sigma_{con} - \sigma_{lI})A_p = (1395 - 111.92) \times 280\text{N} = 359.26\text{kN}$$

预应力筋到换算截面形心距离：

$$e_{p0I} = y_p = 366.72\text{mm}$$

$$\sigma_{pcI} = \frac{N_{p0I}}{A_0} + \frac{N_{p0I}e_{p0I}y_p}{I_0} = \left(\frac{359.26 \times 10^3}{184204} + \frac{359.26 \times 10^3 \times 366.72 \times 366.72}{12480 \times 10^6}\right)\text{N/mm}^2$$

$$= 5.82\text{N/mm}^2 < 0.5f_{cu} = 0.5 \times 50\text{N/mm}^2 = 25\text{N/mm}^2$$

4）混凝土收缩、徐变损失 σ_{l5}：

$$\sigma_{l5} = \frac{60 + 340\dfrac{\sigma_{pcI}}{f'_{cu}}}{1 + 15\rho} = \frac{60 + 340 \times \dfrac{5.82}{50}}{1 + 15 \times 0.004} N/mm^2 = 93.94 N/mm^2$$

第二批预应力损失：

$$\sigma_{lII} = \sigma_{l5}$$

总预应力损失：

$$\sigma_l = \sigma_{lI} + \sigma_{lII} = (111.92 + 93.94) N/mm^2 = 205.86 N/mm^2 > 100 N/mm^2$$

$$\sigma_{p0II} = \sigma_{con} - \sigma_l = (1395 - 205.86) N/mm^2 = 1189.14 N/mm^2$$

预压力对截面下边缘产生的应力（压应力）为

$$N_{p0II} = (\sigma_{con} - \sigma_l)A_p - \sigma_{l5}A_s = (1189.14 \times 280 - 93.94 \times 452) N = 290.5 \times 10^3 N = 290.5 kN$$

$$\sigma_{pcII} = \frac{N_{p0II}}{A_0} + \frac{N_{p0II} e_{p0II} y}{I_0} = \left(\frac{290.5 \times 10^3}{184204} + \frac{290.5 \times 10^3 \times 366.72 \times 441.32}{12480 \times 10^6} \right) N/mm^2 = 5.3 N/mm^2$$

（4）施工阶段验算

施工阶段在预压力作用下截面边缘的混凝土应力：

截面下边缘混凝土应力（压应力）为

$$\sigma_{pcII} = 5.3 N/mm^2$$

截面上边缘混凝土应力（拉应力）为

$$\sigma'_{pcII} = \frac{N_{p0II}}{A_0} - \frac{N_{p0II} e_{p0II} y'}{I_0} = \left(\frac{290.5 \times 10^3}{184204} - \frac{290.5 \times 10^3 \times 366.72 \times 458.68}{12480 \times 10^6} \right) N/mm^2 = -2.34 N/mm^2$$

梁自重作用下截面边缘的混凝土应力：

$$g_{zK} = 0.2 \times 0.9 \times 25 kN/m = 4.5 kN/m$$

$$M_{zK} = \frac{1}{8} g_{zK} l_0^2 = \frac{1}{8} \times 4.5 \times 8.6^2 kN \cdot m = 41.6 kN \cdot m$$

截面上边缘混凝土应力（压应力）为

$$\frac{M_{zK}}{I_0} y' = \frac{41.6 \times 10^6}{12480 \times 10^6} \times 458.68 N/mm^2 = 1.53 N/mm^2$$

截面下边缘混凝土应力（拉应力）为

$$\frac{M_{zK}}{I_0} y = \frac{41.6 \times 10^6}{12480 \times 10^6} \times 441.32 N/mm^2 = 1.47 N/mm^2$$

因此，施工阶段在预压力及自重共同作用下截面边缘的混凝土应力：

截面下边缘混凝土应力（压应力）为

$$\sigma_{cc} = \sigma_{pcII} - \frac{M_K}{W_0} = (5.3 - 1.47) N/mm^2 = 3.83 N/mm^2 < 0.8 f'_{ck} = 0.8 \times 32.4 N/mm^2$$

$$= 25.92 N/mm^2$$

截面上边缘混凝土应力（拉应力）为

$$\sigma_{ct} = \sigma'_{pcII} + \frac{M_K}{W_0} = (-2.34 + 1.53) N/mm^2 = 0.8 N/mm^2 < f'_{tk} = 2.64 N/mm^2 （满足要求）$$

（5）正常使用阶段裂缝宽度计算

荷载下的弯矩标准值为

$$M_K = M_{QK} + M_{GK} = (120 + 180)\,kN \cdot m = 300 kN \cdot m$$

$$N_{p0\,II} = 290.5 kN$$

预应力筋、普通钢筋合力点至换算截面形心距离：$y_p = 366.72mm$、$y_s = 405.32mm$。

$N_{p0\,II}$ 至换算截面形心的距离：

$$e_{p0} = \frac{\sigma_{p0\,II} A_p y_p - \sigma_{l5} A_s y_s}{N_{p0\,II}} = \frac{1189.14 \times 280 \times 366.72 - 93.94 \times 452 \times 405.32}{290.5 \times 10^3} mm = 361.08mm$$

$$e_p = -e_{p0} = -361.08mm$$

$$e = -e_{p0} + \frac{M_K}{N_{p0\,II}} = -361.08 + \frac{300 \times 10^6}{290.5 \times 10^3} mm = 671.62mm$$

单筋矩形截面，$a_s = c + d_{sv} + d_s + e/2 = (20 + 10 + 12 + 25 \div 2)\,mm = 54.5mm$，取 $a_s = 55mm$，$h_0 = (900 - 55)\,mm = 845mm$。

$$z = \left[0.87 - 0.12\left(\frac{h_0}{e}\right)^2\right] h_0 = \left[0.87 - 0.12 \times \left(\frac{845}{671.62}\right)^2\right] \times 845mm = 574.64mm$$

$$\sigma_{sk} = \frac{M_K - N_{p0\,II}(z - e_p)}{(A_p + A_s)z} = \frac{300 \times 10^6 - 290.5 \times 10^3 \times (574.64 + 361.08)}{(280 + 452) \times 574.64} N/mm^2 = 66.98 N/mm^2$$

$$\rho_{te} = \frac{A_p + A_s}{0.5bh} = \frac{280 + 452}{0.5 \times 200 \times 900} = 0.008 < 0.01$$

取 $\rho_{te} = 0.01$。

$$\psi = 1.1 - \frac{0.65 f_{tk}}{\sigma_{sk} \rho_{te}} = 1.1 - \frac{0.65 \times 2.64}{66.98 \times 0.01} < 0.2$$

取 $\psi = 0.2$。

$$d_{eq} = \frac{\sum n_i d_i^2}{\sum n_i v_i d_i} = \frac{2 \times 15.2^2 + 4 \times 12^2}{2 \times 15.2 \times 0.6 + 4 \times 12 \times 1.0} mm = 15.67mm$$

$$w_{max} = \alpha_{cr} \psi \frac{\sigma_{sk}}{E_p} \times \left(1.9 c_s + 0.08 \frac{d_{eq}}{\rho_{te}}\right) = 1.5 \times 0.2 \times \frac{66.98}{1.95 \times 10^5} \times \left(1.9 \times 30 + 0.08 \times \frac{15.67}{0.01}\right) mm$$

$$= 0.019mm < w_{lim} = 0.2mm \quad (满足要求)$$

（6）正常使用阶段挠度验算

截面下边缘混凝土预压应力为

$$\sigma_{pc\,II} = 5.3 N/mm^2$$

查附表 18 可知，$\gamma_m = 1.55$。

$$M_{cr} = (\sigma_{pc\,II} + \gamma_m f_{tk}) W_0 = (5.3 + 1.55 \times 2.64) \times \frac{12480 \times 10^6}{441.32} N \cdot mm = 265.59 \times 10^6 N \cdot mm$$

$$= 265.59 kN \cdot m$$

$$\kappa_{cr} = \frac{M_{cr}}{M_K} = \frac{265.59}{300} = 0.885$$

纵向受拉钢筋配筋率：

$$\rho = \frac{A_p + A_s}{bh_0} = \frac{280 + 452}{200 \times 845} = 0.004$$

$$\omega = \left(1.0 + \frac{0.21}{\alpha_{Es}\rho}\right) - 0.7 = \left(1.0 + \frac{0.21}{5.8 \times 0.004}\right) - 0.7 = 9.35$$

$$B_s = \frac{0.85 E_c I_0}{\kappa_{cr} + (1 - \kappa_{cr})\omega} = \frac{0.85 \times 3.45 \times 10^4 \times 12480 \times 10^6}{0.885 + (1 - 0.885) \times 9.35} \text{N} \cdot \text{mm}^2 = 186.7 \times 10^{12} \text{N} \cdot \text{mm}^2$$

对预应力混凝土构件，$\theta = 2.0$。

$$M_q = M_{GK} + 0.5 M_{QK} = (180 + 0.5 \times 120) \text{kN} \cdot \text{m} = 240 \text{kN} \cdot \text{m}$$

$$B = \frac{M_K}{M_q(\theta - 1) + M_K} B_s = \frac{300}{240 \times (2 - 1) + 300} \times 186.7 \times 10^{12} \text{N} \cdot \text{mm}^2 = 103.72 \times 10^{12} \text{N} \cdot \text{mm}^2$$

荷载作用下的挠度：

$$a_{f1} = \frac{5}{48} \frac{M_K l_0^2}{B} = \frac{5}{48} \times \frac{300 \times 10^6 \times 8.6^2 \times 10^6}{103.72 \times 10^{12}} \text{mm} = 22.28 \text{mm}$$

预应力产生反拱：

$$B = E_c I_0 = 3.45 \times 10^4 \times 12480 \times 10^6 \text{N} \cdot \text{mm}^2 = 430.56 \times 10^{12} \text{N} \cdot \text{mm}^2$$

$$a_{f2} = \frac{N_{p0 \text{II}} e_{p0 \text{II}} l_0^2}{8B} = \frac{290.5 \times 10^3 \times 366.72 \times 8.6^2 \times 10^6}{8 \times 430.56 \times 10^{12}} \text{mm} = 2.29 \text{mm}$$

总挠度：

$$a_f = a_{f1} - a_{f2} = (22.28 - 2.29) \text{mm} = 19.99 \text{mm} < a_{lim} = l_0/250 = 34.4 \text{mm}（满足要求）$$

（7）正截面承载力计算

根据已知条件，荷载下的弯矩设计值为

$$M = 1.3 M_{GK} + 1.5 M_{QK} = (1.3 \times 180 + 1.5 \times 120) \text{kN} \cdot \text{m} = 414 \text{kN} \cdot \text{m}$$

$$\xi_b = \frac{\beta_1}{1 + \dfrac{0.002}{\varepsilon_{cu}} + \dfrac{f_{py} - \sigma_{p0 \text{II}}}{E_s \varepsilon_{cu}}} = \frac{0.8}{1 + \dfrac{0.002}{0.0033} + \dfrac{1320 - 1189.14}{2 \times 10^5 \times 0.0033}} = 0.443$$

混凝土受压区高度为

$$x = \frac{f_{py} A_p + f_y A_s}{\alpha_1 f_c b} = \frac{1320 \times 280 + 360 \times 452}{1.0 \times 23.1 \times 200} \text{mm} = 115.22 \text{mm} < \xi_b h_0 = 0.443 \times 845 \text{mm} = 374.34 \text{mm}$$

满足公式适用条件要求。

$$M_u = \alpha_1 f_c bx\left(h_0 - \frac{x}{2}\right) = 1.0 \times 23.1 \times 200 \times 115.22 \times (845 - 0.5 \times 115.22) \text{kN} \cdot \text{m} = 419.14 \text{kN} \cdot \text{m} > M$$

$$= 414 \text{kN} \cdot \text{m}$$

满足正截面受弯承载力要求。

（8）斜截面受剪承载力计算

由 $4 < h_w/b = 845 \div 200 = 4.23 < 6$，内插得系数为 0.206。

$$0.206 \beta_c f_c bh_0 = 0.206 \times 1.0 \times 23.1 \times 200 \times 845 \text{N} = 804.2 \times 10^3 \text{N} = 804.2 \text{kN} > V = 141 \text{kN}$$

截面尺寸满足要求。

$$0.7 f_t bh_0 = 0.7 \times 1.89 \times 200 \times 845 \text{N} = 223.59 \times 10^3 \text{N} = 223.59 \text{kN} > V = 141 \text{kN}$$

混凝土承载力满足斜截面受剪承载力要求，按构造要求配置箍筋即可（略）。

9.5 预应力混凝土构件的构造要求

9.5.1 一般规定

1. 截面形式和尺寸

预应力混凝土构件的截面形式应根据构件的受力特点进行合理选择。对于轴心受拉构件，通常采用正方形或矩形截面；对于受弯构件，宜选用 T 形、I 形或其他空心截面形式。此外，沿受弯构件纵轴，其截面形式可以根据受力要求改变，如屋面大梁和吊车梁，其跨中可采用 I 形截面，而在支座处，为了承受较大的剪力及提供足够的面积布置锚具，往往做成矩形截面。

由于预应力混凝土构件具有较好的抗裂性能和较大的刚度，其截面尺寸可比钢筋混凝土构件小些。对一般的预应力混凝土受弯构件，截面高度一般可取跨度的 1/20~1/14，最小可取 1/35，翼缘宽度一般可取截面高度的 1/3~1/2，翼缘厚度一般可取截面高度的 l/10~1/6，腹板厚度尽可能小一些，一般可取截面高度的 1/15~1/8。

2. 纵向普通钢筋

当配置一定的预应力筋已能使构件符合抗裂或裂缝宽度要求时，则按承载力计算所需的其余受拉钢筋可以采用普通钢筋。纵向普通钢筋宜采用 HRB400 级。

对于施工阶段预拉区允许出现拉应力的构件，为了防止由于混凝土收缩、温度变形等原因在预拉区产生裂缝，要求预拉区还需配置一定数量的纵向钢筋，其配筋率 $(A'_s+A'_p)/A$ 不宜小于 0.15%，其中 A 为构件截面面积。对后张法构件，则仅考虑 A'_s 而不计入 A'_p，因为在施工阶段，后张法预应力筋和混凝土之间没有黏结力或黏结力尚不可靠。

预拉区的纵向普通钢筋的直径不宜大于 14mm，并应沿构件预拉区的外边缘均匀配置。

9.5.2 先张法构件的要求

1）预应力筋的净间距应根据便于浇筑混凝土、保证钢筋与混凝土的黏结锚固以及施加预应力（夹具及张拉设备的尺寸要求）等要求来确定。预应力筋之间的净间距不宜小于其公称直径的 2.5 倍和混凝土粗骨料最大粒径的 1.25 倍，且应符合下列规定：预应力钢丝，不应小于 15mm；三股钢绞线，不应小于 20mm；七股钢绞线，不应小于 25mm。当混凝土振捣密实性具有可靠保证时，净间距可放宽为粗骨料最大粒径的 1.0 倍。

2）为防止放松预应力筋时构件端部出现纵向裂缝，对预应力筋端部周围的混凝土应采取下列加强措施：

① 对单根配置的预应力筋（如板肋的配筋），其端部宜设置长度不小于 150mm 且不少于 4 圈的螺旋筋，如图 9-35a 所示；当有可靠经验时，也可利用支座垫板上的插筋代替螺旋筋，但插筋数量不应少于 4 根，其长度不宜小于 120mm。

② 对分散布置的多根预应力筋，在构件端部 10d（d 为预应力筋的公称直径）且不小于 100mm 长度范围内，宜设置 3~5 片与预应力筋垂直的钢筋网片，如图 9-35b 所示。

③ 对采用预应力钢丝配筋的薄板（如 V 形折板），在端部 100mm 长度范围内宜适当加密横向钢筋。

④ 对槽形板类构件，应在构件端部 100mm 长度范围内沿构件板面设置附加横向钢筋，其数量不应少于 2 根，如图 9-35c 所示。

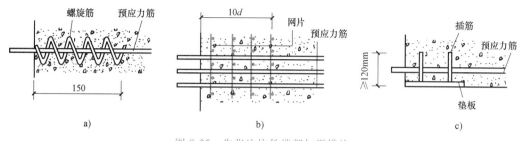

图 9-35　先张法构件端部加强措施
a）螺旋筋　b）钢筋网片　c）附加横向钢筋

3）预制肋形板宜设置加强其整体性和横向刚度的横肋。端横肋的受力钢筋应弯入纵肋内。当采用先张长线法生产有端横肋的预应力混凝土肋形板时，应在设计和制作上采取防止放张预应力时端横肋产生裂缝的有效措施。

4）当预应力混凝土屋面梁、吊车梁等构件靠近支座的斜向主拉应力较大部位时，宜将一部分预应力筋弯起。

5）预应力筋在构件端部全部弯起的受弯构件或直线配筋的先张法构件，当构件端部与下部支承结构焊接时，应考虑混凝土收缩、徐变及温度变化所产生的不利影响，宜在构件端部可能产生裂缝的部位设置足够的纵向构造普通钢筋。

9.5.3　后张法构件的要求

1. 预留孔道的构造要求

后张法预应力混凝土构件要在预留孔道中穿入预应力筋。截面中孔道的布置应考虑到张拉设备的尺寸、锚具尺寸及构件端部混凝土局部受压的强度要求等因素。

1）预留孔道的内径宜比预应力束外径及需穿过孔道的连接器外径大 6~15mm，且孔道的截面面积宜为穿入预应力筋截面面积的 3~4 倍。

2）预制构件中预留孔道之间的水平净间距不宜小于 50mm，且不宜小于粗骨料粒径的 1.25 倍；孔道至构件边缘的净间距不宜小于 30mm，且不宜小于孔道的半径。

3）现浇混凝土梁中预留孔道在竖直方向的净间距不应小于孔道外径，水平方向的净间距不宜小于 1.5 倍孔道外径，且不应小于粗骨料粒径的 1.25 倍。从孔道外壁至构件边缘的净间距，梁底不宜小于 50mm，梁侧不宜小于 40mm。裂缝控制等级为三级的梁，梁底、梁侧净间距分别不宜小于 60mm 和 50mm。

4）当有可靠经验并能保证混凝土浇筑质量时，预留孔道可水平并列贴紧布置，但并排的数量不应超过 2 束。

5）当现浇楼板中采用扁形锚固体系时，穿过每个预留孔道的预应力筋数量宜为 3~5 根；在常用荷载情况下，孔道在水平方向的净间距不应超过 8 倍板厚及 1.5m 中的较大值。

6）板中单根无黏结预应力筋的间距不宜大于板厚的 6 倍，且不宜大于 1m；带状束的无黏结预应力筋根数不宜多于 5 根，带状束间距不宜大于板厚的 12 倍，且不宜大于 2.4m。

7）梁中集束布置的无黏结预应力筋，集束的水平间距不宜小于 50mm，束至构件边缘的净间距不宜小于 40mm。

2. 曲线预应力筋的曲率半径

曲线预应力钢丝束、钢绞线束的曲率半径 r_p 宜按式（9-119）确定，但不宜小于 4m，其计算公式如下：

$$r_p \geqslant \frac{P}{0.35 f_c d_p} \tag{9-119}$$

式中 P——预应力筋束的合力设计值；

　　　d_p——预应力筋束孔道的外径；

　　　f_c——混凝土轴心抗压强度设计值，当验算张拉阶段曲率半径时，可取与施工阶段混凝土立方体抗压强度对应的抗压强度设计值。

对于折线配筋的构件，在预应力筋弯折处的曲率半径可适当减小。当曲率半径不满足上述要求时，可在曲线预应力束弯折处内侧设置钢筋网片或螺旋筋。

3. 端部钢筋布置

后张法预应力混凝土构件的端部锚固区，应按下列规定配置间接钢筋：

1）采用普通垫板时，应进行局部受压承载力计算，并配置间接钢筋，其体积配筋率不应小于 0.5%，垫板的刚性扩散角应取 45°。

2）当采用整体铸造垫板时，其局部受压区的设计应符合相关标准的规定。

3）为防止沿孔道产生劈裂，在局部受压间接钢筋配置区以外，在构件端部长度 l 不小于 $3e$（e 为截面重心轴上部或下部预应力筋的合力点至邻近边缘的距离）但不大于 $1.2h$（h 为构件端部截面高度）、高度为 $2e$ 的附加配筋区范围内，应均匀配置复合箍筋或网片，如图 9-36 所示，配筋面积可按式（9-120）计算，且体积配筋率不应小于 0.5%：

$$A_{sb} \geqslant 0.18 \left(1 - \frac{l_l}{l_b} \right) \frac{P}{f_{yv}} \tag{9-120}$$

式中 P——作用在构件端部截面重心线上部或下部预应力筋的合力设计值；

　　l_l、l_b——沿构件高度方向 A_l、A_b 的边长或直径；

　　　f_{yv}——附加防劈裂钢筋的抗拉强度设计值。

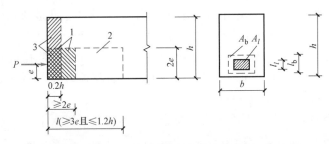

图 9-36　防止端部裂缝的配筋范围

1—局部受压间接钢筋配置区　2—附加防裂配筋区　3—附加竖向防端面裂缝配筋区

4）当构件端部预应力筋需集中布置在截面的下部或集中布置在上部和下部时，应在构件端部 0.2h（h 为构件端部截面高度）范围内设置附加竖向防端面裂缝构造钢筋（图 9-36）。其截面面积应符合下列要求：

$$A_{sv} \geqslant \frac{\left(0.25 - \dfrac{e}{h}\right) P}{f_{yv}} \tag{9-121}$$

当 $e > 0.2h$ 时，可根据实际情况适当配置构造钢筋。附加竖向防端面裂缝钢筋宜靠近端面配置，可采用焊接钢筋网、封闭式箍筋或其他的形式，且宜采用带肋钢筋。

当端部截面上部和下部均有预应力筋时，附加竖向防端面裂缝钢筋的总截面面积应按上部和下部的预应力合力分别计算的较大值采用。

在构件端面横向也应按上述方法计算防端面裂缝钢筋，并与上述附加竖向防端面裂缝钢筋形成网片筋配置。

5）当构件在端部有局部凹进时，为防止在预加应力过程中，端部转折处产生裂缝，应增设折线构造钢筋（图 9-37）或其他有效的构造钢筋。

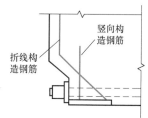

图 9-37　端部凹进处构造配筋

4. 其他构造要求

构件端部尺寸应考虑锚具的布置、张拉设备的尺寸和局部受压的要求，必要时应适当加大。

对外露金属锚具，应采取可靠的防腐及防火措施，并应符合下列规定：

1）无黏结预应力筋外露锚具应采用注有足量防腐油脂的塑料帽封闭锚具端头，并应采用无收缩砂浆或细石混凝土封闭。

2）对于处于二 b、三 a、三 b 类环境条件下的无黏结预应力锚固系统，应采用全封闭的防腐蚀体系，其封锚端及各连接部位应能承受 10kPa 的静水压力而不得透水。

3）采用混凝土封闭时，其强度等级宜与构件混凝土强度等级一致，且不应低于 C30。封锚混凝土与构件混凝土应可靠黏结，如锚具在封闭前应将周围混凝土界面凿毛并冲洗干净，且宜配置 1~2 片钢筋网，钢筋网应与构件混凝土拉结。

4）采用无收缩砂浆或混凝土封闭保护，处于一类环境时，其锚具及预应力筋端部的保护层厚度不应小于 20mm，处于二 a、二 b 类环境时，不应小于 50mm，处于三 a、三 b 类环境时，不应小于 80mm。

习　题

一、简答题

1. 为什么要对构件施加预应力？预应力混凝土构件的优缺点是什么？

2. 为什么在预应力混凝土构件中可以有效地采用高强度的材料？

3. 什么是张拉控制应力 σ_{con}？为什么取值不能过高或过低？

4. 为什么先张法的张拉控制应力比后张法的高一些？

5. 预应力损失有哪些？分别是由什么原因造成的？怎样减少预应力损失？

6. 预应力损失值为什么要分第一批和第二批损失？先张法和后张法各项预应力损失是怎样组合的？

7. 预应力混凝土轴心受拉构件的截面应力状态有哪些阶段？各阶段的应力如何？何谓有效预应力？它与张拉控制应力有何不同？

8. 预应力混凝土轴心受拉构件，在计算施工阶段预应力产生的混凝土法向应力 σ_{pc} 时，为什么先张法构件用 A_0，而后张法构件用 A_n？而在使用阶段时，都采用 A_0？先张法、后张法的 A_0、A_n 如何进行计算？

9. 若采用相同的控制应力 σ_{con}，预应力损失值也相同，当加载至混凝土法向应力 $\sigma_{pc} = 0$ 时，先张法和后张法两种构件中预应力筋的应力 σ_p 是否相同，为什么？

10. 在预应力混凝土轴心受拉构件的裂缝宽度计算公式中，为什么纵向受力钢筋的应力

$$\sigma_{sk} = \frac{N_k - N_{p0}}{A_p + A_s}?$$

11. 当钢筋级别相同时，未施加预应力与施加预应力对轴拉构件承载力有无影响？为什么？

12. 试总结先张法与后张法构件计算中的异同点。

13. 预应力混凝土受弯构件挠度计算与钢筋混凝土受弯构件挠度计算相比，有何特点？

14. 为什么预应力混凝土构件中一般还需放置适量的普通钢筋？

二、选择题

1. 一般来讲，预应力混凝土不适用于（　　）构件。

A. 轴心受拉构件　　　B. 轴心受压构件　　　C. 受弯构件　　　D. 偏心受压构件

2. 普通钢筋混凝土结构不能充分发挥高强钢筋的作用，主要原因是（　　）。

A. 受压混凝土先破坏　　　　　　　　B. 未配高强混凝土

C. 不易满足正常使用极限状态　　　　D. 不易满足承载力极限状态

3. 对构件施加预应力的主要目的是（　　）。

A. 提高承载力

B. 避免裂缝或减少裂缝（使用阶段），发挥高强材料作用

C. 对构件进行检验

D. 提高抗压强度

4. 关于预应力混凝土的论述正确的是（　　）。

A. 预应力混凝土可用来建造大跨度结构是因为有反拱，挠度小

B. 软钢或中等强度钢筋不宜当作预应力筋是因为它的有效预应力低

C. 对构件施加预应力是为了提高其承载力

D. 先张法适用于大型预应力构件施工

5. 对混凝土构件施加预应力，下列叙述错误的是（　　）。

A. 提高了构件的抗裂能力　　　　　　B. 可以减小构件的刚度

C. 可以增大构件的刚度　　　　　　　D. 可以充分利用高强度钢筋

6. 先张法和后张法构件相比，具有（　　）特点。

A. 工艺简单无须永久性锚具　　　　　B. 需要台座或钢模

C. 一般采用直线预应力筋　　　　　　D. 适用于施工现场制作大、中型构件

7. 预应力筋张拉或放张时的混凝土立方体抗压强度不应低于（　　）。

A. $0.85 f_{cu,k}$　　　B. $0.90 f_{cu,k}$　　　C. $0.75 f_{cu,k}$　　　D. $0.80 f_{cu,k}$

8. 用先张法施工的预应力混凝土构件，以下（　　）描述是正确的。

A. 后张拉钢筋，先浇筑混凝土　　　　B. 浇筑混凝土与张拉钢筋同时进行

C. 先张拉钢筋，后浇筑混凝土　　　　D. 无法确定

9. 以下（　　）措施可以减小预应力筋松弛引起的预应力损失。

A. 一端张拉

B. 两端张拉

C. 超张拉

D. 一端张拉，另一端补拉

10. 以下（　　）措施可以减小预应力筋与台座间温差引起的预应力损失。

A. 两阶段升温养护

B. 超张拉

C. 两端张拉

D. 一次升温养护

11. 条件相同的先张法和后张法轴拉构件，当 σ_{con} 及 σ_l 相同时，预应力筋中应力 σ_{peII}（　　）。

A. 两者相等

B. 后张法大于先张法

C. 后张法小于先张法

D. 无法确定

12. 条件相同的先张法和后张法轴拉构件，当 σ_l 及 σ_{pcII} 相同时，（　　）。

A. 两者 σ_{con} 相等

B. 后张法 σ_{con} 大于先张法

C. 后张法 σ_{con} 小于先张法

D. 无法确定

13. 后张法预应力混凝土轴拉构件完成全部预应力损失后，预应力筋的总预拉力 N_{pnII} = 50kN，若加载至混凝土应力为零，则外荷载 N_0 为（　　）。

A. $N_0 = 50kN$　　　B. $N_0 > 50kN$　　　C. $N_0 < 50kN$　　　D. 无法确定

14. 先张法和后张法的预应力混凝土构件，其传递预应力方法的区别是（　　）。

A. 先张法靠钢筋与混凝土间的黏结力来传递预应力，而后张法则靠工作锚具来保持预应力

B. 后张法靠钢筋与混凝土间的黏结力来传递预应力，而先张法则靠工作锚具来保持预应力

C. 先张法依靠传力架保持预应力，后张法则靠千斤顶来保持预应力

D. 先张法依靠夹具保持预应力，而后张法则靠锚具来保持预应力

三、填空题

1. 用预应力混凝土构件的目的是为了防止普通混凝土构件过早_____，充分利用_____。

2. 预应力混凝土可以延缓_____，提高构件的_____，并可减轻_____，节约_____的效果。

3. 预应力混凝土构件按施工方法可分为_____和_____。

4. 先张法是先_____，后_____；后张法是先_____，后_____。

5. 先张法适用于生产_____构件，后张法适用于生产_____构件。

6. 先张法主要靠_____传递预应力，而后张法主要靠_____传递预应力。

7. 张拉控制应力 σ_{con} 是_____，后张法的 σ_{con} 取值小于先张法，因为前者_____。

8. 计算预应力混凝土受弯构件由预应力产生的混凝土法向应力时，对先张法构件用_____截面几何特征值；对后张法构件用_____截面几何特征值。

9. 当材料强度等级和构件截面尺寸相同时，预应力混凝土构件的承载力比普通钢筋混凝土构件的承载力_____。

四、计算题

1. 屋架预应力混凝土下弦拉杆，长度 24m，截面尺寸及端部构造如图 9-38 所示，处于一类环境。采用后张法一端张拉施加预应力，并进行超张拉，孔道直径为 54mm，充压橡胶管抽芯成型。预应力筋选用 2 束 $3\Phi^s1\times7$（$d=12.7$mm）低松弛 1860 级钢绞线，普通钢筋为 $4\text{\textcircled{$\pm$}}12$ 的 HRB400 级钢筋（$A_s=452\text{mm}^2$），采用 OVM13-3 锚具，张拉控制应力 $\sigma_{con}=0.7f_{tk}$。混凝土强度等级为 C40，当达到 100% 混凝土设计强度等级时施加预应力。承受永久荷载作用下的轴力标准值 $N_{GK}=410$kN，可变荷载作用下的轴力标准值 $N_{QK}=165$kN，结构重要系数为 1.1，准永久系数为 0.5，裂缝控制等级为二级。试对拉杆进行施工阶段局部承压验算，正常使用阶段裂缝控制验算和正截面承载力验算。

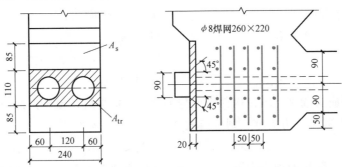

图 9-38　计算题 1 图

2. 预应力混凝土空心板梁，长度 16m，计算跨度 $l_0=15.5$m，截面尺寸如图 9-39 所示，处于一类环境。采用先张法施加预应力，并进行超张拉。预应力筋选用 11 根 $\Phi^s1\times7$（$d=15.2$mm）低松弛 1860 级钢绞线，普通钢筋为 $5\text{\textcircled{$\pm$}}12$ 的 HRB400 级钢筋（$A_s=565\text{mm}^2$），采用夹片式锚具，张拉控制应力 $\sigma_{con}=0.75f_{tk}$。混凝土强度等级为 C70，当达到 100% 混凝土设计强度等级时放张预应力筋。跨中截面承受永久荷载作用下的弯矩标准值 $M_{GK}=422$kN·m，可变荷载作用下的弯矩标准值 $M_{QK}=305$kN·m；支座截面承受永久荷载作用下的剪力标准值 $V_{GK}=110$kN，可变荷载作用下的剪力标准值 $V_{QK}=210$kN。结构重要系数为 1.0，准永久系数为 0.5，裂缝控制等级为二级，跨中挠度允许值为 $l_0/200$。

要求：①施工阶段截面正应力验算；②正常使用阶段裂缝控制验算；③正常使用阶段跨中挠度验算；④正截面承载力计算；⑤斜截面承载力计算。

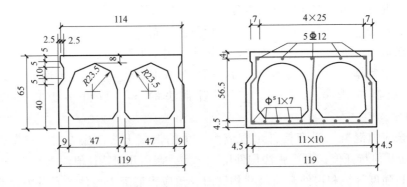

图 9-39　计算题 2 图

3. 已知某工程屋面梁跨度为 21m，梁的截面尺寸如图 9-40 所示。承受屋面板传递的均布恒载 $g = 49.5\text{kN/m}$，活荷载 $q = 5.9\text{kN/m}$。结构重要性系数为 1.1，裂缝控制等级为二级，跨中挠度允许值为 $l_0/400$。混凝土强度等级为 C40，预应力筋采用 1860 级高强低松弛钢绞线。预应力孔道采用镀锌波纹管成型，夹片式锚具。当混凝土达到设计强度等级后张拉预应力筋，施工阶段预拉区允许出现裂缝。纵向普通钢筋采用 HRB400 级热轧钢筋，箍筋采用 HPB300 级热轧钢筋。试进行该屋面梁的配筋设计。

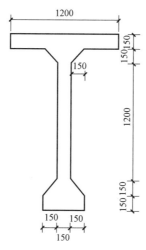

图 9-40　计算题 3 图

附　　录

附表 1　普通钢筋的强度标准值

牌号	符号	公称直径 d/mm	屈服强度标准值 $f_{yk}/(\text{N/mm}^2)$	极限强度标准值 $f_{stk}/(\text{N/mm}^2)$
HPB300	φ	6~14	300	420
HRB400 HRBF400 RRB400	$\underline{\Phi}$ $\underline{\Phi}^F$ $\underline{\Phi}^R$	6~50	400	540
HRB500 HRBF500	Φ Φ^F	6~50	500	630

附表 2　普通钢筋的强度设计值　　　　　　　（单位：N/mm²）

牌号	抗拉强度设计值 f_y	抗压强度设计值 f_y'
HPB300	270	270
HRB400 HRBF400 RRB400	360	360
HRB500 HRBF500	435	435

注：1. 对轴心受压构件，当采用 HRB500、HRBF500 钢筋时，钢筋的抗压强度设计值 f_y' 应取 400N/mm²。
　　2. 横向钢筋的抗拉强度设计值 f_{yv} 应按表中 f_y 的数值采用；但用作受剪、受扭、受冲切承载力计算时，钢筋强度设计值大于 360N/mm² 时应取 360N/mm²。

附表 3　预应力筋的强度标准值

种类		符号	公称直径 d/mm	屈服强度标准值 f_{pyk} $/(\text{N/mm}^2)$	极限强度标准值 f_{ptk} $/(\text{N/mm}^2)$
中强度 预应力钢丝	光面 螺旋筋	ϕ^{PM} ϕ^{HM}	5、7、9	620 780 980	800 970 1270
预应力 螺纹钢筋	螺纹	ϕ^T	18、25、32、40、50	785 930 1080	980 1080 1230
消除应力钢丝	光面 螺旋肋	ϕ^P ϕ^H	5、7、9	—	1570、1860 1570 1470、1570

（续）

种类		符号	公称直径 d/mm	屈服强度标准值 f_{pyk} /（N/mm^2）	极限强度标准值 f_{ptk} /（N/mm^2）
钢绞线	1×3（三股） 1×7（七股）	Φ^S	8.6、10.8、12.9	—	1570、1860、1960
			9.5、12.7、15.2、17.8		1720、1860、1960
			21.6		1860

注：极限强度标准值为1960N/mm^{2}的钢绞线作后张预应力配筋时，应有可靠的工程经验。

附表4　预应力筋的强度设计值　　　　　（单位：N/mm^2）

种类	极限强度标准值 f_{ptk}	抗拉强度设计值 f_{py}	抗压强度设计值 f'_{py}
中强度预应力钢丝	800	510	410
	970	650	
	1270	810	
消除应力钢丝	1470	1040	410
	1570	1110	
	1860	1320	
钢绞线	1570	1110	390
	1720	1220	
	1860	1320	
	1960	1390	
预应力螺纹钢筋	980	650	400
	1080	770	
	1230	900	

注：当预应力钢筋的强度标准值不符合附表3的规定时，其强度设计值应进行相应的比例换算。

附表5　混凝土强度标准值　　　　　（单位：N/mm^2）

强度种类	符号	混凝土强度等级												
		C15	C20	C25	C30	C35	C40	C45	C50	C55	C60	C65	C70	C75	C80
轴心抗压	f_{ck}	10.0	13.4	16.7	20.1	23.4	26.8	29.6	32.4	35.5	38.5	41.5	44.5	47.4	50.2
轴心抗拉	f_{tk}	1.27	1.54	1.78	2.01	2.20	2.39	2.51	2.64	2.74	2.85	2.93	2.99	3.05	3.11

附表6　混凝土强度设计值　　　　　（单位：N/mm^2）

强度种类	符号	混凝土强度等级												
		C15	C20	C25	C30	C35	C40	C45	C50	C55	C60	C65	C70	C75	C80
轴心抗压	f_c	7.2	9.6	11.9	14.3	16.7	19.1	21.1	23.1	25.3	27.5	29.7	31.8	33.8	35.9
轴心抗拉	f_t	0.91	1.10	1.27	1.43	1.57	1.71	1.80	1.89	1.96	2.04	2.09	2.14	2.18	2.22

附表7　混凝土弹性模量 E_c　　　　　（单位：10^4N/mm^2）

混凝土强度等级	C15	C20	C25	C30	C35	C40	C45	C50	C55	C60	C65	C70	C75	C80
E_c	2.20	2.55	2.80	3.00	3.15	3.25	3.35	3.45	3.55	3.60	3.65	3.70	3.75	3.80

注：1. 当有可靠试验依据时，弹性模量可根据实测数据确定。
　　2. 当混凝土中掺有大量矿物掺合料时，弹性模量可按规定龄期根据实测数据确定。

附表 8　混凝土保护层的最小厚度　　　　　　　　（单位：mm）

环境类别	板、墙、壳	梁、柱、杆
一	15	20
二 a	20	25
二 b	25	35
三 a	30	40
三 b	40	50

注：1. 混凝土强度等级不大于 C25 时，表中保护层厚度数值应增加 5mm。
　　2. 钢筋混凝土基础宜设置混凝土垫层，基础中钢筋的混凝土保护层厚度应从垫层顶面算起，且不应小于 40mm。

附表 9　纵向受力钢筋的最小配筋率 ρ_{min}

受力类型		最小配筋百分率（%）
受压构件	全部纵向钢筋 强度等级 500MPa	0.50
	全部纵向钢筋 强度等级 400MPa	0.55
	全部纵向钢筋 强度等级 300MPa	0.60
	一侧纵向钢筋	0.20
受弯构件、偏心受拉、轴心受拉构件一侧的受拉钢筋		0.2 和 $45f_t/f_y$ 中的较大值

注：1. 受压构件全部纵向钢筋最小配筋当采用 C60 以上强度等级的混凝土时，应按表中规定值增大 0.10%。
　　2. 板类受弯构件（不包括悬臂板、柱支撑板）的受拉钢筋，当采用强度等级 500MPa 的钢筋时，其最小配筋率应允许采用 0.15% 和 $45\%f_t/f_y$ 中的较大值。
　　3. 偏心受拉构件中的受压钢筋，应按受压构件一侧纵向钢筋考虑。
　　4. 受压构件的全部纵向钢筋和一侧纵向钢筋的配筋率以及轴心受拉构件和小偏心受拉构件一侧受拉钢筋的配筋率均应按构件的全截面面积计算。
　　5. 受弯构件、大偏心受拉构件一侧受拉钢筋的配筋率应按全截面面积扣除受压翼缘面积 $(b_f'-b)$ h_f' 后的截面面积计算。
　　6. 当钢筋沿构件截面周边布置时，"一侧纵向钢筋"系指沿受力方向两个对边中的一边布置的纵向钢筋。

附表 10　钢筋的公称直径、公称截面面积及理论质量表

公称直径 /mm	不同根数钢筋的公称截面面积/mm²									单根钢筋理论质量/（kg/m）
	1	2	3	4	5	6	7	8	9	
6	28.3	57	85	113	142	170	198	226	255	0.222
8	50.3	101	151	201	252	302	352	402	453	0.395
10	78.5	157	236	314	393	471	550	628	707	0.617
12	113.1	226	339	452	565	678	791	904	1017	0.888
14	153.9	308	461	615	769	923	1077	1231	1385	1.21
16	201.1	402	603	804	1005	1206	1407	1608	1809	1.58
18	254.5	509	763	1017	1272	1527	1781	2036	2290	20.0（2.11）
20	314.2	628	942	1256	1570	1884	2199	2513	2827	2.47
22	380.1	760	1140	1520	1900	2281	2661	3041	3421	2.98
25	490.9	982	1473	1964	2454	2945	3436	3927	4418	3.85（4.10）
28	615.8	1232	1847	2463	3079	3695	4310	4926	5542	4.83
32	804.2	1609	2413	3217	4021	4826	5630	6434	7238	6.31（6.65）
36	1017.9	20.36	3054	4072	5089	6107	7125	8143	9161	7.99
40	1256.6	2513	3770	5027	6283	7540	8796	10053	11310	9.87（10.34）
50	1963.5	3928	5892	7856	9820	11784	13748	15712	17676	15.42（16.28）

注：括号内为预应力螺纹钢筋的数值。

附表 11　各种钢筋间距时每米板宽内的钢筋截面面积

钢筋间距/mm	当钢筋直径(mm)为下列数值时的每米板宽钢筋截面面积/(mm²/m)															
	6	6/8	8	8/10	10	10/12	12	12/14	14	14/16	16	16/18	18	20	22	25
70	404	561	718	920	1122	1369	1616	1907	2199	2536	2872	2354	3635	4488	5430	7012
75	377	524	670	859	1047	1278	1508	1780	2053	2367	2681	3037	3393	4189	5068	6545
80	353	491	628	805	982	1198	1414	1669	1924	2218	2513	2847	3181	3927	4752	6136
85	333	462	591	758	924	1127	1331	1571	1811	2088	2365	2680	2994	3696	4472	5775
90	314	436	559	716	873	1065	1257	1484	1710	1972	2234	2531	2827	3491	4224	5454
95	298	413	529	678	827	1009	1190	1405	1620	1886	2116	2398	2679	3307	4001	5167
100	283	393	503	644	785	958	1131	1335	1539	1775	2011	2278	2545	3142	3801	4909
110	257	357	457	585	714	871	1028	1214	1399	1614	1828	2071	2313	2856	3456	4462
120	236	327	419	537	654	798	942	1113	1283	1480	1676	1899	2121	2618	3168	4091
125	226	314	402	515	628	767	905	1068	1232	1420	1608	1822	2036	2513	3041	3927
130	217	302	387	495	604	737	870	1027	1184	1366	1547	1752	1957	2417	2924	3776
140	202	280	359	460	561	684	808	954	1100	1268	1436	1627	1818	2244	2715	3506
150	188	262	335	429	524	639	754	890	1026	1183	1340	1518	1696	2094	2534	3272
160	177	245	314	403	491	599	707	834	962	1110	1257	1424	1590	1963	2376	3068
170	166	231	296	379	462	564	665	785	906	1044	1183	1340	1497	1848	2236	2887
180	157	218	279	358	436	532	628	742	855	985	1117	1266	1414	1745	2112	2727
190	149	207	265	339	413	504	595	703	810	934	1058	1199	1339	1653	2001	2584
200	141	196	251	322	393	479	565	668	770	888	1005	1139	1272	1571	1901	2454
220	129	178	228	293	357	436	514	607	700	807	914	1036	1157	1428	1728	2231
240	118	164	209	268	327	399	471	556	641	740	838	949	1060	1309	1584	2045
250	113	157	201	258	314	383	452	534	616	710	804	911	1018	1257	1521	1963
260	109	151	193	248	302	369	435	514	592	682	773	858	979	1208	1462	1888
280	101	140	180	230	280	342	404	477	550	634	718	814	909	1122	1358	1753
300	94	131	168	215	262	319	377	445	513	592	670	759	848	1047	1267	1636
320	88	123	157	201	245	299	353	417	481	554	630	713	795	982	1188	1534
330	86	119	152	195	238	290	343	405	466	538	609	690	771	952	1152	1487

注：表中钢筋直径有写成分式者如 6/8 系指 φ6、φ8 钢筋间隔配置。

附表 12　结构构件的裂缝控制等级和最大裂缝宽度的限值　　　（单位：mm）

环境类别	钢筋混凝土结构		预应力混凝土结构	
	裂缝控制等级	w_{lim}	裂缝控制等级	w_{lim}
一	三级	0.30(0.40)	三级	0.20
二 a		0.20		0.10
二 b			二级	—
三 a、三 b			一级	—

注：1. 对处于年平均相对湿度小于 60% 地区一类环境下的受弯构件，其最大裂缝宽度限值可采用括号内的数值。
　　2. 在一类环境下，对钢筋混凝土屋架、托架及需作疲劳验算的吊车梁，其最大裂缝宽度限值应取为 0.2mm；对钢筋混凝土屋面梁和托梁，其最大裂缝宽度限值应取为 0.3mm。
　　3. 在一类环境下，对预应力混凝土屋架、托架及双向板体系，应按二级裂缝控制等级进行验算；对一类环境下的预应力混凝土屋面梁、托梁、单向板，应按表中二 a 类环境的要求进行验算；在一类和二 a 类环境下需做疲劳验算的预应力混凝土吊车梁，应按裂缝控制等级不低于二级的构件进行验算。
　　4. 表中规定的预应力混凝土构件的裂缝控制等级和最大裂缝宽度限值仅适用于正截面的验算；预应力混凝土构件的斜截面裂缝控制验算应符合《混凝土结构设计规范（2015 年版）》（GB 50010—2010）第 7 章的有关规范。
　　5. 对于烟囱、筒仓和处于液体压力下的结构，其裂缝控制要求应符合专门标准的有关规定。
　　6. 对处于四、五类环境下的结构构件，其裂缝控制要求应符合专门标准的有关规定。
　　7. 表中的最大裂缝宽度限值用于验算荷载作用引起的最大裂缝宽度。

附表 13　钢筋弹性模量　　　　　　　　　　（单位：$\times 10^5 \text{N/mm}^2$）

牌号或种类	E_s
HPB300	2.10
HRB400、HRB500 HRBF400、HRBF500 RRB400 预应力螺纹钢筋	2.00
消除应力钢丝、中强度预应力钢丝	2.05
钢绞线	1.95

附表 14　受弯构件的挠度限值

构件类型		挠度限值
吊车梁	手动吊车	$l_0/500$
	电动吊车	$l_0/600$
屋盖、楼盖及楼梯构件	当 $l_0<7\text{m}$ 时	$l_0/200(l_0/250)$
	当 $7\text{m} \leqslant l_0 \leqslant 9\text{m}$ 时	$l_0/250(l_0/300)$
	当 $l_0>9\text{m}$ 时	$l_0/300(l_0/400)$

注：1. 表中 l_0 为构件的计算挠度；计算悬臂构件的挠度限值时，其计算跨度 l_0 按实际悬臂长度的 2 倍取用。
　　2. 表中括号内的数值适用于使用上对挠度有较高要求的构件。
　　3. 如果构件制作时预先起拱，且使用上也允许，则在验算挠度时，可将计算所得的挠度值减去起拱值；对预应力混凝土构件，尚可减去预加力所产生的反拱值。
　　4. 构件制作时的起拱值和预加力所产生的反拱值，不宜超过构件在相应荷载组合作用下的计算挠度值。

附表 15　混凝土结构的环境类别

环境类别	条件
一	室内干燥环境 无侵蚀性静水浸没环境
二 a	室内潮湿环境 非严寒和非寒冷地区的露天环境 非严寒和非寒冷地区与无侵蚀性的水或土壤直接接触的环境 严寒和寒冷地区的冰冻线以下与无侵蚀性的水或土壤直接接触的环境
二 b	干湿交替环境 水位频繁变动环境 严寒和寒冷地区的露天环境 严寒和寒冷地区冰冻线以上与无侵蚀性的水或土壤直接接触的环境
三 a	严寒和寒冷地区冬季水位变动区环境 受除冰盐影响环境 海风环境
三 b	盐渍土环境 受除冰盐作用环境 海岸环境
四	海水环境
五	受人为或自然的侵蚀性物质影响的环境

注：1. 室内潮湿环境是指构件表面经常处于结露或湿润状态的环境。
　　2. 严寒和寒冷地区的划分应符合国家现行标准《民用建筑热工设计规范》（GB 50176—2016）的有关规定。
　　3. 海岸环境和海风环境宜根据当地情况，考虑主导风向及结构所处迎风、背风部位等因素的影响，由调查研究和工程经验确定。
　　4. 受除冰盐影响环境是指受到除冰盐盐雾影响的环境；受除冰盐作用环境是指被除冰盐溶液溅射的环境以及使用除冰盐地区的洗衣房、停车楼等建筑。
　　5. 暴露的环境是指混凝土结构表面所处的环境。

附表 16　钢绞线的公称直径、公称截面面积及理论质量

种类	公称直径 d /mm	公称截面面积 /mm²	公称质量 /(kg/m)
1×3	8.6	37.7	0.296
	10.8	58.9	0.462
	12.9	84.8	0.666
1×7 标准型	9.5	54.8	0.430
	12.7	98.7	0.775
	15.2	140	1.101
	17.8	191	1.500
	21.6	285	2.237

附表 17　钢丝的公称直径、公称截面面积及理论质量

公称直径 d/mm	公称截面面积/mm²	公称质量/(kg/m)
5.0	19.63	0.154
7.0	38.48	0.302
9.0	63.62	0.499

附表 18　截面抵抗矩塑性影响系数基本值 γ_m

项次	截面形状		γ_m
1	矩形截面		1.55
2	翼缘位于受压区的 T 形截面		1.50
3	对称 I 形或箱形截面	$b_f/b \leq 2$、h_f/h 为任意值	1.45
		$b_f/b > 2$、$h_f/h < 0.2$	1.35
4	翼缘位于受拉区的倒 T 形截面	$b_f/b \leq 2$、h_f/h 为任意值	1.50
		$b_f/b > 2$、$h_f/h < 0.2$	1.40
5	圆形和环形截面		$1.6 - 0.24 r_1/r$

注：1. 对于 $b_f' > b_f$ 的 I 形截面，可按项次 2 与项次 3 之间的数值采用；对于 $b_f' < b_f$ 的 I 形截面，可按项次 3 与项次 4 之间的数值采用。

　　2. 对于箱形截面，b 系指各肋宽度的总和。

　　3. r_1 为环形截面的内环半径，对圆形截面取 r_1 为零。

参 考 文 献

［1］ 中华人民共和国住房和城乡建设部. 建筑结构可靠性设计统一标准：GB 50068—2018 ［S］. 北京：中国建筑工业出版社，2018.

［2］ 中华人民共和国住房和城乡建设部. 建筑结构荷载规范：GB 50009—2012 ［S］. 北京：中国建筑工业出版社，2012.

［3］ 中华人民共和国住房和城乡建设部. 混凝土结构设计规范（2015 年版）：GB 50010—2010 ［S］. 北京：中国建筑工业出版社，2016.

［4］ 崔京浩. 土木工程与中国发展 ［M］. 北京：中国水利水电出版社，2015.

［5］ 梁兴文，史庆轩. 混凝土结构设计原理 ［M］. 2 版. 北京：中国建筑工业出版社，2021.

［6］ 中华人民共和国住房和城乡建设部. 混凝土结构耐久性设计标准：GB 50476—2019 ［S］. 北京：中国建筑工业出版社，2019.

［7］ 中华人民共和国住房和城乡建设部. 混凝土结构通用规范：GB 55008—2021 ［S］. 北京：中国建筑工业出版社，2021.

［8］ 中华人民共和国住房和城乡建设部. 工程结构通用规范：GB 55001—2021 ［S］. 北京：中国建筑工业出版社，2021.

［9］ 中华人民共和国住房和城乡建设部. 预应力筋用锚具、夹具和连接器：GB/T 14370—2015 ［S］. 北京：中国标准出版社，2015.

［10］ 中华人民共和国住房和城乡建设部. 预应力混凝土结构设计规范：JGJ 369—2016 ［S］. 北京：中国建筑工业出版社，2016.

［11］ 中华人民共和国住房和城乡建设部. 无粘结预应力混凝土结构技术规程：JGJ 92—2016 ［S］. 北京：中国建筑工业出版社，2016.

［12］ 中华人民共和国住房和城乡建设部. 预应力混凝土用金属波纹管：JG/T 225—2020 ［S］. 北京：中国标准出版社，2020.

［13］ 赵顺波. 混凝土结构设计原理 ［M］. 上海：同济大学出版社，2004.

［14］ 关萍. 混凝土结构设计原理 ［M］. 北京：机械工业出版社，2013.

［15］ 沈蒲生，罗国强. 混凝土结构疑难释义 ［M］. 4 版. 北京：中国建筑工业出版社，2012.

［16］ 徐有邻，周氏. 混凝土结构设计规范理解与应用 ［M］. 北京：中国建筑工业出版社，2002.